高等学校教材

线性代数

（第二版）

主　编　张国印　伍　鸣　魏广华
副主编　王忠伟　汪　建　秦仁杰　黄鑫梅

中国教育出版传媒集团
高等教育出版社·北京

内容提要

本书是在第一版的基础上,依据教育部高等学校大学数学课程教学指导委员会制定的《大学数学课程教学基本要求》,结合应用型高校人才的培养目标和学习特点,并深度融合新工科理念修订而成的。

全书主要内容包括行列式,矩阵及其运算,向量组的线性相关性与矩阵的秩,线性方程组,特征值与特征向量,矩阵的对角化,二次型,线性空间与线性变换,每章后附相关内容的 MATLAB 实验和核心知识点的思维导图,书后附 MATLAB 简介及部分习题参考答案。

本次修订新增了每节习题,调整了每章后的综合习题;增加了典型例题讲解视频、重难点分析视频、知识点诠释视频等数字资源;新增的"数学之星"介绍了一些杰出数学家的生平和数学成就。

本书可作为应用型本科院校工科类、经济管理类及农学类专业的线性代数课程教材或参考书,也可供工程技术人员、科技工作者参考。

图书在版编目(CIP)数据

线性代数 / 张国印,伍鸣,魏广华主编. --2 版. -- 北京:高等教育出版社,2023.6
ISBN 978-7-04-060403-0

Ⅰ. ①线… Ⅱ. ①张… ②伍… ③魏… Ⅲ. ①线性代数-高等学校-教材 Ⅳ. ①O151.23

中国国家版本馆 CIP 数据核字(2023)第 066414 号

Xianxing Daishu

策划编辑 张彦云　责任编辑 张彦云　封面设计 马天驰　版式设计 马　云
责任绘图 李沛蓉　责任校对 吕红颖　责任印制 韩　刚

出版发行 高等教育出版社
社　　址 北京市西城区德外大街 4 号
邮政编码 100120
印　　刷 运河(唐山)印务有限公司
开　　本 787 mm×1092 mm 1/16
印　　张 15.75
字　　数 370 千字
购书热线 010-58581118
咨询电话 400-810-0598
网　　址 http://www.hep.edu.cn
　　　　 http://www.hep.com.cn
网上订购 http://www.hepmall.com.cn
　　　　 http://www.hepmall.com
　　　　 http://www.hepmall.cn
版　　次 2012 年 1 月第 1 版
　　　　 2023 年 6 月第 2 版
印　　次 2023 年 6 月第 1 次印刷
定　　价 32.80 元

物 料 号 60403-00

第二版前言

本书是编者在第一版的基础上，依据教育部高等学校大学数学课程教学指导委员会制定的《大学数学课程教学基本要求》，结合应用型高校人才的培养目标，深度融合新工科理念，并结合多年来在教学过程中的体会和使用本教材的同行们所提出的宝贵意见修订而成的，此次修订主要有以下几个方面：

1. 对部分内容在结构和文字叙述方面进行适度调整和优化。较大幅度地增加了习题和例题，其中不少为近年来出现的新题型，特别是一些在实际应用中鲜活有趣的例子。把第一版每章后设置习题调整为每节后有习题、每章后有综合习题。

2. 本书采用新形态的出版方式，增加了数字资源，包括典型例题讲解视频、重难点分析视频、知识点诠释视频等，这些数字资源以核心知识点为基础，贯穿于全书之中，丰富和拓展了纸质内容，读者可以通过扫描二维码查看。

3. 将 MATLAB 实验内容附于每章之后，既有利于帮助学生理解数学的实用价值，培养学生应用数学解决实际问题的能力，又有助于为进一步学习数学建模的学生打下坚实的基础。

4. 每章知识点的总结通过思维导图的形式呈现，有助于学生理解、掌握知识脉络。每章后的“数学之星”，介绍数学家的学术贡献及精神，激发学生的学习热情。

5. 内容力求深入浅出、理论推导简明直观，如将 n 维向量组及其线性关系、求正交基等抽象内容通过平面或空间向量的几何直观引入，便于理解及记忆公式。

本书共七章，其中第一章由汪建编写，第二章由伍鸣编写，第三章由张国印编写，第四章由魏广华编写，第五章由王忠伟编写，第六章由秦仁杰编写，第七章由黄鑫梅编写，附录和各章的 MATLAB 实验部分由魏广华编写，全书由张国印、伍鸣和魏广华负责统稿。金陵科技学院和兄弟院校的同行对本书的修订提出了不少建设性意见，高等教育出版社对本书的出版给予了极大的支持，编者在此一并表示感谢。

由于编者水平有限，错漏之处在所难免，恳请专家及使用本书的师生给予批评指正。

编　者

2022 年 9 月于南京

第一版前言

当前我国高等教育理念已经发生了深刻的变化，为适应社会需求，培养全方位、多层次、有较宽广的理论基础和较强应用能力的人才已成为许多高等学校的共识，这种理念的重大转变自然带来了教学内容和教学模式的变化，相应的教材改革不可避免。为适应这一变化，编者分析了曾经使用过的一些教材存在的不足，结合国内外同类优秀教材将科学性、实用性融于一体的成功经验，根据"工科类、经济管理类本科数学基础课程教学基本要求"，在多年从事线性代数教学的基础上编写了本书。

本书有如下特点：

1. 选取了一些在实际应用中鲜活有趣的例子，穿插在例题、应用举例和习题中，并力图从实例引入概念和性质，加深学生的理解，将抽象的代数理论具体化。

2. 强调内容的实际背景与几何直观阐述，力求理论推导简单明了。对冗长或难度较大的部分基础理论推证，一般不证明或打"*"号处理。

3. 增加"线性代数实验"作为附录，讲述 MATLAB 在线性代数方面的基本功能与编程方法，培养学生用 MATLAB 解决线性代数问题的能力。

本书的基本教学时数应不低于 36 学时。对打"*"号的内容，教师可根据专业需要另外安排课时选讲，特别是对打"*"号的应用举例部分，可安排学生自学。

本书共七章，其中第一章由汪建编写，第二章由伍鸣编写，第三章由张国印编写，第四、第六章由方芬编写，第五、第七章由徐鹤卿编写，附录由魏广华编写，全书由张国印和徐鹤卿负责统稿。裴青洲和宋丁全对本教材的编写提供了大力支持，并提出了不少建设性意见，高等教育出版社对本书的出版给予了极大的帮助，编者在此一并表示衷心的感谢。

由于编者水平有限，错漏之处在所难免，恳请专家及使用本书的师生给予批评指正。

编　者

2011 年 9 月于南京

目 录

第一章 行列式

行列式是线性代数中的一个常用工具，在其他数学分支及一些实际问题中也经常发挥重要的作用．本章主要介绍行列式的定义、性质、计算方法以及求解线性方程组的一个重要公式——克拉默(Cramer)法则．

§1.1　二阶和三阶行列式

本节主要介绍二阶和三阶行列式的定义．

1.1.1　二阶行列式

先通过含有两个变量的线性方程组解的表示来引入二阶行列式的定义.对于一个二元线性方程组

$$\begin{cases} a_{11}x_1+a_{12}x_2=b_1, \\ a_{21}x_1+a_{22}x_2=b_2 \end{cases} \quad (a_{11}a_{22}-a_{12}a_{21}\neq 0),$$

利用消元法，即在上述方程组第一式两边同乘 a_{22}，第二式两边同乘 a_{12} 后，将所得的两式作差，可得解

$$x_1=\frac{b_1a_{22}-b_2a_{12}}{a_{11}a_{22}-a_{12}a_{21}},$$

同理可得

$$x_2=\frac{b_2a_{11}-b_1a_{21}}{a_{11}a_{22}-a_{12}a_{21}}.$$

上式中 x_1,x_2 的表达式在一定条件下具有普遍性，但是上述公式不方便记忆，也不方便应用.为了克服上述缺点，可以引入二阶行列式的概念对方程组的解进行改写.

定义 1.1.1　符号 $\begin{vmatrix} a_{11} & a_{12} \\ a_{21} & a_{22} \end{vmatrix}$ 表示代数和 $a_{11}a_{22}-a_{12}a_{21}$，称为二阶行列式，即

$$\begin{vmatrix} a_{11} & a_{12} \\ a_{21} & a_{22} \end{vmatrix} = a_{11}a_{22} - a_{12}a_{21},$$

其中 $a_{ij}(i=1,2;j=1,2)$ 称为行列式的第 i 行第 j 列的元素，第一个下标 i 称为元素 a_{ij} 的行标，第二个下标 j 称为元素 a_{ij} 的列标.

称由上述方程组各变量前的系数按相对位置不变的方式构成的行列式为方程组的系数行列式.由定义 1.1.1 可知

$$D_1 = \begin{vmatrix} b_1 & a_{12} \\ b_2 & a_{22} \end{vmatrix} = b_1a_{22} - b_2a_{12}, \quad D_2 = \begin{vmatrix} a_{11} & b_1 \\ a_{21} & b_2 \end{vmatrix} = b_2a_{11} - b_1a_{21},$$

则当系数行列式 $D = \begin{vmatrix} a_{11} & a_{12} \\ a_{21} & a_{22} \end{vmatrix} \neq 0$ 时，解可以改写成

$$x_1 = \frac{\begin{vmatrix} b_1 & a_{12} \\ b_2 & a_{22} \end{vmatrix}}{\begin{vmatrix} a_{11} & a_{12} \\ a_{21} & a_{22} \end{vmatrix}} = \frac{D_1}{D}, \quad x_2 = \frac{\begin{vmatrix} a_{11} & b_1 \\ a_{21} & b_2 \end{vmatrix}}{\begin{vmatrix} a_{11} & a_{12} \\ a_{21} & a_{22} \end{vmatrix}} = \frac{D_2}{D}.$$

显然以这种形式给出的解呈现出明显的规律，它可以作为上述二元线性方程组的公式解.

例 1　计算行列式

(1) $\begin{vmatrix} 3 & 1 \\ 5 & 2 \end{vmatrix}$;　　(2) $\begin{vmatrix} 7 & 7 \\ 6 & 6 \end{vmatrix}$;　　(3) $\begin{vmatrix} -\frac{1}{2} & \frac{1}{2} \\ 0 & 3 \end{vmatrix}$.

解　(1) $\begin{vmatrix} 3 & 1 \\ 5 & 2 \end{vmatrix} = 3\times2 - 1\times5 = 1$;

(2) $\begin{vmatrix} 7 & 7 \\ 6 & 6 \end{vmatrix} = 7\times6 - 7\times6 = 0$;

(3) $\begin{vmatrix} -\frac{1}{2} & \frac{1}{2} \\ 0 & 3 \end{vmatrix} = -\frac{1}{2}\times3 - \frac{1}{2}\times0 = -\frac{3}{2}$.

例 2　当 λ 为何值时，等式 $\begin{vmatrix} \lambda-1 & 1 \\ 2 & \lambda-2 \end{vmatrix} = 0$ 成立？

解　由行列式的定义可知

$$\begin{vmatrix} \lambda-1 & 1 \\ 2 & \lambda-2 \end{vmatrix} = (\lambda-1)(\lambda-2) - 2 = \lambda(\lambda-3),$$

所以，当 $\lambda=0$ 或 $\lambda=3$ 时等式成立.

例 3　解线性方程组

$$\begin{cases} 3x_1 - 4x_2 = 6, \\ 2x_1 + 6x_2 = 8. \end{cases}$$

解　系数行列式

$$D = \begin{vmatrix} 3 & -4 \\ 2 & 6 \end{vmatrix} = 3\times6 - (-4)\times2 = 26 \neq 0,$$

$$D_1=\begin{vmatrix}6 & -4\\8 & 6\end{vmatrix}=68,\quad D_2=\begin{vmatrix}3 & 6\\2 & 8\end{vmatrix}=12,$$

则方程组的解为 $x_1=\dfrac{D_1}{D}=\dfrac{34}{13},x_2=\dfrac{D_2}{D}=\dfrac{6}{13}$.

1.1.2　三阶行列式

下面用类似引入二阶行列式的思路来给出三阶行列式的定义.给定一个由三个方程组成的三元线性方程组

$$\begin{cases}a_{11}x_1+a_{12}x_2+a_{13}x_3=b_1,\\a_{21}x_1+a_{22}x_2+a_{23}x_3=b_2,\\a_{31}x_1+a_{32}x_2+a_{33}x_3=b_3.\end{cases}$$

定义 1.1.2　符号 $\begin{vmatrix}a_{11} & a_{12} & a_{13}\\a_{21} & a_{22} & a_{23}\\a_{31} & a_{32} & a_{33}\end{vmatrix}$ 表示代数和

$$a_{11}a_{22}a_{33}+a_{12}a_{23}a_{31}+a_{13}a_{21}a_{32}-a_{13}a_{22}a_{31}-a_{12}a_{21}a_{33}-a_{11}a_{23}a_{32},$$

称其为三阶行列式,即

$$\begin{vmatrix}a_{11} & a_{12} & a_{13}\\a_{21} & a_{22} & a_{23}\\a_{31} & a_{32} & a_{33}\end{vmatrix}=a_{11}a_{22}a_{33}+a_{12}a_{23}a_{31}+a_{13}a_{21}a_{32}-a_{13}a_{22}a_{31}-a_{12}a_{21}a_{33}-a_{11}a_{23}a_{32}.$$

用 D 表示上面的三阶行列式,其中 $a_{ij}(1\leqslant i\leqslant 3,1\leqslant j\leqslant 3)$ 称为行列式 D 的第 i 行第 j 列的元素,i 称为元素 a_{ij}的行标,j 称为元素 a_{ij}的列标.

也称由线性方程组各变量前的系数按相对位置不变的方式构成的三阶行列式 D 为方程组的系数行列式.

当 $D\neq 0$ 时,上述方程组的解也可以写为

$$x_1=\frac{D_1}{D},\quad x_2=\frac{D_2}{D},\quad x_3=\frac{D_3}{D},$$

其中

$$D_1=\begin{vmatrix}b_1 & a_{12} & a_{13}\\b_2 & a_{22} & a_{23}\\b_3 & a_{32} & a_{33}\end{vmatrix},\quad D_2=\begin{vmatrix}a_{11} & b_1 & a_{13}\\a_{21} & b_2 & a_{23}\\a_{31} & b_3 & a_{33}\end{vmatrix},\quad D_3=\begin{vmatrix}a_{11} & a_{12} & b_1\\a_{21} & a_{22} & b_2\\a_{31} & a_{32} & b_3\end{vmatrix}.$$

三阶行列式也可以由下面的对角线法则(diagonal rule)计算:

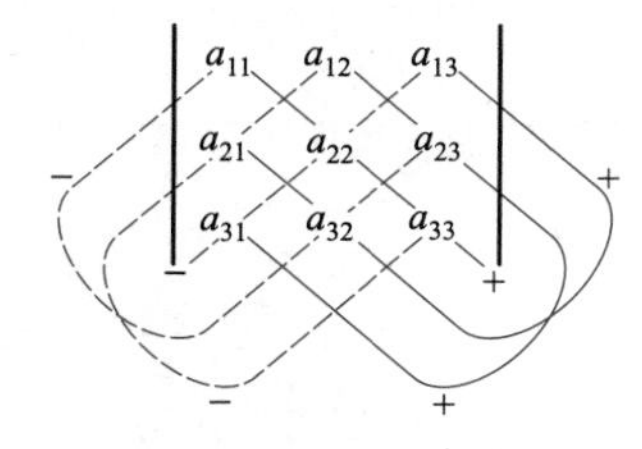

$$=a_{11}a_{22}a_{33}+a_{12}a_{23}a_{31}+a_{13}a_{21}a_{32}-a_{13}a_{22}a_{31}-a_{12}a_{21}a_{33}-a_{11}a_{23}a_{32}.$$

从上面的式子中可以看到,对角线法则的规律是:每一条实线经过的三个元素的乘积带正号,每一条虚线经过的三个元素的乘积带负号,所得的六项的代数和就是三阶行列式的值.显然,二阶行列式的计算也有类似的对角线法则.

特别需要强调的是对角线法则只适用于二阶及三阶行列式.

例 4　求行列式 $\begin{vmatrix} 1 & 6 & 5 \\ 4 & 0 & 2 \\ 3 & -1 & 1 \end{vmatrix}$ 的值.

解　$\begin{vmatrix} 1 & 6 & 5 \\ 4 & 0 & 2 \\ 3 & -1 & 1 \end{vmatrix} = 1\times0\times1+6\times2\times3+5\times4\times(-1)-5\times0\times3-6\times4\times1-1\times2\times(-1) = -6.$

例 5　求行列式 $\begin{vmatrix} x & 2 & 3 \\ y & 5 & 6 \\ 1 & 0 & 0 \end{vmatrix}$ 的值.

解　$\begin{vmatrix} x & 2 & 3 \\ y & 5 & 6 \\ 1 & 0 & 0 \end{vmatrix} = x\times5\times0+2\times6\times1+3\times y\times0-3\times5\times1-2\times y\times0-x\times6\times0 = -3.$

例 6　求解线性方程组

$$\begin{cases} 3x_1+2x_2+\ x_3=3, \\ \ \ x_1+2x_2 \qquad =2, \\ 3x_1+\ x_2+2x_3=1. \end{cases}$$

解　方程组的系数行列式

$$D=\begin{vmatrix} 3 & 2 & 1 \\ 1 & 2 & 0 \\ 3 & 1 & 2 \end{vmatrix} = 3\times2\times2+2\times0\times3+1\times1\times1-1\times2\times3-2\times1\times2-3\times0\times1=3\neq0.$$

同理可得

$$D_1=\begin{vmatrix} 3 & 2 & 1 \\ 2 & 2 & 0 \\ 1 & 1 & 2 \end{vmatrix}=4,\quad D_2=\begin{vmatrix} 3 & 3 & 1 \\ 1 & 2 & 0 \\ 3 & 1 & 2 \end{vmatrix}=1,\quad D_3=\begin{vmatrix} 3 & 2 & 3 \\ 1 & 2 & 2 \\ 3 & 1 & 1 \end{vmatrix}=-5,$$

从而

$$x_1=\frac{D_1}{D}=\frac{4}{3},\quad x_2=\frac{D_2}{D}=\frac{1}{3},\quad x_3=\frac{D_3}{D}=-\frac{5}{3}.$$

习　题　1.1

1. 计算二阶行列式:

(1) $\begin{vmatrix} 0 & 1 \\ 0 & 2 \end{vmatrix}$;　　(2) $\begin{vmatrix} 3 & 2 \\ 4 & 3 \end{vmatrix}$;

(3) $\begin{vmatrix} a-b & c-d \\ c+d & a+b \end{vmatrix}$;　　(4) $\begin{vmatrix} \cos\theta & -\sin\theta \\ \sin\theta & \cos\theta \end{vmatrix}$.

2. 计算三阶行列式:

(1) $\begin{vmatrix} 2 & 0 & 0 \\ 0 & 2 & 0 \\ 0 & 0 & 2 \end{vmatrix}$;　　(2) $\begin{vmatrix} 1 & 3 & 4 \\ 0 & 2 & 1 \\ 0 & 0 & 3 \end{vmatrix}$;

(3) $\begin{vmatrix} 1 & 0 & 0 \\ 1 & 3 & 0 \\ 3 & 1 & 2 \end{vmatrix}$;　　(4) $\begin{vmatrix} 2 & 3 & 4 \\ 1 & 2 & 1 \\ 3 & 1 & 2 \end{vmatrix}$.

3. 在函数 $f(x)=\begin{vmatrix} x & x & 1 \\ 1 & x & 1 \\ 1 & 1 & x \end{vmatrix}$ 中,x^3 的系数是多少?

4. 当 λ 为何值时,等式 $\begin{vmatrix} \lambda-2 & 2 \\ \lambda-1 & \lambda+1 \end{vmatrix}=0$ 成立?

5. 求解方程 $\begin{vmatrix} 1 & 1 & x \\ 1 & 2 & 4x \\ 1 & 3 & 9x \end{vmatrix}=0$.

§1.2　n 阶行列式

前面已经利用二阶和三阶行列式分别研究了二元和三元线性方程组的求解问题,并在一定条件下给出了解的公式.自然地,我们考虑 n 元线性方程组是否有类似的公式解.为了研究此问题,有必要给出 n 阶行列式的定义.

1.2.1　排列与逆序数

前面已经得到二阶、三阶行列式的定义:

$$\begin{vmatrix} a_{11} & a_{12} \\ a_{21} & a_{22} \end{vmatrix}=a_{11}a_{22}-a_{12}a_{21},$$

$$\begin{vmatrix} a_{11} & a_{12} & a_{13} \\ a_{21} & a_{22} & a_{23} \\ a_{31} & a_{32} & a_{33} \end{vmatrix}=a_{11}a_{22}a_{33}+a_{12}a_{23}a_{31}+a_{13}a_{21}a_{32}-a_{13}a_{22}a_{31}-a_{12}a_{21}a_{33}-a_{11}a_{23}a_{32}.$$

它们都是一些式子的代数和. 从二阶行列式定义中可以发现 $a_{11}a_{22}$ 和 $a_{12}a_{21}$ 对应的行标都是 12,对应的列标分别是 12 和 21,这两组数正是 1,2 这两个数的全排列,对应项的符号分别为正和负. 从三阶行列式定义中可以发现 $a_{11}a_{22}a_{33}$,$a_{12}a_{23}a_{31}$,$a_{13}a_{21}a_{32}$,$a_{13}a_{22}a_{31}$,$a_{12}a_{21}a_{33}$ 和 $a_{11}a_{23}a_{32}$ 对应的行标都是 123,对应的列标分别是 123,231,312,321,213 和 132,这 6 组数正是 1,2,3 这三个数的全排列,对应项的符号分别是正、正、正、负、负和负.

为了研究 n 阶行列式,需要考虑 n 个元素的全排列以及每个排列对应项的符号.下面引

入 n 级排列与逆序数的概念.

定义 1.2.1　由正整数 $1,2,3,\cdots,n$ 组成的一个无重复的有序数组 $i_1i_2\cdots i_n$ 称为一个 n 级排列(permutation of degree n).

注意,$n(n\geqslant 2)$级排列是一个有序数组,它不是一个数.例如,123 是一个 3 级排列,4312 是一个 4 级排列.显然 n 级排列共有 $n!$ 个.例如,3 级排列共有 6 个.

定义 1.2.2　在一个 n 级排列中,如果一个较大数排在一个较小数之前,就称这两个数构成一个逆序(inversion).一个排列中逆序的总数称为这个排列的逆序数(inversion number),用 $\tau(i_1i_2\cdots i_n)$ 或 τ 来表示.

由定义可知逆序数 $\tau(i_1i_2\cdots i_n)$ 是一个非负整数.若 $\tau(i_1i_2\cdots i_n)$ 为偶数,则称排列 $i_1i_2\cdots i_n$ 为偶排列(even permutation);若 $\tau(i_1i_2\cdots i_n)$ 为奇数,则称排列 $i_1i_2\cdots i_n$ 为奇排列(odd permutation).

例如,在三阶行列式各项 $a_{1j_1}a_{2j_2}a_{3j_3}$ 列标组成的排列 $j_1j_2j_3$ 中,偶排列有 123,231,312,相应各项前的符号均为正号;奇排列有 321,213,132,相应各项前的符号均为负号.

例 1　确定下列排列的逆序数,并确定它们的奇偶性:

(1) 1234;　(2) 4321;　(3) 3421.

解　(1) 排列的逆序数 $\tau=0$,它是偶排列;

(2) 排列的逆序数 $\tau=3+2+1=6$,它是偶排列;

(3) 排列的逆序数 $\tau=2+2+1=5$,它是奇排列.

利用逆序数的概念,二阶和三阶行列式的定义可以分别改写为

$$\begin{vmatrix} a_{11} & a_{12} \\ a_{21} & a_{22} \end{vmatrix} = a_{11}a_{22}-a_{12}a_{21}=(-1)^{\tau(12)}a_{11}a_{22}+(-1)^{\tau(21)}a_{12}a_{21}=\sum_{ij}(-1)^{\tau(ij)}a_{1i}a_{2j},$$

$\sum\limits_{ij}$ 表示对所有 2 级排列求和.

$$\begin{aligned}\begin{vmatrix} a_{11} & a_{12} & a_{13} \\ a_{21} & a_{22} & a_{23} \\ a_{31} & a_{32} & a_{33} \end{vmatrix} &= a_{11}a_{22}a_{33}+a_{12}a_{23}a_{31}+a_{13}a_{21}a_{32}-a_{13}a_{22}a_{31}-a_{12}a_{21}a_{33}-a_{11}a_{23}a_{32} \\ &= (-1)^{\tau(123)}a_{11}a_{22}a_{33}+(-1)^{\tau(231)}a_{12}a_{23}a_{31}+(-1)^{\tau(312)}a_{13}a_{21}a_{32}+ \\ &\quad (-1)^{\tau(321)}a_{13}a_{22}a_{31}+(-1)^{\tau(213)}a_{12}a_{21}a_{33}+(-1)^{\tau(132)}a_{11}a_{23}a_{32} \\ &= \sum_{ijk}(-1)^{\tau(ijk)}a_{1i}a_{2j}a_{3k},\end{aligned}$$

$\sum\limits_{ijk}$ 表示对所有 3 级排列求和.

1.2.2　n 阶行列式的定义

回顾二阶、三阶行列式的定义可以发现:二阶行列式是 $2!$ 个式子的代数和,三阶行列式是 $3!$ 个式子的代数和;和式中的每一项均是不同行不同列的元素的乘积;和式中的每一项前的正负号与组成该项的元素所在的行数与列数有关,即

$$\begin{vmatrix} a_{11} & a_{12} \\ a_{21} & a_{22} \end{vmatrix} = \sum_{ij}(-1)^{\tau(ij)}a_{1i}a_{2j},\ \sum_{ij} \text{表示对所有 2 级排列求和;}$$

$$\begin{vmatrix} a_{11} & a_{12} & a_{13} \\ a_{21} & a_{22} & a_{23} \\ a_{31} & a_{32} & a_{33} \end{vmatrix} = \sum_{ijk} (-1)^{\tau(ijk)} a_{1i}a_{2j}a_{3k}, \sum_{ijk} \text{表示对所有 3 级排列求和.}$$

在此基础上给出 n 阶行列式的定义.

定义 1.2.3 由 n^2 个元素 $a_{ij}(i,j=1,2,\cdots,n)$ 组成的 n 阶行列式(determinant)

$$\begin{vmatrix} a_{11} & a_{12} & \cdots & a_{1n} \\ a_{21} & a_{22} & \cdots & a_{2n} \\ \vdots & \vdots & & \vdots \\ a_{n1} & a_{n2} & \cdots & a_{nn} \end{vmatrix} \tag{1.1}$$

是所有取自不同行不同列的 n 个元素的乘积 $a_{1j_1}a_{2j_2}\cdots a_{nj_n}$ 的代数和,每项的符号由依次取相应元素所在列标得到的 n 级排列 $j_1j_2\cdots j_n$ 的奇偶性决定.当 $j_1j_2\cdots j_n$ 是偶排列时,对应项取正号;当 $j_1j_2\cdots j_n$ 是奇排列时,对应项取负号,即

$$\begin{vmatrix} a_{11} & a_{12} & \cdots & a_{1n} \\ a_{21} & a_{22} & \cdots & a_{2n} \\ \vdots & \vdots & & \vdots \\ a_{n1} & a_{n2} & \cdots & a_{nn} \end{vmatrix} = \sum_{j_1j_2\cdots j_n} (-1)^{\tau(j_1j_2\cdots j_n)} a_{1j_1}a_{2j_2}\cdots a_{nj_n}, \tag{1.2}$$

其中 $\sum\limits_{j_1j_2\cdots j_n}$ 表示对所有 n 级排列求和. 有时也将(1.1)简记为 $|a_{ij}|$, $|a_{ij}|_{n\times n}$ 或 $\det(a_{ij})_{n\times n}$.

注 (1) n 阶行列式是一个数.当 $n=1$ 时, $|a_{11}|=a_{11}$.

(2) $a_{ij}(1\leqslant i\leqslant n, 1\leqslant j\leqslant n)$ 称为行列式的一个元素(element), i 称为 a_{ij} 的行标(row index), j 称为 a_{ij} 的列标(column index).

(3) n 阶行列式是 $n!$ 项的和,定义中的各项 $a_{1j_1}a_{2j_2}\cdots a_{nj_n}$ 都是来自 n 个不同行不同列的元素乘积.各项的符号由 $\tau(j_1j_2\cdots j_n)$ 确定,此时依次取某项中元素的行标组成的 n 级排列总是 $12\cdots n$.

(4) 当 $n=2,3$ 时,上述定义和前面给出的二阶和三阶行列式定义是一致的.

例 2 在 5 阶行列式中, $a_{15}a_{24}a_{33}a_{42}a_{51}$ 这一项取什么符号?

解 依次取 $a_{15}a_{24}a_{33}a_{42}a_{51}$ 中元素的列标得到的 5 级排列是 54321, $\tau(54321)=10$, $(-1)^{\tau(54321)}=(-1)^{10}=1$,所以这一项取正号.

例 3 计算行列式 $\begin{vmatrix} a_{11} & 0 & 0 & 0 \\ a_{21} & a_{22} & 0 & 0 \\ a_{31} & a_{32} & a_{33} & 0 \\ a_{41} & a_{42} & a_{43} & a_{44} \end{vmatrix}$.

解 不妨先假设 $a_{ii}(i=1,2,3,4)$ 都不是零.由行列式定义中的(1.2),可以先算出所有不为零的

$$a_{1j_1}a_{2j_2}a_{3j_3}a_{4j_4}, \tag{1.3}$$

再确定各项的符号即可. 由于 a_{1j_1} 取自第一行,要使(1.3)不为零,只能取 a_{11};要使(1.3)不为

零,则 a_{2j_2} 只有两种选择,即取 a_{21} 或者 a_{22},根据行列式定义 a_{2j_2} 不能与 a_{11} 在同一列,所以只能取 a_{2j_2} 为 a_{22};这样继续下去,要使(1.3)不为零,在第 k 行只能选取第 k 列元素 $a_{kk}(k=1,2,3,4)$.根据行列式的定义可知只有 $a_{11}a_{22}a_{33}a_{44}$ 一项不为零.因为 $\tau(1234)=0$,所以此项前取正号.故行列式的值为 $a_{11}a_{22}a_{33}a_{44}$.若 $a_{ii}(i=1,2,\cdots,n)$ 中至少有一个为零,则由上面的解题过程可见行列式为零,结果也可以表示为 $a_{11}a_{22}a_{33}a_{44}$.

综上所述,$\begin{vmatrix} a_{11} & 0 & 0 & 0 \\ a_{21} & a_{22} & 0 & 0 \\ a_{31} & a_{32} & a_{33} & 0 \\ a_{41} & a_{42} & a_{43} & a_{44} \end{vmatrix}=a_{11}a_{22}a_{33}a_{44}$.

利用和例 3 类似的方法可以得到下面的结论.

$$\begin{vmatrix} a_{11} & 0 & 0 & \cdots & 0 \\ a_{21} & a_{22} & 0 & \cdots & 0 \\ a_{31} & a_{32} & a_{33} & \cdots & 0 \\ \vdots & \vdots & \vdots & & \vdots \\ a_{n1} & a_{n2} & a_{n3} & \cdots & a_{nn} \end{vmatrix}=a_{11}a_{22}\cdots a_{nn}.$$

上面的行列式称为**下三角形行列式**(lower triangular determinant),即当 $i<j$ 时,$a_{ij}=0$.行列式中元素 $a_{11},a_{22},\cdots,a_{nn}$ 所在的直线称为**主对角线**(principal diagonal).上面的等式说明下三角形行列式等于主对角线上所有元素的乘积.

如果行列式中除对角线上以外的元素均为零,这样的行列式称为**对角行列式**(diagonal determinant),显然它也是下三角形行列式.所以有下面的结果:

$$\begin{vmatrix} a_{11} & 0 & 0 & \cdots & 0 \\ 0 & a_{22} & 0 & \cdots & 0 \\ 0 & 0 & a_{33} & \cdots & 0 \\ \vdots & \vdots & \vdots & & \vdots \\ 0 & 0 & 0 & \cdots & a_{nn} \end{vmatrix}=a_{11}a_{22}\cdots a_{nn}.$$

在应用行列式的过程中经常需要计算行列式,直接应用定义去计算较高阶的行列式往往是比较困难的.为此,需要引入新的概念对行列式的定义进行讨论,在此基础上寻找别的方法来计算行列式.

定义 1.2.4　交换排列 $i_1i_2\cdots i_n$ 中不同的两个数的位置,排列中其余数的位置不变,得到一个新的排列,称为一次**对换**(transposition).

例如,在排列 1234 中交换 1 和 4 的位置得到一个新排列 4231,这样就对排列 1234 进行了一次对换.由于 $\tau(1234)=0,\tau(4231)=5$,所以 1234 是偶排列,4231 是奇排列.

定理 1.2.1　排列经过一次对换后奇偶性改变.

证　(1) 先讨论在排列中作交换相邻两个数的对换的特殊情形,设排列为 $i_1\cdots i_{t-1}i_t\cdots i_n$,交换 i_{t-1} 与 i_t 的位置,排列变为 $i_1\cdots i_ti_{t-1}\cdots i_n$,相对原排列而言,逆序数仅增加或者减少 1,因此排列的奇偶性改变.

(2) 对于一般情形,设排列为 $i_1\cdots i_si_{s+1}\cdots i_{t-1}i_t\cdots i_n$,不妨设对换交换了 i_s 与 i_t 的位置,则

原排列变为 $i_1\cdots i_t i_{s+1}\cdots i_{t-1}i_s\cdots i_n$.而新排列也可以通过如下方式得到:在原排列 $i_1\cdots i_s i_{s+1}\cdots i_{t-1}i_t\cdots i_n$ 中将 i_s 依次与 $i_{s+1},\cdots,i_{t-1},i_t$ 作 $t-s$ 次交换相邻两数的对换得到排列 $i_1\cdots i_{s+1}\cdots i_{t-1}i_t i_s\cdots i_n$,再将 $i_1\cdots i_{s+1}\cdots i_{t-1}i_t i_s\cdots i_n$ 中 i_t 依次与 $i_{t-1},\cdots,i_{s+1}$ 作 $t-s-1$ 次交换相邻两数的对换.所以由原排列变为新排列共经过 $2(t-s)-1$ 次交换相邻两数的对换. 由(1)中的结论知道原排列的奇偶性改变了 $2(t-s)-1$ 次.注意到 $2(t-s)-1$ 是奇数.所以对换 i_s 与 i_t 改变排列的奇偶性.

综上所述,结论成立.证毕.

下面的定理给出了 n 级排列中奇排列和偶排列的数量关系.

定理 1.2.2 $n(n>1)$级排列中奇、偶排列各占一半,各有$\dfrac{n!}{2}$个.

证 n 级排列的总数为 $n\cdot(n-1)\cdot\cdots\cdot2\cdot1=n!$个,设其中奇排列的数目为 s 个,偶排列的数目为 t 个.若对所有 s 个奇排列分别进行一次相同的对换,则得到 s 个互不相同的偶排列,故 $s\leqslant t$,同理,有 $s\geqslant t$,故 $s=t$.证毕.

下面的定理和推论可以认为是行列式的另外两种等价的定义.

定理 1.2.3 记 D 为(1.1)中的 n 阶行列式,设 $j_1j_2\cdots j_n$ 是一个 n 级排列,则

$$D=\sum_{i_1i_2\cdots i_n}(-1)^{\tau(i_1i_2\cdots i_n)+\tau(j_1j_2\cdots j_n)}a_{i_1j_1}a_{i_2j_2}\cdots a_{i_nj_n}$$

其中 $\sum\limits_{i_1i_2\cdots i_n}$ 表示对所有 n 级排列 $i_1i_2\cdots i_n$ 求和.

证 注意到 $i_1,i_2,\cdots,i_n$ 分别对应 $a_{i_1j_1}a_{i_2j_2}\cdots a_{i_nj_n}$ 中相应元素所在的行,$j_1,j_2,\cdots,j_n$ 分别对应 $a_{i_1j_1}a_{i_2j_2}\cdots a_{i_nj_n}$ 中相应元素所在的列,由 n 级排列的定义可知 $a_{i_1j_1}a_{i_2j_2}\cdots a_{i_nj_n}$ 中的 n 个元素取自 D 中的不同行不同列.若交换 $a_{i_1j_1}a_{i_2j_2}\cdots a_{i_nj_n}$ 中两个元素 $a_{i_sj_s}$ 与 $a_{i_tj_t}$,则其行标排列由 $i_1\cdots i_s\cdots i_t\cdots i_n$ 换为 $i_1\cdots i_t\cdots i_s\cdots i_n$,由定理 1.2.1 可知其逆序数 $\tau(i_1i_2\cdots i_n)$ 的奇偶性改变;同理 $\tau(j_1j_2\cdots j_n)$ 在这次交换后奇偶性也改变,因此 $\tau(i_1i_2\cdots i_n)+\tau(j_1j_2\cdots j_n)$ 的奇偶性不变,故经过有限次交换 $(-1)^{\tau(i_1i_2\cdots i_n)+\tau(j_1j_2\cdots j_n)}a_{i_1j_1}a_{i_2j_2}\cdots a_{i_nj_n}$ 中元素的位置后,使其行标 $i_1i_2\cdots i_n$ 变为 $12\cdots n$,且列标变为 $k_1k_2\cdots k_n$,则 $(-1)^{\tau(i_1i_2\cdots i_n)+\tau(j_1j_2\cdots j_n)}a_{i_1j_1}a_{i_2j_2}\cdots a_{i_nj_n}$ 变为

$$(-1)^{\tau(12\cdots n)+\tau(k_1k_2\cdots k_n)}a_{1k_1}a_{2k_2}\cdots a_{nk_n}=(-1)^{\tau(k_1k_2\cdots k_n)}a_{1k_1}a_{2k_2}\cdots a_{nk_n},$$

上式就是 n 阶行列式 D 定义中的一般项.所以,$D=\sum\limits_{i_1i_2\cdots i_n}(-1)^{\tau(i_1i_2\cdots i_n)+\tau(j_1j_2\cdots j_n)}a_{i_1j_1}a_{i_2j_2}\cdots a_{i_nj_n}$.

证毕.

推论 设 D 是(1.1)中的 n 阶行列式,则有

$$D=\sum_{i_1i_2\cdots i_n}(-1)^{\tau(i_1i_2\cdots i_n)}a_{i_11}a_{i_22}\cdots a_{i_nn}.$$

证 由定理 1.2.3 可知 $D=\sum\limits_{i_1i_2\cdots i_n}(-1)^{\tau(i_1i_2\cdots i_n)+\tau(j_1j_2\cdots j_n)}a_{i_1j_1}a_{i_2j_2}\cdots a_{i_nj_n}$,取 $j_1=1,j_2=2,\cdots,j_n=n$,由 $\tau(12\cdots n)=0$ 可知 $D=\sum\limits_{i_1i_2\cdots i_n}(-1)^{\tau(i_1i_2\cdots i_n)}a_{i_11}a_{i_22}\cdots a_{i_nn}$.

习 题 1.2

1. 写出所有 3 级排列中的偶排列.
2. 计算下面排列的逆序数并指出它们的奇偶性.
(1) 12345; (2) 321456; (3) 7654321.
3. 在 5 阶行列式中,项 $a_{15}a_{22}a_{31}a_{43}a_{54}$取什么符号?
4. 写出 4 阶行列式中包含 $a_{22}a_{31}a_{43}$的项.
5. 利用行列式的定义计算下列行列式:

(1) $\begin{vmatrix} 1 & 2 & 3 & 5 \\ 2 & 4 & 2 & 1 \\ 0 & 0 & 0 & 0 \\ 1 & 2 & -1 & 4 \end{vmatrix}$; (2) $\begin{vmatrix} 1 & 2 & 0 & 1 \\ 2 & 4 & 0 & 2 \\ 3 & 2 & 0 & -1 \\ 5 & 1 & 0 & 4 \end{vmatrix}$;

(3) $\begin{vmatrix} 1 & 2 & 1 & 2 \\ 0 & 4 & 2 & 3 \\ 0 & 0 & 3 & -1 \\ 0 & 0 & 0 & 4 \end{vmatrix}$; (4) $\begin{vmatrix} 1 & 2 & 0 & 0 \\ 0 & 4 & 0 & 0 \\ 0 & 0 & 3 & -1 \\ 0 & 0 & 4 & 4 \end{vmatrix}$.

§1.3 *n* 阶行列式的性质及计算

1.3.1 行列式的性质

本节先介绍行列式的一些常用性质,这些性质在行列式的应用过程中经常起到重要作用.

定义 1.3.1 将行列式 D 的行与列互换后得到的行列式,称为 D 的转置(transpose),记为 D^{T},即若

$$D=\begin{vmatrix} a_{11} & a_{12} & \cdots & a_{1n} \\ a_{21} & a_{22} & \cdots & a_{2n} \\ \vdots & \vdots & & \vdots \\ a_{n1} & a_{n2} & \cdots & a_{nn} \end{vmatrix},$$

则

$$D^{\mathrm{T}}=\begin{vmatrix} a_{11} & a_{21} & \cdots & a_{n1} \\ a_{12} & a_{22} & \cdots & a_{n2} \\ \vdots & \vdots & & \vdots \\ a_{1n} & a_{2n} & \cdots & a_{nn} \end{vmatrix}$$

性质 1.3.1 行列式转置后,其值不变,即 $D=D^{\mathrm{T}}$.

证　由行列式的定义,来自 D^T 中第 $1,2,\cdots,n$ 行、第 $i_1,i_2,\cdots,i_n$ 列元素积形式的一般项为 $(-1)^{\tau(i_1i_2\cdots i_n)}a_{i_11}a_{i_22}\cdots a_{i_nn}$,即 $D^T=\sum\limits_{i_1i_2\cdots i_n}(-1)^{\tau(i_1i_2\cdots i_n)}a_{i_11}a_{i_22}\cdots a_{i_nn}$,由§1.2的推论可知 $D=D^T$.证毕.

由性质1.3.1可知,行列式中对行成立的性质一般对列也相应成立.以后讨论行列式行和列都具有的性质时,只对行(或只对列)给出说明.

用性质1.3.1以及1.2.2节中关于下三角形行列式的结论可以得到

$$\begin{vmatrix} a_{11} & a_{12} & a_{13} & \cdots & a_{1n} \\ 0 & a_{22} & a_{23} & \cdots & a_{2n} \\ 0 & 0 & a_{33} & \cdots & a_{3n} \\ \vdots & \vdots & \vdots & & \vdots \\ 0 & 0 & 0 & \cdots & a_{nn} \end{vmatrix}=a_{11}a_{22}\cdots a_{nn}.$$

上面左端的行列式也称为上三角形行列式(upper triangular determinant),即当 $i>j$ 时,$a_{ij}=0$.

性质1.3.2　交换行列式的两行(列),行列式值变号.

证　设

$$D=\begin{vmatrix} a_{11} & a_{12} & \cdots & a_{1n} \\ \vdots & \vdots & & \vdots \\ a_{s1} & a_{s2} & \cdots & a_{sn} \\ \vdots & \vdots & & \vdots \\ a_{t1} & a_{t2} & \cdots & a_{tn} \\ \vdots & \vdots & & \vdots \\ a_{n1} & a_{n2} & \cdots & a_{nn} \end{vmatrix},$$

交换 D 的第 s 行与第 t 行 $(s\neq t)$,得到行列式

$$D_1=\begin{vmatrix} a_{11} & a_{12} & \cdots & a_{1n} \\ \vdots & \vdots & & \vdots \\ a_{t1} & a_{t2} & \cdots & a_{tn} \\ \vdots & \vdots & & \vdots \\ a_{s1} & a_{s2} & \cdots & a_{sn} \\ \vdots & \vdots & & \vdots \\ a_{n1} & a_{n2} & \cdots & a_{nn} \end{vmatrix}.$$

由定理1.2.1可知 $\tau(j_1\cdots j_s\cdots j_t\cdots j_n)$ 和 $\tau(j_1\cdots j_t\cdots j_s\cdots j_n)$ 奇偶性不同,所以

$$\begin{aligned} D &= \sum_{j_1\cdots j_n}(-1)^{\tau(j_1\cdots j_s\cdots j_t\cdots j_n)}a_{1j_1}\cdots a_{sj_s}a_{s+1,j_{s+1}}\cdots a_{t-1,j_{t-1}}a_{tj_t}\cdots a_{nj_n} \\ &= -\sum_{j_1\cdots j_n}(-1)^{\tau(j_1\cdots j_t\cdots j_s\cdots j_n)}a_{1j_1}\cdots a_{tj_t}a_{s+1,j_{s+1}}\cdots a_{t-1,j_{t-1}}a_{sj_s}\cdots a_{nj_n} \\ &= -D_1. \end{aligned}$$

证毕.

推论　若行列式中有两行(列)的对应元素相同,则此行列式为零.

证　将行列式 D 中具有相同元素的两行互换得到的行列式仍然是 D,由性质 1.3.2 可知其结果应为 $-D$,因此 $D=-D$,所以 $D=0$.证毕.

性质 1.3.3　用数 k 乘行列式的一行(列),等于数 k 乘此行列式,即

$$\begin{vmatrix} a_{11} & a_{12} & \cdots & a_{1n} \\ \vdots & \vdots & & \vdots \\ ka_{i1} & ka_{i2} & \cdots & ka_{in} \\ \vdots & \vdots & & \vdots \\ a_{n1} & a_{n2} & \cdots & a_{nn} \end{vmatrix} = k \begin{vmatrix} a_{11} & a_{12} & \cdots & a_{1n} \\ \vdots & \vdots & & \vdots \\ a_{i1} & a_{i2} & \cdots & a_{in} \\ \vdots & \vdots & & \vdots \\ a_{n1} & a_{n2} & \cdots & a_{nn} \end{vmatrix}. \tag{1.4}$$

证

$$\begin{aligned} (1.4)\text{左端} &= \sum_{j_1j_2\cdots j_2} (-1)^{\tau(j_1j_2\cdots j_n)} a_{1j_1}\cdots(ka_{ij_i})\cdots a_{nj_n} \\ &= k\Big[\sum_{j_1j_2\cdots j_2} (-1)^{\tau(j_1j_2\cdots j_n)} a_{1j_1}\cdots a_{ij_i}\cdots a_{nj_n}\Big] \\ &= (1.4)\text{右端}. \end{aligned}$$

证毕.

由性质 1.3.3 可以得到以下三个推论.

推论 1　若行列式某行(列)的所有元素有公因子,则公因子可以提到行列式外面.

推论 2　若行列式某行(列)的所有元素全为零,则行列式等于零.

推论 3　若行列式有两行(列)的对应元素成比例,则行列式等于零.

性质 1.3.4　若将行列式 D 中的某一行(列)的所有元素都分别写成两个数的和,则 D 可以写成两个行列式的和,这两个行列式分别以这两组数为所在行(列)对应位置的元素,其他位置的元素与 D 中对应位置的元素相同,即

$$\begin{vmatrix} a_{11} & a_{12} & \cdots & a_{1n} \\ \vdots & \vdots & & \vdots \\ b_{i1}+c_{i1} & b_{i2}+c_{i2} & \cdots & b_{in}+c_{in} \\ \vdots & \vdots & & \vdots \\ a_{n1} & a_{n2} & \cdots & a_{nn} \end{vmatrix} = \begin{vmatrix} a_{11} & a_{12} & \cdots & a_{1n} \\ \vdots & \vdots & & \vdots \\ b_{i1} & b_{i2} & \cdots & b_{in} \\ \vdots & \vdots & & \vdots \\ a_{n1} & a_{n2} & \cdots & a_{nn} \end{vmatrix} + \begin{vmatrix} a_{11} & a_{12} & \cdots & a_{1n} \\ \vdots & \vdots & & \vdots \\ c_{i1} & c_{i2} & \cdots & c_{in} \\ \vdots & \vdots & & \vdots \\ a_{n1} & a_{n2} & \cdots & a_{nn} \end{vmatrix}. \tag{1.5}$$

证

$$\begin{aligned} (1.5)\text{左端} &= \sum_{j_1j_2\cdots j_n} [(-1)^{\tau(j_1j_2\cdots j_n)} a_{1j_1}\cdots(b_{ij_i}+c_{ij_i})\cdots a_{nj_n}] \\ &= \sum_{j_1j_2\cdots j_n} (-1)^{\tau(j_1j_2\cdots j_n)} a_{1j_1}\cdots b_{ij_i}\cdots a_{nj_n} + \sum_{j_1j_2\cdots j_n} (-1)^{\tau(j_1j_2\cdots j_n)} a_{1j_1}\cdots c_{ij_i}\cdots a_{nj_n} \\ &= (1.5)\text{右端}. \end{aligned}$$

证毕.

性质 1.3.5　将行列式 D 中某一行(列)所有元素的 k 倍加到另一行(列)对应位置的元素上,所得行列式的值不变,即

$$D=\begin{vmatrix} a_{11} & a_{12} & \cdots & a_{1n} \\ \vdots & \vdots & & \vdots \\ a_{i1} & a_{i2} & \cdots & a_{in} \\ \vdots & \vdots & & \vdots \\ a_{j1} & a_{j2} & \cdots & a_{jn} \\ \vdots & \vdots & & \vdots \\ a_{n1} & a_{n2} & \cdots & a_{nn} \end{vmatrix}=\begin{vmatrix} a_{11} & a_{12} & \cdots & a_{1n} \\ \vdots & \vdots & & \vdots \\ a_{i1} & a_{i2} & \cdots & a_{in} \\ \vdots & \vdots & & \vdots \\ a_{j1}+ka_{i1} & a_{j2}+ka_{i2} & \cdots & a_{jn}+ka_{in} \\ \vdots & \vdots & & \vdots \\ a_{n1} & a_{n2} & \cdots & a_{nn} \end{vmatrix}\quad (i\neq j).$$

证　由性质 1.3.4 以及性质 1.3.3 的推论 3 可得

知识点诠释
行列式性质

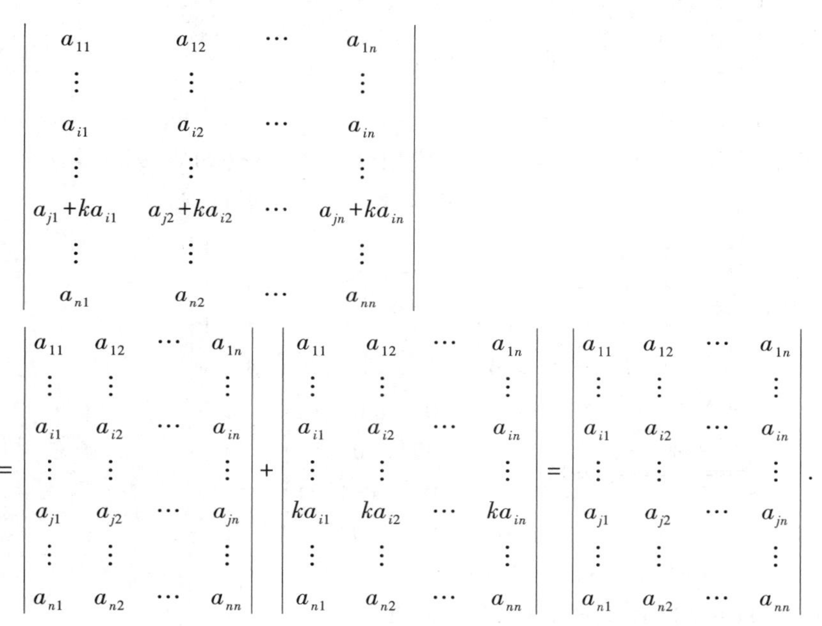

$$\begin{vmatrix} a_{11} & a_{12} & \cdots & a_{1n} \\ \vdots & \vdots & & \vdots \\ a_{i1} & a_{i2} & \cdots & a_{in} \\ \vdots & \vdots & & \vdots \\ a_{j1}+ka_{i1} & a_{j2}+ka_{i2} & \cdots & a_{jn}+ka_{in} \\ \vdots & \vdots & & \vdots \\ a_{n1} & a_{n2} & \cdots & a_{nn} \end{vmatrix}$$

$$=\begin{vmatrix} a_{11} & a_{12} & \cdots & a_{1n} \\ \vdots & \vdots & & \vdots \\ a_{i1} & a_{i2} & \cdots & a_{in} \\ \vdots & \vdots & & \vdots \\ a_{j1} & a_{j2} & \cdots & a_{jn} \\ \vdots & \vdots & & \vdots \\ a_{n1} & a_{n2} & \cdots & a_{nn} \end{vmatrix}+\begin{vmatrix} a_{11} & a_{12} & \cdots & a_{1n} \\ \vdots & \vdots & & \vdots \\ a_{i1} & a_{i2} & \cdots & a_{in} \\ \vdots & \vdots & & \vdots \\ ka_{i1} & ka_{i2} & \cdots & ka_{in} \\ \vdots & \vdots & & \vdots \\ a_{n1} & a_{n2} & \cdots & a_{nn} \end{vmatrix}=\begin{vmatrix} a_{11} & a_{12} & \cdots & a_{1n} \\ \vdots & \vdots & & \vdots \\ a_{i1} & a_{i2} & \cdots & a_{in} \\ \vdots & \vdots & & \vdots \\ a_{j1} & a_{j2} & \cdots & a_{jn} \\ \vdots & \vdots & & \vdots \\ a_{n1} & a_{n2} & \cdots & a_{nn} \end{vmatrix}.$$

证毕.

1.3.2　行列式的计算

在行列式计算中,直接利用定义计算一般运算量比较大,通常先利用行列式性质进行化简后再计算.符号说明:本节中出现的 $r_i+kr_j(c_i+kc_j)$ 表示将行列式的第 j 行(列)元素的 k 倍加到第 i 行(列)对应元素上去.

例 1　计算行列式 $D=\begin{vmatrix} 2 & -2 & 4 & 6 \\ 2 & 3 & 2 & 2 \\ -1 & 1 & -1 & 2 \\ -1 & 1 & -3 & 1 \end{vmatrix}$.

解　为计算方便,利用行列式性质将其等值转化为上三角形行列式再计算.

$$D=2\begin{vmatrix}1&-1&2&3\\2&3&2&2\\-1&1&-1&2\\-1&1&-3&1\end{vmatrix}\xlongequal[r_4+r_1]{\substack{r_2+(-2)r_1\\r_3+r_1}}2\begin{vmatrix}1&-1&2&3\\0&5&-2&-4\\0&0&1&5\\0&0&-1&4\end{vmatrix}$$

$$\xlongequal{r_4+r_3}2\begin{vmatrix}1&-1&2&3\\0&5&-2&-4\\0&0&1&5\\0&0&0&9\end{vmatrix}=2\times1\times5\times1\times9=90.$$

例 2　设 $f(x)=\begin{vmatrix}x&2&-1&3\\3&x&-1&2\\3&2&x&-1\\3&2&-1&x\end{vmatrix}$，求 $f'(-1)$.

解　注意到行列式的各行元素之和均为 $x+4$，应用性质 1.3.5，将前三列元素分别加到最后一列对应元素上去，提取公因子 $(x+4)$ 后，再将其化为上三角形行列式.

$$f(x)\xlongequal[c_4+c_3]{\substack{c_4+c_1\\c_4+c_2}}\begin{vmatrix}x&2&-1&x+4\\3&x&-1&x+4\\3&2&x&x+4\\3&2&-1&x+4\end{vmatrix}=(x+4)\begin{vmatrix}x&2&-1&1\\3&x&-1&1\\3&2&x&1\\3&2&-1&1\end{vmatrix}$$

$$\xlongequal[c_3+c_4]{\substack{c_1+(-3)c_4\\c_2+(-2)c_4}}(x+4)\begin{vmatrix}x-3&0&0&1\\0&x-2&0&1\\0&0&x+1&1\\0&0&0&1\end{vmatrix}$$

$$=(x+4)(x-3)(x-2)(x+1).$$

注意到 $f'(x)$ 中除 $(x+4)(x-3)(x-2)$ 外，其余各项均含因式 $(x+1)$，故

$$f'(-1)=(-1+4)(-1-3)(-1-2)=36.$$

例 3　计算 n 阶行列式 $D_n=\begin{vmatrix}a&b&b&\cdots&b&b\\b&a&b&\cdots&b&b\\b&b&a&\cdots&b&b\\\vdots&\vdots&\vdots&&\vdots&\vdots\\b&b&b&\cdots&a&b\\b&b&b&\cdots&b&a\end{vmatrix}\quad(n\geqslant2).$

解　注意到各列元素之和为 $a+(n-1)b$，可仿上例，得

$$D_n\xlongequal[r_1+r_2]{\substack{r_1+r_n\\r_1+r_{n-1}\\\vdots}}\begin{vmatrix}a+(n-1)b&a+(n-1)b&a+(n-1)b&\cdots&a+(n-1)b&a+(n-1)b\\b&a&b&\cdots&b&b\\b&b&a&\cdots&b&b\\\vdots&\vdots&\vdots&&\vdots&\vdots\\b&b&b&\cdots&a&b\\b&b&b&\cdots&b&a\end{vmatrix}$$

$$=[a+(n-1)b]\begin{vmatrix}1&1&1&\cdots&1&1\\b&a&b&\cdots&b&b\\b&b&a&\cdots&b&b\\\vdots&\vdots&\vdots&&\vdots&\vdots\\b&b&b&\cdots&a&b\\b&b&b&\cdots&b&a\end{vmatrix}$$

$$\xlongequal[r_n+(-b)r_1]{\substack{r_2+(-b)r_1\\r_3+(-b)r_1\\\vdots}}[a+(n-1)b]\begin{vmatrix}1&1&1&\cdots&1&1\\0&a-b&0&\cdots&0&0\\0&0&a-b&\cdots&0&0\\\vdots&\vdots&\vdots&&\vdots&\vdots\\0&0&0&\cdots&a-b&0\\0&0&0&\cdots&0&a-b\end{vmatrix}$$

$$=[a+(n-1)b](a-b)^{n-1}.$$

例 4　计算 n 阶行列式

$$D_n=\begin{vmatrix}1+x_1y_1&1+x_1y_2&\cdots&1+x_1y_n\\1+x_2y_1&1+x_2y_2&\cdots&1+x_2y_n\\\vdots&\vdots&&\vdots\\1+x_ny_1&1+x_ny_2&\cdots&1+x_ny_n\end{vmatrix}.$$

解　当 $n=1$ 时，$D_1=1+x_1y_1$.

当 $n=2$ 时，$D_2=\begin{vmatrix}1+x_1y_1&1+x_1y_2\\1+x_2y_1&1+x_2y_2\end{vmatrix}=(x_2-x_1)(y_2-y_1)$.

当 $n\geqslant3$ 时，在行列式中从第 2 行到第 n 行，分别减去第 1 行对应元素得

$$D_n=\begin{vmatrix}1+x_1y_1&1+x_1y_2&\cdots&1+x_1y_n\\y_1(x_2-x_1)&y_2(x_2-x_1)&\cdots&y_n(x_2-x_1)\\\vdots&\vdots&&\vdots\\y_1(x_n-x_1)&y_2(x_n-x_1)&\cdots&y_n(x_n-x_1)\end{vmatrix},$$

新得到的行列式第二行以后各行成比例，所以 $D_n=0$.

习　题　1.3

1. 计算下列三阶行列式：

(1) $\begin{vmatrix}2\,021&2\,022&2\,023\\2\,024&2\,025&2\,026\\2\,027&2\,028&2\,029\end{vmatrix}$；　(2) $\begin{vmatrix}a^2&ab&ac\\ba&b^2&bc\\ca&cb&c^2\end{vmatrix}$.

2. 计算下列行列式：

(1) $\begin{vmatrix} 1 & 2 & 3 & 4 \\ 2 & 3 & 4 & 1 \\ 3 & 4 & 1 & 2 \\ 4 & 3 & 2 & 1 \end{vmatrix}$；(2) $\begin{vmatrix} 1 & -2 & 1 & 0 \\ 0 & 3 & -2 & -1 \\ 4 & -1 & 0 & -3 \\ 1 & 2 & -6 & 3 \end{vmatrix}$；(3) $\begin{vmatrix} 1+a & 1 & 1 & 1 \\ 1 & 1+a & 1 & 1 \\ 1 & 1 & 1+a & 1 \\ 1 & 1 & 1 & 1+a \end{vmatrix}$；

(4) $\begin{vmatrix} 1 & 0 & 1 & 0 & 0 \\ 1 & 2 & -1 & 2 & 3 \\ 4 & 0 & 3 & 2 & 1 \\ 2 & 2 & 0 & 3 & -1 \\ -1 & 2 & -1 & 2 & 4 \end{vmatrix}$；(5) $\begin{vmatrix} a^2 & (a+1)^2 & (a+2)^2 & (a+3)^2 \\ b^2 & (b+1)^2 & (b+2)^2 & (b+3)^2 \\ c^2 & (c+1)^2 & (c+2)^2 & (c+3)^2 \\ d^2 & (d+1)^2 & (d+2)^2 & (d+3)^2 \end{vmatrix}$.

3. 证明：

(1) $\begin{vmatrix} ax+by & ay+bz & az+bx \\ ay+bz & az+bx & ax+by \\ az+bx & ax+by & ay+bz \end{vmatrix} = (a^3+b^3)\begin{vmatrix} x & y & z \\ y & z & x \\ z & x & y \end{vmatrix}$；

(2) $\begin{vmatrix} x & -1 & 0 & \cdots & 0 & 0 \\ 0 & x & -1 & \cdots & 0 & 0 \\ \vdots & \vdots & \vdots & & \vdots & \vdots \\ 0 & 0 & 0 & \cdots & x & -1 \\ a_n & a_{n-1} & a_{n-2} & \cdots & a_2 & x+a_1 \end{vmatrix} = x^n+a_1x^{n-1}+\cdots+a_{n-1}x+a_n$.

4. 当 λ 为何值时，等式 $\begin{vmatrix} 1-\lambda & -1 & 1 \\ 2 & 4-\lambda & -2 \\ -3 & -3 & 5-\lambda \end{vmatrix}=0$ 成立？

5. 如果 $\begin{vmatrix} 1 & t & -1 \\ t & 1 & 2 \\ -1 & 2 & 5 \end{vmatrix}>0$，求 t 的取值范围.

§1.4 n 阶行列式的展开公式

本节主要介绍在行列式理论和计算中都有重要作用的行列式按某一行(列)展开公式.为此，先介绍余子式和代数余子式的概念.

在 n 阶行列式 D 中去掉元素 a_{ij} 所在的第 i 行、第 j 列元素后，余下的元素按原来的相对位置不变构成的 $n-1$ 阶行列式，称为 D 中元素 a_{ij} 的余子式(minor)，记为 M_{ij}，即

$$M_{ij}=\begin{vmatrix} a_{11} & \cdots & a_{1,j-1} & a_{1,j+1} & \cdots & a_{1n} \\ \vdots & & \vdots & \vdots & & \vdots \\ a_{i-1,1} & \cdots & a_{i-1,j-1} & a_{i-1,j+1} & \cdots & a_{i-1,n} \\ a_{i+1,1} & \cdots & a_{i+1,j-1} & a_{i+1,j+1} & \cdots & a_{i+1,n} \\ \vdots & & \vdots & \vdots & & \vdots \\ a_{n1} & \cdots & a_{n,j-1} & a_{n,j+1} & \cdots & a_{nn} \end{vmatrix},$$

称 $(-1)^{i+j}M_{ij}$ 为元素 a_{ij} 的代数余子式(algebraic cofactor),记为 A_{ij}.

例如,在三阶行列式 $D_3=\begin{vmatrix} a_{11} & a_{12} & a_{13} \\ a_{21} & a_{22} & a_{23} \\ a_{31} & a_{32} & a_{33} \end{vmatrix}$ 中,元素 a_{11} 的余子式 M_{11} 为 $\begin{vmatrix} a_{22} & a_{23} \\ a_{32} & a_{33} \end{vmatrix}$,其代数余子式 A_{11} 为 $(-1)^{1+1}M_{11}=M_{11}$.元素 a_{32} 的余子式 M_{32} 为 $\begin{vmatrix} a_{11} & a_{13} \\ a_{21} & a_{23} \end{vmatrix}$,其代数余子式 A_{32} 为 $(-1)^{3+2}\begin{vmatrix} a_{11} & a_{13} \\ a_{21} & a_{23} \end{vmatrix}=-M_{32}$.

定理 1.4.1 n 阶行列式 $D=\begin{vmatrix} a_{11} & a_{12} & \cdots & a_{1n} \\ a_{21} & a_{22} & \cdots & a_{2n} \\ \vdots & \vdots & & \vdots \\ a_{n1} & a_{n2} & \cdots & a_{nn} \end{vmatrix}$ 等于它的任意一行(列)的各元素与其对应的代数余子式的乘积之和,即

$$D=a_{i1}A_{i1}+a_{i2}A_{i2}+\cdots+a_{in}A_{in}\quad(i=1,2,\cdots,n),\tag{1.6}$$

$$D=a_{1j}A_{1j}+a_{2j}A_{2j}+\cdots+a_{nj}A_{nj}\quad(j=1,2,\cdots,n).\tag{1.7}$$

(1.6)称为行列式 D 按第 i 行展开,(1.7)称为行列式 D 按第 j 列展开,其中 A_{ij} 为元素 a_{ij} 对应的代数余子式.

证 (1) 首先讨论 D 的第一行中的元素除 $a_{11}\neq 0$ 外,其余元素均为 0 的情形,即

$$D=\begin{vmatrix} a_{11} & 0 & \cdots & 0 \\ a_{21} & a_{22} & \cdots & a_{2n} \\ \vdots & \vdots & & \vdots \\ a_{n1} & a_{n2} & \cdots & a_{nn} \end{vmatrix},$$

由于 D 的各项都含有第一行中的元素,但第一行仅有 a_{11} 不为 0,所以 D 的展开式可以写成 $\sum\limits_{1j_2\cdots j_n}(-1)^{\tau(1j_2\cdots j_n)}a_{11}a_{2j_2}\cdots a_{nj_n}=a_{11}\sum\limits_{j_2\cdots j_n}(-1)^{\tau(j_2\cdots j_n)}a_{2j_2}\cdots a_{nj_n}$.等号右端求和式正是 a_{11} 的余子式 M_{11} 的值,所以 $D=a_{11}M_{11}=a_{11}(-1)^{1+1}M_{11}=a_{11}A_{11}$.

(2) 其次讨论行列式 D 中第 i 行的元素除 $a_{ij}\neq 0$ 外其余元素均为 0 的情形,即

$$D=\begin{vmatrix} a_{11} & \cdots & a_{1,j-1} & a_{1j} & a_{1,j+1} & \cdots & a_{1n} \\ \vdots & & \vdots & \vdots & \vdots & & \vdots \\ a_{i-1,1} & \cdots & a_{i-1,j-1} & a_{i-1,j} & a_{i-1,j+1} & \cdots & a_{i-1,n} \\ 0 & \cdots & 0 & a_{ij} & 0 & \cdots & 0 \\ a_{i+1,1} & \cdots & a_{i+1,j-1} & a_{i+1,j} & a_{i+1,j+1} & \cdots & a_{i+1,n} \\ \vdots & & \vdots & \vdots & \vdots & & \vdots \\ a_{n1} & \cdots & a_{n,j-1} & a_{nj} & a_{n,j+1} & \cdots & a_{nn} \end{vmatrix},$$

将 D 的第 i 行依次与第 $i-1,\cdots,2,1$ 行交换后,再将第 j 列依次与第 $j-1,\cdots,2,1$ 列交换,此时对 D 的行和列总共进行了 $(i-1)+(j-1)$ 次交换,所以有

$$D=(-1)^{(i-1)+(j-1)}\begin{vmatrix} a_{ij} & 0 & \cdots & 0 & 0 & \cdots & 0 \\ a_{1j} & a_{11} & \cdots & a_{1,j-1} & a_{1,j+1} & \cdots & a_{1n} \\ \vdots & \vdots & & \vdots & \vdots & & \vdots \\ a_{i-1,j} & a_{i-1,1} & \cdots & a_{i-1,j-1} & a_{i-1,j+1} & \cdots & a_{i-1,n} \\ a_{i+1,j} & a_{i+1,1} & \cdots & a_{i+1,j-1} & a_{i+1,j+1} & \cdots & a_{i+1,n} \\ \vdots & \vdots & & \vdots & \vdots & & \vdots \\ a_{nj} & a_{n1} & \cdots & a_{n,j-1} & a_{n,j+1} & \cdots & a_{nn} \end{vmatrix}$$

$$=(-1)^{i+j}a_{ij}M_{ij}=a_{ij}A_{ij}.$$

显然,如果 D 的第 i 行的元素全为零,由性质 1.3.3 的推论 2 可知 $D=a_{ij}A_{ij}$ 也成立.

(3) 最后讨论一般情形,即

$$D=\begin{vmatrix} a_{11} & a_{12} & \cdots & a_{1n} \\ \vdots & \vdots & & \vdots \\ a_{i1} & a_{i2} & \cdots & a_{in} \\ \vdots & \vdots & & \vdots \\ a_{n1} & a_{n2} & \cdots & a_{nn} \end{vmatrix},$$

由性质 1.3.4,可得

$$D=\begin{vmatrix} a_{11} & a_{12} & \cdots & a_{1n} \\ \vdots & \vdots & & \vdots \\ a_{i1} & 0 & \cdots & 0 \\ \vdots & \vdots & & \vdots \\ a_{n1} & a_{n2} & \cdots & a_{nn} \end{vmatrix}+\begin{vmatrix} a_{11} & a_{12} & \cdots & a_{1n} \\ \vdots & \vdots & & \vdots \\ 0 & a_{i2} & \cdots & 0 \\ \vdots & \vdots & & \vdots \\ a_{n1} & a_{n2} & \cdots & a_{nn} \end{vmatrix}+\cdots+\begin{vmatrix} a_{11} & a_{12} & \cdots & a_{1n} \\ \vdots & \vdots & & \vdots \\ 0 & 0 & \cdots & a_{in} \\ \vdots & \vdots & & \vdots \\ a_{n1} & a_{n2} & \cdots & a_{nn} \end{vmatrix},$$

再由(2)即得

$$D=a_{i1}A_{i1}+a_{i2}A_{i2}+\cdots+a_{in}A_{in}.$$

这一结果对 $i=1,2,\cdots,n$ 均成立.故(1.6)得证.类似可证(1.7).证毕.

例 1 计算行列式

$$D=\begin{vmatrix} 4 & 0 & 0 & 0 \\ a & x & 3 & z \\ b & 2 & 0 & 0 \\ c & y & 0 & 1 \end{vmatrix}.$$

解　先应用(1.6)按第一行展开,再应用(1.7)按第二列展开,则有

$$D=4\times(-1)^{1+1}\begin{vmatrix} x & 3 & z \\ 2 & 0 & 0 \\ y & 0 & 1 \end{vmatrix}=4\times3\times(-1)^{1+2}\begin{vmatrix} 2 & 0 \\ y & 1 \end{vmatrix}=-4\times3\times2\times1=-24.$$

例 2　确定 λ 的值,使得 $\begin{vmatrix} 3-\lambda & -2 & 4 \\ -2 & 6-\lambda & 2 \\ 4 & 2 & 3-\lambda \end{vmatrix}=0$ 成立.

解　先应用行列式的性质将行列式中的部分元素变为零,再展开计算行列式.

$$\begin{vmatrix} 3-\lambda & -2 & 4 \\ -2 & 6-\lambda & 2 \\ 4 & 2 & 3-\lambda \end{vmatrix}=\begin{vmatrix} 3-\lambda & -2 & 4 \\ -2 & 6-\lambda & 2 \\ 7-\lambda & 0 & 7-\lambda \end{vmatrix}=(7-\lambda)\begin{vmatrix} 3-\lambda & -2 & 4 \\ -2 & 6-\lambda & 2 \\ 1 & 0 & 1 \end{vmatrix}$$

$$=(7-\lambda)\begin{vmatrix} 3-\lambda & -2 & \lambda+1 \\ -2 & 6-\lambda & 4 \\ 1 & 0 & 0 \end{vmatrix}=(7-\lambda)(-1)^{3+1}\begin{vmatrix} -2 & \lambda+1 \\ 6-\lambda & 4 \end{vmatrix}$$

$$=(7-\lambda)[(-2)\times4-(\lambda+1)(6-\lambda)]$$

$$=-(\lambda-7)^2(\lambda+2).$$

所以,当 $\lambda=-2$ 或者 $\lambda=7$ 时等式成立.

例 3　证明 $n(n\geqslant2)$ 阶范德蒙德行列式(Vandermonde determinant)

$$D_n=\begin{vmatrix} 1 & 1 & 1 & \cdots & 1 \\ a_1 & a_2 & a_3 & \cdots & a_n \\ a_1^2 & a_2^2 & a_3^2 & \cdots & a_n^2 \\ \vdots & \vdots & \vdots & & \vdots \\ a_1^{n-1} & a_2^{n-1} & a_3^{n-1} & \cdots & a_n^{n-1} \end{vmatrix}$$

$$\begin{aligned}=&(a_2-a_1)(a_3-a_1)(a_4-a_1)\cdots(a_n-a_1)\\ &(a_3-a_2)(a_4-a_2)\cdots(a_n-a_2)\\ &\cdots\\ &(a_{n-1}-a_{n-2})(a_n-a_{n-2})\\ &(a_n-a_{n-1})\\ =&\prod_{1\leqslant j<i\leqslant n}(a_i-a_j).\end{aligned}$$

证　对阶数 n 用数学归纳法.

(1) 当 $n=2$ 时,$D_2=\begin{vmatrix} 1 & 1 \\ a_1 & a_2 \end{vmatrix}=a_2-a_1$,结论成立.

(2) 当 $n\geqslant3$ 时,假设对 $n-1$ 阶行列式结论成立,以下证明对 n 阶范德蒙德行列式结论

也成立.将 D_n 从最后一行开始,自下而上每一行减去上一行的 a_1 倍,得到

$$D_n=\begin{vmatrix}1 & 1 & 1 & \cdots & 1\\ 0 & a_2-a_1 & a_3-a_1 & \cdots & a_n-a_1\\ 0 & a_2(a_2-a_1) & a_3(a_3-a_1) & \cdots & a_n(a_n-a_1)\\ \vdots & \vdots & \vdots & & \vdots\\ 0 & a_2^{n-2}(a_2-a_1) & a_3^{n-2}(a_3-a_1) & \cdots & a_n^{n-2}(a_n-a_1)\end{vmatrix},$$

将上面的行列式按第一列展开,然后把每列的公因子 (a_i-a_1) 提出,就有

$$D_n=(a_2-a_1)(a_3-a_1)(a_4-a_1)\cdots(a_n-a_1)\begin{vmatrix}1 & 1 & \cdots & 1\\ a_2 & a_3 & \cdots & a_n\\ \vdots & \vdots & & \vdots\\ a_2^{n-2} & a_3^{n-2} & \cdots & a_n^{n-2}\end{vmatrix}.$$

上式右端的行列式是 $n-1$ 阶的范德蒙德行列式,由归纳假设,它等于 $\prod\limits_{2\leqslant j<i\leqslant n}(a_i-a_j)$,从而

$$\begin{aligned}D_n&=(a_2-a_1)(a_3-a_1)(a_4-a_1)\cdots(a_n-a_1)\prod_{2\leqslant j<i\leqslant n}(a_i-a_j)\\&=\prod_{1\leqslant j<i\leqslant n}(a_i-a_j).\end{aligned}$$

由数学归纳法知结论成立.证毕.

利用定理 1.4.1 可得下述重要推论.

推论　行列式 $D=|a_{ij}|_{n\times n}$ 的某一行(列)的元素与另一行(列)的对应元素的代数余子式的乘积之和为零,即

$$\sum_{k=1}^{n}a_{ik}A_{jk}=a_{i1}A_{j1}+a_{i2}A_{j2}+\cdots+a_{in}A_{jn}=0,\quad i\neq j,\quad i,j=1,2,\cdots,n,$$

$$\sum_{k=1}^{n}a_{ki}A_{kj}=a_{1i}A_{1j}+a_{2i}A_{2j}+\cdots+a_{ni}A_{nj}=0,\quad i\neq j,\quad i,j=1,2,\cdots,n.$$

证　当 $i\neq j$ 时,将 D 中的第 j 行元素换为第 i 行元素,其他元素不变,得到

$$D_1=\begin{vmatrix}a_{11} & a_{12} & \cdots & a_{1n}\\ \vdots & \vdots & & \vdots\\ a_{i1} & a_{i2} & \cdots & a_{in}\\ \vdots & \vdots & & \vdots\\ a_{i1} & a_{i2} & \cdots & a_{in}\\ \vdots & \vdots & & \vdots\\ a_{n1} & a_{n2} & \cdots & a_{nn}\end{vmatrix},$$

由性质 1.3.3 的推论 3 可知 $D_1=0$,再将 D_1 按第 j 行展开,注意到行列式 D 与 D_1 的第 j 行对应元素的代数余子式是相同的,则有 $D_1=\sum\limits_{k=1}^{n}a_{ik}A_{jk}$,故

$$\sum_{k=1}^{n}a_{ik}A_{ik}=a_{i1}A_{j1}+a_{i2}A_{i2}+\cdots+a_{in}A_{in}=0\quad(i\neq j).$$

类似地,可以证明 $\sum\limits_{k=1}^{n}a_{ki}A_{kj}=a_{1i}A_{1j}+a_{2i}A_{2j}+\cdots+a_{ni}A_{nj}=0(i\neq j)$. 证毕.

定理 1.4.1 及其推论可统一写成

$$\sum_{k=1}^{n} a_{ik}A_{jk} = \delta_{ij}D, \tag{1.8}$$

$$\sum_{k=1}^{n} a_{ki}A_{kj} = \delta_{ij}D, \tag{1.9}$$

其中 $\delta_{ij}=\begin{cases}1, & i=j,\\ 0, & i\neq j\end{cases}$ 是克罗内克符号(Kronecker symbol).

例 4　设行列式 $D=\begin{vmatrix} 1 & 2 & 3 & 4\\ 1 & 1 & 0 & -3\\ -1 & 2 & 1 & 2\\ 2 & -3 & -1 & -4\end{vmatrix}$,求:

(1) $A_{11}+A_{12}+A_{13}+A_{14}$(其中 A_{ij} 表示 D 中第 i 行第 j 列元素的代数余子式);

(2) $-3M_{12}-M_{32}-M_{42}$(其中 M_{ij} 表示 D 中第 i 行第 j 列元素的余子式).

典型例题讲解
行列式展开法则

解　(1) $A_{11}+A_{12}+A_{13}+A_{14}=\begin{vmatrix} 1 & 1 & 1 & 1\\ 1 & 1 & 0 & -3\\ -1 & 2 & 1 & 2\\ 2 & -3 & -1 & -4\end{vmatrix}=-7.$

(2) $-3M_{12}-M_{32}-M_{42}=3A_{12}+A_{32}-A_{42}=\begin{vmatrix} 1 & 3 & 3 & 4\\ 1 & 0 & 0 & -3\\ -1 & 1 & 1 & 2\\ 2 & -1 & -1 & -4\end{vmatrix}=0$(两列完全相同).

例 5　设 $x_1,x_2,\cdots,x_n$ 都不等于零,计算行列式

$$\begin{vmatrix} 0 & x_1+x_2 & \cdots & x_1+x_n\\ x_2+x_1 & 0 & \cdots & x_2+x_n\\ \vdots & \vdots & & \vdots\\ x_n+x_1 & x_n+x_2 & \cdots & 0\end{vmatrix}.$$

解　记所求行列式为 D,则有

$$D=\begin{vmatrix} 1 & x_1 & x_2 & \cdots & x_n\\ 0 & 0 & x_1+x_2 & \cdots & x_1+x_n\\ 0 & x_2+x_1 & 0 & \cdots & x_2+x_n\\ \vdots & \vdots & \vdots & & \vdots\\ 0 & x_n+x_1 & x_n+x_2 & \cdots & 0\end{vmatrix}, \tag{1.10}$$

在(1.10)中将第 1 行元素的(-1)倍分别加到第 $2,3,\cdots,n+1$ 行对应元素上去,可得

$$D=\begin{vmatrix} 1 & x_1 & x_2 & \cdots & x_n \\ -1 & -x_1 & x_1 & \cdots & x_1 \\ -1 & x_2 & -x_2 & \cdots & x_2 \\ \vdots & \vdots & \vdots & & \vdots \\ -1 & x_n & x_n & \cdots & -x_n \end{vmatrix}.$$

又

$$D=\begin{vmatrix} 1 & 0 & 0 & 0 & \cdots & 0 \\ 0 & 1 & x_1 & x_2 & \cdots & x_n \\ x_1 & -1 & -x_1 & x_1 & \cdots & x_1 \\ x_2 & -1 & x_2 & -x_2 & \cdots & x_2 \\ \vdots & \vdots & \vdots & \vdots & & \vdots \\ x_n & -1 & x_n & x_n & \cdots & -x_n \end{vmatrix}, \tag{1.11}$$

将(1.11)中的第1列元素的(-1)倍分别加到第 $3,4,\cdots,n+2$ 列的对应元素上去,可得

$$D=\begin{vmatrix} 1 & 0 & -1 & -1 & \cdots & -1 \\ 0 & 1 & x_1 & x_2 & \cdots & x_n \\ x_1 & -1 & -2x_1 & 0 & \cdots & 0 \\ x_2 & -1 & 0 & -2x_2 & \cdots & 0 \\ \vdots & \vdots & \vdots & \vdots & & \vdots \\ x_n & -1 & 0 & 0 & \cdots & -2x_n \end{vmatrix}. \tag{1.12}$$

再将(1.12)中第 $3,4,\cdots,n+2$ 列中元素分别乘 $\frac{1}{2}$ 再一起加到第1列的对应元素上去,将第 $3,4,\cdots,n+2$ 列中元素分别乘 $-\frac{1}{2x_1},\cdots,-\frac{1}{2x_n}$ 再一起加到第2列的对应元素上去,则有

$$D=\begin{vmatrix} 1-\frac{n}{2} & \frac{1}{2}\sum\limits_{i=1}^{n}\frac{1}{x_i} & -1 & -1 & \cdots & -1 \\ \frac{1}{2}\sum\limits_{i=1}^{n}x_i & 1-\frac{n}{2} & x_1 & x_2 & \cdots & x_n \\ 0 & 0 & -2x_1 & 0 & \cdots & 0 \\ 0 & 0 & 0 & -2x_2 & \cdots & 0 \\ \vdots & \vdots & \vdots & \vdots & & \vdots \\ 0 & 0 & 0 & 0 & \cdots & -2x_n \end{vmatrix}$$

$$=(-2)^n\left(\prod_{i=1}^{n}x_i\right)\left[\left(1-\frac{n}{2}\right)^2-\frac{1}{4}\sum_{i,j=1}^{n}\frac{x_i}{x_j}\right].$$

在实际应用中计算行列式时,若 n 的值较大,则用按行(列)展开的方式计算 n 阶行列式往往是不可行的.因此,寻找快速可靠的计算方法来计算一些具体的行列式的值也是非常重要的问题.

习 题 1.4

1. 计算$\begin{vmatrix} 1 & -2 & 1 & 0 \\ 0 & 3 & -2 & -1 \\ 4 & -1 & 0 & -3 \\ 1 & 2 & -6 & 3 \end{vmatrix}$第 2 行第 3 列元素的代数余子式.

2. 已知$\begin{vmatrix} 1 & -2 & 1 \\ 0 & 3 & 2 \\ x & -5 & 1 \end{vmatrix}=1$,求 x.

3. 设 $D=\begin{vmatrix} 2 & -1 & 3 & 4 \\ 1 & 1 & 0 & -2 \\ 1 & 2 & 1 & 2 \\ 2 & 3 & -1 & 5 \end{vmatrix}$,且 D 中第 i 行第 j 列元素的代数余子式记为 A_{ij}.求

(1) $-A_{12}-A_{22}-2A_{32}-2A_{34}$;(2) $A_{11}+A_{12}-2A_{14}$.

4. 计算行列式$\begin{vmatrix} 1 & a & a^2 & a^3 \\ 1 & b & b^2 & b^3 \\ 1 & c & c^2 & c^3 \\ 1 & d & d^2 & d^3 \end{vmatrix}$.

5. 设 $D=\begin{vmatrix} 1 & 2 & 3 \\ 2 & 2 & 1 \\ 3 & 4 & 4 \end{vmatrix}$,求行列式$\begin{vmatrix} A_{11} & A_{21} & A_{31} \\ A_{12} & A_{22} & A_{32} \\ A_{13} & A_{23} & A_{33} \end{vmatrix}$的值,其中 A_{ij}为行列式 D 相应元素的代数余子式.

§1.5 行列式的应用

1.5.1 克拉默法则

首先介绍线性方程组的相关概念.

n 元线性方程组的一般形式为

$$\begin{cases} a_{11}x_1+a_{12}x_2+\cdots+a_{1n}x_n=b_1, \\ a_{21}x_1+a_{22}x_2+\cdots+a_{2n}x_n=b_2, \\ \cdots\cdots\cdots\cdots \\ a_{m1}x_1+a_{m2}x_2+\cdots+a_{mn}x_n=b_m, \end{cases} \tag{1.13}$$

其中 $a_{ij},b_i(i=1,2,\cdots,m;j=1,2,\cdots,n)$ 为已知量,x_i 为未知量(unknown number).若方程组

(1.13)右端的 $b_1,b_2,\cdots,b_m$ 不全为零,则称方程组(1.13)为**非齐次线性方程组**(system of non-homogeneous linear equations);若 $b_1,b_2,\cdots,b_m$ 全为零,即

$$\begin{cases} a_{11}x_1+a_{12}x_2+\cdots+a_{1n}x_n=0, \\ a_{21}x_1+a_{22}x_2+\cdots+a_{2n}x_n=0, \\ \cdots\cdots\cdots\cdots \\ a_{m1}x_1+a_{m2}x_2+\cdots+a_{mn}x_n=0, \end{cases} \tag{1.14}$$

则称(1.14)为**齐次线性方程组**(system of homogeneous linear equations).

前面已经指出,行列式的引入是为了研究线性方程组的求解问题.线性方程组的解是指这样一组常数 $c_1,c_2,\cdots,c_n$,当 x_i 取值为 c_i 时($i=1,2,\cdots,n$),方程组中的每个方程左端得到的数值与右端相等.线性方程组的求解主要讨论以下几个方面的问题:第一,方程组是否有解,在什么条件下有解?第二,解如果存在,是否唯一,在什么条件下有唯一解?第三,如果有解,如何求解?

本节主要讨论一类特殊的线性方程组的求解问题,即由 n 个线性方程构成的 n 元线性方程组

$$\begin{cases} a_{11}x_1+a_{12}x_2+\cdots+a_{1n}x_n=b_1, \\ a_{21}x_1+a_{22}x_2+\cdots+a_{2n}x_n=b_2, \\ \cdots\cdots\cdots\cdots \\ a_{n1}x_1+a_{n2}x_2+\cdots+a_{nn}x_n=b_n \end{cases} \tag{1.15}$$

的求解问题.

行列式 $D=\begin{vmatrix} a_{11} & a_{12} & \cdots & a_{1n} \\ a_{21} & a_{22} & \cdots & a_{2n} \\ \vdots & \vdots & & \vdots \\ a_{n1} & a_{n2} & \cdots & a_{nn} \end{vmatrix}$ 称为线性方程组(1.15)的**系数行列式**(determinant of coefficient).又记

$$D_j=\begin{vmatrix} a_{11} & \cdots & a_{1,j-1} & b_1 & a_{1,j+1} & \cdots & a_{1n} \\ a_{21} & \cdots & a_{2,j-1} & b_2 & a_{2,j+1} & \cdots & a_{2n} \\ \vdots & & \vdots & \vdots & \vdots & & \vdots \\ a_{n1} & \cdots & a_{n,j-1} & b_n & a_{n,j+1} & \cdots & a_{nn} \end{vmatrix} \quad (j=1,2,\cdots,n), \tag{1.16}$$

这里 D_j 是用方程组(1.15)右端的 $b_1,b_2,\cdots,b_n$ 来替换系数行列式 D 中第 j 列的元素而得到的行列式.这样就可以将二元和三元线性方程组的公式解推广到 n 元线性方程组的情形.

定理 1.5.1(克拉默法则)　若线性方程组(1.15)的系数行列式 $D\neq 0$,则方程组有唯一解

$$x_1=\frac{D_1}{D},\quad x_2=\frac{D_2}{D},\quad \cdots,\quad x_n=\frac{D_n}{D}, \tag{1.17}$$

其中 $D_j(j=1,2,\cdots,n)$ 是(1.16)中的行列式.

证　首先验证(1.17)是方程组(1.15)的一组解.现将每个 $D_j(j=1,2,\cdots,n)$ 按第 j 列展开

$$D_j=b_1A_{1j}+b_2A_{2j}+\cdots+b_nA_{nj}. \tag{1.18}$$

将(1.17),(1.18)代入方程组(1.15)的左端,则有

$$a_{i1}\frac{D_1}{D}+a_{i2}\frac{D_2}{D}+\cdots+a_{in}\frac{D_n}{D}$$

$$=\frac{1}{D}[a_{i1}(b_1A_{11}+b_2A_{21}+\cdots+b_nA_{n1})+a_{i2}(b_1A_{12}+b_2A_{22}+\cdots+b_nA_{n2})+\cdots+a_{in}(b_1A_{1n}+b_2A_{2n}+\cdots+b_nA_{nn})]$$

$$=\frac{1}{D}[b_1(a_{i1}A_{11}+a_{i2}A_{12}+\cdots+a_{in}A_{1n})+b_2(a_{i1}A_{21}+a_{i2}A_{22}+\cdots+a_{in}A_{2n})+\cdots+b_n(a_{i1}A_{n1}+a_{i2}A_{n2}+\cdots+a_{in}A_{nn})]$$

$$=\frac{1}{D}b_iD$$

$$=b_i.$$

其中倒数第二个等号成立用到了§1.4的(1.8).

下证解的唯一性.

设 $x_1=c_1,x_2=c_2,\cdots,x_n=c_n$ 为方程组(1.15)的任一组解,下面证明 $c_j-\frac{D_j}{D}=0$,其中 $j=1,2,\cdots,n$.由于 $c_j-\frac{D_j}{D}=\frac{1}{D}(c_jD-D_j)$,记 $s_j=c_jD-D_j$,则可以将 s_j 写成如下形式

$$s_j=\begin{vmatrix} a_{11} & \cdots & a_{1,j-1} & c_ja_{1j}-b_1 & a_{1,j+1} & \cdots & a_{1n} \\ a_{21} & \cdots & a_{2,j-1} & c_ja_{2j}-b_2 & a_{2,j+1} & \cdots & a_{2n} \\ \vdots & & \vdots & \vdots & \vdots & & \vdots \\ a_{n1} & \cdots & a_{n,j-1} & c_ja_{nj}-b_n & a_{n,j+1} & \cdots & a_{nn} \end{vmatrix}, \tag{1.19}$$

将(1.19)中行列式的第 i 列元素的 c_i 倍($i=1,2,\cdots,j-1,j+1,\cdots,n$)加到行列式的第 j 列的对应元素上去,则有

$$s_j=\begin{vmatrix} a_{11} & \cdots & a_{1,j-1} & c_1a_{11}+c_2a_{12}+\cdots+c_na_{1n}-b_1 & a_{1,j+1} & \cdots & a_{1n} \\ a_{21} & \cdots & a_{2,j-1} & c_1a_{21}+c_2a_{22}+\cdots+c_na_{2n}-b_2 & a_{2,j+1} & \cdots & a_{2n} \\ \vdots & & \vdots & \vdots & \vdots & & \vdots \\ a_{n1} & \cdots & a_{n,j-1} & c_1a_{n1}+c_2a_{n2}+\cdots+c_na_{nn}-b_n & a_{n,j+1} & \cdots & a_{nn} \end{vmatrix}. \tag{1.20}$$

由 $c_1,c_2,\cdots,c_n$ 是方程组(1.15)的一组解知(1.20)右端行列式中第 j 列元素全部是零,由性质1.3.3的推论2可知 $s_j=0$,即 $c_j=\frac{D_j}{D}(j=1,2,\cdots,n)$.

这就说明了方程组解的唯一性.证毕.

例1 用克拉默法则求解线性方程组

$$\begin{cases} 3x_1-2x_2-4x_3+5x_4=10, \\ 2x_1-3x_2-5x_3+4x_4=3, \\ 4x_1-7x_2-x_3-2x_4=-17, \\ -10x_1+12x_2+10x_3-7x_4=3. \end{cases}$$

典型例题讲解
克拉默法则

解 因为系数行列式

$$D=\begin{vmatrix}3&-2&-4&5\\2&-3&-5&4\\4&-7&-1&-2\\-10&12&10&-7\end{vmatrix}=-52\neq 0,$$

所以方程组有唯一解,又

$$D_1=\begin{vmatrix}10&-2&-4&5\\3&-3&-5&4\\-17&-7&-1&-2\\3&12&10&-7\end{vmatrix}=-52,\quad D_2=\begin{vmatrix}3&10&-4&5\\2&3&-5&4\\4&-17&-1&-2\\-10&3&10&-7\end{vmatrix}=-104,$$

$$D_3=\begin{vmatrix}3&-2&10&5\\2&-3&3&4\\4&-7&-17&-2\\-10&12&3&-7\end{vmatrix}=-52,\quad D_4=\begin{vmatrix}3&-2&-4&10\\2&-3&-5&3\\4&-7&-1&-17\\-10&12&10&3\end{vmatrix}=-156,$$

从而

$$x_1=\frac{D_1}{D}=1,\quad x_2=\frac{D_2}{D}=2,\quad x_3=\frac{D_3}{D}=1,\quad x_4=\frac{D_4}{D}=3.$$

对于齐次线性方程组(1.14),设 $x_1=c_1,x_2=c_2,\cdots,x_n=c_n$ 为方程组(1.14)的任一组解,如果每个 $c_i(i=1,2,\cdots,n)$ 都等于零,那么此解称为零解;如果 $c_1,c_2,\cdots,c_n$ 不全为零,那么此解称为非零解.

任何齐次线性方程组总是有解的,因为它至少有零解.那么齐次线性方程组什么时候有非零解呢?由克拉默法则可知,对于方程个数与未知量个数相等的齐次线性方程组,当它的系数行列式 $D\neq 0$ 时,方程组有唯一零解,所以由 n 个方程组成的 n 元齐次线性方程组有非零解的必要条件是系数行列式 $D=0$.以后可以证明这个条件也是充分的.

例 2　当 λ 取何值时,方程组

$$\begin{cases}-\lambda x_1-x_2-x_3=0,\\-x_1-\lambda x_2-x_3=0,\\-x_1-x_2-\lambda x_3=0\end{cases}$$

有非零解?

解　方程组的系数行列式

$$D=\begin{vmatrix}-\lambda&-1&-1\\-1&-\lambda&-1\\-1&-1&-\lambda\end{vmatrix}=-(\lambda+2)(\lambda-1)^2,$$

所以只有当 $D=0$,即 $\lambda=-2$ 或 1 时,原方程组才可能有非零解.若 $\lambda=-2$,则原方程组变为

$$\begin{cases}2x_1-x_2-x_3=0,\\-x_1+2x_2-x_3=0,\\-x_1-x_2+2x_3=0.\end{cases}$$

直接观察可知 $x_1=x_2=x_3=1$ 是方程组的一个非零解. 当 $\lambda=1$ 时,用类似的方法可以得到 $x_1=2,x_2=x_3=-1$ 是方程组的一个非零解.所以当 $\lambda=-2$ 或 1 时原方程组有非零解.

在系数行列式 $D\neq 0$ 的条件下,克拉默法则提供了求解这类特殊的线性方程组的一种方法.在实际问题中,还会遇到系数行列式 $D=0$,以及方程个数与未知量个数不相等的线性方程组.这类方程组的求解问题将在后面部分章节进行讨论.

*1.5.2　应用举例

应用 1　平面直线方程的行列式表示

下述定理表明平面直线的方程也可以用行列式来表示.

定理 1.5.2　平面上过两个不同点 (x_1,y_1),(x_2,y_2) 的直线方程可以表示为 $\begin{vmatrix}1 & x & y\\1 & x_1 & y_1\\1 & x_2 & y_2\end{vmatrix}=0.$

证　因为 $\begin{vmatrix}1 & x & y\\1 & x_1 & y_1\\1 & x_2 & y_2\end{vmatrix}=\begin{vmatrix}1 & x & y\\0 & x_1-x & y_1-y\\0 & x_2-x & y_2-y\end{vmatrix}=(x-x_1)(y-y_2)-(x-x_2)(y-y_1)$,所以 $\begin{vmatrix}1 & x & y\\1 & x_1 & y_1\\1 & x_2 & y_2\end{vmatrix}=0$ 当且仅当 $y(x_2-x_1)+x(y_1-y_2)=x_2y_1-x_1y_2$.关于变量 x,y 的线性方程 $y(x_2-x_1)+x(y_1-y_2)=x_2y_1-x_1y_2$ 一定是平面上某条直线的方程.由于 $\begin{vmatrix}1 & x_1 & y_1\\1 & x_1 & y_1\\1 & x_2 & y_2\end{vmatrix}=\begin{vmatrix}1 & x_2 & y_2\\1 & x_1 & y_1\\1 & x_2 & y_2\end{vmatrix}=0$,故 (x_1,y_1),(x_2,y_2) 两点都在直线 $\begin{vmatrix}1 & x & y\\1 & x_1 & y_1\\1 & x_2 & y_2\end{vmatrix}=0$ 上.即 $\begin{vmatrix}1 & x & y\\1 & x_1 & y_1\\1 & x_2 & y_2\end{vmatrix}=0$ 是过两个不同点 (x_1,y_1),(x_2,y_2) 的直线方程.

例 3　判定经过两点 $(\cos\theta,\sin\theta)$,$(-\sin\theta,\cos\theta)$ 的直线是否也经过点 $(0,0)$.

解　由于 $\cos\theta$ 和 $\sin\theta$ 不能同时为零,故 $(\cos\theta,\sin\theta)$ 和 $(-\sin\theta,\cos\theta)$ 是平面上的两个不同点.过上述两点的直线方程为 $\begin{vmatrix}1 & x & y\\1 & \cos\theta & \sin\theta\\1 & -\sin\theta & \cos\theta\end{vmatrix}=0$.但是 $\begin{vmatrix}1 & 0 & 0\\1 & \cos\theta & \sin\theta\\1 & -\sin\theta & \cos\theta\end{vmatrix}=1$.所以点 $(0,0)$ 不在该直线上.

应用 2　面积与体积的行列式表示

在中学已经学习了二维向量.如图 1-1 所示,给定两个二维向量 $\boldsymbol{\alpha},\boldsymbol{\beta}$,则可以得到一个以这两个向量为邻边的平行四边形,如图 1-2 所示.

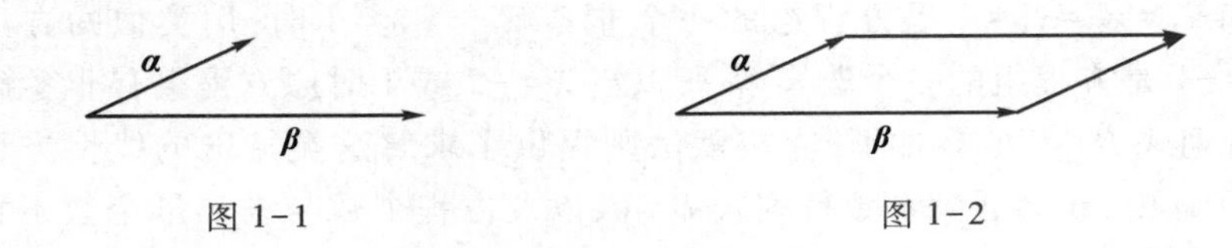

图 1-1　　　　图 1-2

行列式可以用来表示一个以两个二维向量为邻边的平行四边形的面积,对三维向量也有类似结果.

定理 1.5.3　(1) 以 $\mathbf{R}^2$ 中的两个非零向量 $\boldsymbol{\alpha}=\begin{pmatrix}a\\b\end{pmatrix},\boldsymbol{\beta}=\begin{pmatrix}c\\d\end{pmatrix}$ 为邻边的平行四边形的面积是行列式 $\begin{vmatrix}a&c\\b&d\end{vmatrix}$ 的绝对值;

(2) 以 $\mathbf{R}^3$ 中三个非零向量 $\boldsymbol{\alpha}=\begin{pmatrix}a_1\\a_2\\a_3\end{pmatrix},\boldsymbol{\beta}=\begin{pmatrix}b_1\\b_2\\b_3\end{pmatrix},\boldsymbol{\gamma}=\begin{pmatrix}c_1\\c_2\\c_3\end{pmatrix}$ 为邻边的平行六面体的体积是行列式 $\begin{vmatrix}a_1&b_1&c_1\\a_2&b_2&c_2\\a_3&b_3&c_3\end{vmatrix}$ 的绝对值.

证　仅证(1),在直角坐标系中,用 A 代表点 (a,b)、B 代表点 (c,d)、O 代表点 $(0,0)$.取 $\boldsymbol{\alpha}=\overrightarrow{OA},\boldsymbol{\beta}=\overrightarrow{OB}$.当 $\boldsymbol{\alpha},\boldsymbol{\beta}$ 对应的分量成比例时,平行四边形退化为面积为 0 的一条线段.由性质 1.3.3 的推论 3 可知行列式的值也为零,故结论成立.下设 $\boldsymbol{\alpha},\boldsymbol{\beta}$ 对应的分量不成比例,则所求的一条边 OB 的长为 $\sqrt{c^2+d^2}$,该边上的高 h 是点 A 到直线 OB 的距离.由平面解析几何知识可得,直线 OB 的方程为 $dx-cy=0$,故 $h=\dfrac{|ad-bc|}{\sqrt{c^2+d^2}}$.所以平行四边形面积为 $|ad-bc|$,即 $\begin{vmatrix}a&c\\b&d\end{vmatrix}$ 的绝对值.

(2) 类似可证.证毕.

本定理给出了二阶及三阶行列式的几何意义.

例 4　求由四点 $(-3,-1)$, $(0,2)$, $(2,1)$, $(5,4)$ 所确定的四边形的面积.

解　用 A,B,C,D 分别代表点 $(-3,-1)$, $(0,2)$, $(2,1)$, $(5,4)$.记

$$\boldsymbol{\alpha}_1=\overrightarrow{AB}=\begin{pmatrix}3\\3\end{pmatrix},\quad \boldsymbol{\beta}_1=\overrightarrow{AC}=\begin{pmatrix}5\\2\end{pmatrix},\quad \boldsymbol{\alpha}_2=\overrightarrow{CD}=\begin{pmatrix}3\\3\end{pmatrix},\quad \boldsymbol{\beta}_2=\overrightarrow{BD}=\begin{pmatrix}5\\2\end{pmatrix}.$$

由于 $\boldsymbol{\alpha}_1/\!/\boldsymbol{\alpha}_2,\boldsymbol{\beta}_1/\!/\boldsymbol{\beta}_2$,故四点确定的四边形是平行四边形.取两邻边对应的向量分别为 $\boldsymbol{\alpha}_1=\begin{pmatrix}3\\3\end{pmatrix},\boldsymbol{\beta}_1=\begin{pmatrix}5\\2\end{pmatrix}$,由于 $\begin{vmatrix}3&5\\3&2\end{vmatrix}=-9$,故所求图形面积为 9.

应用 3　利用行列式求数列的通项

例 5　求二阶等差数列 3,8,15,24,35,… 的通项.

解　二阶等差数列的通项公式为

$$a_n=An^2+Bn+C,$$

其对应的点(1,3),(2,8),(3,15)均在抛物线 $y=Ax^2+Bx+C$ 上,作下面的四阶行列式并令其等于0,因为它是关于 n 和 a_n 的一个关系式,而且上述各点的坐标均满足这个关系式,故其必为所求的通项公式.于是由

$$\begin{vmatrix} n^2 & n & a_n & 1 \\ 1^2 & 1 & 3 & 1 \\ 2^2 & 2 & 8 & 1 \\ 3^2 & 3 & 15 & 1 \end{vmatrix}=0,$$

解得

$$\begin{vmatrix} n^2-1 & n-1 & a_n-3 \\ 3 & 1 & 5 \\ 8 & 2 & 12 \end{vmatrix}=0,$$

得

$$a_n=n^2+2n.$$

故所求数列的通项公式为 $a_n=n^2+2n$.

应用4　宇航员营养餐配制问题

例6　在太空环境中,宇航员的饮食需要精心准备.假设某宇航员的一份营养餐由蔬菜、肉和牛奶组成,这份营养餐中需含热量 1 200 cal,蛋白质 30 g 和维生素 C 300 mg,已知每 100 g 蔬菜、肉、牛奶中有关营养的含量分别如表 1-1 所示:

表 1-1　食品营养含量表

	蔬菜	肉	牛奶
热量/cal	60	300	600
蛋白质/g	3	9	6
维生素 C/mg	90	60	30

试求所配营养餐中每种食物的数量.

解　由实际问题可以建立下面的线性方程组,其中 x_1,x_2,x_3 分别表示蔬菜、肉、牛奶的数量(单位:100 g),则由表 1-1 中的数据可以得到下面的线性方程组

$$\begin{cases} 60x_1+300x_2+600x_3=1\ 200, \\ 3x_1+9x_2+6x_3=30, \\ 90x_1+60x_2+30x_3=300, \end{cases}$$

化简后可得同解方程组

$$\begin{cases} x_1+5x_2+10x_3=20, \\ x_1+3x_2+2x_3=10, \\ 3x_1+2x_2+x_3=10, \end{cases}$$

$$D=\begin{vmatrix}1&5&10\\1&3&2\\3&2&1\end{vmatrix}=-46,\quad D_1=\begin{vmatrix}20&5&10\\10&3&2\\10&2&1\end{vmatrix}=-70,$$

$$D_2=\begin{vmatrix}1&20&10\\1&10&2\\3&10&1\end{vmatrix}=-110,\quad D_3=\begin{vmatrix}1&5&20\\1&3&10\\3&2&10\end{vmatrix}=-30.$$

根据克拉默法则可知 $x_1=\frac{D_1}{D}=\frac{35}{23}$，$x_2=\frac{D_2}{D}=\frac{55}{23}$，$x_3=\frac{D_3}{D}=\frac{15}{23}$.所以蔬菜、肉、牛奶分别需要$\frac{3\ 500}{23}$ g，$\frac{5\ 500}{23}$ g，$\frac{1\ 500}{23}$ g.

习　题　1.5

1. 用克拉默法则求解下列方程组：

(1) $\begin{cases}3x_1-2x_2-4x_3+5x_4=10,\\2x_1-3x_2-5x_3+4x_4=9,\\4x_1-7x_2-x_3-2x_4=9,\\-10x_1+12x_2+10x_3-7x_4=-29;\end{cases}$

(2) $\begin{cases}-x-y-z=-1,\\x+2y+z-w=8,\\-2x+y+3w=-3,\\3x+3y+5z-6w=5.\end{cases}$

2. 求 λ 的值，使下列线性方程组有非零解：

$$\begin{cases}\lambda x-y=0,\\x-\lambda y=0.\end{cases}$$

3. 讨论 λ 为何值时，线性方程组

$$\begin{cases}-\lambda x_1-x_2-x_3=-1,\\-x_1-\lambda x_2-x_3=-\lambda,\\-x_1-x_2-\lambda x_3=-\lambda^2\end{cases}$$

有唯一解，并求出其解.

4. 设线性方程组 $\begin{cases}-sx_1+2x_2=-s,\\x_1-sx_2=1\end{cases}$ 有唯一解，求出这个解.

5. 设线性方程组 $\begin{cases}ax_1+3x_2+4x_3=0,\\3x_1+5x_2+5x_3=0,\\x_1+2x_2+x_3=0\end{cases}$ 有非零解，求常数 a.

§1.6 MATLAB 实验

通过学习 MATLAB,可以使用该软件计算行列式、利用克拉默法则求解线性方程组等.

例 1 求行列式 $A=\begin{vmatrix} 2 & 6 & 10 \\ 1 & 2 & 1 \\ 2 & 1 & 3 \end{vmatrix}$ 的值.

解 程序及运行结果如下:

```
>>A=[2 6 10;1 2 1;2 1 3];        %输入矩阵A
  det(A)                          %计算行列式A的值
  ans =                           %行列式A的返回值
        -26
```

MATLAB 还可以进行符号运算,但首先将要用到的符号用语句 syms 定义.

例 2 求行列式 $\begin{vmatrix} a & 1 & 1 & 1 & 1 \\ 1 & a & 0 & 0 & 0 \\ 1 & 0 & a & 0 & 0 \\ 1 & 0 & 0 & a & 0 \\ 1 & 0 & 0 & 0 & a \end{vmatrix}$ 的值.

解 程序及运行结果如下:

```
>>syms  a                                              %定义a为符号变量
A=[a 1 1 1 1;1 a 0 0 0;1 0 a 0 0;1 0 0 a 0;1 0 0 0 a];  %输入矩阵A

  det(A)                                               %计算行列式A的值
ans =                                                  %行列式A的返回值
    a^5-4*a^3
```

例 3 用克拉默法则计算线性方程组 $\begin{cases} x_1+2x_2+\ x_3=3, \\ 2x_1+3x_2+4x_3=1, \\ 4x_1+3x_2+3x_3=7. \end{cases}$

解 程序及运行结果如下:

```
>>A=[1 2 1;2 3 4;4 3 3],A1=[3 2 1;1 3 4;7 3 3],A2=[1 3 1;2 1 4;4 7 3],A3=[1 2
3;2 3 1;4 3 7]
A =

     1     2     1
     2     3     4
     4     3     3
A1 =

     3     2     1
```

```
      1     3     4
      7     3     3
A2 =
      1     3     1
      2     1     4
      4     7     3
A3 =
      1     2     3
      2     3     1
      4     3     7
>>D=det(A),D1=det(A1),D2=det(A2),D3=det(A3)
D =
      11
D1 =
      23.0000
D2 =
      15
D3 =
      -20
>>x1=D1/D,x2=D2/D,x3=D3/D       %x1,x2,x3 为方程组的解
x1 =
      2.0909
x2 =
      1.3636
x3 =
      -1.8182
```

例 4　解方程 $\begin{vmatrix} 5 & 1 & 3 & 2 \\ 3 & 2 & 2-x^2 & 1 \\ 3 & 2 & 1 & 1 \\ 10-x^2 & 3 & 4 & 3 \end{vmatrix}=0.$

解　程序如下：

```
>>clear all                                      %清除各种变量
syms x                                           %定义 x 为符号变量
A=[5 1 3 2; 3 2 2-x^2 1; 3 2 1 1;10-x^2 3 4 3]  %给矩阵 A 赋值
D=det(A)                                         %计算方阵 A 的行列式 D
f=factor(D)                                      %对行列式 D 进行因式分解
X=solve(D)                                       %求解方程"D=0"的解
```

运行结果为：

```
A =
```

```
    [        5,1,        3,2]
    [        3,2,2 -  x^2,1]
    [        3,2,        1,1]
    [10 - x^2,3,         4,3]
D =
    3 * (x^2 - 1) * (x^2 - 2)
f =
    3 * (x-1) * (x+1) * (x^2-2)
X =
    -1
     1
     2^(1/2)
    -2^(1/2)
```

习　题　1.6

1. 运用 MATLAB 软件求行列式$\begin{vmatrix} 3 & 6 \\ 5 & 7 \end{vmatrix}$的值.

2. 运用 MATLAB 软件求解方程$\begin{vmatrix} 327 & x \\ 109 & 41 \end{vmatrix}=0$.

3. 运用 MATLAB 软件求行列式$\begin{vmatrix} 2 & 3 & 4 \\ 1 & 2 & 1 \\ 3 & 1 & 2 \end{vmatrix}$的值.

4. 运用 MATLAB 软件求行列式$A=\begin{vmatrix} 1 & 0 & 0 & 1 \\ 2 & 1 & 3 & 4 \\ 0 & 2 & 0 & 1 \\ 1 & 0 & 0 & 2 \end{vmatrix}$的值.

5. 运用 MATLAB 软件求解线性方程组

$$\begin{cases} 2x_1+3x_2+4x_3=1, \\ 3x_1+5x_2+5x_3=4, \\ 3x_1+\ \ x_2+2x_3=4. \end{cases}$$

第一章思维导图

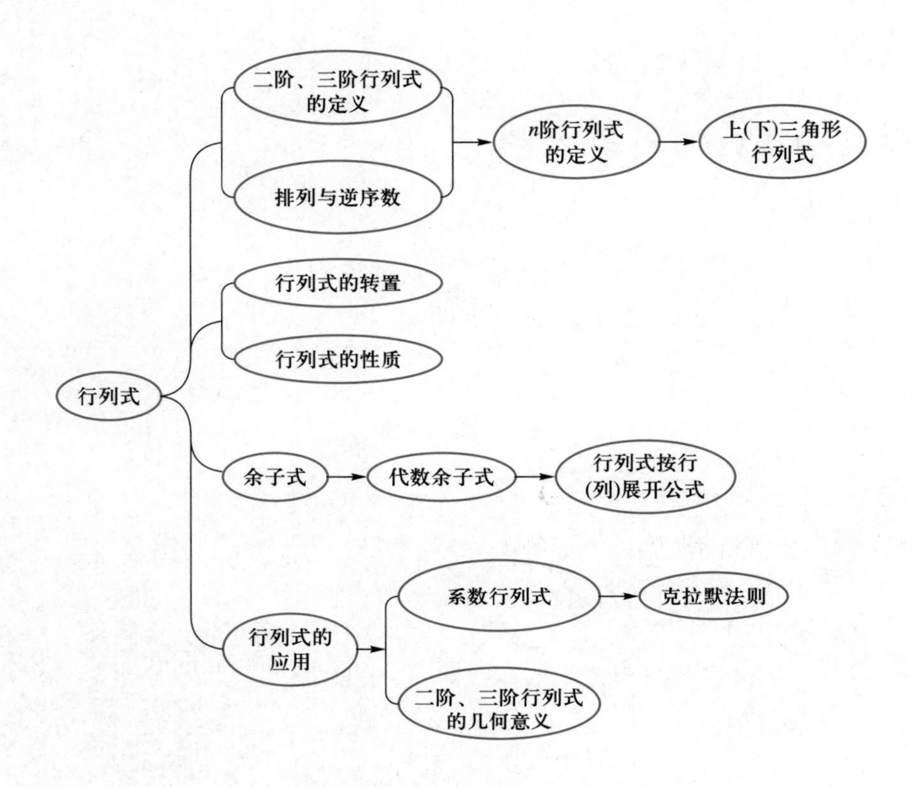

综合习题一

1. 填空题：

(1) 若排列 $1274i56j9$ 是奇排列，则 $i=$________，$j=$________；

(2) 已知 $\begin{vmatrix} a_{11} & a_{12} & a_{13} \\ a_{21} & a_{22} & a_{23} \\ a_{31} & a_{32} & a_{33} \end{vmatrix}=2$，则 $\begin{vmatrix} 4a_{11} & 4a_{12} & 4a_{13} \\ 4a_{21} & 4a_{22} & 4a_{23} \\ 4a_{31} & 4a_{32} & 4a_{33} \end{vmatrix}=$________；

(3) 已知行列式 $\begin{vmatrix} 1 & -1 & 1 \\ 2 & 3 & -2 \\ 3 & 2 & -1 \end{vmatrix}$，用 A_{ij} 表示元素 a_{ij} 的代数余子式，则 $\begin{vmatrix} -A_{11} & -A_{12} & -A_{13} \\ A_{21} & A_{22} & A_{23} \\ A_{31} & A_{32} & A_{33} \end{vmatrix}=$______；

（4）已知 5 阶行列式

$$\begin{vmatrix} 1 & 2 & 3 & 4 & 5 \\ 2 & 2 & 2 & 1 & 1 \\ 3 & 1 & 2 & 4 & 5 \\ 2 & 2 & 2 & 3 & 3 \\ 4 & 3 & 1 & 5 & 0 \end{vmatrix},$$

其中 A_{ij} 是元素 a_{ij} 的代数余子式，则 $A_{41}+A_{42}+A_{43}=$________，$A_{44}+A_{45}=$________.

2. 计算下列行列式：

（1）$\begin{vmatrix} 1 & a_1 & a_1^2 & a_1^4 \\ 1 & a_2 & a_2^2 & a_2^4 \\ 1 & a_3 & a_3^2 & a_3^4 \\ 1 & a_4 & a_4^2 & a_4^4 \end{vmatrix}$；（2）$\begin{vmatrix} 1 & 1 & 1 & 1 \\ \cos\theta_1 & \cos\theta_2 & \cos\theta_3 & \cos\theta_4 \\ \cos 2\theta_1 & \cos 2\theta_2 & \cos 2\theta_3 & \cos 2\theta_4 \\ \cos 3\theta_1 & \cos 3\theta_2 & \cos 3\theta_3 & \cos 3\theta_4 \end{vmatrix}$.

3. 计算下列 n 阶行列式：

（1）$\begin{vmatrix} 0 & 1 & 0 & \cdots & 0 \\ 0 & 0 & 2 & \cdots & 0 \\ \vdots & \vdots & \vdots & & \vdots \\ 0 & 0 & 0 & \cdots & n-1 \\ n & 0 & 0 & \cdots & 0 \end{vmatrix}$ $(n\geqslant 2)$；（2）$\begin{vmatrix} 1 & 2 & 2 & \cdots & 2 \\ 2 & 2 & 2 & \cdots & 2 \\ 2 & 2 & 3 & \cdots & 2 \\ \vdots & \vdots & \vdots & & \vdots \\ 2 & 2 & 2 & \cdots & n \end{vmatrix}$ $(n\geqslant 2)$；

（3）$\begin{vmatrix} x_0 & 1 & 1 & \cdots & 1 \\ 1 & x_1 & 0 & \cdots & 0 \\ 1 & 0 & x_2 & \cdots & 0 \\ \vdots & \vdots & \vdots & & \vdots \\ 1 & 0 & 0 & \cdots & x_{n-1} \end{vmatrix}$ $(n\geqslant 2)$，其中 $x_1\cdots x_{n-1}\neq 0$；

（4）$\begin{vmatrix} \cos 1 & 1 & 0 & \cdots & 0 & 0 \\ 1 & 2\cos 1 & 1 & \cdots & 0 & 0 \\ 0 & 1 & 2\cos 1 & \cdots & 0 & 0 \\ \vdots & \vdots & \vdots & & \vdots & \vdots \\ 0 & 0 & 0 & \cdots & 2\cos 1 & 1 \\ 0 & 0 & 0 & \cdots & 1 & 2\cos 1 \end{vmatrix}$；

（5）$\begin{vmatrix} a_1-b_1 & a_1-b_2 & \cdots & a_1-b_n \\ a_2-b_1 & a_2-b_2 & \cdots & a_2-b_n \\ \vdots & \vdots & & \vdots \\ a_n-b_1 & a_n-b_2 & \cdots & a_n-b_n \end{vmatrix}$；

（6）$\begin{vmatrix} a+b & a & 0 & \cdots & 0 & 0 \\ b & a+b & a & \cdots & 0 & 0 \\ 0 & b & a+b & \cdots & 0 & 0 \\ \vdots & \vdots & \vdots & & \vdots & \vdots \\ 0 & 0 & 0 & \cdots & a+b & a \\ 0 & 0 & 0 & \cdots & b & a+b \end{vmatrix}$.

4. 已知 $\lim\limits_{n\to\infty} a_{ij}(n)=i+j(i,j=1,2,3)$，证明：$\lim\limits_{n\to\infty}\det(a_{ij}(n))_{3\times3}=0$.

5. 假定所有的 $a_{ij}(t)(i,j=1,2,\cdots,n)$ 均可微，证明：

$$\frac{\mathrm{d}}{\mathrm{d}t}\begin{vmatrix} a_{11}(t) & a_{12}(t) & \cdots & a_{1n}(t) \\ a_{21}(t) & a_{22}(t) & \cdots & a_{2n}(t) \\ \vdots & \vdots & & \vdots \\ a_{n1}(t) & a_{n2}(t) & \cdots & a_{nn}(t) \end{vmatrix}=\sum_{i=1}^{n}\begin{vmatrix} a_{11}(t) & a_{12}(t) & \cdots & a_{1n}(t) \\ \vdots & \vdots & & \vdots \\ \frac{\mathrm{d}}{\mathrm{d}t}a_{i1}(t) & \frac{\mathrm{d}}{\mathrm{d}t}a_{i2}(t) & \cdots & \frac{\mathrm{d}}{\mathrm{d}t}a_{in}(t) \\ \vdots & \vdots & & \vdots \\ a_{n1}(t) & a_{n2}(t) & \cdots & a_{nn}(t) \end{vmatrix}.$$

6. 设 $f(x)=\begin{vmatrix} 1 & 1 & 1 \\ 3-x & 5-3x^2 & 3x^2-1 \\ 2x^2-1 & 3x^2-1 & 7x^8-1 \end{vmatrix}$，证明：存在 $\xi\in(0,1)$，使得 $f'(\xi)=0$.

7. 用三阶行列式表示斜率为 k 且过点 (x_0,y_0) 的平面直线的方程.

8. 求以向量 $(-2,-1)$，$(1,2)$ 为邻边的平行四边形的面积.

9. 求二阶等差数列 $-3,2,9,18,29,\cdots$ 的通项.

10. 在信息技术和控制论这些理论中，经常通过拉普拉斯变换进行分析，把一个线性微分方程转化为一个线性方程组，求解之后再利用拉普拉斯逆变换就可以得到所需要求解的量. 例如，在考虑闭合回路电压问题时，可以得到下面的方程组

$$\begin{cases} \left(s+\dfrac{1}{s+1}\right)I_1(s)-\dfrac{1}{s+1}I_2(s)=0, \\ \dfrac{1}{s+1}I_1(s)-\left(s+\dfrac{1}{s+1}\right)I_2(s)=-\dfrac{1}{s}. \end{cases}$$

在 $s\neq-1,0$ 的条件下求 $I_1(s),I_2(s)$.

11. 运用 MATLAB 软件求行列式 $\boldsymbol{A}=\begin{vmatrix} 2 & 3 & 5 \\ 2 & 4 & 2 \\ 6 & 3 & 9 \end{vmatrix}$ 的值.

12. 运用 MATLAB 软件计算 $\begin{vmatrix} 4 & 1 & 2 & 3 \\ 3 & 4 & 1 & 2 \\ 2 & 3 & 4 & 1 \\ 1 & 2 & 3 & 4 \end{vmatrix}$.

13. 运用 MATLAB 软件求解线性方程组 $\begin{cases} 3x_1-2x_2-4x_3+5x_4=10, \\ 2x_1-3x_2-5x_3+4x_4=3, \\ 4x_1-7x_2-x_3-2x_4=-17, \\ -10x_1+12x_2+10x_3-7x_4=3. \end{cases}$

数学之星——吴文俊

图 1-3

吴文俊(1919—2017,如图 1-3),祖籍浙江嘉兴,中国科学院院士.他的研究涉及数学的诸多领域,尤其在拓扑学和数学机械化两个领域取得了杰出成果,主要著作包括《几何定理的机械化证明》《数学机械化》等,1956 年获得国家自然科学奖一等奖,1993 年获得陈嘉庚数理科学奖,1994 年获得求是基金杰出科学家奖,2001 年 2 月获得 2000 年度国家最高科学技术奖,此外,还被授予"人民科学家"的国家荣誉称号.他也是中国人工智能研究领域的开拓先驱. 虽然他取得了丰硕的成果,但是他把一切都归功于国家,归功于人民.

第二章 矩阵及其运算

矩阵是线性代数中的主要内容，它既是研究线性方程组、线性变换、二次型等代数问题的重要工具，也是多元函数微分学、微分方程、解析几何等其他数学分支中的重要工具．自然科学、工程技术和国民经济等许多领域中的实际问题都可以用矩阵概念来描述，并且用相关的矩阵理论与方法去解决．

本章介绍矩阵的有关概念、矩阵的基本运算、可逆矩阵、分块矩阵与分块矩阵的运算以及矩阵的初等变换等．

§2.1 矩阵的概念

2.1.1 矩阵的定义

关系式

$$\begin{cases} y_1=a_{11}x_1+a_{12}x_2+\cdots+a_{1n}x_n, \\ y_2=a_{21}x_1+a_{22}x_2+\cdots+a_{2n}x_n, \\ \cdots\cdots\cdots\cdots \\ y_m=a_{m1}x_1+a_{m2}x_2+\cdots+a_{mn}x_n \end{cases} \tag{2.1}$$

称为由变量 $x_1,x_2,\cdots,x_n$ 到变量 $y_1,y_2,\cdots,y_m$ 的线性变换，将各系数提取出来且相对位置保持不变，得到一个数表

$$\begin{pmatrix} a_{11} & a_{12} & \cdots & a_{1n} \\ a_{21} & a_{22} & \cdots & a_{2n} \\ \vdots & \vdots & & \vdots \\ a_{m1} & a_{m2} & \cdots & a_{mn} \end{pmatrix}. \tag{2.2}$$

显然，形如(2.1)的线性变换与形如(2.2)的数表是一一对应的．

定义 2.1.1　由 $m\times n$ 个数 $a_{ij}(i=1,2,\cdots,m;j=1,2,\cdots,n)$ 按一定顺序排成的 m 行 n 列的

数表

$$\begin{pmatrix} a_{11} & a_{12} & \cdots & a_{1n} \\ a_{21} & a_{22} & \cdots & a_{2n} \\ \vdots & \vdots & & \vdots \\ a_{m1} & a_{m2} & \cdots & a_{mn} \end{pmatrix}$$

称为 m 行 n 列矩阵,简称为 $m \times n$ 矩阵(matrix),通常用大写英文字母表示,记作 $\boldsymbol{A}_{m\times n}$ 或 $\boldsymbol{A}$.这 $m \times n$ 个数称为矩阵 $\boldsymbol{A}$ 的元素(element),简称为元,数 a_{ij} 位于矩阵 $\boldsymbol{A}$ 的第 i 行第 j 列,称为矩阵 $\boldsymbol{A}$ 的 (i,j) 元.因此以数 a_{ij} 为 (i,j) 元的矩阵还可记作 $(a_{ij})_{m\times n}$ 或 (a_{ij}).

上述数表(2.2)称为线性变换(2.1)的**矩阵**.

给定线性变换(2.1),它的矩阵(2.2)也就确定了;反之,如果给定矩阵(2.2),则对应的线性变换(2.1)也就确定了.在此意义上,线性变换和矩阵之间存在着一一对应关系.

n 元线性方程组

$$\begin{cases} a_{11}x_1+a_{12}x_2+\cdots+a_{1n}x_n=b_1, \\ a_{21}x_1+a_{22}x_2+\cdots+a_{2n}x_n=b_2, \\ \cdots\cdots\cdots\cdots \\ a_{m1}x_1+a_{m2}x_2+\cdots+a_{mn}x_n=b_m \end{cases} \tag{2.3}$$

的系数按原来的位置构成的 $m \times n$ 矩阵

$$\boldsymbol{A}=\begin{pmatrix} a_{11} & a_{12} & \cdots & a_{1n} \\ a_{21} & a_{22} & \cdots & a_{2n} \\ \vdots & \vdots & & \vdots \\ a_{m1} & a_{m2} & \cdots & a_{mn} \end{pmatrix}$$

称为线性方程组(2.3)的**系数矩阵**(coefficient matrix).

由(2.3)的系数与常数项构成的矩阵

$$\overline{\boldsymbol{A}}=(\boldsymbol{A}\mid\boldsymbol{b})=\begin{pmatrix} a_{11} & a_{12} & \cdots & a_{1n} & b_1 \\ a_{21} & a_{22} & \cdots & a_{2n} & b_2 \\ \vdots & \vdots & & \vdots & \vdots \\ a_{m1} & a_{m2} & \cdots & a_{mn} & b_m \end{pmatrix}$$

称为线性方程组(2.3)的**增广矩阵**(augmented matrix).

元素是实数的矩阵称为**实矩阵**,元素是复数的矩阵称为**复矩阵**.除特别说明以外,本书中的矩阵都指实矩阵.

例如,$\boldsymbol{A}=\begin{pmatrix} 1 & 0 & 3 & 5 \\ -9 & 6 & 4 & 3 \end{pmatrix}$ 是一个 2×4 实矩阵,$\boldsymbol{B}=\begin{pmatrix} 13 & 6 & 2\mathrm{i} \\ 2 & 2 & 2 \\ 2 & 2 & 2 \end{pmatrix}$ 是一个 3×3 复矩阵,$\boldsymbol{C}=(4)$ 是一个 1×1 矩阵.

显然,矩阵与行列式有本质的区别,行列式是一个算式,一个数字行列式经过计算可求得其值,而矩阵仅仅是一个数表,它的行数和列数可以不同.

定义 2.1.2 两个矩阵 $\boldsymbol{A},\boldsymbol{B}$ 行数相等,列数也相等时,称 $\boldsymbol{A},\boldsymbol{B}$ 为**同型矩阵**.

例如,矩阵 $\boldsymbol{A}=\begin{pmatrix}1&2&3\\-1&5&3\end{pmatrix}$ 与 $\boldsymbol{B}=\begin{pmatrix}0&1&-3\\2&1&-1\end{pmatrix}$ 是同型矩阵.

定义 2.1.3　对同型矩阵 $\boldsymbol{A}=(a_{ij})_{m\times n}$,$\boldsymbol{B}=(b_{ij})_{m\times n}$,如果它们的对应元素相等,即

$$a_{ij}=b_{ij}(i=1,2,\cdots,m;j=1,2,\cdots,n),$$

那么称矩阵 $\boldsymbol{A}$ 与矩阵 $\boldsymbol{B}$ 相等,记作 $\boldsymbol{A}=\boldsymbol{B}$.

2.1.2　几种特殊形式的矩阵

(1) 元素全为零的矩阵称为**零矩阵**(zero matrix),$m\times n$ 零矩阵记作

$$\boldsymbol{O}_{m\times n}=\begin{pmatrix}0&0&\cdots&0\\0&0&\cdots&0\\\vdots&\vdots&&\vdots\\0&0&\cdots&0\end{pmatrix}\quad 或\quad \boldsymbol{O}.$$

值得注意的是,不同型的零矩阵是不相等的.例如,

$$\begin{pmatrix}0&0&0&0\\0&0&0&0\\0&0&0&0\\0&0&0&0\end{pmatrix}\neq(0,0,0,0).$$

(2) 只有一行的矩阵称为**行矩阵**(row matrix),又称为**行向量**(row vector),记作

$$\boldsymbol{A}=(a_1,a_2,\cdots,a_n)\quad 或\quad \boldsymbol{\alpha}=(a_1,a_2,\cdots,a_n).$$

(3) 只有一列的矩阵称为**列矩阵**(column matrix),又称为**列向量**(column vector),记作

$$\boldsymbol{A}=\begin{pmatrix}a_1\\a_2\\\vdots\\a_m\end{pmatrix}\quad 或\quad \boldsymbol{\alpha}=\begin{pmatrix}a_1\\a_2\\\vdots\\a_m\end{pmatrix}.$$

(4) 行数和列数都等于 n 的矩阵称为 n **阶矩阵**或 n **阶方阵**(square matrix),记作

$$\boldsymbol{A}=\boldsymbol{A}_n=\begin{pmatrix}a_{11}&a_{12}&\cdots&a_{1n}\\a_{21}&a_{22}&\cdots&a_{2n}\\\vdots&\vdots&&\vdots\\a_{n1}&a_{n2}&\cdots&a_{nn}\end{pmatrix}.$$

此时,从左上角元素到右下角元素 $a_{11},a_{22},\cdots,a_{nn}$ 所形成的直线称为**主对角线**(principal diagonal).

(5) 主对角线下方的元素都为零的方阵称为**上三角形矩阵**(upper triangular matrix),即 $a_{ij}=0\ (i>j;i,j=1,2,\cdots,n)$,记作

$$\boldsymbol{A}_n=\begin{pmatrix}a_{11}&a_{12}&\cdots&a_{1n}\\0&a_{22}&\cdots&a_{2n}\\\vdots&\vdots&&\vdots\\0&0&\cdots&a_{nn}\end{pmatrix}\quad 或\quad \boldsymbol{A}_n=\begin{pmatrix}a_{11}&a_{12}&\cdots&a_{1n}\\&a_{22}&\cdots&a_{2n}\\&&\ddots&\vdots\\&&&a_{nn}\end{pmatrix},$$

其中未标出的元素均为 0.

(6) 主对角线上方的元素都为零的方阵称为**下三角形矩阵**(lower triangular matrix),即 $a_{ij}=0\ (i<j;i,j=1,2,\cdots,n)$,记作

$$\boldsymbol{A}_n=\begin{pmatrix} a_{11} & 0 & \cdots & 0 \\ a_{21} & a_{22} & \cdots & 0 \\ \vdots & \vdots & & \vdots \\ a_{n1} & a_{n2} & \cdots & a_{nn} \end{pmatrix} \quad \text{或} \quad \boldsymbol{A}_n=\begin{pmatrix} a_{11} & & & \\ a_{21} & a_{22} & & \\ \vdots & \vdots & \ddots & \\ a_{n1} & a_{n2} & \cdots & a_{nn} \end{pmatrix}.$$

(7) 主对角线以外的元素都为零的方阵称为**对角矩阵**(diagonal matrix),即 $a_{ij}=0$ $(i\neq j;i,j=1,2,\cdots,n)$,记作

$$\boldsymbol{\Lambda}_n=\begin{pmatrix} a_{11} & 0 & \cdots & 0 \\ 0 & a_{22} & \cdots & 0 \\ \vdots & \vdots & & \vdots \\ 0 & 0 & \cdots & a_{nn} \end{pmatrix} \quad \text{或} \quad \boldsymbol{\Lambda}_n=\begin{pmatrix} a_{11} & & & \\ & a_{22} & & \\ & & \ddots & \\ & & & a_{nn} \end{pmatrix}.$$

对角矩阵也常记作 $\boldsymbol{\Lambda}_n=\operatorname{diag}(a_{11},a_{22},\cdots,a_{nn})$.

(8) 主对角线上元素都相等的对角矩阵称为**数量矩阵**(scalar matrix),记作

$$\boldsymbol{A}_n=\begin{pmatrix} \lambda & 0 & \cdots & 0 \\ 0 & \lambda & \cdots & 0 \\ \vdots & \vdots & & \vdots \\ 0 & 0 & \cdots & \lambda \end{pmatrix} \quad \text{或} \quad \boldsymbol{A}_n=\begin{pmatrix} \lambda & & & \\ & \lambda & & \\ & & \ddots & \\ & & & \lambda \end{pmatrix}.$$

(9) 主对角线上元素都等于 1 的对角矩阵称为**单位矩阵**(identity matrix),记作

$$\boldsymbol{E}_n=\begin{pmatrix} 1 & 0 & \cdots & 0 \\ 0 & 1 & \cdots & 0 \\ \vdots & \vdots & & \vdots \\ 0 & 0 & \cdots & 1 \end{pmatrix} \quad \text{或} \quad \boldsymbol{E}_n=\begin{pmatrix} 1 & & & \\ & 1 & & \\ & & \ddots & \\ & & & 1 \end{pmatrix}.$$

(10) 在方阵 $\boldsymbol{A}=(a_{ij})_n$ 中,若 $a_{ij}=a_{ji}(i,j=1,2,\cdots,n)$,则称 $\boldsymbol{A}$ 为**对称矩阵**(symmetric matrix);若 $a_{ij}=-a_{ji}(i,j=1,2,\cdots,n)$,则称 $\boldsymbol{A}$ 为**反称矩阵**(skew-symmetric matrix).

例如,$\boldsymbol{A}=\begin{pmatrix} 1 & 6 & 3 \\ 6 & 2 & 1 \\ 3 & 1 & 2 \end{pmatrix}$是对称矩阵,$\boldsymbol{B}=\begin{pmatrix} 0 & 2 & 3 \\ -2 & 0 & -1 \\ -3 & 1 & 0 \end{pmatrix}$是反称矩阵.

习　题　2.1

1. 写出线性方程组$\begin{cases} x_1+x_2+x_3+x_4+x_5=7, \\ 3x_1+2x_2+x_3+x_4-3x_5=-2, \\ x_2+2x_3+2x_4+6x_5=23, \\ 5x_1+4x_2+3x_3+3x_4-x_5=12 \end{cases}$的系数矩阵.

2. 已知线性变换

$$\begin{cases} x_1 = \ \ y_1+y_2-y_3, \\ x_2 = 2y_1+y_2, \\ x_3 = \ \ y_1-y_2, \end{cases}$$

写出从变量 y_1,y_2,y_3 到变量 x_1,x_2,x_3 的线性变换矩阵.

3. 某厂生产的 A,B 两种产品,各个季度产值(单位:万元)如表 2-1 所示.请写出该厂产品的产值矩阵.

表 2-1　产品各季度产值表

产值/万元		季度			
		1	2	3	4
产品	A	80	75	50	45
	B	65	40	30	90

4. 已知矩阵 $\boldsymbol{A}=\begin{pmatrix} a-b & 2 & 3 \\ 2 & 5 & c \end{pmatrix}$ 与 $\boldsymbol{B}=\begin{pmatrix} 0 & a+b & 3 \\ 2 & d & -1 \end{pmatrix}$ 相等,求 a,b,c,d.

§2.2　矩阵的基本运算

本节主要介绍矩阵的加法、减法、数乘以及乘法等基本运算及其运算规律.

2.2.1　矩阵的加法

定义 2.2.1　设两个矩阵 $\boldsymbol{A}=(a_{ij})_{m\times n}$ 和 $\boldsymbol{B}=(b_{ij})_{m\times n}$,那么矩阵 $\boldsymbol{A}$ 与 $\boldsymbol{B}$ 的和记作 $\boldsymbol{A}+\boldsymbol{B}$,规定为

$$\boldsymbol{A}+\boldsymbol{B}=(a_{ij}+b_{ij})_{m\times n}=\begin{pmatrix} a_{11}+b_{11} & a_{12}+b_{12} & \cdots & a_{1n}+b_{1n} \\ a_{21}+b_{21} & a_{22}+b_{22} & \cdots & a_{2n}+b_{2n} \\ \vdots & \vdots & & \vdots \\ a_{m1}+b_{m1} & a_{m2}+b_{m2} & \cdots & a_{mn}+b_{mn} \end{pmatrix}.$$

注意,只有当两个矩阵是同型矩阵时,才能进行矩阵的加法运算,且其和仍然是与原矩阵同型的矩阵.

例 1　设 $\boldsymbol{A}=\begin{pmatrix} 12 & 3 & -5 \\ 1 & -9 & 0 \\ 3 & 6 & 8 \end{pmatrix}$,$\boldsymbol{B}=\begin{pmatrix} 1 & 8 & 9 \\ 6 & 5 & 4 \\ 3 & 2 & 1 \end{pmatrix}$,求 $\boldsymbol{A}+\boldsymbol{B}$.

解　$\boldsymbol{A}+\boldsymbol{B}=\begin{pmatrix} 12 & 3 & -5 \\ 1 & -9 & 0 \\ 3 & 6 & 8 \end{pmatrix}+\begin{pmatrix} 1 & 8 & 9 \\ 6 & 5 & 4 \\ 3 & 2 & 1 \end{pmatrix}$

$$=\begin{pmatrix}12+1&3+8&-5+9\\1+6&-9+5&0+4\\3+3&6+2&8+1\end{pmatrix}=\begin{pmatrix}13&11&4\\7&-4&4\\6&8&9\end{pmatrix}.$$

矩阵加法满足下列运算规律：

性质 2.2.1 设 $\boldsymbol{A},\boldsymbol{B},\boldsymbol{C}$ 是同型矩阵，$\boldsymbol{O}$ 是同型的零矩阵，则有

（1）交换律 $\boldsymbol{A}+\boldsymbol{B}=\boldsymbol{B}+\boldsymbol{A}$；

（2）结合律 $(\boldsymbol{A}+\boldsymbol{B})+\boldsymbol{C}=\boldsymbol{A}+(\boldsymbol{B}+\boldsymbol{C})$；

（3）$\boldsymbol{A}+\boldsymbol{O}=\boldsymbol{A}$.

很明显，零矩阵 $\boldsymbol{O}$ 在矩阵加法中的作用类似于数 0 在数的加法中的作用.

2.2.2 数乘矩阵

定义 2.2.2 数 λ 与矩阵 $\boldsymbol{A}=(a_{ij})_{m\times n}$ 的乘积称为**数量乘矩阵**，简称为**数乘矩阵**（scalar multiplication matrix），记作 $\lambda\boldsymbol{A}$ 或 $\boldsymbol{A}\lambda$，规定为

$$\lambda\boldsymbol{A}=\boldsymbol{A}\lambda=(\lambda a_{ij})_{m\times n}=\begin{pmatrix}\lambda a_{11}&\lambda a_{12}&\cdots&\lambda a_{1n}\\\lambda a_{21}&\lambda a_{22}&\cdots&\lambda a_{2n}\\\vdots&\vdots&&\vdots\\\lambda a_{m1}&\lambda a_{m2}&\cdots&\lambda a_{mn}\end{pmatrix}.$$

由定义可知，数乘矩阵 $\lambda\boldsymbol{A}$ 是用数 λ 乘矩阵 $\boldsymbol{A}$ 的每一个元素得到的，它是与原矩阵同型的矩阵.在矩阵的数乘运算中，我们可以发现：数乘矩阵 $\lambda\boldsymbol{A}=\boldsymbol{O}$ 当且仅当 $\lambda=0$ 或 $\boldsymbol{A}=\boldsymbol{O}$.

当 $\lambda=-1,\boldsymbol{A}=(a_{ij})_{m\times n}$ 时，数乘矩阵

$$(-1)\boldsymbol{A}=\begin{pmatrix}-a_{11}&-a_{12}&\cdots&-a_{1n}\\-a_{21}&-a_{22}&\cdots&-a_{2n}\\\vdots&\vdots&&\vdots\\-a_{m1}&-a_{m2}&\cdots&-a_{mn}\end{pmatrix}$$

称为矩阵 $\boldsymbol{A}$ 的**负矩阵**，记作 $-\boldsymbol{A}$.显然有

$$\boldsymbol{A}+(-\boldsymbol{A})=\boldsymbol{O}.$$

由此，矩阵的**减法**可以规定为

$$\boldsymbol{A}-\boldsymbol{B}=\boldsymbol{A}+(-\boldsymbol{B}).$$

例 2 设 $\boldsymbol{A}=\begin{pmatrix}1&1\\3&0\\0&1\end{pmatrix},\boldsymbol{B}=\begin{pmatrix}1&3\\5&2\\-1&0\end{pmatrix}$，求 $\boldsymbol{A}-\boldsymbol{B}$.

解 $-\boldsymbol{B}=\begin{pmatrix}-1&-3\\-5&-2\\1&0\end{pmatrix}$，于是

$$\boldsymbol{A}-\boldsymbol{B}=\boldsymbol{A}+(-\boldsymbol{B})=\begin{pmatrix}1&1\\3&0\\0&1\end{pmatrix}+\begin{pmatrix}-1&-3\\-5&-2\\1&0\end{pmatrix}=\begin{pmatrix}0&-2\\-2&-2\\1&1\end{pmatrix}.$$

矩阵的数乘满足下列运算规律：

性质 2.2.2　设 $\boldsymbol{A},\boldsymbol{B}$ 是同型矩阵，λ,μ 是常数，则有

(1) $1\boldsymbol{A}=\boldsymbol{A}$；

(2) $(\lambda\mu)\boldsymbol{A}=\lambda(\mu\boldsymbol{A})$；

(3) $(\lambda+\mu)\boldsymbol{A}=\lambda\boldsymbol{A}+\mu\boldsymbol{A}$；

(4) $\lambda(\boldsymbol{A}+\boldsymbol{B})=\lambda\boldsymbol{A}+\lambda\boldsymbol{B}$.

矩阵的加法、减法与数乘统称为矩阵的**线性运算**.

矩阵的线性运算实际上可以完全归结为矩阵元素的数的加法、减法、数与数相乘的运算，因此，上述性质 2.2.1、性质 2.2.2 的证明就很容易了.

例 3　设 $\boldsymbol{A}=\begin{pmatrix}1&-2&0\\4&3&5\end{pmatrix}$，$\boldsymbol{B}=\begin{pmatrix}8&2&6\\5&3&4\end{pmatrix}$ 满足 $2\boldsymbol{A}+\boldsymbol{X}=\boldsymbol{B}-2\boldsymbol{X}$，求 $\boldsymbol{X}$.

解　由 $2\boldsymbol{A}+\boldsymbol{X}=\boldsymbol{B}-2\boldsymbol{X}$，解得 $\boldsymbol{X}=\dfrac{1}{3}(\boldsymbol{B}-2\boldsymbol{A})$. 因为

$$\boldsymbol{B}-2\boldsymbol{A}=\begin{pmatrix}8&2&6\\5&3&4\end{pmatrix}-\begin{pmatrix}2&-4&0\\8&6&10\end{pmatrix}=\begin{pmatrix}6&6&6\\-3&-3&-6\end{pmatrix},$$

所以

$$\boldsymbol{X}=\frac{1}{3}(\boldsymbol{B}-2\boldsymbol{A})=\frac{1}{3}\begin{pmatrix}6&6&6\\-3&-3&-6\end{pmatrix}=\begin{pmatrix}2&2&2\\-1&-1&-2\end{pmatrix}.$$

2.2.3　矩阵的乘法

向量的线性变换在实际问题中应用非常广泛，矩阵的乘法运算恰好是为解决这类问题而引入的.

设有从变量 y_1,y_2,y_3 到变量 z_1,z_2 的线性变换

$$\begin{cases}z_1=a_{11}y_1+a_{12}y_2+a_{13}y_3,\\z_2=a_{21}y_1+a_{22}y_2+a_{23}y_3\end{cases}\tag{2.4}$$

及从变量 x_1,x_2 到变量 y_1,y_2,y_3 的线性变换

$$\begin{cases}y_1=b_{11}x_1+b_{12}x_2,\\y_2=b_{21}x_1+b_{22}x_2,\\y_3=b_{31}x_1+b_{32}x_2,\end{cases}\tag{2.5}$$

这两个线性变换的矩阵分别为

$$\boldsymbol{A}=\begin{pmatrix}a_{11}&a_{12}&a_{13}\\a_{21}&a_{22}&a_{23}\end{pmatrix},\quad \boldsymbol{B}=\begin{pmatrix}b_{11}&b_{12}\\b_{21}&b_{22}\\b_{31}&b_{32}\end{pmatrix}.$$

若想求出从变量 x_1,x_2 到变量 z_1,z_2 的线性变换的矩阵，可以将(2.5)代入(2.4)，整理得到

$$\begin{cases}z_1=(a_{11}b_{11}+a_{12}b_{21}+a_{13}b_{31})x_1+(a_{11}b_{12}+a_{12}b_{22}+a_{13}b_{32})x_2,\\z_2=(a_{21}b_{11}+a_{22}b_{21}+a_{23}b_{31})x_1+(a_{21}b_{12}+a_{22}b_{22}+a_{23}b_{32})x_2,\end{cases}\tag{2.6}$$

因此它的矩阵为

$$\boldsymbol{C}=\begin{pmatrix}a_{11}b_{11}+a_{12}b_{21}+a_{13}b_{31}&a_{11}b_{12}+a_{12}b_{22}+a_{13}b_{32}\\a_{21}b_{11}+a_{22}b_{21}+a_{23}b_{31}&a_{21}b_{12}+a_{22}b_{22}+a_{23}b_{32}\end{pmatrix}.$$

线性变换(2.6)是先作线性变换(2.5)再作线性变换(2.4)而得到的结果,称线性变换(2.6)为线性变换(2.4)与线性变换(2.5)的乘积.对应地,称矩阵 $\boldsymbol{C}$ 为矩阵 $\boldsymbol{A}$ 与 $\boldsymbol{B}$ 的乘积,即

$$\begin{pmatrix} a_{11} & a_{12} & a_{13} \\ a_{21} & a_{22} & a_{23} \end{pmatrix}\begin{pmatrix} b_{11} & b_{12} \\ b_{21} & b_{22} \\ b_{31} & b_{32} \end{pmatrix}$$
$$=\begin{pmatrix} a_{11}b_{11}+a_{12}b_{21}+a_{13}b_{31} & a_{11}b_{12}+a_{12}b_{22}+a_{13}b_{32} \\ a_{21}b_{11}+a_{22}b_{21}+a_{23}b_{31} & a_{21}b_{12}+a_{22}b_{22}+a_{23}b_{32} \end{pmatrix}.$$

由§2.1可知,线性变换与矩阵是一一对应关系,所以线性变换的乘积就可以表示为矩阵的乘积,因此我们很自然地引入矩阵乘法的概念:

定义 2.2.3 设 $\boldsymbol{A}=(a_{ij})$ 是一个 $m\times s$ 矩阵,$\boldsymbol{B}=(b_{ij})$ 是一个 $s\times n$ 矩阵,那么矩阵 $\boldsymbol{A}$ 与 $\boldsymbol{B}$ 的乘积是一个 $m\times n$ 矩阵 $\boldsymbol{C}=(c_{ij})$,记作 $\boldsymbol{C}=\boldsymbol{AB}$,其中

$$c_{ij} = a_{i1}b_{1j} + a_{i2}b_{2j} + \cdots + a_{is}b_{sj} = \sum_{k=1}^{s} a_{ik}b_{kj} \quad (i = 1,2,\cdots,m;\ j = 1,2,\cdots,n).$$

定义表明,只有当左乘矩阵 $\boldsymbol{A}$ 的列数等于右乘矩阵 $\boldsymbol{B}$ 的行数时,两个矩阵才能相乘.此时,乘积矩阵 $\boldsymbol{C}=\boldsymbol{AB}$ 的行数等于左乘矩阵 $\boldsymbol{A}$ 的行数,而列数等于右乘矩阵 $\boldsymbol{B}$ 的列数,且 $\boldsymbol{C}=\boldsymbol{AB}$ 的 (i,j) 元 c_{ij} 就是左乘矩阵 $\boldsymbol{A}$ 的第 i 行与右乘矩阵 $\boldsymbol{B}$ 的第 j 列对应元素乘积之和.

例 4 设 $\boldsymbol{A}=\begin{pmatrix} 3 & -1 \\ 0 & 3 \\ 1 & 0 \end{pmatrix}$,$\boldsymbol{B}=\begin{pmatrix} 1 & 0 & 1 & -1 \\ 0 & 2 & 1 & 0 \end{pmatrix}$,求 $\boldsymbol{AB}$.

解 因为 $\boldsymbol{A}$ 是 3×2 矩阵,$\boldsymbol{B}$ 是 2×4 矩阵,$\boldsymbol{A}$ 的列数等于 $\boldsymbol{B}$ 的行数,所以 $\boldsymbol{A}$ 与 $\boldsymbol{B}$ 可以相乘,且乘积 $\boldsymbol{AB}$ 是一个 3×4 矩阵,计算如下:

$$\boldsymbol{AB} = \begin{pmatrix} 3 & -1 \\ 0 & 3 \\ 1 & 0 \end{pmatrix}\begin{pmatrix} 1 & 0 & 1 & -1 \\ 0 & 2 & 1 & 0 \end{pmatrix}$$
$$=\begin{pmatrix} 3\times1+(-1)\times0 & 3\times0+(-1)\times2 & 3\times1+(-1)\times1 & 3\times(-1)+(-1)\times0 \\ 0\times1+3\times0 & 0\times0+3\times2 & 0\times1+3\times1 & 0\times(-1)+3\times0 \\ 1\times1+0\times0 & 1\times0+0\times2 & 1\times1+0\times1 & 1\times(-1)+0\times0 \end{pmatrix}$$
$$=\begin{pmatrix} 3 & -2 & 2 & -3 \\ 0 & 6 & 3 & 0 \\ 1 & 0 & 1 & -1 \end{pmatrix}.$$

我们可以发现 $\boldsymbol{B}$ 的列数不等于 $\boldsymbol{A}$ 的行数,因而 $\boldsymbol{BA}$ 无意义.

例 5 设 $\boldsymbol{A}=(1,-1,4)$,$\boldsymbol{B}=\begin{pmatrix} 1 \\ 1 \\ 2 \end{pmatrix}$,求 $\boldsymbol{AB}$ 与 $\boldsymbol{BA}$.

解 $\boldsymbol{A}_{1\times3}\boldsymbol{B}_{3\times1}=(1,-1,4)\begin{pmatrix} 1 \\ 1 \\ 2 \end{pmatrix}=(1\times1+(-1)\times1+4\times2)=(8)_{1\times1}$,实际上,这是一个一阶数量矩阵,即 $(8)_{1\times1}=8\boldsymbol{E}_1$,可以简记为 8.

$$B_{3\times1}A_{1\times3}=\begin{pmatrix}1\\1\\2\end{pmatrix}(1,-1,4)=\begin{pmatrix}1&-1&4\\1&-1&4\\2&-2&8\end{pmatrix}_{3\times3}.$$

例 6　设 $A=\begin{pmatrix}2&4\\-3&-6\end{pmatrix}$，$B=\begin{pmatrix}-2&4\\1&-2\end{pmatrix}$，求 AB 与 BA.

解

$$AB=\begin{pmatrix}2&4\\-3&-6\end{pmatrix}\begin{pmatrix}-2&4\\1&-2\end{pmatrix}=\begin{pmatrix}0&0\\0&0\end{pmatrix},$$

$$BA=\begin{pmatrix}-2&4\\1&-2\end{pmatrix}\begin{pmatrix}2&4\\-3&-6\end{pmatrix}=\begin{pmatrix}-16&-32\\8&16\end{pmatrix}.$$

在§2.1的线性方程组(2.3)中，若将系数矩阵记作 $A=\begin{pmatrix}a_{11}&a_{12}&\cdots&a_{1n}\\a_{21}&a_{22}&\cdots&a_{2n}\\\vdots&\vdots&&\vdots\\a_{m1}&a_{m2}&\cdots&a_{mn}\end{pmatrix}$，未知数矩阵记作 $X=\begin{pmatrix}x_1\\x_2\\\vdots\\x_n\end{pmatrix}$，常数项矩阵记作 $b=\begin{pmatrix}b_1\\b_2\\\vdots\\b_m\end{pmatrix}$，则方程组(2.3)可以用矩阵乘积表示为 $AX=b$.

矩阵乘法运算的特殊性决定了它具有一些特殊性质.

注 1　矩阵乘法不满足交换律，即在一般情况下，$AB\neq BA$. 比如在例 4 中，AB 有意义时，BA 却没有意义；在例 5 中，虽然 AB 与 BA 都有意义，但是 AB 是 1 阶方阵，BA 是 3 阶方阵，它们不同阶；在例 6 中，AB 与 BA 都有意义，且是同阶方阵，但仍然有 $AB\neq BA$. 由此可见，在矩阵乘法中必须注意矩阵相乘的顺序.

定义 2.2.4　设有两个同阶方阵 A 与 B，若 $AB=BA$，则称方阵 A 与 B 是可交换的.

例 7　设 $A=\begin{pmatrix}1&1\\0&1\end{pmatrix}$，求与 A 可交换的一切矩阵.

解　设与 A 可交换的矩阵为 $B=\begin{pmatrix}a&b\\c&d\end{pmatrix}$，于是

$$AB=\begin{pmatrix}1&1\\0&1\end{pmatrix}\begin{pmatrix}a&b\\c&d\end{pmatrix}=\begin{pmatrix}a+c&b+d\\c&d\end{pmatrix},$$

$$BA=\begin{pmatrix}a&b\\c&d\end{pmatrix}\begin{pmatrix}1&1\\0&1\end{pmatrix}=\begin{pmatrix}a&a+b\\c&c+d\end{pmatrix},$$

根据 $AB=BA$，即对应元素相等，有

$$\begin{cases}a+c=a,\\b+d=a+b,\\c=c,\\d=c+d,\end{cases}$$

解得 $c=0,a=d$. 因而与 A 可交换的一切矩阵为

$$\boldsymbol{B}=\begin{pmatrix} a & b \\ 0 & a \end{pmatrix},$$

其中 a,b 为任意数.

尽管矩阵乘法不满足交换律,但满足如下运算规律:

性质 2.2.3 设矩阵 $\boldsymbol{A},\boldsymbol{B},\boldsymbol{C}$ 及单位矩阵 $\boldsymbol{E}$ 的行数与列数使下列相应的运算有意义,λ 为数,则

(1) $(\boldsymbol{AB})\boldsymbol{C}=\boldsymbol{A}(\boldsymbol{BC})$;

(2) $\lambda(\boldsymbol{AB})=(\lambda\boldsymbol{A})\boldsymbol{B}=\boldsymbol{A}(\lambda\boldsymbol{B})$;

(3) $\boldsymbol{A}(\boldsymbol{B}+\boldsymbol{C})=\boldsymbol{AB}+\boldsymbol{AC},(\boldsymbol{B}+\boldsymbol{C})\boldsymbol{A}=\boldsymbol{BA}+\boldsymbol{CA}$;

(4) $\boldsymbol{E}_m\boldsymbol{A}_{m\times n}=\boldsymbol{A}_{m\times n}\boldsymbol{E}_n=\boldsymbol{A}_{m\times n}$ 或简写为 $\boldsymbol{EA}=\boldsymbol{AE}=\boldsymbol{A}$.

可见,单位矩阵 $\boldsymbol{E}$ 在矩阵乘法中的作用类似于数 1 在数的乘法中的作用.

证 这里仅证明(1),其余的可以类似证明.

设 $\boldsymbol{A}=(a_{ij})_{m\times s},\boldsymbol{B}=(b_{ij})_{s\times n},\boldsymbol{C}=(c_{ij})_{n\times l}$,则乘积 $(\boldsymbol{AB})\boldsymbol{C}$ 与 $\boldsymbol{A}(\boldsymbol{BC})$ 都是 $m\times l$ 矩阵,而且任给 $i,j(i=1,2,\cdots,m;j=1,2,\cdots,l)$,$(\boldsymbol{AB})\boldsymbol{C}$ 的 (i,j) 元为

$$\left(\sum_{k=1}^{s}a_{ik}b_{k1},\cdots,\sum_{k=1}^{s}a_{ik}b_{kn}\right)\begin{pmatrix} c_{1j} \\ \vdots \\ c_{nj} \end{pmatrix}=\sum_{t=1}^{n}\left(\sum_{k=1}^{s}a_{ik}b_{kt}\right)c_{tj},$$

$\boldsymbol{A}(\boldsymbol{BC})$ 的 (i,j) 元为

$$(a_{i1},\cdots,a_{is})\begin{pmatrix} \sum\limits_{t=1}^{n}b_{1t}c_{tj} \\ \vdots \\ \sum\limits_{t=1}^{n}b_{st}c_{tj} \end{pmatrix}=\sum_{k=1}^{s}a_{ik}\left(\sum_{t=1}^{n}b_{kt}c_{tj}\right)=\sum_{t=1}^{n}\left(\sum_{k=1}^{s}a_{ik}b_{kt}\right)c_{tj},$$

显然,同型矩阵 $(\boldsymbol{AB})\boldsymbol{C}$ 与 $\boldsymbol{A}(\boldsymbol{BC})$ 的对应元素相等,故矩阵相等.证毕.

注 2 矩阵乘法不满足消去律,即 $\boldsymbol{AX}=\boldsymbol{AY}$ 且 $\boldsymbol{A}\neq\boldsymbol{O}$,一般推不出 $\boldsymbol{X}=\boldsymbol{Y}$.在例 6 中,矩阵 $\boldsymbol{A}\neq\boldsymbol{O}$ 且 $\boldsymbol{B}\neq\boldsymbol{O}$,但却有 $\boldsymbol{AB}=\boldsymbol{O}$.这就表明:即使满足 $\boldsymbol{AX}-\boldsymbol{AY}=\boldsymbol{A}(\boldsymbol{X}-\boldsymbol{Y})=\boldsymbol{O}$ 且 $\boldsymbol{A}\neq\boldsymbol{O}$,也不能推出 $\boldsymbol{X}-\boldsymbol{Y}=\boldsymbol{O}$(即 $\boldsymbol{X}=\boldsymbol{Y}$).

例 8 证明:数量矩阵 $\begin{pmatrix} \lambda & & & \\ & \lambda & & \\ & & \ddots & \\ & & & \lambda \end{pmatrix}$ 与任何同阶方阵 $\boldsymbol{A}$ 都是可交换的.

证 记 $\begin{pmatrix} \lambda & & & \\ & \lambda & & \\ & & \ddots & \\ & & & \lambda \end{pmatrix}$ 为 $\lambda\boldsymbol{E}$,则根据性质 2.2.3 的(2)和(4),有

$$(\lambda\boldsymbol{E})\boldsymbol{A}=\lambda(\boldsymbol{EA})=\lambda\boldsymbol{A} \quad \text{和} \quad \boldsymbol{A}(\lambda\boldsymbol{E})=\lambda(\boldsymbol{AE})=\lambda\boldsymbol{A},$$

即 $(\lambda\boldsymbol{E})\boldsymbol{A}=\boldsymbol{A}(\lambda\boldsymbol{E})$,因此结论成立.证毕.

2.2.4　方阵的幂

定义 2.2.5　设 $\boldsymbol{A}$ 是 n 阶方阵,记 $\boldsymbol{A}^1=\boldsymbol{A},\boldsymbol{A}^2=\boldsymbol{AA},\cdots,\boldsymbol{A}^k=\boldsymbol{A}^{k-1}\boldsymbol{A}$,其中 k 为正整数,那么 k 个矩阵 $\boldsymbol{A}$ 的连乘积称为 $\boldsymbol{A}$ 的 k 次幂,记作 $\boldsymbol{A}^k=\underbrace{\boldsymbol{AA}\cdots\boldsymbol{A}}_{k个}$.

根据矩阵乘法的结合律,可知方阵的幂满足下列运算规律:

性质 2.2.4　设 $\boldsymbol{A}$ 是 n 阶方阵,k, l 为正整数,则

(1) $\boldsymbol{A}^k\boldsymbol{A}^l=\boldsymbol{A}^{k+l}$;

(2) $(\boldsymbol{A}^k)^l=\boldsymbol{A}^{kl}$.

证　(1) $\boldsymbol{A}^k\boldsymbol{A}^l=\underbrace{\boldsymbol{AA}\cdots\boldsymbol{A}}_{k个}\underbrace{\boldsymbol{AA}\cdots\boldsymbol{A}}_{l个}=\boldsymbol{A}^{k+l}$;

(2) $(\boldsymbol{A}^k)^l=\underbrace{\boldsymbol{AA}\cdots\boldsymbol{A}}_{k个}\cdots\underbrace{\boldsymbol{AA}\cdots\boldsymbol{A}}_{k个}=\boldsymbol{A}^{kl}$.证毕.

例 9　设对角矩阵 $\boldsymbol{\Lambda}=\begin{pmatrix}\lambda_1&&&\\&\lambda_2&&\\&&\ddots&\\&&&\lambda_n\end{pmatrix}$,证明:

$$\boldsymbol{\Lambda}^k=\begin{pmatrix}\lambda_1&&&\\&\lambda_2&&\\&&\ddots&\\&&&\lambda_n\end{pmatrix}^k=\begin{pmatrix}\lambda_1^k&&&\\&\lambda_2^k&&\\&&\ddots&\\&&&\lambda_n^k\end{pmatrix}.$$

解　用数学归纳法.当 $k=2$ 时,

$$\boldsymbol{\Lambda}^2=\begin{pmatrix}\lambda_1&&&\\&\lambda_2&&\\&&\ddots&\\&&&\lambda_n\end{pmatrix}^2=\begin{pmatrix}\lambda_1^2&&&\\&\lambda_2^2&&\\&&\ddots&\\&&&\lambda_n^2\end{pmatrix},$$

等式显然成立.假设等式当 k 时成立,即

$$\boldsymbol{\Lambda}^k=\begin{pmatrix}\lambda_1&&&\\&\lambda_2&&\\&&\ddots&\\&&&\lambda_n\end{pmatrix}^k=\begin{pmatrix}\lambda_1^k&&&\\&\lambda_2^k&&\\&&\ddots&\\&&&\lambda_n^k\end{pmatrix}.$$

要证等式当 $k+1$ 时也成立,此时有

$$\boldsymbol{\Lambda}^{k+1}=\begin{pmatrix}\lambda_1&&&\\&\lambda_2&&\\&&\ddots&\\&&&\lambda_n\end{pmatrix}^{k+1}=\begin{pmatrix}\lambda_1&&&\\&\lambda_2&&\\&&\ddots&\\&&&\lambda_n\end{pmatrix}^{k}\begin{pmatrix}\lambda_1&&&\\&\lambda_2&&\\&&\ddots&\\&&&\lambda_n\end{pmatrix}$$

$$=\begin{pmatrix}\lambda_1^k&&&\\&\lambda_2^k&&\\&&\ddots&\\&&&\lambda_n^k\end{pmatrix}\begin{pmatrix}\lambda_1&&&\\&\lambda_2&&\\&&\ddots&\\&&&\lambda_n\end{pmatrix}=\begin{pmatrix}\lambda_1^{k+1}&&&\\&\lambda_2^{k+1}&&\\&&\ddots&\\&&&\lambda_n^{k+1}\end{pmatrix}.$$

于是等式得证.

显然,对角矩阵的 k 次幂还是对角矩阵.

例 10　设 $\boldsymbol{A}=\begin{pmatrix}1&0&1\\&2&0\\&&1\end{pmatrix}$,求 $\boldsymbol{A}^k(k=1,2,\cdots)$.

解法 1　$\boldsymbol{A}^2=\begin{pmatrix}1&0&1\\&2&0\\&&1\end{pmatrix}\begin{pmatrix}1&0&1\\&2&0\\&&1\end{pmatrix}=\begin{pmatrix}1&0&2\\&2^2&0\\&&1\end{pmatrix}$,

$$\boldsymbol{A}^3=\boldsymbol{A}^2\boldsymbol{A}=\begin{pmatrix}1&0&2\\&2^2&0\\&&1\end{pmatrix}\begin{pmatrix}1&0&1\\&2&0\\&&1\end{pmatrix}=\begin{pmatrix}1&0&3\\&2^3&0\\&&1\end{pmatrix},$$

根据数学归纳法,可以证明 $\boldsymbol{A}^k=\begin{pmatrix}1&0&k\\&2^k&0\\&&1\end{pmatrix}\quad(k=1,2,\cdots)$.

解法 2　$\boldsymbol{A}=\begin{pmatrix}1&0&1\\&2&0\\&&1\end{pmatrix}=\begin{pmatrix}1&&\\&2&\\&&1\end{pmatrix}+\begin{pmatrix}0&0&1\\0&0&0\\0&0&0\end{pmatrix}=\boldsymbol{B}+\boldsymbol{C}$,其中

$$\boldsymbol{B}=\begin{pmatrix}1&&\\&2&\\&&1\end{pmatrix},\quad \boldsymbol{C}=\begin{pmatrix}0&0&1\\0&0&0\\0&0&0\end{pmatrix}.$$

由于 $\boldsymbol{BC}=\boldsymbol{CB}$,故和代数中的二项式展开一样有

$$\boldsymbol{A}^k=(\boldsymbol{B}+\boldsymbol{C})^k=\boldsymbol{B}^k+\mathrm{C}_k^1\boldsymbol{B}^{k-1}\boldsymbol{C}+\mathrm{C}_k^2\boldsymbol{B}^{k-2}\boldsymbol{C}^2+\cdots+\boldsymbol{C}^k,$$

又因为 $\boldsymbol{C}^2=\boldsymbol{C}^3=\cdots=\boldsymbol{C}^k=\boldsymbol{O}$ 及 $\boldsymbol{BC}=\boldsymbol{C}$,所以

$$\boldsymbol{A}^k=(\boldsymbol{B}+\boldsymbol{C})^k=\boldsymbol{B}^k+k\boldsymbol{B}^{k-1}\boldsymbol{C}=\boldsymbol{B}^k+k\boldsymbol{C}$$

$$=\begin{pmatrix}1&&\\&2^k&\\&&1\end{pmatrix}+k\begin{pmatrix}0&0&1\\0&0&0\\0&0&0\end{pmatrix}=\begin{pmatrix}1&0&k\\&2^k&0\\&&1\end{pmatrix}\quad(k=1,2,\cdots).$$

我们熟知数的乘法满足交换律,因而给定数 a,b,总有 $(ab)^k=a^kb^k$,$(a\pm b)^2=a^2\pm2ab+b^2$,$(a+b)(a-b)=a^2-b^2$ 等重要公式.但因为矩阵乘法不满足交换律,所以一般来说:$(\boldsymbol{AB})^k\neq\boldsymbol{A}^k\boldsymbol{B}^k$,

$(\boldsymbol{A}+\boldsymbol{B})^2\neq\boldsymbol{A}^2+2\boldsymbol{AB}+\boldsymbol{B}^2$，$(\boldsymbol{A}+\boldsymbol{B})(\boldsymbol{A}-\boldsymbol{B})\neq\boldsymbol{A}^2-\boldsymbol{B}^2$.然而当 $\boldsymbol{A}$ 与 $\boldsymbol{B}$ 可交换时，$(\boldsymbol{AB})^k=\boldsymbol{A}^k\boldsymbol{B}^k$，$(\boldsymbol{A}+\boldsymbol{B})^2=\boldsymbol{A}^2+2\boldsymbol{AB}+\boldsymbol{B}^2$，$(\boldsymbol{A}+\boldsymbol{B})(\boldsymbol{A}-\boldsymbol{B})=\boldsymbol{A}^2-\boldsymbol{B}^2$等公式必然成立.证明留给读者.

2.2.5　矩阵的转置

定义 2.2.6　把矩阵 $\boldsymbol{A}$ 的行换成同序数的列得到的新矩阵，称为 $\boldsymbol{A}$ 的**转置矩阵**(transposed matrix)，记作 $\boldsymbol{A}^{\mathrm{T}}$ 或 $\boldsymbol{A}'$.

例如，矩阵 $\boldsymbol{A}=(a_{ij})_{m\times n}=\begin{pmatrix} a_{11} & a_{12} & \cdots & a_{1n}\\ a_{21} & a_{22} & \cdots & a_{2n}\\ \vdots & \vdots & & \vdots\\ a_{m1} & a_{m2} & \cdots & a_{mn}\end{pmatrix}_{m\times n}$ 的转置矩阵为

$$\boldsymbol{A}^{\mathrm{T}}=(a_{ji})_{n\times m}=\begin{pmatrix} a_{11} & a_{21} & \cdots & a_{m1}\\ a_{12} & a_{22} & \cdots & a_{m2}\\ \vdots & \vdots & & \vdots\\ a_{1n} & a_{2n} & \cdots & a_{mn}\end{pmatrix}_{n\times m};$$

列矩阵 $\boldsymbol{B}=\begin{pmatrix}1\\-2\\0\\3\end{pmatrix}$ 的转置矩阵为行矩阵 $\boldsymbol{B}^{\mathrm{T}}=(1,-2,0,3)$.

矩阵的转置满足下列运算规律：

性质 2.2.5　设矩阵 $\boldsymbol{A},\boldsymbol{B}$ 的行数与列数使相应的运算有意义，λ 为数，则

(1) $(\boldsymbol{A}^{\mathrm{T}})^{\mathrm{T}}=\boldsymbol{A}$；

(2) $(\boldsymbol{A}+\boldsymbol{B})^{\mathrm{T}}=\boldsymbol{A}^{\mathrm{T}}+\boldsymbol{B}^{\mathrm{T}}$；

(3) $(\lambda\boldsymbol{A})^{\mathrm{T}}=\lambda\boldsymbol{A}^{\mathrm{T}}$；

(4) $(\boldsymbol{AB})^{\mathrm{T}}=\boldsymbol{B}^{\mathrm{T}}\boldsymbol{A}^{\mathrm{T}}$；

(5) $\boldsymbol{A}$ 为对称矩阵的充要条件是 $\boldsymbol{A}^{\mathrm{T}}=\boldsymbol{A}$，$\boldsymbol{A}$ 为反称矩阵的充要条件是 $\boldsymbol{A}^{\mathrm{T}}=-\boldsymbol{A}$.

证　我们仅验证(4)，其余留给读者自己证明.

设 $\boldsymbol{A}=(a_{ij})_{m\times s}$，$\boldsymbol{B}=(b_{ij})_{s\times n}$，记

$$\boldsymbol{AB}=\boldsymbol{C}=(c_{ij})_{m\times n},\quad \boldsymbol{B}^{\mathrm{T}}\boldsymbol{A}^{\mathrm{T}}=\boldsymbol{D}=(d_{ij})_{n\times m},$$

则$(\boldsymbol{AB})^{\mathrm{T}}$与 $\boldsymbol{B}^{\mathrm{T}}\boldsymbol{A}^{\mathrm{T}}$为同型矩阵，均为 $n\times m$ 型.

又根据矩阵乘法的定义，$\boldsymbol{AB}$ 的(j,i)元为

$$c_{ji}=(a_{j1},\cdots,a_{js})\begin{pmatrix}b_{1i}\\ \vdots\\ b_{si}\end{pmatrix}=a_{j1}b_{1i}+\cdots+a_{js}b_{si}=\sum_{k=1}^{s}a_{jk}b_{ki},$$

$\boldsymbol{B}^{\mathrm{T}}\boldsymbol{A}^{\mathrm{T}}$的$(i,j)$元为

$$d_{ij}=(b_{1i},\cdots,b_{si})\begin{pmatrix}a_{j1}\\ \vdots\\ a_{js}\end{pmatrix}=b_{1i}a_{j1}+\cdots+b_{si}a_{js}=\sum_{k=1}^{s}b_{ki}a_{jk},$$

故 $c_{ji}=d_{ij}(i=1,2,\cdots,n;j=1,2,\cdots,m)$，即 $\boldsymbol{C}^{\mathrm{T}}=\boldsymbol{D}$，也就是 $(\boldsymbol{AB})^{\mathrm{T}}=\boldsymbol{B}^{\mathrm{T}}\boldsymbol{A}^{\mathrm{T}}$. 证毕.

例 11 设 $\boldsymbol{A}=\begin{pmatrix}1&0\\2&3\\4&5\end{pmatrix}$，$\boldsymbol{B}=\begin{pmatrix}2&1\\4&3\end{pmatrix}$，求 $\boldsymbol{B}^{\mathrm{T}}\boldsymbol{A}^{\mathrm{T}}$.

解法 1 因为 $\boldsymbol{A}^{\mathrm{T}}=\begin{pmatrix}1&2&4\\0&3&5\end{pmatrix}$，$\boldsymbol{B}^{\mathrm{T}}=\begin{pmatrix}2&4\\1&3\end{pmatrix}$，所以

$$\boldsymbol{B}^{\mathrm{T}}\boldsymbol{A}^{\mathrm{T}}=\begin{pmatrix}2&4\\1&3\end{pmatrix}\begin{pmatrix}1&2&4\\0&3&5\end{pmatrix}=\begin{pmatrix}2&16&28\\1&11&19\end{pmatrix}.$$

解法 2 因为 $\boldsymbol{AB}=\begin{pmatrix}1&0\\2&3\\4&5\end{pmatrix}\begin{pmatrix}2&1\\4&3\end{pmatrix}=\begin{pmatrix}2&1\\16&11\\28&19\end{pmatrix}$，所以

$$\boldsymbol{B}^{\mathrm{T}}\boldsymbol{A}^{\mathrm{T}}=(\boldsymbol{AB})^{\mathrm{T}}=\begin{pmatrix}2&16&28\\1&11&19\end{pmatrix}.$$

例 12 设 $\boldsymbol{A}$ 是对称矩阵，$\boldsymbol{B}$ 是与 $\boldsymbol{A}$ 同阶的任意方阵，求证：$\boldsymbol{B}^{\mathrm{T}}\boldsymbol{AB}$ 也是对称矩阵.

证 已知 $\boldsymbol{A}$ 是对称矩阵，则 $\boldsymbol{A}^{\mathrm{T}}=\boldsymbol{A}$，因而

$$(\boldsymbol{B}^{\mathrm{T}}\boldsymbol{AB})^{\mathrm{T}}=[\boldsymbol{B}^{\mathrm{T}}(\boldsymbol{AB})]^{\mathrm{T}}=(\boldsymbol{AB})^{\mathrm{T}}(\boldsymbol{B}^{\mathrm{T}})^{\mathrm{T}}=\boldsymbol{B}^{\mathrm{T}}\boldsymbol{A}^{\mathrm{T}}\boldsymbol{B}=\boldsymbol{B}^{\mathrm{T}}\boldsymbol{AB},$$

所以 $\boldsymbol{B}^{\mathrm{T}}\boldsymbol{AB}$ 也是对称矩阵. 证毕.

例 13 设 $\boldsymbol{A}=(1,2,3)$，$\boldsymbol{B}=(1,-1,2)$，$\boldsymbol{C}=\boldsymbol{A}^{\mathrm{T}}\boldsymbol{B}$，$\boldsymbol{D}=\boldsymbol{BA}^{\mathrm{T}}$，求 $\boldsymbol{C}$，$\boldsymbol{D}$ 及 $\boldsymbol{C}^{n}$.

解

$$\boldsymbol{C}=\boldsymbol{A}^{\mathrm{T}}\boldsymbol{B}=\begin{pmatrix}1\\2\\3\end{pmatrix}(1,-1,2)=\begin{pmatrix}1&-1&2\\2&-2&4\\3&-3&6\end{pmatrix}.$$

$$\boldsymbol{D}=\boldsymbol{BA}^{\mathrm{T}}=(1,-1,2)\begin{pmatrix}1\\2\\3\end{pmatrix}=(1-2+6)=5\boldsymbol{E}_1.$$

$$\begin{aligned}\boldsymbol{C}^{n}&=\underbrace{(\boldsymbol{A}^{\mathrm{T}}\boldsymbol{B})(\boldsymbol{A}^{\mathrm{T}}\boldsymbol{B})\cdots(\boldsymbol{A}^{\mathrm{T}}\boldsymbol{B})(\boldsymbol{A}^{\mathrm{T}}\boldsymbol{B})}_{n\text{个}}\\&=\boldsymbol{A}^{\mathrm{T}}\underbrace{(\boldsymbol{BA}^{\mathrm{T}})(\boldsymbol{BA}^{\mathrm{T}})\cdots(\boldsymbol{BA}^{\mathrm{T}})}_{n-1\text{个}}\boldsymbol{B}\\&=\boldsymbol{A}^{\mathrm{T}}\underbrace{(5\boldsymbol{E}_1)(5\boldsymbol{E}_1)\cdots(5\boldsymbol{E}_1)}_{n-1\text{个}}\boldsymbol{B}\\&=5^{n-1}\boldsymbol{C}=5^{n-1}\begin{pmatrix}1&-1&2\\2&-2&4\\3&-3&6\end{pmatrix}.\end{aligned}$$

2.2.6 方阵的行列式

定义 2.2.7 n 阶方阵 $\boldsymbol{A}$ 的元素按原来的位置所构成的行列式，称为方阵 $\boldsymbol{A}$ 的行列式 (determinant of matrix $\boldsymbol{A}$)，记作 $|\boldsymbol{A}|$ 或 $\det\boldsymbol{A}$.

必须注意，只有方阵才能构成行列式. 例如，方阵 $\boldsymbol{A}=\begin{pmatrix}2&3\\6&8\end{pmatrix}$，而行列式 $|\boldsymbol{A}|=$

$\begin{vmatrix} 2 & 3 \\ 6 & 8 \end{vmatrix}=-2.$

方阵的行列式满足下列运算规律：

性质 2.2.6　设 $\boldsymbol{A},\boldsymbol{B}$ 为 n 阶方阵，λ 为数，则

(1) $|\boldsymbol{A}^{\mathrm{T}}|=|\boldsymbol{A}|$；

(2) $|\lambda\boldsymbol{A}|=\lambda^{n}|\boldsymbol{A}|$；

(3) $|\boldsymbol{AB}|=|\boldsymbol{A}||\boldsymbol{B}|=|\boldsymbol{BA}|$.

其中(3)可以推广到多个 n 阶方阵相乘的情形：

设 $\boldsymbol{A}_1,\boldsymbol{A}_2,\cdots,\boldsymbol{A}_k$ 都是 n 阶方阵，则 $|\boldsymbol{A}_1\boldsymbol{A}_2\cdots\boldsymbol{A}_k|=|\boldsymbol{A}_1||\boldsymbol{A}_2|\cdots|\boldsymbol{A}_k|$.更有当 $\boldsymbol{A}_1=\boldsymbol{A}_2=\cdots=\boldsymbol{A}_k=\boldsymbol{A}$ 时，有 $|\boldsymbol{A}^k|=|\boldsymbol{A}|^k$.

证明从略.

对于 n 阶方阵 $\boldsymbol{A},\boldsymbol{B}$，虽然一般有 $\boldsymbol{AB}\neq\boldsymbol{BA}$，但根据性质 2.2.6 的(3)总有 $|\boldsymbol{AB}|=|\boldsymbol{BA}|$.例如：在例 5、例 6 中，显然均有 $\boldsymbol{AB}\neq\boldsymbol{BA}$，但通过计算可知 $|\boldsymbol{AB}|=|\boldsymbol{BA}|$ 成立.

例 14　设 $\boldsymbol{A},\boldsymbol{B}$ 都是 3 阶方阵，已知 $|\boldsymbol{A}^5|=-32$，$|\boldsymbol{B}|=5$，求 $\big||\boldsymbol{A}|\boldsymbol{B}\big|$.

解　因为 $|\boldsymbol{A}^5|=|\boldsymbol{A}|^5=-32$，所以 $|\boldsymbol{A}|=-2$，因而

$$\big||\boldsymbol{A}|\boldsymbol{B}\big|=|\boldsymbol{A}|^3|\boldsymbol{B}|=(-2)^3\times5=-40.$$

*2.2.7　共轭矩阵

定义 2.2.8　设 $\boldsymbol{A}=(a_{ij})_{m\times n}$ 为复矩阵，则 $\overline{\boldsymbol{A}}=(\overline{a}_{ij})_{m\times n}$ 称为 $\boldsymbol{A}$ 的共轭矩阵(conjugate matrix)，其中 $\overline{a}_{ij}$ 表示 a_{ij} 的共轭复数.

共轭矩阵满足下列运算规律：

性质 2.2.7　设复矩阵 $\boldsymbol{A},\boldsymbol{B}$ 的行数与列数使相应的运算有意义，λ 为复数，则

(1) $\overline{\boldsymbol{A}+\boldsymbol{B}}=\overline{\boldsymbol{A}}+\overline{\boldsymbol{B}}$；

(2) $\overline{\lambda\boldsymbol{A}}=\overline{\lambda}\,\overline{\boldsymbol{A}}$；

(3) $\overline{\boldsymbol{AB}}=\overline{\boldsymbol{A}}\,\overline{\boldsymbol{B}}$；

(4) $(\overline{\boldsymbol{A}})^{\mathrm{T}}=\overline{\boldsymbol{A}^{\mathrm{T}}}$.

习　题　2.2

1. 设 $\boldsymbol{A}=\begin{pmatrix} 1 & 5 & 1 \\ 1 & 2 & -3 \\ 9 & -5 & 3 \end{pmatrix}$，$\boldsymbol{B}=\begin{pmatrix} 1 & x_1 & x_2 \\ x_1 & 2 & x_3 \\ x_2 & x_3 & 3 \end{pmatrix}$，$\boldsymbol{C}=\begin{pmatrix} 0 & y_1 & y_2 \\ -y_1 & 0 & y_3 \\ -y_2 & -y_3 & 0 \end{pmatrix}$，并且 $\boldsymbol{A}=\boldsymbol{B}+2\boldsymbol{C}$，求矩阵 $\boldsymbol{B},\boldsymbol{C}$.

2. 设 $\boldsymbol{A}=\begin{pmatrix} 0 & -1 & 2 \\ -5 & 3 & 4 \end{pmatrix}$，$\boldsymbol{B}=\begin{pmatrix} 4 & 5 & -3 \\ 3 & -4 & 0 \end{pmatrix}$，

(1) 求 $2\boldsymbol{A}-3\boldsymbol{B}$；

（2）若矩阵 $\boldsymbol{X}$ 满足 $\boldsymbol{A}+2\boldsymbol{X}=\boldsymbol{B}$，求 $\boldsymbol{X}$；

（3）若矩阵 $\boldsymbol{Y}$ 满足 $(\boldsymbol{A}-\boldsymbol{Y})+2(\boldsymbol{B}+2\boldsymbol{Y})=\boldsymbol{O}$，求 $\boldsymbol{Y}$.

3. 计算下列矩阵的乘积：

（1）$\begin{pmatrix}1&1\\-1&-1\end{pmatrix}\begin{pmatrix}1&-1\\-1&1\end{pmatrix}$；

（2）$\begin{pmatrix}20&10\\30&20\end{pmatrix}\begin{pmatrix}2&18&0.4\\1.5&1.5&0.5\end{pmatrix}$；

（3）$\begin{pmatrix}2&-1\\-4&0\\3&1\end{pmatrix}\begin{pmatrix}7&-9\\-8&10\end{pmatrix}$；

（4）$\begin{pmatrix}3&1&-1\\-2&-1&1\end{pmatrix}\begin{pmatrix}2\\3\\-1\end{pmatrix}$；

（5）$\begin{pmatrix}1&2&3\\-1&0&1\\0&1&1\end{pmatrix}\begin{pmatrix}0&-1&0&-1\\-2&1&-2&1\\4&3&2&1\end{pmatrix}$；

（6）$(a_1,a_2,a_3)\begin{pmatrix}b_1\\b_2\\b_3\end{pmatrix}$；

（7）$\begin{pmatrix}b_1\\b_2\\b_3\end{pmatrix}(a_1,a_2,a_3)$；

（8）$(x_1,x_2,x_3)\begin{pmatrix}a_{11}&a_{12}&a_{13}\\a_{12}&a_{22}&a_{23}\\a_{13}&a_{23}&a_{33}\end{pmatrix}\begin{pmatrix}x_1\\x_2\\x_3\end{pmatrix}$.

4. 已知两个线性变换

$$\begin{cases}x_1=y_1-y_2+2y_3,\\x_2=y_1+3y_2,\\x_3=4y_2-y_3\end{cases}\quad 与\quad\begin{cases}y_1=z_1+z_3,\\y_2=2z_2-5z_3,\\y_3=3z_1+7z_2,\end{cases}$$

求从 z_1,z_2,z_3 到 x_1,x_2,x_3 的线性变换.

5. 求与矩阵 $\boldsymbol{A}$ 可交换的所有矩阵 $\boldsymbol{B}$：

（1）$\boldsymbol{A}=\begin{pmatrix}1&1\\0&0\end{pmatrix}$；　　（2）$\boldsymbol{A}=\begin{pmatrix}0&0&0\\1&0&0\\0&1&0\end{pmatrix}$.

6. 计算（其中 k 为正整数）：

（1）$\begin{pmatrix}2&1\\-1&0\end{pmatrix}^3$；　　（2）$\begin{pmatrix}\cos\varphi&-\sin\varphi\\\sin\varphi&\cos\varphi\end{pmatrix}^2$；

（3）$\begin{pmatrix}1&1\\0&0\end{pmatrix}^k$；　　（4）$\begin{pmatrix}1&0\\\lambda&1\end{pmatrix}^k$；

(5) $\begin{pmatrix}1&1\\1&1\end{pmatrix}^k$；　　(6) $\begin{pmatrix}\lambda&1&0\\0&\lambda&1\\0&0&\lambda\end{pmatrix}^k$.

7. 设 $\boldsymbol{A}=\begin{pmatrix}1&1&1\\0&0&-1\\1&-1&1\end{pmatrix}$，$\boldsymbol{B}=\begin{pmatrix}1&2&3\\-1&-2&4\\0&5&1\end{pmatrix}$，求：(1) $\boldsymbol{A}^{\mathrm{T}}\boldsymbol{B}-2\boldsymbol{A}$；(2) $(\boldsymbol{AB})^{\mathrm{T}}$.

8. 设 $\boldsymbol{A}$ 为 n 阶方阵，若已知 $|\boldsymbol{A}|=k$，求 $|-k\boldsymbol{A}|$.

§2.3　逆　矩　阵

前面我们已经学习了矩阵的加法、减法和乘法运算，接下来我们将要研究矩阵的"除法"运算.我们曾经在数的运算中定义：当 $a\neq0$ 时，若有 $a\cdot\frac{1}{a}=\frac{1}{a}\cdot a=1$，则称 $\frac{1}{a}$ 为 a 的倒数，也可以称为 a 的逆，记作 a^{-1}.这样，数的除法运算就能够通过乘法去实现了，即若 a,b 是数且 $a\neq0$，则 $b\div a=b\cdot a^{-1}$.

类似地，为了实现方阵的除法运算，我们引入下列概念：

定义 2.3.1　对于 n 阶方阵 $\boldsymbol{A}$，若有一个 n 阶方阵 $\boldsymbol{B}$，使得

$$\boldsymbol{AB}=\boldsymbol{BA}=\boldsymbol{E}, \tag{2.7}$$

则称 $\boldsymbol{A}$ 为**可逆的**或**可逆矩阵**，且把 $\boldsymbol{B}$ 称为 $\boldsymbol{A}$ 的**逆矩阵**(inverse matrix)，简称**逆阵**.

如果不存在满足(2.7)的矩阵 $\boldsymbol{B}$，则称 $\boldsymbol{A}$ 为**不可逆的**或**不可逆矩阵**.

由定义可以看出：可逆矩阵必为方阵，其逆矩阵为同阶方阵，而且由(2.7)可知，矩阵 $\boldsymbol{A}$，$\boldsymbol{B}$ 的地位对称，$\boldsymbol{B}$ 也是可逆矩阵，$\boldsymbol{A}$ 为 $\boldsymbol{B}$ 的逆矩阵.

在平面解析几何中，曾经讨论过变量之间的线性变换.在线性代数中，我们将用逆矩阵研究两组变量之间的逆线性变换.例如，

$$\begin{cases}u=x+y,\\v=x-y\end{cases} \tag{2.8}$$

是从变量 x,y 到变量 u,v 的一个线性变换.从中解出 x,y，得到从变量 u,v 到变量 x,y 的一个线性变换

$$\begin{cases}x=\frac{1}{2}u+\frac{1}{2}v,\\[2mm] y=\frac{1}{2}u-\frac{1}{2}v,\end{cases} \tag{2.9}$$

它们的矩阵分别为

$$\boldsymbol{A}=\begin{pmatrix}1&1\\1&-1\end{pmatrix},\quad \boldsymbol{B}=\begin{pmatrix}\frac{1}{2}&\frac{1}{2}\\[1mm]\frac{1}{2}&-\frac{1}{2}\end{pmatrix},$$

不难验证这两个矩阵满足 $\boldsymbol{AB}=\boldsymbol{BA}=\boldsymbol{E}$，所以 $\boldsymbol{A}$，$\boldsymbol{B}$ 互为逆矩阵.对应地，变换(2.9)称为(2.8)的**逆变换**(inverse transformation)，且变换(2.8)与(2.9)互为逆变换.

定理 2.3.1 若矩阵 $\boldsymbol{A}$ 是可逆的，则其逆矩阵是唯一的.

证 设 $\boldsymbol{B}_1$，$\boldsymbol{B}_2$ 都是 $\boldsymbol{A}$ 的逆矩阵，则

$$\boldsymbol{AB}_1=\boldsymbol{B}_1\boldsymbol{A}=\boldsymbol{E},\quad \boldsymbol{AB}_2=\boldsymbol{B}_2\boldsymbol{A}=\boldsymbol{E},$$

从而

$$\boldsymbol{B}_1=\boldsymbol{B}_1\boldsymbol{E}=\boldsymbol{B}_1(\boldsymbol{AB}_2)=(\boldsymbol{B}_1\boldsymbol{A})\boldsymbol{B}_2=\boldsymbol{EB}_2=\boldsymbol{B}_2,$$

所以 $\boldsymbol{A}$ 的逆矩阵是唯一的.证毕.

根据上述定理，$\boldsymbol{A}$ 的逆矩阵记作 $\boldsymbol{A}^{-1}$，总有

$$\boldsymbol{AA}^{-1}=\boldsymbol{A}^{-1}\boldsymbol{A}=\boldsymbol{E}.$$

例如，因为 $\boldsymbol{EE}=\boldsymbol{E}$，所以单位矩阵 $\boldsymbol{E}$ 是可逆的，且逆矩阵就是 $\boldsymbol{E}$ 本身，即 $\boldsymbol{E}^{-1}=\boldsymbol{E}$.

再如，当 $a_1a_2\cdots a_n\neq 0$ 时，对角矩阵 $\operatorname{diag}(a_1,a_2,\cdots,a_n)$ 是可逆的，且其逆矩阵是 $\operatorname{diag}(a_1^{-1},a_2^{-1},\cdots,a_n^{-1})$.

在数的运算中数 0 是不可逆的，所有非 0 数均可逆.然而，在矩阵中，尽管零矩阵不可逆，但并非所有非零矩阵均可逆.那么方阵 $\boldsymbol{A}$ 可逆的条件是什么？若方阵 $\boldsymbol{A}$ 可逆，如何求 $\boldsymbol{A}^{-1}$ 呢？接下来，我们将要讨论这个问题.

定义 2.3.2 设 $\boldsymbol{A}$ 为 n 阶方阵，那么行列式 $|\boldsymbol{A}|$ 中每个元素 a_{ij} 的代数余子式 A_{ij} 构成的矩阵

$$\boldsymbol{A}^*=\begin{pmatrix} A_{11} & A_{21} & \cdots & A_{n1} \\ A_{12} & A_{22} & \cdots & A_{n2} \\ \vdots & \vdots & & \vdots \\ A_{1n} & A_{2n} & \cdots & A_{nn} \end{pmatrix}$$

称为矩阵 $\boldsymbol{A}$ 的**伴随矩阵**(adjoint matrix).

引理 2.3.1 设 $\boldsymbol{A}$ 为 n 阶方阵，$\boldsymbol{A}^*$ 是 $\boldsymbol{A}$ 的伴随矩阵，则

$$\boldsymbol{AA}^*=\boldsymbol{A}^*\boldsymbol{A}=|\boldsymbol{A}|\boldsymbol{E}.$$

证 设 $\boldsymbol{A}=(a_{ij})$，由矩阵乘法的定义和行列式的性质可知

$$\boldsymbol{AA}^*=\begin{pmatrix} a_{11} & a_{12} & \cdots & a_{1n} \\ a_{21} & a_{22} & \cdots & a_{2n} \\ \vdots & \vdots & & \vdots \\ a_{n1} & a_{n2} & \cdots & a_{nn} \end{pmatrix}\begin{pmatrix} A_{11} & A_{21} & \cdots & A_{n1} \\ A_{12} & A_{22} & \cdots & A_{n2} \\ \vdots & \vdots & & \vdots \\ A_{1n} & A_{2n} & \cdots & A_{nn} \end{pmatrix}$$

$$=\begin{pmatrix} \sum\limits_{i=1}^{n} a_{1i}A_{1i} & 0 & \cdots & 0 \\ 0 & \sum\limits_{i=1}^{n} a_{2i}A_{2i} & \cdots & 0 \\ \vdots & \vdots & & \vdots \\ 0 & 0 & \cdots & \sum\limits_{i=1}^{n} a_{ni}A_{ni} \end{pmatrix}$$

$$=\begin{pmatrix}|A| & & & \\ & |A| & & \\ & & \ddots & \\ & & & |A|\end{pmatrix}=|A|\begin{pmatrix}1 & & & \\ & 1 & & \\ & & \ddots & \\ & & & 1\end{pmatrix}=|A|E.$$

同理可得 $A^*A=|A|E$.证毕.

定理 2.3.2　方阵 A 可逆的充要条件是 $|A|\neq 0$,且当 A 可逆时,有

$$A^{-1}=\frac{1}{|A|}A^*.$$

证　必要性　若 A 可逆,则有逆矩阵 A^{-1} 使得 $AA^{-1}=E$,对等式两边取行列式有 $|AA^{-1}|=|A||A^{-1}|=|E|=1$,所以 $|A|\neq 0$.

充分性　由引理知 $AA^*=A^*A=|A|E$,因为 $|A|\neq 0$,所以有

$$A\left(\frac{1}{|A|}A^*\right)=\left(\frac{1}{|A|}A^*\right)A=E,$$

因此 A 是可逆的,且 $A^{-1}=\frac{1}{|A|}A^*$.证毕.

定义 2.3.3　当方阵 A 的行列式 $|A|=0$ 时,称 A 为**奇异矩阵**(singular matrix),否则称为**非奇异矩阵**(nonsingular matrix).

由定理 2.3.2 可知,可逆矩阵就是非奇异矩阵,两者是等价的概念.

例 1　求方阵 $A=\begin{pmatrix}1 & 2 & 3\\ 2 & 1 & 2\\ 1 & 3 & 4\end{pmatrix}$ 的逆矩阵.

解　因为 $|A|=\begin{vmatrix}1 & 2 & 3\\ 2 & 1 & 2\\ 1 & 3 & 4\end{vmatrix}=1\neq 0$,所以 A^{-1} 存在.

计算代数余子式:$A_{11}=\begin{vmatrix}1 & 2\\ 3 & 4\end{vmatrix}=-2, A_{12}=-\begin{vmatrix}2 & 2\\ 1 & 4\end{vmatrix}=-6, A_{13}=\begin{vmatrix}2 & 1\\ 1 & 3\end{vmatrix}=5,$

$$A_{21}=-\begin{vmatrix}2 & 3\\ 3 & 4\end{vmatrix}=1,\quad A_{22}=\begin{vmatrix}1 & 3\\ 1 & 4\end{vmatrix}=1,\quad A_{23}=-\begin{vmatrix}1 & 2\\ 1 & 3\end{vmatrix}=-1,$$

$$A_{31}=\begin{vmatrix}2 & 3\\ 1 & 2\end{vmatrix}=1,\quad A_{32}=-\begin{vmatrix}1 & 3\\ 2 & 2\end{vmatrix}=4,\quad A_{33}=\begin{vmatrix}1 & 2\\ 2 & 1\end{vmatrix}=-3,$$

得伴随矩阵

$$A^*=\begin{pmatrix}A_{11} & A_{21} & A_{31}\\ A_{12} & A_{22} & A_{32}\\ A_{13} & A_{23} & A_{33}\end{pmatrix}=\begin{pmatrix}-2 & 1 & 1\\ -6 & 1 & 4\\ 5 & -1 & -3\end{pmatrix},$$

于是

$$A^{-1}=\frac{1}{|A|}A^*=\begin{pmatrix}-2 & 1 & 1\\ -6 & 1 & 4\\ 5 & -1 & -3\end{pmatrix}.$$

有了逆矩阵的计算方法,我们就能够求解某些矩阵方程:

例 2 设矩阵方程 $AX=B$，其中 $A=\begin{pmatrix}1&2&3\\2&1&2\\1&3&4\end{pmatrix}$，$B=\begin{pmatrix}1&-1\\0&1\\2&-1\end{pmatrix}$，求未知矩阵 X?

解 由上例可知 A^{-1}存在，则用 A^{-1}左乘矩阵方程 $AX=B$，有

$$A^{-1}AX=A^{-1}B,$$

于是

$$X=A^{-1}B=\begin{pmatrix}-2&1&1\\-6&1&4\\5&-1&-3\end{pmatrix}\begin{pmatrix}1&-1\\0&1\\2&-1\end{pmatrix}=\begin{pmatrix}0&2\\2&3\\-1&-3\end{pmatrix}.$$

例 3 设矩阵方程 $AXB=C$，其中

$$A=\begin{pmatrix}2&1\\3&2\end{pmatrix},\quad B=\begin{pmatrix}1&-4&-3\\1&-5&-3\\-1&6&4\end{pmatrix},\quad C=\begin{pmatrix}1&2&3\\1&0&1\end{pmatrix},$$

求未知矩阵 X.

解 因为 $|A|=\begin{vmatrix}2&1\\3&2\end{vmatrix}=1\neq0$，$|B|=\begin{vmatrix}1&-4&-3\\1&-5&-3\\-1&6&4\end{vmatrix}=-1\neq0$，所以 A^{-1}，B^{-1}均存在，计算可得 $A^{-1}=\begin{pmatrix}2&-1\\-3&2\end{pmatrix}$，$B^{-1}=\begin{pmatrix}2&2&3\\1&-1&0\\-1&2&1\end{pmatrix}$.

典型例题讲解
利用逆矩阵解
矩阵方程

分别用 A^{-1}，B^{-1}左乘、右乘方程的左右两边得

$$A^{-1}AXBB^{-1}=A^{-1}CB^{-1},$$

由矩阵乘法的结合律得$(A^{-1}A)X(BB^{-1})=A^{-1}CB^{-1}$，即

$$E_2XE_3=A^{-1}CB^{-1},$$

其中 E_2，E_3分别是二阶、三阶单位矩阵，于是

$$X=A^{-1}CB^{-1}=\begin{pmatrix}2&-1\\-3&2\end{pmatrix}\begin{pmatrix}1&2&3\\1&0&1\end{pmatrix}\begin{pmatrix}2&2&3\\1&-1&0\\-1&2&1\end{pmatrix}$$
$$=\begin{pmatrix}1&8&8\\-1&-10&-10\end{pmatrix}.$$

由定理 2.3.2，我们还可以得到下述推论：

推论 设 A 与 B 是 n 阶方阵，如果 $AB=E$（或 $BA=E$），那么 A 与 B 都可逆，并且 $B=A^{-1}$，$A=B^{-1}$.

证 因为 $AB=E$，所以两边取行列式有

$$|AB|=|A||B|=|E|=1,$$

从而$|A|\neq0$ 且$|B|\neq0$，根据定理 2.3.2 可知 A 与 B 都可逆，即 A^{-1}，B^{-1}存在，于是有

$$B=EB=(A^{-1}A)B=A^{-1}(AB)=A^{-1}E=A^{-1},$$
$$A=AE=A(BB^{-1})=(AB)B^{-1}=EB^{-1}=B^{-1}.$$

对于 $BA=E$ 的情形，同理可证.证毕.

例 4 设 n 阶方阵 A 满足 $A^2-2A-4E=O$，证明：$A+E$ 和 $A-3E$ 都可逆，并求$(A+E)^{-1}$和

$(\boldsymbol{A}-3\boldsymbol{E})^{-1}$.

证　由已知 $\boldsymbol{A}^2-2\boldsymbol{A}-4\boldsymbol{E}=\boldsymbol{O}$,可得

$$\boldsymbol{A}^2-2\boldsymbol{A}-3\boldsymbol{E}=\boldsymbol{E},\quad 即\quad (\boldsymbol{A}+\boldsymbol{E})(\boldsymbol{A}-3\boldsymbol{E})=\boldsymbol{E},$$

于是根据上述推论可知 $\boldsymbol{A}+\boldsymbol{E}$ 和 $\boldsymbol{A}-3\boldsymbol{E}$ 都可逆,并且

$$(\boldsymbol{A}+\boldsymbol{E})^{-1}=\boldsymbol{A}-3\boldsymbol{E},\quad (\boldsymbol{A}-3\boldsymbol{E})^{-1}=\boldsymbol{A}+\boldsymbol{E}.$$

逆矩阵满足下列运算规律:

知识点诠释
可逆矩阵的性质

性质 2.3.1　若 $\boldsymbol{A},\boldsymbol{B}$ 为同阶方阵且均可逆,数 $\lambda\neq0$,则

(1) $\boldsymbol{A}^{-1}$也可逆,且$(\boldsymbol{A}^{-1})^{-1}=\boldsymbol{A}$, $|\boldsymbol{A}^{-1}|=|\boldsymbol{A}|^{-1}$;

(2) $\lambda\boldsymbol{A}$ 也可逆,且$(\lambda\boldsymbol{A})^{-1}=\dfrac{1}{\lambda}\boldsymbol{A}^{-1}$;

(3) $\boldsymbol{A}^{\mathrm{T}}$也可逆,且$(\boldsymbol{A}^{\mathrm{T}})^{-1}=(\boldsymbol{A}^{-1})^{\mathrm{T}}$;

(4) $\boldsymbol{AB}$ 也可逆,且$(\boldsymbol{AB})^{-1}=\boldsymbol{B}^{-1}\boldsymbol{A}^{-1}$.

推广　若 $\boldsymbol{A}_1,\boldsymbol{A}_2,\cdots,\boldsymbol{A}_s$为同阶可逆方阵,则 $\boldsymbol{A}_1\boldsymbol{A}_2\cdots\boldsymbol{A}_s$也可逆,且

$$(\boldsymbol{A}_1\boldsymbol{A}_2\cdots\boldsymbol{A}_s)^{-1}=\boldsymbol{A}_s^{-1}\cdots\boldsymbol{A}_2^{-1}\boldsymbol{A}_1^{-1}.$$

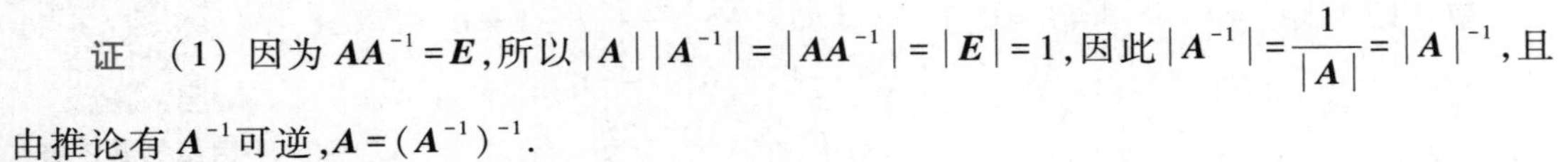

证　(1) 因为 $\boldsymbol{A}\boldsymbol{A}^{-1}=\boldsymbol{E}$,所以$|\boldsymbol{A}||\boldsymbol{A}^{-1}|=|\boldsymbol{A}\boldsymbol{A}^{-1}|=|\boldsymbol{E}|=1$,因此$|\boldsymbol{A}^{-1}|=\dfrac{1}{|\boldsymbol{A}|}=|\boldsymbol{A}|^{-1}$,且由推论有 $\boldsymbol{A}^{-1}$可逆,$\boldsymbol{A}=(\boldsymbol{A}^{-1})^{-1}$.

(2) $(\lambda\boldsymbol{A})\left(\dfrac{1}{\lambda}\boldsymbol{A}^{-1}\right)=\left(\lambda\times\dfrac{1}{\lambda}\right)(\boldsymbol{A}\boldsymbol{A}^{-1})=\boldsymbol{E}$,所以 $\lambda\boldsymbol{A}$ 可逆,且$(\lambda\boldsymbol{A})^{-1}=\dfrac{1}{\lambda}\boldsymbol{A}^{-1}$.

(3) $\boldsymbol{A}^{\mathrm{T}}(\boldsymbol{A}^{-1})^{\mathrm{T}}=(\boldsymbol{A}^{-1}\boldsymbol{A})^{\mathrm{T}}=\boldsymbol{E}^{\mathrm{T}}=\boldsymbol{E}$,所以 $\boldsymbol{A}^{\mathrm{T}}$ 可逆,且$(\boldsymbol{A}^{\mathrm{T}})^{-1}=(\boldsymbol{A}^{-1})^{\mathrm{T}}$.

(4) $(\boldsymbol{AB})(\boldsymbol{B}^{-1}\boldsymbol{A}^{-1})=\boldsymbol{ABB}^{-1}\boldsymbol{A}^{-1}=\boldsymbol{AEA}^{-1}=\boldsymbol{E}$,所以 $\boldsymbol{AB}$ 可逆,且$(\boldsymbol{AB})^{-1}=\boldsymbol{B}^{-1}\boldsymbol{A}^{-1}$.证毕.

当 $\boldsymbol{A}$ 可逆时,定义 $\boldsymbol{A}^0=\boldsymbol{E}$,$\boldsymbol{A}^{-k}=(\boldsymbol{A}^{-1})^k$(其中 k 为正整数),则有

$$\boldsymbol{A}^{\lambda}\boldsymbol{A}^{\mu}=\boldsymbol{A}^{\lambda+\mu},\quad (\boldsymbol{A}^{\lambda})^{\mu}=\boldsymbol{A}^{\lambda\mu}\quad (其中 \lambda,\mu 为整数).$$

习　题　2.3

1. 设矩阵 $\boldsymbol{A}=\begin{pmatrix}2&3\\4&5\end{pmatrix}$,求伴随矩阵 $\boldsymbol{A}^*$.

2. 利用伴随矩阵求下列矩阵的逆矩阵:

(1) $\begin{pmatrix}2&1\\3&2\end{pmatrix}$;　　(2) $\begin{pmatrix}a&b\\c&d\end{pmatrix}$　$(ad-bc\neq0)$;

(3) $\begin{pmatrix}3&2&1\\3&1&5\\3&2&3\end{pmatrix}$;　　(4) $\begin{pmatrix}3&-1&0\\-2&1&1\\1&-1&4\end{pmatrix}$;

(5) $\begin{pmatrix}1&0&0&0\\1&2&0&0\\2&1&3&0\\1&2&1&4\end{pmatrix}$;　　(6) $\begin{pmatrix}a_1&0&\cdots&0\\0&a_2&\cdots&0\\\vdots&\vdots&&\vdots\\0&0&\cdots&a_n\end{pmatrix}$　$(a_1a_2\cdots a_n\neq0)$.

3. 已知线性变换

$$\begin{cases} x_1 = y_1 + y_2 - y_3, \\ x_2 = 2y_1 + y_2, \\ x_3 = y_1 - y_2, \end{cases}$$

求从变量 x_1, x_2, x_3 到变量 y_1, y_2, y_3 的线性变换.

4. 设矩阵方程 $\boldsymbol{AX}+\boldsymbol{E}=\boldsymbol{A}^2-\boldsymbol{X}$，其中 $\boldsymbol{A}=\begin{pmatrix} 0 & 0 & 1 \\ 1 & -2 & 0 \\ 0 & 1 & 1 \end{pmatrix}$，求未知矩阵 $\boldsymbol{X}$.

5. 解下列矩阵方程：

(1) $\begin{pmatrix} -2 & 1 \\ 4 & 0 \end{pmatrix}\boldsymbol{X}=\begin{pmatrix} -2 & 4 \\ 4 & -4 \end{pmatrix}$；　(2) $\boldsymbol{X}\begin{pmatrix} 2 & 2 & 3 \\ 1 & -1 & 0 \\ -1 & 2 & 1 \end{pmatrix}=\begin{pmatrix} 2 & 1 & 2 \\ 0 & 1 & 3 \\ 1 & 0 & 1 \end{pmatrix}$；

(3) $\begin{pmatrix} 1 & 0 & 2 \\ -1 & 2 & -3 \\ 0 & 1 & -1 \end{pmatrix}\boldsymbol{X}\begin{pmatrix} -1 & 1 & -1 \\ 1 & -1 & -1 \\ -1 & -1 & 1 \end{pmatrix}=\begin{pmatrix} 1 & 0 & 3 \\ 0 & 1 & -2 \\ 3 & -5 & 0 \end{pmatrix}$.

6. 已知 n 阶方阵 $\boldsymbol{A}$ 满足 $\boldsymbol{A}^2+2\boldsymbol{A}-3\boldsymbol{E}=\boldsymbol{O}$，

(1) 证明：$\boldsymbol{A}$ 和 $\boldsymbol{A}+2\boldsymbol{E}$ 都可逆，并求 $\boldsymbol{A}^{-1}$ 和 $(\boldsymbol{A}+2\boldsymbol{E})^{-1}$；

(2) 证明：$\boldsymbol{A}+4\boldsymbol{E}$ 和 $\boldsymbol{A}-2\boldsymbol{E}$ 都可逆，并求 $(\boldsymbol{A}+4\boldsymbol{E})^{-1}$ 和 $(\boldsymbol{A}-2\boldsymbol{E})^{-1}$.

§2.4　分块矩阵

在利用计算机进行矩阵运算时，当矩阵的阶数超过计算机存储容量时，就需要利用矩阵的分块技术，将大矩阵化为一系列小矩阵再进行运算.

2.4.1　一般分块矩阵

用若干条贯穿整个矩阵的横线与纵线将矩阵 $\boldsymbol{A}$ 划分为许多个小矩阵，称这些小矩阵为 $\boldsymbol{A}$ 的子块，以子块为元素的形式上的矩阵称为分块矩阵.

例如，矩阵 $\boldsymbol{A}=\left(\begin{array}{c:cc:c} 1 & 0 & -1 & 3 \\ \hdashline -1 & 3 & 1 & 0 \\ 0 & 4 & 2 & -2 \end{array}\right)$，若记

$$\boldsymbol{A}_{11}=1,\quad \boldsymbol{A}_{12}=(0\quad -1),\quad \boldsymbol{A}_{13}=(3),$$

$$\boldsymbol{A}_{21}=\begin{pmatrix} -1 \\ 0 \end{pmatrix},\quad \boldsymbol{A}_{22}=\begin{pmatrix} 3 & 1 \\ 4 & 2 \end{pmatrix},\quad \boldsymbol{A}_{23}=\begin{pmatrix} 0 \\ -2 \end{pmatrix},$$

则形式上以子块 $\boldsymbol{A}_{11}, \boldsymbol{A}_{12}, \boldsymbol{A}_{13}, \boldsymbol{A}_{21}, \boldsymbol{A}_{22}, \boldsymbol{A}_{23}$ 为元素的分块矩阵可以表示为

$$\boldsymbol{A}=\begin{pmatrix} \boldsymbol{A}_{11} & \boldsymbol{A}_{12} & \boldsymbol{A}_{13} \\ \boldsymbol{A}_{21} & \boldsymbol{A}_{22} & \boldsymbol{A}_{23} \end{pmatrix}.$$

矩阵分块的方法很多,$\boldsymbol{A}$ 也可以分块为

$$\boldsymbol{A}=\left(\begin{array}{cc:cc}1&0&-1&3\\-1&3&1&0\\ \hdashline 0&4&2&-2\end{array}\right)=\begin{pmatrix}\boldsymbol{B}_{11}&\boldsymbol{B}_{12}\\ \boldsymbol{B}_{21}&\boldsymbol{B}_{22}\end{pmatrix},$$

特别地,$\boldsymbol{A}$ 还可以按行或按列分块为

$$\boldsymbol{A}=\left(\begin{array}{cccc}1&0&-1&3\\ \hdashline -1&3&1&0\\ \hdashline 0&4&2&-2\end{array}\right),\quad \boldsymbol{A}=\left(\begin{array}{c:c:c:c}1&0&-1&3\\-1&3&1&0\\0&4&2&-2\end{array}\right).$$

虽然矩阵分块是任意的,但可以发现分块矩阵同行上的子块具有相同的“行数”,同列上的子块具有相同的“列数”.选取哪种方式分块,主要取决于问题的需要和矩阵自身的特点.

分块矩阵满足下列运算规律:

(1) 加法:设 $\boldsymbol{A}$ 与 $\boldsymbol{B}$ 为同型矩阵,且采用相同的分块法,即

$$\boldsymbol{A}=\begin{pmatrix}\boldsymbol{A}_{11}&\cdots&\boldsymbol{A}_{1r}\\ \vdots&&\vdots\\ \boldsymbol{A}_{s1}&\cdots&\boldsymbol{A}_{sr}\end{pmatrix},\quad \boldsymbol{B}=\begin{pmatrix}\boldsymbol{B}_{11}&\cdots&\boldsymbol{B}_{1r}\\ \vdots&&\vdots\\ \boldsymbol{B}_{s1}&\cdots&\boldsymbol{B}_{sr}\end{pmatrix},$$

其中 $\boldsymbol{A}_{ij}$ 与 $\boldsymbol{B}_{ij}(i=1,2,\cdots,s;j=1,2,\cdots,r)$ 的行数、列数对应相等,则

$$\boldsymbol{A}+\boldsymbol{B}=\begin{pmatrix}\boldsymbol{A}_{11}+\boldsymbol{B}_{11}&\cdots&\boldsymbol{A}_{1r}+\boldsymbol{B}_{1r}\\ \vdots&&\vdots\\ \boldsymbol{A}_{s1}+\boldsymbol{B}_{s1}&\cdots&\boldsymbol{A}_{sr}+\boldsymbol{B}_{sr}\end{pmatrix};$$

(2) 数乘:设分块矩阵 $\boldsymbol{A}=\begin{pmatrix}\boldsymbol{A}_{11}&\cdots&\boldsymbol{A}_{1r}\\ \vdots&&\vdots\\ \boldsymbol{A}_{s1}&\cdots&\boldsymbol{A}_{sr}\end{pmatrix}$,$\lambda$ 为数,则

$$\lambda\boldsymbol{A}=\begin{pmatrix}\lambda\boldsymbol{A}_{11}&\cdots&\lambda\boldsymbol{A}_{1r}\\ \vdots&&\vdots\\ \lambda\boldsymbol{A}_{s1}&\cdots&\lambda\boldsymbol{A}_{sr}\end{pmatrix};$$

(3) 乘法:设 $\boldsymbol{A}$ 是 $m\times l$ 矩阵,$\boldsymbol{B}$ 是 $l\times n$ 矩阵,分别分块为

$$\boldsymbol{A}=\begin{pmatrix}\boldsymbol{A}_{11}&\cdots&\boldsymbol{A}_{1t}\\ \vdots&&\vdots\\ \boldsymbol{A}_{s1}&\cdots&\boldsymbol{A}_{st}\end{pmatrix},\quad \boldsymbol{B}=\begin{pmatrix}\boldsymbol{B}_{11}&\cdots&\boldsymbol{B}_{1r}\\ \vdots&&\vdots\\ \boldsymbol{B}_{t1}&\cdots&\boldsymbol{B}_{tr}\end{pmatrix},$$

其中 $\boldsymbol{A}$ 的列的分法与 $\boldsymbol{B}$ 的行的分法一致,即子块 $\boldsymbol{A}_{i1},\boldsymbol{A}_{i2},\cdots,\boldsymbol{A}_{it}(i=1,2,\cdots,s)$ 的列数分别等于 $\boldsymbol{B}_{1j},\boldsymbol{B}_{2j},\cdots,\boldsymbol{B}_{tj}(j=1,2,\cdots,r)$ 的行数,则

$$\boldsymbol{AB}=\begin{pmatrix}\boldsymbol{C}_{11}&\cdots&\boldsymbol{C}_{1r}\\ \vdots&&\vdots\\ \boldsymbol{C}_{s1}&\cdots&\boldsymbol{C}_{sr}\end{pmatrix},$$

其中子块
$$\boldsymbol{C}_{ij}=(\boldsymbol{A}_{i1}\ \cdots\ \boldsymbol{A}_{it})\begin{pmatrix}\boldsymbol{B}_{1j}\\ \vdots\\ \boldsymbol{B}_{tj}\end{pmatrix}=\boldsymbol{A}_{i1}\boldsymbol{B}_{1j}+\cdots+\boldsymbol{A}_{it}\boldsymbol{B}_{tj}$$

$$= \sum_{k=1}^{t} \boldsymbol{A}_{ik}\boldsymbol{B}_{kj} \quad (i=1,2,\cdots,s;j=1,2,\cdots,r).$$

(4) 转置：设 $\boldsymbol{A}=\begin{pmatrix} \boldsymbol{A}_{11} & \cdots & \boldsymbol{A}_{1r} \\ \vdots & & \vdots \\ \boldsymbol{A}_{s1} & \cdots & \boldsymbol{A}_{sr} \end{pmatrix}$，则 $\boldsymbol{A}^{\mathrm{T}}=\begin{pmatrix} \boldsymbol{A}_{11}^{\mathrm{T}} & \cdots & \boldsymbol{A}_{s1}^{\mathrm{T}} \\ \vdots & & \vdots \\ \boldsymbol{A}_{1r}^{\mathrm{T}} & \cdots & \boldsymbol{A}_{sr}^{\mathrm{T}} \end{pmatrix}$.

注意，分块矩阵转置时，不仅整个矩阵要转置，而且其中的每一个子块也要转置.

例 1 设 $\boldsymbol{A}=\begin{pmatrix} 2 & 0 & 0 & 0 \\ 0 & 2 & 0 & 0 \\ -1 & 2 & 1 & 0 \\ 1 & 1 & 0 & 1 \end{pmatrix}$，$\boldsymbol{B}=\begin{pmatrix} 1 & 0 & -1 & 0 \\ -1 & 2 & 0 & -1 \\ 1 & 0 & 4 & 1 \\ -1 & -1 & 2 & 0 \end{pmatrix}$，求 $\boldsymbol{AB}$.

解法 1 直接用矩阵乘法.

解法 2 将 $\boldsymbol{A}$ 与 $\boldsymbol{B}$ 分成分块矩阵

$$\boldsymbol{A}=\left(\begin{array}{cc:cc} 2 & 0 & 0 & 0 \\ 0 & 2 & 0 & 0 \\ \hdashline -1 & 2 & 1 & 0 \\ 1 & 1 & 0 & 1 \end{array}\right)=\begin{pmatrix} 2\boldsymbol{E} & \boldsymbol{O} \\ \boldsymbol{A}_{21} & \boldsymbol{E} \end{pmatrix},$$

$$\boldsymbol{B}=\left(\begin{array}{cc:cc} 1 & 0 & -1 & 0 \\ -1 & 2 & 0 & -1 \\ \hdashline 1 & 0 & 4 & 1 \\ -1 & -1 & 2 & 0 \end{array}\right)=\begin{pmatrix} \boldsymbol{B}_{11} & -\boldsymbol{E} \\ \boldsymbol{B}_{21} & \boldsymbol{B}_{22} \end{pmatrix},$$

则
$$\boldsymbol{AB}=\begin{pmatrix} 2\boldsymbol{E} & \boldsymbol{O} \\ \boldsymbol{A}_{21} & \boldsymbol{E} \end{pmatrix}\begin{pmatrix} \boldsymbol{B}_{11} & -\boldsymbol{E} \\ \boldsymbol{B}_{21} & \boldsymbol{B}_{22} \end{pmatrix}=\begin{pmatrix} 2\boldsymbol{B}_{11} & -2\boldsymbol{E} \\ \boldsymbol{A}_{21}\boldsymbol{B}_{11}+\boldsymbol{B}_{21} & -\boldsymbol{A}_{21}+\boldsymbol{B}_{22} \end{pmatrix}.$$

因为
$$2\boldsymbol{B}_{11}=\begin{pmatrix} 2 & 0 \\ -2 & 4 \end{pmatrix}, \quad -2\boldsymbol{E}=\begin{pmatrix} -2 & 0 \\ 0 & -2 \end{pmatrix},$$

$$\boldsymbol{A}_{21}\boldsymbol{B}_{11}+\boldsymbol{B}_{21}=\begin{pmatrix} -3 & 4 \\ 0 & 2 \end{pmatrix}+\begin{pmatrix} 1 & 0 \\ -1 & -1 \end{pmatrix}=\begin{pmatrix} -2 & 4 \\ -1 & 1 \end{pmatrix},$$

$$-\boldsymbol{A}_{21}+\boldsymbol{B}_{22}=\begin{pmatrix} 5 & -1 \\ 1 & -1 \end{pmatrix},$$

所以
$$\boldsymbol{AB}=\begin{pmatrix} 2\boldsymbol{B}_{11} & -2\boldsymbol{E} \\ \boldsymbol{A}_{21}\boldsymbol{B}_{11}+\boldsymbol{B}_{21} & -\boldsymbol{A}_{21}+\boldsymbol{B}_{22} \end{pmatrix}=\left(\begin{array}{cc:cc} 2 & 0 & -2 & 0 \\ -2 & 4 & 0 & -2 \\ \hdashline -2 & 4 & 5 & -1 \\ -1 & 1 & 1 & -1 \end{array}\right).$$

2.4.2 分块对角矩阵

设 $\boldsymbol{A}$ 为 n 阶方阵，若 $\boldsymbol{A}$ 的分块矩阵在主对角线上的子块均为方阵，且主对角线以外的子块均为零矩阵，即

$$A=\begin{pmatrix}A_1&&&\\&A_2&&\\&&\ddots&\\&&&A_s\end{pmatrix},$$

其中 $A_i(i=1,2,\cdots,s)$ 是方阵，那么称 A 为**分块对角矩阵**，也可简记为 $A=\mathrm{diag}(A_1,A_2,\cdots,A_s)$.

我们容易发现，分块对角矩阵是对角矩阵概念的推广，因为当分块对角矩阵对角线上的子块是一阶方阵时，它就成为对角矩阵.

分块对角矩阵不仅满足一般对角矩阵的运算规律，还满足下列运算规律：

(1) $|A|=|A_1||A_2|\cdots|A_s|$；

(2) 若 $|A_i|\neq 0$，即 A_i 有逆矩阵 $A_i^{-1}(i=1,2,\cdots,s)$，则 $|A|\neq 0$，且 A 的逆矩阵为

$$A^{-1}=\begin{pmatrix}A_1^{-1}&&&\\&A_2^{-1}&&\\&&\ddots&\\&&&A_s^{-1}\end{pmatrix};$$

(3) 设 $A=\begin{pmatrix}A_1&&&\\&A_2&&\\&&\ddots&\\&&&A_s\end{pmatrix}$ 和 $B=\begin{pmatrix}B_1&&&\\&B_2&&\\&&\ddots&\\&&&B_s\end{pmatrix}$ 均为分块对角矩阵，其中 A_i，$B_i(i=1,2,\cdots,s)$ 是同型子块，则

$$AB=\begin{pmatrix}A_1B_1&&&\\&A_2B_2&&\\&&\ddots&\\&&&A_sB_s\end{pmatrix}.$$

例 2　设 $A=\begin{pmatrix}1&2&0\\-1&3&0\\0&0&2\end{pmatrix}$，求 (1) $|A^2|$；(2) A^{-1}；(3) A^3.

解　将矩阵分块为

$$A=\left(\begin{array}{cc:c}1&2&0\\-1&3&0\\\hdashline 0&0&2\end{array}\right)=\begin{pmatrix}A_1&O_{2\times1}\\O_{1\times2}&A_2\end{pmatrix},$$

其中 $A_1=\begin{pmatrix}1&2\\-1&3\end{pmatrix}$，$A_2=(2)$.

(1) $|A_1|=5$，$|A_2|=2$，于是 $|A^2|=|A|^2=|A_1|^2|A_2|^2=100$；

(2) $A_1^{-1}=\begin{pmatrix}\frac{3}{5}&-\frac{2}{5}\\\frac{1}{5}&\frac{1}{5}\end{pmatrix}$，$A_2^{-1}=\left(\frac{1}{2}\right)$，

于是
$$A^{-1}=\begin{pmatrix}A_1^{-1} & O_{2\times1}\\ O_{1\times2} & A_2^{-1}\end{pmatrix}=\begin{pmatrix}\frac{3}{5} & -\frac{2}{5} & 0\\ \frac{1}{5} & \frac{1}{5} & 0\\ 0 & 0 & \frac{1}{2}\end{pmatrix};$$

(3) $A_1^3=A_1^2\cdot A_1=\begin{pmatrix}-1 & 8\\ -4 & 7\end{pmatrix}\begin{pmatrix}1 & 2\\ -1 & 3\end{pmatrix}=\begin{pmatrix}-9 & 22\\ -11 & 13\end{pmatrix}$, $A_2^3=(8)$,

于是
$$A^3=\begin{pmatrix}A_1^3 & O_{2\times1}\\ O_{1\times2} & A_2^3\end{pmatrix}=\begin{pmatrix}-9 & 22 & 0\\ -11 & 13 & 0\\ 0 & 0 & 8\end{pmatrix}.$$

典型例题讲解 求分块矩阵的逆矩阵

例 3 已知 $M=\begin{pmatrix}A & O\\ C & B\end{pmatrix}$,其中 m 阶方阵 A 与 n 阶方阵 B 都可逆,求 M^{-1}.

解 利用分块矩阵的乘法可知:$\begin{pmatrix}E_m & O\\ -CA^{-1} & E_n\end{pmatrix}\begin{pmatrix}A & O\\ C & B\end{pmatrix}=\begin{pmatrix}A & O\\ O & B\end{pmatrix}$,又矩阵 A 与 B 都可逆,有
$$\begin{pmatrix}A^{-1} & O\\ O & B^{-1}\end{pmatrix}\begin{pmatrix}A & O\\ O & B\end{pmatrix}=\begin{pmatrix}E_m & O\\ O & E_n\end{pmatrix},$$
故有
$$\begin{pmatrix}A^{-1} & O\\ O & B^{-1}\end{pmatrix}\begin{pmatrix}E_m & O\\ -CA^{-1} & E_n\end{pmatrix}\begin{pmatrix}A & O\\ C & B\end{pmatrix}=\begin{pmatrix}E_m & O\\ O & E_n\end{pmatrix}=E,$$
即
$$\begin{pmatrix}A^{-1} & O\\ -B^{-1}CA^{-1} & B^{-1}\end{pmatrix}M=E,$$
因而 M 可逆,且 $M^{-1}=\begin{pmatrix}A^{-1} & O\\ -B^{-1}CA^{-1} & B^{-1}\end{pmatrix}$.

习 题 2.4

1. 利用分块矩阵计算:

(1) $\begin{pmatrix}a & 0 & 0 & 0\\ 0 & a & 0 & 0\\ 1 & 0 & b & 0\\ 0 & 1 & 0 & b\end{pmatrix}\begin{pmatrix}1 & 0 & c & 0\\ 0 & 1 & 0 & c\\ 0 & 0 & d & 0\\ 0 & 0 & 0 & d\end{pmatrix}$; (2) $\begin{pmatrix}1 & 2 & 1 & 0 & 0\\ 2 & 0 & 0 & 1 & 0\\ 3 & -1 & 0 & 0 & 1\\ 4 & 0 & 0 & 0 & 0\\ 0 & 4 & 0 & 0 & 0\end{pmatrix}\begin{pmatrix}1 & 2 & 0 & 0\\ 3 & 4 & 0 & 0\\ 5 & 6 & 6 & 5\\ 7 & 8 & 4 & 3\\ 9 & 10 & 2 & 1\end{pmatrix}$.

2. 设 $\boldsymbol{A}=\begin{pmatrix}1&-3&0&0\\0&2&0&0\\0&0&1&2\\0&0&1&3\end{pmatrix}$，求(1) $|\boldsymbol{A}^5|$；(2) $\boldsymbol{A}^{-1}$；(3) $\boldsymbol{A}^3$.

3. 设 $\boldsymbol{A},\boldsymbol{C}$ 分别为 r 阶和 s 阶可逆矩阵，求分块矩阵 $\boldsymbol{X}=\begin{pmatrix}\boldsymbol{O}&\boldsymbol{A}\\\boldsymbol{C}&\boldsymbol{B}\end{pmatrix}$ 的逆矩阵.

4. 已知 $\boldsymbol{M}=\begin{pmatrix}\boldsymbol{O}&\boldsymbol{A}\\\boldsymbol{B}&\boldsymbol{O}\end{pmatrix}$，其中 m 阶方阵 $\boldsymbol{A}$ 与 n 阶方阵 $\boldsymbol{B}$ 都可逆.

(1) 证明 $\boldsymbol{M}$ 可逆，并求 $\boldsymbol{M}^{-1}$；

(2) 利用(1)的结果计算 $\begin{pmatrix}0&0&2\\1&2&0\\3&4&0\end{pmatrix}^{-1}$ 和 $\begin{pmatrix}0&0&0&1&3\\0&0&0&2&8\\1&0&1&0&0\\2&3&2&0&0\\3&1&1&0&0\end{pmatrix}^{-1}$.

§2.5　矩阵的初等变换

矩阵的初等变换是线性代数理论中的一个重要工具，它在解线性方程组、求逆矩阵及矩阵相关理论的探讨中都起到重要的作用.在初中数学中，我们就学过用高斯消元法求解二元、三元线性方程组，下面我们通过一个例子引进矩阵初等变换的概念.

2.5.1　矩阵的初等变换

引例　利用高斯消元法求下列线性方程组的解：

$$\begin{cases}x_1+x_2-x_3+x_4=1, & (1)\\2x_1-4x_3+x_4=0, & (2)\\2x_1-x_2-5x_3-3x_4=6, & (3)\\3x_1+4x_2-2x_3+4x_4=3. & (4)\end{cases}\tag{2.10}$$

解　$(2.10)\xrightarrow[(4)-3(1)]{\substack{(2)-2(1)\\(3)-2(1)}}\begin{cases}x_1+x_2-x_3+x_4=1, & (1)\\-2x_2-2x_3-x_4=-2, & (2)\\-3x_2-3x_3-5x_4=4, & (3)\\x_2+x_3+x_4=0, & (4)\end{cases}$

$\xrightarrow{\substack{(2)\leftrightarrow(4)\\(3)+3(2)\\(4)+2(2)}}\begin{cases}x_1+x_2-x_3+x_4=1, & (1)\\x_2+x_3+x_4=0, & (2)\\-2x_4=4, & (3)\\x_4=-2, & (4)\end{cases}$

$$\xrightarrow[(4)+2(3)]{(3)\leftrightarrow(4)}\begin{cases}x_1+x_2-x_3+x_4=1, & (1)\\ x_2+x_3+x_4=0, & (2)\\ x_4=-2, & (3)\\ 0=0, & (4)\end{cases}$$

$$\xrightarrow[(2)-(3)]{(1)-(2)}\begin{cases}x_1\quad -2x_3 \quad =1,\\ x_2+x_3 \quad =2,\\ x_4=-2,\end{cases}$$

由此得到与(2.10)同解的线性方程组

$$\begin{cases}x_1=2x_3+1,\\ x_2=-x_3+2,\\ x_3=x_3,\\ x_4=-2,\end{cases}\tag{2.11}$$

取 x_3为任意数 c,则方程组(2.10)的解为

$$\boldsymbol{X}=\begin{pmatrix}x_1\\x_2\\x_3\\x_4\end{pmatrix}=\begin{pmatrix}2c+1\\-c+2\\c\\-2\end{pmatrix}=c\begin{pmatrix}2\\-1\\1\\0\end{pmatrix}+\begin{pmatrix}1\\2\\0\\-2\end{pmatrix},\text{其中 } c \text{ 为任意数}.$$

在上述用高斯消元法解线性方程组的过程中,始终把方程组看作一个整体进行同解变形,用到了如下三种变换:

(1) 互换两个方程的位置;

(2) 用非零数乘某个方程;

(3) 将某个方程的 k 倍加到另一个方程上.

由于这三种变换都是可逆的,变换前的方程组与变换后的方程组是同解的,所以这三种变换是同解变换.

注 我们容易发现,线性方程组的消元过程中涉及的仅仅是系数和常数的变化,未知量并未参与运算.因而,方程组(2.10)的同解变换完全可以转换为其增广矩阵的变换.对应地,我们可以归纳出矩阵的三种初等变换:

定义 2.5.1 对矩阵的行(列)施行的下列三种变换,统称为矩阵的初等行(列)变换:

(1) 对调两行(列)(对调 i,j 两行(列),记作 $r_i\leftrightarrow r_j(c_i\leftrightarrow c_j)$);

(2) 以非零数 λ 乘某一行(列)中的所有元素 (第 i 行(列)乘 λ,记作 $r_i\times\lambda(c_i\times\lambda)$);

(3) 把某一行(列)所有元素的 λ 倍加到另外一行(列)对应的元素上去(第 j 行(列)的 λ 倍加到第 i 行(列)上,记作 $r_i+\lambda r_j(c_i+\lambda c_j)$).

定义 2.5.2 矩阵的初等行变换与初等列变换统称为**初等变换**(elementary transformation).

因为方程组的三种变换都是可逆的,所以矩阵的三种初等变换也是可逆的,且满足下列关系:

性质 2.5.1 初等变换的逆变换是同一类型的初等变换,且满足

(1) 变换 $r_i\leftrightarrow r_j$的逆变换是其本身;

(2) 变换 $r_i\times\lambda$ 的逆变换是 $r_i\times\left(\dfrac{1}{\lambda}\right)(\lambda\neq 0)$;

(3) 变换 $r_i+\lambda r_j$ 的逆变换是 $r_i-\lambda r_j$.

下面我们把方程组(2.10)的同解变换过程移植到它的增广矩阵

$$\overline{A}_1=(A\mid b)=\left(\begin{array}{cccc:c}1&1&-1&1&1\\2&0&-4&1&0\\2&-1&-5&-3&6\\3&4&-2&4&3\end{array}\right)$$

上,并通过矩阵的初等行变换来求解方程组(2.10).

$$\overline{A}_1=\left(\begin{array}{cccc:c}1&1&-1&1&1\\2&0&-4&1&0\\2&-1&-5&-3&6\\3&4&-2&4&3\end{array}\right)\xrightarrow[r_4-3r_1]{\substack{r_2-2r_1\\r_3-2r_1}}\overline{A}_2=\left(\begin{array}{cccc:c}1&1&-1&1&1\\0&-2&-2&-1&-2\\0&-3&-3&-5&4\\0&1&1&1&0\end{array}\right)$$

$$\xrightarrow[r_4+2r_2]{\substack{r_2\leftrightarrow r_4\\r_3+3r_2}}\overline{A}_3=\left(\begin{array}{cccc:c}1&1&-1&1&1\\0&1&1&1&0\\0&0&0&-2&4\\0&0&0&1&-2\end{array}\right)\xrightarrow[r_4+2r_3]{r_3\leftrightarrow r_4}\overline{A}_4=\left(\begin{array}{cccc:c}1&1&-1&1&1\\0&1&1&1&0\\0&0&0&1&-2\\0&0&0&0&0\end{array}\right)$$

$$\xrightarrow[r_2-r_3]{r_1-r_2}\overline{A}_5=\left(\begin{array}{cccc:c}1&0&-2&0&1\\0&1&1&0&2\\0&0&0&1&-2\\0&0&0&0&0\end{array}\right).$$

$\overline{A}_5$对应的线性方程组即为方程组(2.11),由前知,对这样形式的方程组可以很容易地求出其解.

形如$\overline{A}_4,\overline{A}_5$的矩阵称为**行阶梯形矩阵**(row echelon form),其特点是:可以画出一条阶梯线,线的下方全是0;每个台阶只有一行,台阶数就是非零行的行数,阶梯线的竖线后面的第一个元素为非零元,也就是非零行的第一个非零元.

形如$\overline{A}_5$的行阶梯形矩阵还可以称为**行最简形矩阵**(reduced row echelon form),其特点是:首先它是行阶梯形矩阵,其次它的非零行的第一个非零元为1,且这些非零元所在的列的其他元素都为0.

任何线性方程组确定的增广矩阵 $\overline{A}$ 总可以经过有限次初等行变换化为行阶梯形矩阵和行最简形矩阵,并且行阶梯形矩阵的非零行数是由方程组唯一确定的.

对行最简形矩阵$\overline{A}_5$再施以初等列变换,可以化成一种形状更简单的矩阵:

$$\overline{A}_5=\left(\begin{array}{cccc:c}1&0&-2&0&1\\0&1&1&0&2\\0&0&0&1&-2\\0&0&0&0&0\end{array}\right)\xrightarrow[c_5-c_1-2c_2+2c_3]{\substack{c_3\leftrightarrow c_4\\c_4+2c_1-c_2}}F=\left(\begin{array}{ccc:cc}1&0&0&0&0\\0&1&0&0&0\\0&0&1&0&0\\\hdashline 0&0&0&0&0\end{array}\right).$$

形如 F 的矩阵称为$\overline{A}_1$的**标准形矩阵**(canonical matrix),其特点是:左上角是一个单位矩阵,其余元素全是零,即 $\boldsymbol{F}=\begin{pmatrix}\boldsymbol{E}_r & \boldsymbol{O}_{r\times(n-r)}\\ \boldsymbol{O}_{(m-r)\times r} & \boldsymbol{O}_{(m-r)\times(n-r)}\end{pmatrix}_{m\times n}$.

例 1 设 $\boldsymbol{A}=\begin{pmatrix}0&-2&1\\3&0&-2\\-2&3&0\end{pmatrix}$,把$(\boldsymbol{A}\mid\boldsymbol{E})$化成行最简形矩阵.

解 $$(\boldsymbol{A}|\boldsymbol{E})=\left(\begin{array}{ccc:ccc}0&-2&1&1&0&0\\3&0&-2&0&1&0\\-2&3&0&0&0&1\end{array}\right)\xrightarrow[r_1\leftrightarrow r_2]{3r_3+2r_2}\left(\begin{array}{ccc:ccc}3&0&-2&0&1&0\\0&-2&1&1&0&0\\0&9&-4&0&2&3\end{array}\right)$$

$$\xrightarrow{2r_3+9r_2}\left(\begin{array}{ccc:ccc}3&0&-2&0&1&0\\0&-2&1&1&0&0\\0&0&1&9&4&6\end{array}\right)\xrightarrow[r_2-r_3]{r_1+2r_3}\left(\begin{array}{ccc:ccc}3&0&0&18&9&12\\0&-2&0&-8&-4&-6\\0&0&1&9&4&6\end{array}\right)$$

$$\xrightarrow[r_2\div(-2)]{r_1\div 3}\left(\begin{array}{ccc:ccc}1&0&0&6&3&4\\0&1&0&4&2&3\\0&0&1&9&4&6\end{array}\right).$$

2.5.2 初等矩阵

定义 2.5.3 对单位矩阵进行一次初等变换得到的矩阵,称为初等矩阵(elementary matrix).

我们知道矩阵有三种初等变换,而且对单位矩阵进行一次初等列变换,相当于对单位矩阵进行一次同类型的初等行变换,因此,初等矩阵可分为以下三大类:

(1) 对调单位矩阵的第 i,j 两行($r_i\leftrightarrow r_j$)或第 i,j 两列($c_i\leftrightarrow c_j$),得初等矩阵

$$\boldsymbol{E}(i,j)=\begin{pmatrix}1&&&&&&&&\\&\ddots&&&&&&&\\&&1&&&&&&\\&&&0&\cdots&1&&&\\&&&&1&&&&\\&&&\vdots&\ddots&\vdots&&&\\&&&&&1&&&\\&&&1&\cdots&0&&&\\&&&&&&1&&\\&&&&&&&\ddots&\\&&&&&&&&1\end{pmatrix}\begin{matrix}\\\\\\ \text{第 } i \text{ 行}\\\\\\\\ \text{第 } j \text{ 行}\\\\\\\\\end{matrix}.$$

第 i 列　　　第 j 列

(2) 以非零数 λ 乘单位矩阵 $\boldsymbol{E}$ 的第 i 行($r_i\times\lambda$)或第 i 列($c_i\times\lambda$),得初等矩阵

$$
\boldsymbol{E}(i(\lambda))=\begin{pmatrix}
1 & & & & & & \\
& \ddots & & & & & \\
& & 1 & & & & \\
& & & \lambda & & & \\
& & & & 1 & & \\
& & & & & \ddots & \\
& & & & & & 1
\end{pmatrix}
\begin{matrix} \\ \\ \\ \text{第 } i \text{ 行} \\ \\ \\ \\ \end{matrix}.
$$

第 i 列

(3) 下设 $i\neq j$,以数 λ 乘单位矩阵 $\boldsymbol{E}$ 的第 j 行后加到第 i 行上($r_i+\lambda r_j$)或以数 λ 乘单位矩阵 $\boldsymbol{E}$ 的第 i 列后加到第 j 列上($c_j+\lambda c_i$),得初等矩阵

$$
\boldsymbol{E}(i,j(\lambda))=\begin{pmatrix}
1 & & & & & & \\
& \ddots & & & & & \\
& & 1 & \cdots & \lambda & & \\
& & & \ddots & \vdots & & \\
& & & & 1 & & \\
& & & & & \ddots & \\
& & & & & & 1
\end{pmatrix}
\begin{matrix} \\ \\ \text{第 } i \text{ 行} \\ \\ \text{第 } j \text{ 行} \\ \\ \\ \end{matrix}.
$$

第 i 列　第 j 列

例如,对于一个三阶单位矩阵 $\boldsymbol{E}=\begin{pmatrix}1&0&0\\0&1&0\\0&0&1\end{pmatrix}$ 而言,施行不同的初等变换可以得到不同的初等矩阵:

(1) 对调 2,3 行,得 $\boldsymbol{E}(2,3)=\begin{pmatrix}1&0&0\\0&0&1\\0&1&0\end{pmatrix}$;

(2) 第 1 列乘某个非零数 λ,得 $\boldsymbol{E}(1(\lambda))=\begin{pmatrix}\lambda&0&0\\0&1&0\\0&0&1\end{pmatrix}$;

(3) 第 2 行乘某数 λ 再加到第 3 行,得 $\boldsymbol{E}(3,2(\lambda))=\begin{pmatrix}1&0&0\\0&1&0\\0&\lambda&1\end{pmatrix}$.

综上所述,矩阵的初等变换与初等矩阵有着密切关联,容易验证初等矩阵的以下两个重要性质.

性质 2.5.2　设 $m\times n$ 矩阵

$$
\boldsymbol{A}=\begin{pmatrix}
a_{11} & \cdots & a_{1i} & \cdots & a_{1j} & \cdots & a_{1n}\\
a_{21} & \cdots & a_{2i} & \cdots & a_{2j} & \cdots & a_{2n}\\
\vdots & & \vdots & & \vdots & & \vdots\\
a_{i1} & \cdots & a_{ii} & \cdots & a_{ij} & \cdots & a_{in}\\
\vdots & & \vdots & & \vdots & & \vdots\\
a_{j1} & \cdots & a_{ji} & \cdots & a_{jj} & \cdots & a_{jn}\\
\vdots & & \vdots & & \vdots & & \vdots\\
a_{m1} & \cdots & a_{mi} & \cdots & a_{mj} & \cdots & a_{mn}
\end{pmatrix},
$$

在矩阵 $\boldsymbol{A}$ 的左边乘一个 m 阶初等矩阵相当于对矩阵 $\boldsymbol{A}$ 作相应的初等行变换；在矩阵 $\boldsymbol{A}$ 的右边乘一个 n 阶初等矩阵相当于对矩阵 $\boldsymbol{A}$ 作相应的初等列变换，即

(1) $\boldsymbol{E}_m(i,j)\boldsymbol{A}=\begin{pmatrix}
a_{11} & a_{12} & \cdots & a_{1n}\\
\vdots & \vdots & & \vdots\\
a_{j1} & a_{j2} & \cdots & a_{jn}\\
\vdots & \vdots & & \vdots\\
a_{i1} & a_{i2} & \cdots & a_{in}\\
\vdots & \vdots & & \vdots\\
a_{m1} & a_{m2} & \cdots & a_{mn}
\end{pmatrix}$相当于交换矩阵 $\boldsymbol{A}$ 的 i,j 两行，

$\boldsymbol{A}\boldsymbol{E}_n(i,j)=\begin{pmatrix}
a_{11} & \cdots & a_{1j} & \cdots & a_{1i} & \cdots & a_{1n}\\
a_{21} & \cdots & a_{2j} & \cdots & a_{2i} & \cdots & a_{2n}\\
\vdots & & \vdots & & \vdots & & \vdots\\
a_{m1} & \cdots & a_{mj} & \cdots & a_{mi} & \cdots & a_{mn}
\end{pmatrix}$相当于交换矩阵 $\boldsymbol{A}$ 的 i,j 两列；

(2) $\boldsymbol{E}_m(i(\lambda))\boldsymbol{A}=\begin{pmatrix}
a_{11} & a_{12} & \cdots & a_{1n}\\
\vdots & \vdots & & \vdots\\
\lambda a_{i1} & \lambda a_{i2} & \cdots & \lambda a_{in}\\
\vdots & \vdots & & \vdots\\
a_{m1} & a_{m2} & \cdots & a_{mn}
\end{pmatrix}$相当于以非零数 λ 乘矩阵 $\boldsymbol{A}$ 的第 i 行，

$\boldsymbol{A}\boldsymbol{E}_n(i(\lambda))=\begin{pmatrix}
a_{11} & \cdots & \lambda a_{1i} & \cdots & a_{1n}\\
a_{21} & \cdots & \lambda a_{2i} & \cdots & a_{2n}\\
\vdots & & \vdots & & \vdots\\
a_{m1} & \cdots & \lambda a_{mi} & \cdots & a_{mn}
\end{pmatrix}$相当于以非零数 λ 乘矩阵 $\boldsymbol{A}$ 的第 i 列；

(3) $\boldsymbol{E}_m(i,j(\lambda))\boldsymbol{A}=\begin{pmatrix} a_{11} & a_{12} & \cdots & a_{1n} \\ \vdots & \vdots & & \vdots \\ a_{i1}+\lambda a_{j1} & a_{i2}+\lambda a_{j2} & \cdots & a_{in}+\lambda a_{jn} \\ \vdots & \vdots & & \vdots \\ a_{j1} & a_{j2} & \cdots & a_{jn} \\ \vdots & \vdots & & \vdots \\ a_{m1} & a_{m2} & \cdots & a_{mn} \end{pmatrix}$ 相当于以数 λ 乘矩阵 $\boldsymbol{A}$ 的第 j 行后加到第 i 行上，$\boldsymbol{A}\boldsymbol{E}_n(i,j(\lambda))=\begin{pmatrix} a_{11} & \cdots & a_{1i} & \cdots & a_{1j}+\lambda a_{1i} & \cdots & a_{1n} \\ a_{21} & \cdots & a_{2i} & \cdots & a_{2j}+\lambda a_{2i} & \cdots & a_{2n} \\ \vdots & & \vdots & & \vdots & & \vdots \\ a_{m1} & \cdots & a_{mi} & \cdots & a_{mj}+\lambda a_{mi} & \cdots & a_{mn} \end{pmatrix}$ 相当于以数 λ 乘矩阵 $\boldsymbol{A}$ 的第 i 列后加到第 j 列上.

例 2　设 $\boldsymbol{A}=\begin{pmatrix} 1 & 2 & 3 \\ 4 & 5 & 6 \\ 7 & 8 & 9 \end{pmatrix}$，利用初等矩阵实现下面的运算：

(1) 对调矩阵 $\boldsymbol{A}$ 的第 2,3 列；

(2) 将矩阵的第 2 行乘某个非零数 λ；

(3) 将矩阵的第 1 列乘某数 λ 后再加到第 3 列.

解　(1) 在矩阵 $\boldsymbol{A}$ 右边乘一个初等矩阵 $\boldsymbol{E}(2,3)=\begin{pmatrix} 1 & 0 & 0 \\ 0 & 0 & 1 \\ 0 & 1 & 0 \end{pmatrix}$，即

$$\begin{pmatrix} 1 & 2 & 3 \\ 4 & 5 & 6 \\ 7 & 8 & 9 \end{pmatrix}\begin{pmatrix} 1 & 0 & 0 \\ 0 & 0 & 1 \\ 0 & 1 & 0 \end{pmatrix}=\begin{pmatrix} 1 & 3 & 2 \\ 4 & 6 & 5 \\ 7 & 9 & 8 \end{pmatrix};$$

(2) 在矩阵 $\boldsymbol{A}$ 左边乘一个初等矩阵 $\boldsymbol{E}(2(\lambda))=\begin{pmatrix} 1 & 0 & 0 \\ 0 & \lambda & 0 \\ 0 & 0 & 1 \end{pmatrix}$，即

$$\begin{pmatrix} 1 & 0 & 0 \\ 0 & \lambda & 0 \\ 0 & 0 & 1 \end{pmatrix}\begin{pmatrix} 1 & 2 & 3 \\ 4 & 5 & 6 \\ 7 & 8 & 9 \end{pmatrix}=\begin{pmatrix} 1 & 2 & 3 \\ 4\lambda & 5\lambda & 6\lambda \\ 7 & 8 & 9 \end{pmatrix};$$

(3) 在矩阵 $\boldsymbol{A}$ 右边乘一个初等矩阵 $\boldsymbol{E}(1,3(\lambda))=\begin{pmatrix} 1 & 0 & \lambda \\ 0 & 1 & 0 \\ 0 & 0 & 1 \end{pmatrix}$，即

$$\begin{pmatrix} 1 & 2 & 3 \\ 4 & 5 & 6 \\ 7 & 8 & 9 \end{pmatrix}\begin{pmatrix} 1 & 0 & \lambda \\ 0 & 1 & 0 \\ 0 & 0 & 1 \end{pmatrix}=\begin{pmatrix} 1 & 2 & 3+\lambda \\ 4 & 5 & 6+4\lambda \\ 7 & 8 & 9+7\lambda \end{pmatrix}.$$

上述性质 2.5.2 反映了初等变换与初等矩阵相互对应的关系，结合前面的性质 2.5.1 直接可得如下结果：

性质 2.5.3　初等矩阵是可逆的，且其逆矩阵是同一类型的初等矩阵，即

(1) $\boldsymbol{E}(i,j)^{-1}=\boldsymbol{E}(i,j)$；

(2) $\boldsymbol{E}(i(\lambda))^{-1}=\boldsymbol{E}\left(i\left(\dfrac{1}{\lambda}\right)\right)(\lambda\neq0)$；

(3) $\boldsymbol{E}(i,j(\lambda))^{-1}=\boldsymbol{E}(i,j(-\lambda))\ (i\neq j)$.

前面讨论了任何一个矩阵总可以通过初等变换化为其标准形矩阵，于是容易得到下面的定理：

定理 2.5.1　设 $\boldsymbol{A}$ 是一个 $m\times n$ 矩阵，则必定存在 m 阶初等矩阵 $\boldsymbol{P}_1,\boldsymbol{P}_2,\cdots,\boldsymbol{P}_s$ 及 n 阶初等矩阵 $\boldsymbol{Q}_1,\boldsymbol{Q}_2,\cdots,\boldsymbol{Q}_t$，使得

$$\boldsymbol{P}_s\cdots\boldsymbol{P}_2\boldsymbol{P}_1\boldsymbol{A}\boldsymbol{Q}_1\boldsymbol{Q}_2\cdots\boldsymbol{Q}_t=\begin{pmatrix}\boldsymbol{E}_r & \boldsymbol{O}_{r\times(n-r)}\\ \boldsymbol{O}_{(m-r)\times r} & \boldsymbol{O}_{(m-r)\times(n-r)}\end{pmatrix}_{m\times n},$$

其中 $\boldsymbol{E}_r$ 是 r 阶单位矩阵，$\boldsymbol{O}_{r\times(n-r)},\boldsymbol{O}_{(m-r)\times r},\boldsymbol{O}_{(m-r)\times(n-r)}$ 全是零矩阵.

证　对 $m\times n$ 矩阵 $\boldsymbol{A}$ 作有限次初等行变换（等价于依次左乘 m 阶初等矩阵 $\boldsymbol{P}_1,\boldsymbol{P}_2,\cdots,\boldsymbol{P}_s$）与有限次初等列变换（等价于依次右乘 n 阶初等矩阵 $\boldsymbol{Q}_1,\boldsymbol{Q}_2,\cdots,\boldsymbol{Q}_t$）总可以化为 $\begin{pmatrix}\boldsymbol{E}_r & \boldsymbol{O}_{r\times(n-r)}\\ \boldsymbol{O}_{(m-r)\times r} & \boldsymbol{O}_{(m-r)\times(n-r)}\end{pmatrix}_{m\times n}$，因此有 $\boldsymbol{P}_s\cdots\boldsymbol{P}_2\boldsymbol{P}_1\boldsymbol{A}\boldsymbol{Q}_1\boldsymbol{Q}_2\cdots\boldsymbol{Q}_t=\begin{pmatrix}\boldsymbol{E}_r & \boldsymbol{O}_{r\times(n-r)}\\ \boldsymbol{O}_{(m-r)\times r} & \boldsymbol{O}_{(m-r)\times(n-r)}\end{pmatrix}_{m\times n}$.证毕.

定理 2.5.2　n 阶方阵 $\boldsymbol{A}$ 可逆的充要条件是 $\boldsymbol{A}$ 经过有限次初等变换化为单位矩阵.

重难点分析
可逆矩阵的判别条件之一

证　充分性　由定理 2.5.1 知，存在初等矩阵 $\boldsymbol{P}_1,\boldsymbol{P}_2,\cdots,\boldsymbol{P}_s,\boldsymbol{Q}_1,\boldsymbol{Q}_2,\cdots,\boldsymbol{Q}_t$，使得

$$\boldsymbol{P}_s\cdots\boldsymbol{P}_2\boldsymbol{P}_1\boldsymbol{A}\boldsymbol{Q}_1\boldsymbol{Q}_2\cdots\boldsymbol{Q}_t=\boldsymbol{E}_n.$$

对上式两边取行列式得

$$|\boldsymbol{P}_s\cdots\boldsymbol{P}_2\boldsymbol{P}_1\boldsymbol{A}\boldsymbol{Q}_1\boldsymbol{Q}_2\cdots\boldsymbol{Q}_t|=|\boldsymbol{P}_s|\cdots|\boldsymbol{P}_2||\boldsymbol{P}_1||\boldsymbol{A}||\boldsymbol{Q}_1||\boldsymbol{Q}_2|\cdots|\boldsymbol{Q}_t|=|\boldsymbol{E}_n|=1,$$

因此 $|\boldsymbol{A}|\neq0$，即方阵 $\boldsymbol{A}$ 可逆.

必要性　由定理 2.5.1 知，存在初等矩阵 $\boldsymbol{P}_1,\boldsymbol{P}_2,\cdots,\boldsymbol{P}_s,\boldsymbol{Q}_1,\boldsymbol{Q}_2,\cdots,\boldsymbol{Q}_t$，使得

$$\boldsymbol{P}_s\cdots\boldsymbol{P}_2\boldsymbol{P}_1\boldsymbol{A}\boldsymbol{Q}_1\boldsymbol{Q}_2,\cdots\boldsymbol{Q}_t=\begin{pmatrix}\boldsymbol{E}_r & \boldsymbol{O}\\ \boldsymbol{O} & \boldsymbol{O}\end{pmatrix}_{n\times n}.$$

由于 $\boldsymbol{P}_i(i=1,2,\cdots,s),\boldsymbol{Q}_j(j=1,2,\cdots,t)$ 及 $\boldsymbol{A}$ 均可逆，即

$$|\boldsymbol{P}_i|\neq0\ (i=1,2,\cdots,s),\ |\boldsymbol{Q}_j|\neq0\ (j=1,2,\cdots,t),\ |\boldsymbol{A}|\neq0,$$

故左端 $=|\boldsymbol{P}_s\cdots\boldsymbol{P}_2\boldsymbol{P}_1\boldsymbol{A}\boldsymbol{Q}_1\boldsymbol{Q}_2\cdots\boldsymbol{Q}_t|=|\boldsymbol{P}_s|\cdots|\boldsymbol{P}_2||\boldsymbol{P}_1||\boldsymbol{A}||\boldsymbol{Q}_1||\boldsymbol{Q}_2|\cdots|\boldsymbol{Q}_t|\neq0$，因而右端 $=\begin{vmatrix}\boldsymbol{E}_r & \boldsymbol{O}\\ \boldsymbol{O} & \boldsymbol{O}\end{vmatrix}$ 也不能为 0.于是必定有 $r=n$，即 $\boldsymbol{P}_s\cdots\boldsymbol{P}_2\boldsymbol{P}_1\boldsymbol{A}\boldsymbol{Q}_1\boldsymbol{Q}_2\cdots\boldsymbol{Q}_t=\boldsymbol{E}_n$.证毕.

推论 1　n 阶方阵 $\boldsymbol{A}$ 可逆的充要条件是 $\boldsymbol{A}$ 可表示为有限个初等矩阵的乘积.

证　充分性　初等矩阵都是可逆矩阵，因此作为有限个初等矩阵的乘积的方阵 $\boldsymbol{A}$ 也是可逆的.

必要性　由定理 2.5.2 知，存在初等矩阵 $\boldsymbol{P}_1,\boldsymbol{P}_2,\cdots,\boldsymbol{P}_s,\boldsymbol{Q}_1,\boldsymbol{Q}_2,\cdots,\boldsymbol{Q}_t$，使得

$$\boldsymbol{P}_s\cdots\boldsymbol{P}_2\boldsymbol{P}_1\boldsymbol{A}\boldsymbol{Q}_1\boldsymbol{Q}_2\cdots\boldsymbol{Q}_t=\boldsymbol{E}_n.$$

则有 $\boldsymbol{A}=\boldsymbol{P}_1^{-1}\boldsymbol{P}_2^{-1}\cdots\boldsymbol{P}_s^{-1}\boldsymbol{Q}_t^{-1}\cdots\boldsymbol{Q}_2^{-1}\boldsymbol{Q}_1^{-1}$，其中 $\boldsymbol{P}_i^{-1}(i=1,2,\cdots,s),\boldsymbol{Q}_j^{-1}(j=1,2,\cdots,t)$ 还是初等矩阵，

即 $\boldsymbol{A}$ 可表示为有限个初等矩阵的乘积.证毕.

如果 $\boldsymbol{A}$ 与 $\boldsymbol{B}$ 是两同型矩阵,$\boldsymbol{A}$ 经过有限次初等变换可变为 $\boldsymbol{B}$,那么称 $\boldsymbol{A}$ 与 $\boldsymbol{B}$ 是等价的,记作 $\boldsymbol{A}\cong\boldsymbol{B}$.由性质 2.5.1 知初等变换是可逆的,因此,容易验证两矩阵等价满足:

(1) 反身性,即 $\boldsymbol{A}\cong\boldsymbol{A}$;

(2) 对称性,即若 $\boldsymbol{A}\cong\boldsymbol{B}$,则 $\boldsymbol{B}\cong\boldsymbol{A}$;

(3) 传递性,即若 $\boldsymbol{A}\cong\boldsymbol{B}$ 且 $\boldsymbol{B}\cong\boldsymbol{C}$,则 $\boldsymbol{A}\cong\boldsymbol{C}$.

推论 2 矩阵 $\boldsymbol{A}_{m\times n}$ 与 $\boldsymbol{B}_{m\times n}$ 等价的充要条件是存在可逆矩阵 $\boldsymbol{P}_{m\times m}$ 和 $\boldsymbol{Q}_{n\times n}$,使得 $\boldsymbol{PAQ}=\boldsymbol{B}$.

证 必要性 已知 $\boldsymbol{A}\cong\boldsymbol{B}$,则存在 m 阶初等矩阵 $\boldsymbol{P}_1,\boldsymbol{P}_2,\cdots,\boldsymbol{P}_s$ 和 n 阶初等矩阵 $\boldsymbol{Q}_1,\boldsymbol{Q}_2,\cdots,\boldsymbol{Q}_t$,使得 $\boldsymbol{P}_s\cdots\boldsymbol{P}_2\boldsymbol{P}_1\boldsymbol{A}\boldsymbol{Q}_1\boldsymbol{Q}_2\cdots\boldsymbol{Q}_t=\boldsymbol{B}$.

令
$$\boldsymbol{P}=\boldsymbol{P}_s\cdots\boldsymbol{P}_2\boldsymbol{P}_1,\quad \boldsymbol{Q}=\boldsymbol{Q}_1\boldsymbol{Q}_2\cdots\boldsymbol{Q}_t,$$
则有
$$\boldsymbol{PAQ}=\boldsymbol{B}.$$

充分性 已知 $\boldsymbol{P},\boldsymbol{Q}$ 是可逆矩阵,则由推论 1 知,$\boldsymbol{P}$ 和 $\boldsymbol{Q}$ 都可以表示为有限个初等矩阵的乘积,即
$$\boldsymbol{P}=\boldsymbol{P}_s\cdots\boldsymbol{P}_2\boldsymbol{P}_1,\quad \boldsymbol{Q}=\boldsymbol{Q}_1\boldsymbol{Q}_2\cdots\boldsymbol{Q}_t,$$
代入 $\boldsymbol{PAQ}=\boldsymbol{B}$,于是有
$$\boldsymbol{P}_s\cdots\boldsymbol{P}_2\boldsymbol{P}_1\boldsymbol{A}\boldsymbol{Q}_1\boldsymbol{Q}_2\cdots\boldsymbol{Q}_t=\boldsymbol{B},$$
也就是说矩阵 $\boldsymbol{A}_{m\times n}$ 与 $\boldsymbol{B}_{m\times n}$ 等价.证毕.

2.5.3 方阵求逆与矩阵方程求解

接下来,我们利用初等变换给出求逆矩阵的另一种方法:

当 $\boldsymbol{A}$ 可逆时,$\boldsymbol{A}^{-1}$ 也可逆且由定理 2.5.2 的推论 1 知 $\boldsymbol{A}^{-1}=\boldsymbol{P}_s\boldsymbol{P}_{s-1}\cdots\boldsymbol{P}_1$,其中 $\boldsymbol{P}_i(i=1,2,\cdots,s)$ 是初等矩阵,则
$$\boldsymbol{P}_s\boldsymbol{P}_{s-1}\cdots\boldsymbol{P}_1(\boldsymbol{A}\mid\boldsymbol{E})=\boldsymbol{A}^{-1}(\boldsymbol{A}\mid\boldsymbol{E})=(\boldsymbol{E}\mid\boldsymbol{A}^{-1}).$$
由此可得:在对 $n\times 2n$ 矩阵 $(\boldsymbol{A}\mid\boldsymbol{E})$ 施行初等行变换的过程中,当前 n 列($\boldsymbol{A}$ 的位置)化为 $\boldsymbol{E}$ 时,后 n 列($\boldsymbol{E}$ 的位置)就化为 $\boldsymbol{A}^{-1}$.

例 3 利用初等行变换求 §2.3 例 1 中 $\boldsymbol{A}=\begin{pmatrix}1&2&3\\2&1&2\\1&3&4\end{pmatrix}$ 的逆矩阵 $\boldsymbol{A}^{-1}$.

解
$$(\boldsymbol{A}\mid\boldsymbol{E})=\left(\begin{array}{ccc|ccc}1&2&3&1&0&0\\2&1&2&0&1&0\\1&3&4&0&0&1\end{array}\right)\to\left(\begin{array}{ccc|ccc}1&2&3&1&0&0\\0&-3&-4&-2&1&0\\0&1&1&-1&0&1\end{array}\right)$$
$$\to\left(\begin{array}{ccc|ccc}1&2&3&1&0&0\\0&1&1&-1&0&1\\0&-3&-4&-2&1&0\end{array}\right)\to\left(\begin{array}{ccc|ccc}1&0&1&3&0&-2\\0&1&1&-1&0&1\\0&0&-1&-5&1&3\end{array}\right)$$
$$\to\left(\begin{array}{ccc|ccc}1&0&0&-2&1&1\\0&1&0&-6&1&4\\0&0&-1&-5&1&3\end{array}\right)\to\left(\begin{array}{ccc|ccc}1&0&0&-2&1&1\\0&1&0&-6&1&4\\0&0&1&5&-1&-3\end{array}\right),$$

于是
$$A^{-1}=\begin{pmatrix}-2&1&1\\-6&1&4\\5&-1&-3\end{pmatrix}.$$

有了上述初等行变换求逆矩阵的方法，本章§2.3中矩阵方程$A_{n\times n}X_{n\times m}=B_{n\times m}$（其中$A$可逆）的求解可以进一步简化：

当A可逆时，有$A^{-1}=P_s\cdots P_2P_1$，其中$P_i(i=1,2,\cdots,s)$是初等矩阵，则
$$P_s\cdots P_2P_1(A\mid B)=A^{-1}(A\mid B)=(E\mid A^{-1}B).$$
由此可得：在对增广矩阵$(A\mid B)$施行初等行变换的过程中，当前n列（A的位置）化为E时，则后m列（B的位置）就化为$A^{-1}B$，即所求的X.

例 4 利用初等行变换求解§2.3例2中的未知矩阵X.

解
$$(A\mid B)=\left(\begin{array}{ccc:cc}1&2&3&1&-1\\2&1&2&0&1\\1&3&4&2&-1\end{array}\right)\to\left(\begin{array}{ccc:cc}1&2&3&1&-1\\0&-3&-4&-2&3\\0&1&1&1&0\end{array}\right)$$
$$\to\left(\begin{array}{ccc:cc}1&2&3&1&-1\\0&1&1&1&0\\0&-3&-4&-2&3\end{array}\right)\to\left(\begin{array}{ccc:cc}1&2&3&1&-1\\0&1&1&1&0\\0&0&1&-1&-3\end{array}\right)$$
$$\to\left(\begin{array}{ccc:cc}1&2&0&4&8\\0&1&0&2&3\\0&0&1&-1&-3\end{array}\right)\to\left(\begin{array}{ccc:cc}1&0&0&0&2\\0&1&0&2&3\\0&0&1&-1&-3\end{array}\right),$$
于是
$$X=A^{-1}B=\begin{pmatrix}0&2\\2&3\\-1&-3\end{pmatrix}.$$
同理，对矩阵方程$X_{m\times n}A_{n\times n}=B_{m\times n}$（其中$A$可逆），则
$$\begin{pmatrix}A\\\hline B\end{pmatrix}A^{-1}=\begin{pmatrix}E\\\hline BA^{-1}\end{pmatrix}.$$
由此可得：在对矩阵$\begin{pmatrix}A\\\hline B\end{pmatrix}$施行初等列变换的过程中，当前$n$行（$A$的位置）化为$E$时，后$m$行（$B$的位置）就化为所求的$X=BA^{-1}$.

例 5 利用初等列变换求解矩阵方程$XA=B$中的未知矩阵X，其中
$$A=\begin{pmatrix}1&-1&0\\0&1&-2\\-1&0&1\end{pmatrix},\quad B=\begin{pmatrix}-1&-1&2\\-1&0&-2\end{pmatrix}.$$

解
$$\begin{pmatrix}A\\\hline B\end{pmatrix}=\left(\begin{array}{ccc}1&-1&0\\0&1&-2\\-1&0&1\\\hdashline -1&-1&2\\-1&0&-2\end{array}\right)\to\left(\begin{array}{ccc}1&0&0\\0&1&-2\\-1&-1&1\\\hdashline -1&-2&2\\-1&-1&-2\end{array}\right)$$

$$\rightarrow\begin{pmatrix}1&0&0\\0&1&0\\-1&-1&-1\\ \hdashline -1&-2&-2\\-1&-1&-4\end{pmatrix}\rightarrow\begin{pmatrix}1&0&0\\0&1&0\\-1&-1&1\\ \hdashline -1&-2&2\\-1&-1&4\end{pmatrix}\rightarrow\begin{pmatrix}1&0&0\\0&1&0\\0&0&1\\ \hdashline 1&0&2\\3&3&4\end{pmatrix},$$

于是

$$\boldsymbol{X}=\boldsymbol{B}\boldsymbol{A}^{-1}=\begin{pmatrix}1&0&2\\3&3&4\end{pmatrix}.$$

2.5.4　齐次线性方程组的非零解

在第一章中,我们知道含 m 个方程 n 个未知量的齐次线性方程组

$$\begin{cases}a_{11}x_1+a_{12}x_2+\cdots+a_{1n}x_n=0,\\a_{21}x_1+a_{22}x_2+\cdots+a_{2n}x_n=0,\\\cdots\cdots\cdots\cdots\\a_{m1}x_1+a_{m2}x_2+\cdots+a_{mn}x_n=0\end{cases}\tag{2.12}$$

必有零解,但我们更加关心其在什么条件下具有非零解？接下来我们用初等行变换的方法进一步讨论齐次线性方程组有非零解的问题.

齐次线性方程组(2.12)的系数矩阵 $\boldsymbol{A}$ 经过有限次初等行变换总可以化为行最简形矩阵,然后只通过交换两列的初等列变换,可化 $\boldsymbol{A}$ 为如下 $\boldsymbol{A}_1$ 形式:

$$\boldsymbol{A}=\begin{pmatrix}a_{11}&a_{12}&\cdots&a_{1n}\\a_{21}&a_{22}&\cdots&a_{2n}\\\vdots&\vdots&&\vdots\\a_{m1}&a_{m2}&\cdots&a_{mn}\end{pmatrix}\rightarrow\boldsymbol{A}_1=\begin{pmatrix}1&\cdots&0&b_{11}&\cdots&b_{1,n-r}\\\vdots&&\vdots&\vdots&&\vdots\\0&\cdots&1&b_{r1}&\cdots&b_{r,n-r}\\0&\cdots&0&0&\cdots&0\\\vdots&&\vdots&\vdots&&\vdots\\0&\cdots&0&0&\cdots&0\end{pmatrix},$$

矩阵 $\boldsymbol{A}_1$ 对应于一个含 r 个方程 n 个未知量的齐次线性方程组,它与方程组(2.12)同解，注意到交换两列的列变换只能使(2.12)中未知量的先后次序发生相应的变化,为了方便,不妨设 $\boldsymbol{A}_1$ 对应的方程组为

$$\begin{cases}x_1\qquad\qquad +b_{11}x_{r+1}+\cdots+b_{1,n-r}x_n=0,\\\qquad x_2\qquad +b_{21}x_{r+1}+\cdots+b_{2,n-r}x_n=0,\\\qquad\qquad\cdots\cdots\cdots\cdots\\\qquad\qquad x_r+b_{r1}x_{r+1}+\cdots+b_{r,n-r}x_n=0,\end{cases}$$

这是齐次线性方程组(2.12)的同解方程组.如果分别取 $x_{r+1},x_{r+2},\cdots,x_n$ 为任意常数 $c_1,c_2,\cdots,c_{n-r}$,那么齐次线性方程组的解为

$$X=\begin{pmatrix}x_1\\ \vdots\\ x_r\\ x_{r+1}\\ x_{r+2}\\ \vdots\\ x_n\end{pmatrix}=\begin{pmatrix}-b_{11}c_1-b_{12}c_2-\cdots-b_{1,n-r}c_{n-r}\\ \vdots\\ -b_{r1}c_1-b_{r2}c_2-\cdots-b_{r,n-r}c_{n-r}\\ c_1\\ c_2\\ \vdots\\ c_{n-r}\end{pmatrix}$$

$$=c_1\begin{pmatrix}-b_{11}\\ \vdots\\ -b_{r1}\\ 1\\ 0\\ \vdots\\ 0\end{pmatrix}+c_2\begin{pmatrix}-b_{12}\\ \vdots\\ -b_{r2}\\ 0\\ 1\\ \vdots\\ 0\end{pmatrix}+\cdots+c_{n-r}\begin{pmatrix}-b_{1,n-r}\\ \vdots\\ -b_{r,n-r}\\ 0\\ 0\\ \vdots\\ 1\end{pmatrix}.$$

由此得如下结论：

当 $r<n$ 时，特别是当方程个数小于未知量的个数时，齐次线性方程组必定有非零解.

例 6 判定齐次线性方程组

$$\begin{cases}x_1+2x_2-2x_3+x_4=0,\\ 2x_1+4x_2-3x_3+x_4=0,\\ 3x_1+6x_2+2x_3-5x_4=0\end{cases}$$

是否有非零解.

解 由于方程组含 3 个方程 4 个未知量，显然 $3<4$，所以该齐次线性方程组必定有非零解.

习 题 2.5

1. 设 $A=\begin{pmatrix}1&-1&0\\0&1&-2\\-1&0&1\end{pmatrix}$，把 $(A\mid E)$ 化成行最简形矩阵.

2. 设 $A=\begin{pmatrix}-1&1&0\\-1&-3&1\\1&2&-2\end{pmatrix}$，利用初等矩阵实现下面的运算：

(1) 对调矩阵 A 的第 2,3 行；

(2) 将矩阵的第 1 列乘某个非零数 λ；

(3) 将矩阵的第 3 行乘某数 λ 后再加到第 2 行.

3. 利用初等行变换分别求下列各题中的逆矩阵：

(1) $\begin{pmatrix} 2 & 1 \\ 3 & 2 \end{pmatrix}$；　(2) $\begin{pmatrix} a & b \\ c & d \end{pmatrix}$　$(ad-bc\neq 0)$；

(3) $\begin{pmatrix} 3 & 2 & 1 \\ 3 & 1 & 5 \\ 3 & 2 & 3 \end{pmatrix}$；　(4) $\begin{pmatrix} 3 & -1 & 0 \\ -2 & 1 & 1 \\ 1 & -1 & 4 \end{pmatrix}$；

(5) $\begin{pmatrix} 1 & 0 & 0 & 0 \\ 1 & 2 & 0 & 0 \\ 2 & 1 & 3 & 0 \\ 1 & 2 & 1 & 4 \end{pmatrix}$；(6) $\begin{pmatrix} a_1 & 0 & \cdots & 0 \\ 0 & a_2 & \cdots & 0 \\ \vdots & \vdots & & \vdots \\ 0 & 0 & \cdots & a_n \end{pmatrix}$　$(a_1a_2\cdots a_n\neq 0)$.

4. 利用初等行变换分别求下列各题中的未知矩阵 $\boldsymbol{X}$：

(1) $\begin{pmatrix} -2 & 1 \\ 4 & 0 \end{pmatrix}\boldsymbol{X}=\begin{pmatrix} -2 & 4 \\ 4 & -4 \end{pmatrix}$；　(2) $\boldsymbol{X}\begin{pmatrix} 2 & 2 & 3 \\ 1 & -1 & 0 \\ -1 & 2 & 1 \end{pmatrix}=\begin{pmatrix} 2 & 1 & 2 \\ 0 & 1 & 3 \\ 1 & 0 & 1 \end{pmatrix}$；

(3) $\begin{pmatrix} 1 & 0 & 2 \\ -1 & 2 & -3 \\ 0 & 1 & -1 \end{pmatrix}\boldsymbol{X}\begin{pmatrix} -1 & 1 & -1 \\ 1 & -1 & -1 \\ -1 & -1 & 1 \end{pmatrix}=\begin{pmatrix} 1 & 0 & 3 \\ 0 & 1 & -2 \\ 3 & -5 & 0 \end{pmatrix}$.

5. 设 $\boldsymbol{A}=\begin{pmatrix} 5 & -1 & 0 \\ -2 & 3 & 1 \\ 2 & -1 & 6 \end{pmatrix}$，$\boldsymbol{B}=\begin{pmatrix} 2 & 1 \\ 2 & 0 \\ 3 & 5 \end{pmatrix}$满足 $\boldsymbol{AX}=\boldsymbol{B}+2\boldsymbol{X}$，利用初等行变换求未知矩阵 $\boldsymbol{X}$.

6. 设 $\boldsymbol{A}=\begin{pmatrix} -1 & 1 & 0 \\ -1 & -3 & 1 \\ 1 & 2 & -2 \end{pmatrix}$，$\boldsymbol{B}=\begin{pmatrix} -2 & -2 & 0 \\ 4 & 5 & 2 \end{pmatrix}$满足 $\boldsymbol{XA}=\boldsymbol{B}-3\boldsymbol{X}$，求未知矩阵 $\boldsymbol{X}$.

*§2.6　应用举例

矩阵的应用极其广泛，这一节介绍几个应用实例.

例 1（经济学问题）　表 2-2 是某厂家向两个超市发送三种产品（单位：台）的相关数据，表 2-3 是这三种产品的售价（单位：百元）及重量（单位：kg），求该厂家向每个超市售出产品的总售价及总重量.

表 2-2　厂家向甲、乙超市的三种产品发货量

	空调/台	冰箱/台	彩电/台
超市甲	30	20	50
超市乙	50	40	50

表 2-3　三种产品售价及重量

	售价/百元	重量/kg
空调	30	40
冰箱	16	30
彩电	22	30

解　将表 2-2、表 2-3 分别写成如下矩阵：

$$A=\begin{pmatrix}30&20&50\\50&40&50\end{pmatrix},\quad B=\begin{pmatrix}30&40\\16&30\\22&30\end{pmatrix},$$

则

$$AB=\begin{pmatrix}30&20&50\\50&40&50\end{pmatrix}\begin{pmatrix}30&40\\16&30\\22&30\end{pmatrix}=\begin{pmatrix}2\,320&3\,300\\3\,240&4\,700\end{pmatrix},$$

可以看出该厂家向超市甲售出产品的总售价为 232 000 元、总重量为 3 300 kg，向超市乙售出产品的总售价为 324 000 元、总重量为 4 700 kg.

例 2（运筹学问题）　某物流公司在 4 个地区间的货运线路图如图 2-1 所示．司机从地区 a 出发，

（1）沿途经过 1 个地区而到达地区 d 的线路有几条？

（2）沿途经过 2 个地区而回到地区 a 的线路有几条？

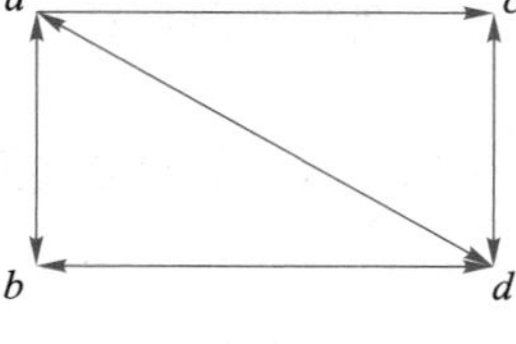

图 2-1

解　对于含有 4 个顶点的有向图，可以得到一个方阵 $A=(a_{ij})_{4\times4}$，其中

$$a_{ij}=\begin{cases}1, & \text{若顶点 } i \text{ 到 } j \text{ 有有向边},\\0, & \text{若顶点 } i \text{ 到 } j \text{ 无有向边},\end{cases}$$

称 A 为有向图的邻接矩阵.

图 2-1 的邻接矩阵为

$$A=\begin{matrix} & a & b & c & d\\ a & 0&1&1&1\\ b&1&0&0&1\\ c&0&0&0&1\\ d&1&1&1&0\end{matrix},$$

计算邻接矩阵的幂

$$A^2=(a_{ij}^{(1)})_{4\times4}=\begin{pmatrix}2&1&1&2\\1&2&2&1\\1&1&1&0\\1&1&1&3\end{pmatrix},$$

其中 $a_{14}^{(1)}=2$ 表示从地区 a 出发经过 1 个地区而到达地区 d 的线路有 2 条：$a\to b\to d$，$a\to c\to d$.

再计算邻接矩阵的幂

$$A^3=(a_{ij}^{(2)})_{4\times4}=\begin{pmatrix}3&4&4&4\\3&2&2&5\\1&1&1&3\\4&4&4&3\end{pmatrix},$$

其中 $a_{11}^{(2)}=3$ 表示从地区 a 出发经过 2 个地区而回到地区 a 的线路有 3 条：

$$a\to b\to d\to a,\quad a\to d\to b\to a,\quad a\to c\to d\to a.$$

一般地，邻接矩阵的 k 次幂记作 $A^k=(a_{ij}^{(k-1)})_{n\times n}$，其中 $a_{ij}^{(k-1)}$ 表示从地区 i 到地区 j 沿途经过 $k-1$ 个地区的线路条数.

例 3(密码问题)　先给每个字母指派一个码字,如表 2-4 所示:

表 2-4　码　字　表

字母	a	b	c	…	z	空格
码字	1	2	3	…	26	0

如果发送者想要传达指令 action:1,3,20,9,15,14,可以直接发送矩阵 $\boldsymbol{B}=\begin{pmatrix}1&9\\3&15\\20&14\end{pmatrix}$,但这是不加密的信息,极易被破译,很不安全.我们必须对信息加密,使得只有知道密钥的接收者才能快速、准确地破译.

例如,取 3 阶可逆矩阵 $\boldsymbol{A}=\begin{pmatrix}1&2&3\\1&1&2\\0&1&2\end{pmatrix}$,于是 $\boldsymbol{A}^{-1}=\begin{pmatrix}0&1&-1\\2&-2&-1\\-1&1&1\end{pmatrix}$.

发送者用加密矩阵 $\boldsymbol{A}$ 对信息矩阵 $\boldsymbol{B}$ 进行加密,再发送矩阵

$$\boldsymbol{C}=\boldsymbol{AB}=\begin{pmatrix}1&2&3\\1&1&2\\0&1&2\end{pmatrix}\begin{pmatrix}1&9\\3&15\\20&14\end{pmatrix}=\begin{pmatrix}67&81\\44&52\\43&43\end{pmatrix},$$

接收者用密钥 $\boldsymbol{A}^{-1}$ 对收到的矩阵 $\boldsymbol{C}$ 进行解密,得到

$$\boldsymbol{B}=\boldsymbol{A}^{-1}\boldsymbol{C}=\begin{pmatrix}0&1&-1\\2&-2&-1\\-1&1&1\end{pmatrix}\begin{pmatrix}67&81\\44&52\\43&43\end{pmatrix}=\begin{pmatrix}1&9\\3&15\\20&14\end{pmatrix},$$

这就表示指令 action.

根据加密解密原理,我们不难发现加密矩阵很重要,所以从事通信保密专业的工作人员一定要遵守职业规范,加强保密安全意识,国家安全人人有责.

*习　题　2.6

1. 某小学有 10 名男生、16 名女生要在全市举行的节日联欢会上表演节目,学校要为他们制作演出服装,咨询了甲、乙、丙、丁四家服装公司,报价见表 2-5.

表 2-5　演出服装报价表

制作费/元		公司				学生人数
		甲	乙	丙	丁	
学生	男	150	140	135	145	10
	女	210	220	235	225	16

由于面料、颜色、设计风格等因素,男女服装需在同一家公司购买或订制,根据公司的报价,哪家公司最便宜?

2. 某地区有两家数字电视运营商 A，B.最初 A 运营商垄断了此地区的所有客户，B 则刚刚开始经营.预计 A 每年可以留住 67% 的客户，另外 33% 成为 B 的客户；而 B 每年可以留住 50% 的客户，另外 50%转而成为 A 的客户.

（1）求两年后的客户分配情况.

（2）几年后两个运营商所占市场份额呈稳定状态？所占市场份额分别是多少？

3. 若 5 个队进行单循环比赛，其结果是：1 队胜 3 队、4 队；2 队胜 1 队、3 队、5 队；3 队胜 4 队；4 队胜 2 队；5 队胜 1 队、3 队、4 队.请按直接胜与间接胜次数之和排名次.

4. 根据表 2-4 的码字表，某接收者收到加密后的信息矩阵 $\boldsymbol{C}=\begin{pmatrix}22&47&33&40\\-7&4&-15&19\\15&33&13&39\end{pmatrix}$，发送者的加密矩阵为 $\boldsymbol{A}=\begin{pmatrix}1&1&1\\-1&0&1\\0&1&1\end{pmatrix}$，请破译此信息.

§2.7 MATLAB 实验

通过本节的学习，会利用 MATLAB 来进行矩阵的运算.

例 1 设 $\boldsymbol{A}=\begin{pmatrix}1&2&-1\\0&1&2\\-3&6&4\end{pmatrix}$，$\boldsymbol{B}=\begin{pmatrix}-1&0&1\\0&2&2\\3&5&1\end{pmatrix}$，求 $\boldsymbol{A}^{\mathrm{T}}$，$\boldsymbol{A}+\boldsymbol{B}$，$\boldsymbol{AB}$，$\boldsymbol{A}^2$，$\boldsymbol{A}^{-1}$，$\boldsymbol{A}^{-1}\boldsymbol{B}$.

解 程序及运行结果如下：

```
>>A=[1 2 -1;0 1 2;-3 6 4]
A=
     1     2    -1
     0     1     2
    -3     6     4
>> B=[-1 0 1;0 2 2;3 5 1]
B=
    -1     0     1
     0     2     2
     3     5     1
>> A'
ans=
     1     0    -3
     2     1     6
    -1     2     4
>> A+B
```

```
ans =
     0     2     0
     0     3     4
     0    11     5
>> A * B
ans =
    -4    -1     4
     6    12     4
    15    32    13
>> A^2
ans =
     4    -2    -1
    -6    13    10
   -15    24    31
>> inv(A)
ans =
    0.3478    0.6087   -0.2174
    0.2609   -0.0435    0.0870
   -0.1304    0.5217   -0.0435
>> inv(A) * B  （或者 A\B）
ans =
   -1.0000    0.1304    1.3478
         0    0.3478    0.2609
         0    0.8261    0.8696
```

例 2　已知矩阵 $\boldsymbol{B}=\begin{pmatrix}1&2&3\\4&5&6\\7&8&6\end{pmatrix}$，求矩阵 $\boldsymbol{A}$ 的行列式 D.

解　程序及运行结果如下：

```
>>A = [1 2 3;4 5 6;7 8 6];
D = det(A)
D =
   9.0000
```

例 3　求解矩阵方程

$$\begin{pmatrix}1&3&2\\3&-4&1\\-3&6&7\end{pmatrix}\boldsymbol{X}\begin{pmatrix}3&4&-1\\2&-3&6\\3&0&2\end{pmatrix}=\begin{pmatrix}156&-91&281\\-162&44&-228\\324&-100&494\end{pmatrix}.$$

解　程序及运行结果如下：

```
>>A = [1 3 2;3 -4 1; -3 6 7];B = [3 4 -1;2 -3 6; 3 0 2];C = [156 -91 281;-162 44
-228;324 -100 494]
```

```
X=inv(A)*C*inv(B)
X=
    -2.0000     3.0000     1.0000
     3.0000    12.0000     4.0000
     2.0000     3.0000    -1.0000
```

例 4 将矩阵 $\boldsymbol{A}=\begin{pmatrix}7&1&-1&10&1\\4&8&-2&4&3\\12&1&-1&-1&5\end{pmatrix}$ 化为行最简形矩阵.

解 程序及运行结果如下：

```
>>A=[7 1 -1 10 1;4 8 -2 4 3;12 1 -1 -1 5];
rref(A)
ans=
     1.0000          0          0    -2.2000     0.8000
          0     1.0000          0    -6.3333     1.5000
          0          0     1.0000   -31.7333     6.1000
```

习 题 2.7

1. 输入矩阵 $\boldsymbol{A}=\begin{pmatrix}1&-2&4&0&7\\0&5&2&-1&1\\9&-1&1&8&1\end{pmatrix}$，并提取矩阵 $\boldsymbol{A}$ 的第 2 列和第 3 行元素.

2. 运用 MATLAB 软件生成一个 2×3 随机矩阵.

3. 运用 MATLAB 软件生成矩阵 $\boldsymbol{A}=\begin{pmatrix}1&0&0\\0&1&0\\0&0&1\end{pmatrix}$.

4. 运用 MATLAB 软件对矩阵 $\boldsymbol{A}=\begin{pmatrix}10&5&-1\\0&1&2\\-6&8&15\end{pmatrix}$ 进行左右、上下和 90°角旋转.

5. 运用 MATLAB 软件求矩阵 $\boldsymbol{A}=\begin{pmatrix}1&0&7\\5&2&0\\3&12&-9\end{pmatrix}$ 的逆矩阵.

6. 运用 MATLAB 软件将矩阵 $\boldsymbol{A}=\begin{pmatrix}1&2&3&1&0&0\\2&1&2&0&1&0\\1&3&4&0&0&1\end{pmatrix}$ 化为行最简形矩阵.

第二章思维导图

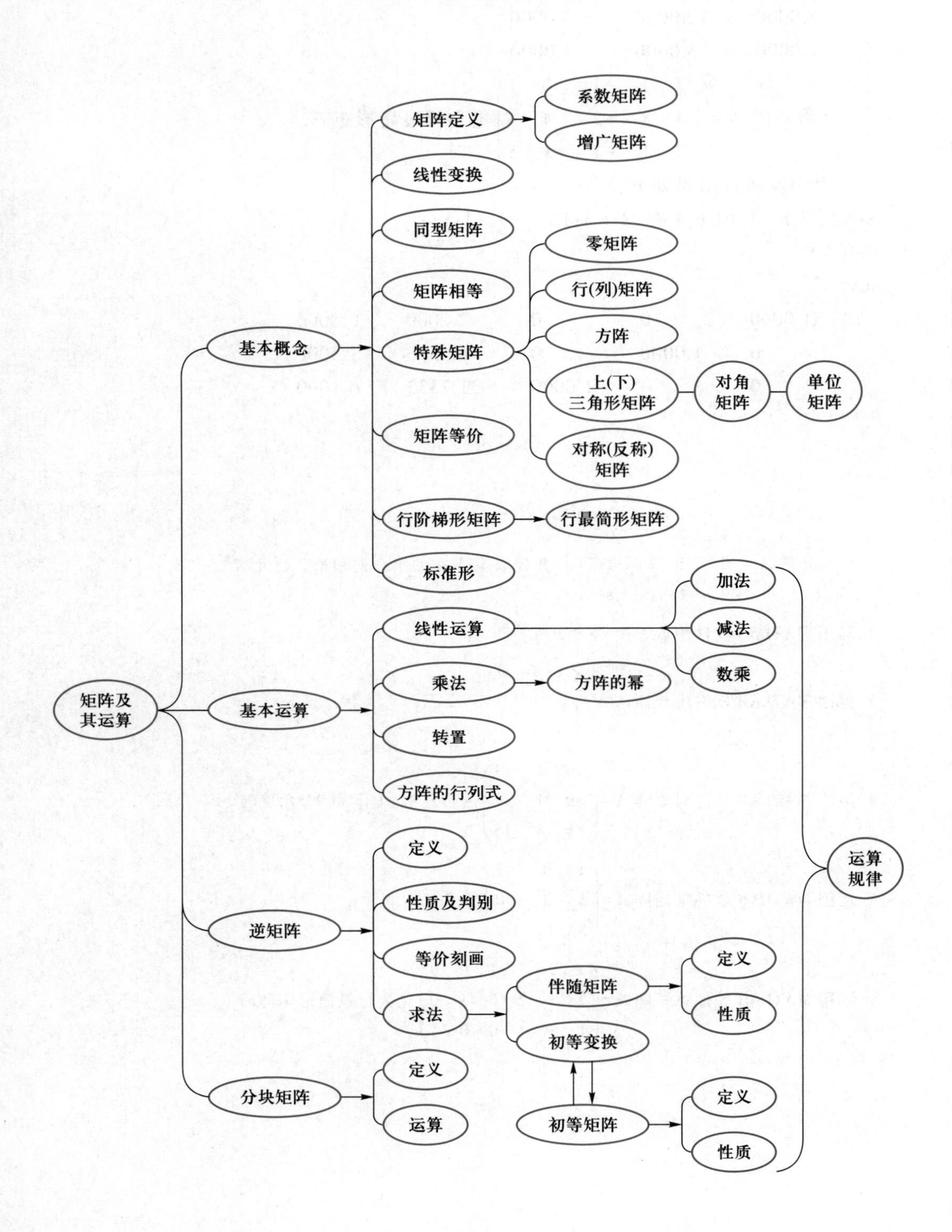
矩阵及
其运算
基本概念
矩阵定义
系数矩阵
增广矩阵
线性变换
同型矩阵
矩阵相等
特殊矩阵
零矩阵
行(列)矩阵
方阵
上(下)
三角形矩阵
对角
矩阵
单位
矩阵
对称(反称)
矩阵
矩阵等价
行阶梯形矩阵
行最简形矩阵
标准形
基本运算
线性运算
加法
减法
数乘
乘法
方阵的幂
转置
方阵的行列式
运算
规律
逆矩阵
定义
性质及判别
等价刻画
求法
伴随矩阵
定义
性质
初等变换
初等矩阵
定义
性质
分块矩阵
定义
运算

综合习题二

1. 填空题：

(1) 设三阶方阵 $\boldsymbol{A},\boldsymbol{B}$ 满足 $\boldsymbol{A}^{-1}\boldsymbol{B}\boldsymbol{A}=6\boldsymbol{A}+\boldsymbol{B}\boldsymbol{A}$，且 $\boldsymbol{A}=\begin{pmatrix}\frac{1}{3}&0&0\\0&\frac{1}{4}&0\\0&0&\frac{1}{7}\end{pmatrix}$，则 $\boldsymbol{B}=$____________.

(2) 已知 $\boldsymbol{a}=(1,2,3)$，$\boldsymbol{b}=\left(1,\frac{1}{2},\frac{1}{3}\right)$，设 $\boldsymbol{A}=\boldsymbol{a}^{\mathrm{T}}\boldsymbol{b}$，则 $\boldsymbol{A}^{n}=$____________.

(3) 设矩阵

$$\boldsymbol{A}=\begin{pmatrix}3&0&0\\1&4&0\\0&0&3\end{pmatrix},\quad \boldsymbol{E}=\begin{pmatrix}1&0&0\\0&1&0\\0&0&1\end{pmatrix},$$

则 $(\boldsymbol{A}-2\boldsymbol{E})^{-1}=$____________.

(4) 设 $\boldsymbol{A},\boldsymbol{B}$ 均为 n 阶方阵，$|\boldsymbol{A}|=2$，$|\boldsymbol{B}|=-3$，则 $|2\boldsymbol{A}^{*}\boldsymbol{B}^{-1}|=$____________.

(5) 设 $\boldsymbol{A}$ 是三阶方阵，$\boldsymbol{A}^{*}$ 是 $\boldsymbol{A}$ 的伴随矩阵，$|\boldsymbol{A}|=\frac{1}{2}$，则 $\left|\left(\frac{1}{3}\boldsymbol{A}\right)^{-1}-10\boldsymbol{A}^{*}\right|=$____________.

2. 选择题：

(1) 设 n 阶方阵 $\boldsymbol{A},\boldsymbol{B},\boldsymbol{C}$ 满足关系式 $\boldsymbol{ABC}=\boldsymbol{E}$，其中 $\boldsymbol{E}$ 是 n 阶单位矩阵，则必有(　　).

(A) $\boldsymbol{ACB}=\boldsymbol{E}$　　(B) $\boldsymbol{CBA}=\boldsymbol{E}$　　(C) $\boldsymbol{BAC}=\boldsymbol{E}$　　(D) $\boldsymbol{BCA}=\boldsymbol{E}$

(2) 设 $\boldsymbol{A}$ 是 $n(n\geqslant 3)$ 阶方阵，$\boldsymbol{A}^{*}$ 是 $\boldsymbol{A}$ 的伴随矩阵，又 k 为常数，且 $k\neq 0,\pm 1$，则必有 $(k\boldsymbol{A})^{*}=$(　　).

(A) $k\boldsymbol{A}^{*}$　　(B) $k^{n-1}\boldsymbol{A}^{*}$　　(C) $k^{n}\boldsymbol{A}^{*}$　　(D) $k^{-1}\boldsymbol{A}^{*}$

(3) 设 $\boldsymbol{A}$ 是 n 阶可逆矩阵，$\boldsymbol{A}^{*}$ 是 $\boldsymbol{A}$ 的伴随矩阵，则有(　　).

(A) $|\boldsymbol{A}^{*}|=|\boldsymbol{A}|^{n-1}$　　(B) $|\boldsymbol{A}^{*}|=|\boldsymbol{A}|$　　(C) $|\boldsymbol{A}^{*}|=|\boldsymbol{A}|^{n}$　　(D) $|\boldsymbol{A}^{*}|=|\boldsymbol{A}^{-1}|$

(4) 设 $\boldsymbol{A}=\begin{pmatrix}a_{11}&a_{12}&a_{13}\\a_{21}&a_{22}&a_{23}\\a_{31}&a_{32}&a_{33}\end{pmatrix}$，$\boldsymbol{B}=\begin{pmatrix}a_{21}&a_{22}&a_{23}\\a_{11}&a_{12}&a_{13}\\a_{31}+a_{11}&a_{32}+a_{12}&a_{33}+a_{13}\end{pmatrix}$，$\boldsymbol{P}_1=\begin{pmatrix}0&1&0\\1&0&0\\0&0&1\end{pmatrix}$，$\boldsymbol{P}_2=\begin{pmatrix}1&0&0\\0&1&0\\1&0&1\end{pmatrix}$，则必有(　　).

(A) $\boldsymbol{AP}_1\boldsymbol{P}_2=\boldsymbol{B}$　　(B) $\boldsymbol{AP}_2\boldsymbol{P}_1=\boldsymbol{B}$　　(C) $\boldsymbol{P}_1\boldsymbol{P}_2\boldsymbol{A}=\boldsymbol{B}$　　(D) $\boldsymbol{P}_2\boldsymbol{P}_1\boldsymbol{A}=\boldsymbol{B}$

(5) 设 $\boldsymbol{A},\boldsymbol{B}$ 均为 n 阶方阵，则必有(　　).

(A) $|\boldsymbol{A}+\boldsymbol{B}|=|\boldsymbol{A}|+|\boldsymbol{B}|$　　(B) $\boldsymbol{AB}=\boldsymbol{BA}$

(C) $(\boldsymbol{A}+\boldsymbol{B})^{-1}=\boldsymbol{A}^{-1}+\boldsymbol{B}^{-1}$　　(D) $|\boldsymbol{AB}|=|\boldsymbol{BA}|$

3. 举反例说明下列命题是错误的：

(1) 若 $\boldsymbol{A}^{2}=\boldsymbol{O}$，则 $\boldsymbol{A}=\boldsymbol{O}$；

(2) 若 $\boldsymbol{A}^{2}=\boldsymbol{A}$，则 $\boldsymbol{A}=\boldsymbol{O}$ 或 $\boldsymbol{A}=\boldsymbol{E}$；

(3) 若 $\boldsymbol{AX}=\boldsymbol{AY}$，且 $\boldsymbol{A}\neq\boldsymbol{O}$，则 $\boldsymbol{X}=\boldsymbol{Y}$.

4. 解矩阵方程：$\begin{pmatrix}1&-1&0\\2&0&1\end{pmatrix}X=\begin{pmatrix}2&5\\1&4\end{pmatrix}$.

5. 已知 $A=\begin{pmatrix}1&1&0\\0&1&1\\0&0&1\end{pmatrix}$，求 A^n（n 是自然数）.

6. 已知 $AP=PB$，其中

$$B=\begin{pmatrix}1&0&0\\0&0&0\\0&0&-1\end{pmatrix},\quad P=\begin{pmatrix}1&0&0\\2&-1&0\\2&1&1\end{pmatrix}$$

求：A 及 A^5.

7. 已知 n 阶方阵

$$A=\begin{pmatrix}2&2&2&\cdots&2\\0&1&1&\cdots&1\\0&0&1&\cdots&1\\\vdots&\vdots&\vdots&&\vdots\\0&0&0&\cdots&1\end{pmatrix},$$

求 A 中所有元素的代数余子式之和.

8. 已知矩阵 A,B 满足：$AB=A+2B$，其中 $A=\begin{pmatrix}4&2&3\\1&1&0\\-1&2&3\end{pmatrix}$，求矩阵 B.

9. 设 A,B 都是 n 阶对称矩阵，证明：AB 是对称矩阵的充要条件是 $AB=BA$.

10. 设 A,B 分别是 n 阶对称矩阵和反称矩阵，证明：$AB+BA$ 是反称矩阵，$AB^{\mathrm T}+B^{\mathrm T}A$ 是反称矩阵.

11. 证明：任何一个 n 阶方阵都可以表示为一个对称矩阵与一个反称矩阵之和.

12. 设 n 阶方阵 A 的伴随矩阵为 A^*，证明：$|A^*|=|A|^{n-1}$.

13. 设可逆矩阵 A 的伴随矩阵为 A^*，证明：

(1) $(A^{\mathrm T})^*=(A^*)^{\mathrm T}$；(2) $(A^{-1})^*=(A^*)^{-1}$.

14. 设 3 阶方阵 A 的伴随矩阵为 A^*，已知 $AA^*=2E$，求

(1) $|2A^{-1}|$；(2) $|(3A^*)^2|$；(3) $\left|(3A)^{-1}-\frac{1}{2}A^*\right|$.

15. 已知矩阵 $A=\begin{pmatrix}2&-1&2\\4&-2&4\\2&-1&2\end{pmatrix}$，证明：$A^k=2^{k-1}A$（其中 k 为正整数）.

16. 设 $A=\begin{pmatrix}1&1&-1\\-1&1&1\\1&-1&1\end{pmatrix}$ 满足 $A^*X=A^{-1}+2X$，其中 A^* 是 A 的伴随矩阵，求未知矩阵 X.

17. 已知矩阵 A 的伴随矩阵 $A^*=\begin{pmatrix}1&0&0&0\\0&1&0&0\\1&0&1&0\\0&-3&0&8\end{pmatrix}$，且 $AXA^{-1}=XA^{-1}+3E$，求未知矩阵 X.

18. 设 $A^k=O$（k 为正整数），证明：$(E-A)^{-1}=E+A+A^2+\cdots+A^{k-1}$.

19. 已知 $M=\begin{pmatrix} A & C \\ O & B \end{pmatrix}$,其中 m 阶方阵 A 与 n 阶方阵 B 都可逆.

(1) 证明 M 可逆,并求 M^{-1};

(2) 利用(1)的结果计算 $\begin{pmatrix} 1 & 0 & 3 & -4 \\ 0 & 1 & 5 & 6 \\ 0 & 0 & 0 & 2 \\ 0 & 0 & 2 & 0 \end{pmatrix}^{-1}$ 和 $\begin{pmatrix} 1 & 2 & 1 & 0 & 2 \\ 3 & 8 & 0 & 1 & 3 \\ 0 & 0 & 1 & 2 & 3 \\ 0 & 0 & 0 & 3 & 1 \\ 0 & 0 & 1 & 2 & 1 \end{pmatrix}^{-1}$.

20. 运用 MATLAB 软件输入矩阵 $A=\begin{pmatrix} 3 & -7 & 4 & 5 & 7 \\ 0 & 5 & 8 & -1 & 1 \\ 5 & -7 & 6 & 8 & 9 \end{pmatrix}$,并提取矩阵 A 的第 3 列和第 2 行元素.

21. 运用 MATLAB 软件生成一个 4×5 随机矩阵.

22. 运用 MATLAB 软件生成矩阵 $C=\begin{pmatrix} 1 & 1 & 1 & 1 \\ 1 & 1 & 1 & 1 \\ 1 & 1 & 1 & 1 \\ 1 & 1 & 1 & 1 \end{pmatrix}$.

23. 运用 MATLAB 软件对矩阵 $A=\begin{pmatrix} 2 & 1 & -2 & 3 \\ 0 & 1 & 4 & 5 \\ 2 & 3 & 6 & 8 \end{pmatrix}$ 进行左右、上下和 90°角旋转.

24. 设 $A=\begin{pmatrix} 10 & 5 & -1 \\ 0 & 1 & 2 \\ -6 & 8 & 15 \end{pmatrix}$,$B=\begin{pmatrix} 1 & 0 & 7 \\ 5 & 2 & 0 \\ 3 & 12 & -9 \end{pmatrix}$,用 MATLAB 软件求 A^{T},$A+B$,A^2,$A^{-1}B$.

25. 给出一个随机的 3 阶方阵, 运用 MATLAB 软件求矩阵的逆矩阵.

26. 运用 MATLAB 软件将矩阵 $A=\begin{pmatrix} 2 & 1 & -1 & 1 & 1 \\ 4 & 2 & -2 & 1 & 2 \\ 2 & 1 & -1 & -1 & 1 \end{pmatrix}$ 化为行最简形矩阵.

27. 设 $A=\begin{pmatrix} a_{11} & a_{12} & a_{13} \\ a_{21} & a_{22} & a_{23} \\ a_{31} & a_{32} & a_{33} \end{pmatrix}$,$P_1=\begin{pmatrix} 0 & 0 & 1 \\ 0 & 1 & 0 \\ 1 & 0 & 0 \end{pmatrix}$,$P_2=\begin{pmatrix} 1 & 0 & 0 \\ 0 & 2 & 0 \\ 0 & 0 & 1 \end{pmatrix}$,$P_3=\begin{pmatrix} 1 & 0 & 0 \\ 0 & 1 & 0 \\ 2 & 0 & 1 \end{pmatrix}$,计算 P_iA 及 $AP_i(i=1,2,3)$;观察结果以了解运算的规律性.

*28. 疫情期间,湖北省孝感、武汉、黄冈三市急需物资支援,其中孝感需物资 40 t,武汉需物资 211 t,黄冈需物资 80 t.根据实际情况,河南、河北、湖南、广东四省一次可运送物资如表 2-6 所示:

表 2-6 运送物资表

物资/t	孝感	武汉	黄冈
河南	2	1	2
河北	0	9	0
湖南	0	5	1
广东	4	6	8

尝试设计一种运输方案给三市配送物资.

数学之星——凯莱

凯莱(Cayley,1821—1895,如图 2-2),英国数学家、律师,自小就喜欢解决复杂的数学问题.1839 年进入剑桥大学三一学院学习,本科期间在剑桥数学期刊上发表了三篇论文.1842 年毕业后在三一学院任聘 4 年,开始了毕生从事的数学研究.因未继续受聘,又不愿担任圣职(这是当时在剑桥继续数学生涯的一个必要条件),于 1846 年入林肯法律协会学习并于 1849 年成为律师,以此为职业 14 年,同时继续研究数学,其间发表了两百余篇数学论文.因大学法规的变化,1863 年被任命为剑桥大学纯粹数学的第一个萨德勒教授,直至逝世.

图 2-2

凯莱最主要的贡献是与西尔维斯特(Sylvester)一起创立了代数型的理论,共同奠定了关于代数不变量理论的基础.凯莱在 1855 年引入了矩阵的概念,定义了矩阵的运算、零矩阵和单位矩阵、逆矩阵等,于 1858 年发表了关于这个课题的第一篇重要文章《矩阵论的研究报告》.他对几何学的统一研究也做出了重要的贡献.

第三章
向量组的线性相关性与矩阵的秩

在解析几何中，有几何意义非常明显的2维向量和3维向量的概念，如以坐标原点为起点，$P(x,y,z)$为终点的矢量$\overrightarrow{OP}=(x,y,z)$就是3维向量．但是，在一些实际问题与数学计算中，往往要涉及一般的n个数构成的有序数组，即n维向量．本章主要研究一般n维向量组的线性相关性、向量组的秩、矩阵的秩、向量空间和向量的正交性等问题．

§3.1 n 维 向 量

用（2维）平面向量和（3维）空间向量，可以处理直线、平面、角度、距离等一系列几何问题，也可描述一些物理概念，如速度、加速度、力、做功、力矩等．实际上，向量的应用要广泛得多，仅仅考虑平面向量和空间向量是不够的，如地球卫星的运行状态参数，除了时间和空间参数，它表面的温度、压力等物理参数也很重要，一起组成的6元数组(t,x,y,z,τ,p)才能表示它的状态，即在t时刻位于空间位置(x,y,z)，它的温度是τ、压力为p.作为2维向量和3维向量的自然推广，一般的n维向量定义如下：

定义 3.1.1 称n行1列矩阵$\boldsymbol{\alpha}=\begin{pmatrix}a_1\\a_2\\\vdots\\a_n\end{pmatrix}$为一个$n$维列向量(column vector)．数$a_i$称为$\boldsymbol{\alpha}$的第$i$个分量(the i-th component)或第i个坐标(the i-th coordinate)$(i=1,2,\cdots,n)$.同理定义1行n列矩阵$\boldsymbol{\alpha}^{\mathrm{T}}=(a_1,a_2,\cdots,a_n)$为一个$n$维行向量(row vector)．行向量与列向量统称为向量(vector).

本书列（行）向量一般用希腊字母$\boldsymbol{\alpha},\boldsymbol{\beta},\boldsymbol{\gamma},\cdots(\boldsymbol{\alpha}^{\mathrm{T}},\boldsymbol{\beta}^{\mathrm{T}},\boldsymbol{\gamma}^{\mathrm{T}},\cdots)$或英文大写字母$\boldsymbol{X},\boldsymbol{Y},\cdots(\boldsymbol{X}^{\mathrm{T}},\boldsymbol{Y}^{\mathrm{T}},\cdots)$表示．分量为实数的向量称为实向量(real vector)，分量为复数的向量称为复向量(complex vector)．除非特别说明，本书所提及的向量一般指实向量.

由于向量是一类特殊矩阵，故由矩阵的运算及其性质，就可以直接得到与之相对应向量的运算及其性质.以下一一列出.

对两个向量 $\boldsymbol{\alpha}=\begin{pmatrix}a_1\\a_2\\\vdots\\a_n\end{pmatrix}$,$\boldsymbol{\beta}=\begin{pmatrix}b_1\\b_2\\\vdots\\b_n\end{pmatrix}$,如果 $a_i=b_i(i=1,2,\cdots,n)$,则称 $\boldsymbol{\alpha},\boldsymbol{\beta}$ 是相等(equal)的,记作 $\boldsymbol{\alpha}=\boldsymbol{\beta}$.分量全为零的 n 维向量称为 n 维零向量(zero vector),简记 $\mathbf{0}$,即 $\mathbf{0}=\begin{pmatrix}0\\0\\\vdots\\0\end{pmatrix}$.称向量 $\begin{pmatrix}-a_1\\-a_2\\\vdots\\-a_n\end{pmatrix}$为向量 $\boldsymbol{\alpha}=\begin{pmatrix}a_1\\a_2\\\vdots\\a_n\end{pmatrix}$的负向量(negative vector),记作 $-\boldsymbol{\alpha}$.

定义 3.1.2　称向量$\begin{pmatrix}a_1+b_1\\a_2+b_2\\\vdots\\a_n+b_n\end{pmatrix}$为向量 $\boldsymbol{\alpha}=\begin{pmatrix}a_1\\a_2\\\vdots\\a_n\end{pmatrix}$与 $\boldsymbol{\beta}=\begin{pmatrix}b_1\\b_2\\\vdots\\b_n\end{pmatrix}$的和(sum),记作 $\boldsymbol{\alpha}+\boldsymbol{\beta}=\begin{pmatrix}a_1+b_1\\a_2+b_2\\\vdots\\a_n+b_n\end{pmatrix}$.

向量 $\boldsymbol{\alpha}$ 与 $\boldsymbol{\beta}$ 的差(difference)可以定义为 $\boldsymbol{\alpha}-\boldsymbol{\beta}=\boldsymbol{\alpha}+(-\boldsymbol{\beta})$.

定义 3.1.3　称向量$\begin{pmatrix}\lambda a_1\\\lambda a_2\\\vdots\\\lambda a_n\end{pmatrix}$为数 λ 与向量 $\boldsymbol{\alpha}=\begin{pmatrix}a_1\\a_2\\\vdots\\a_n\end{pmatrix}$的数量乘积(简称数乘(scalar multiplication)),记作 $\lambda\boldsymbol{\alpha}=\begin{pmatrix}\lambda a_1\\\lambda a_2\\\vdots\\\lambda a_n\end{pmatrix}$.

向量的加法与数乘运算统称为向量的线性运算(linear operation).向量的线性运算和矩阵的线性运算一样,有如下性质:

性质 3.1.1　设 $\boldsymbol{\alpha},\boldsymbol{\beta},\boldsymbol{\gamma}$ 是任意 n 维向量,且 λ,μ 是数,则

(1) $\boldsymbol{\alpha}+\boldsymbol{\beta}=\boldsymbol{\beta}+\boldsymbol{\alpha}$(加法交换律);

(2) $\boldsymbol{\alpha}+(\boldsymbol{\beta}+\boldsymbol{\gamma})=(\boldsymbol{\alpha}+\boldsymbol{\beta})+\boldsymbol{\gamma}$(加法结合律);

(3) $\boldsymbol{\alpha}+\mathbf{0}=\mathbf{0}+\boldsymbol{\alpha}=\boldsymbol{\alpha}$;

(4) $\boldsymbol{\alpha}+(-\boldsymbol{\alpha})=\mathbf{0}$;

(5) $\lambda(\boldsymbol{\alpha}+\boldsymbol{\beta})=\lambda\boldsymbol{\alpha}+\lambda\boldsymbol{\beta}$;

(6) $(\lambda+\mu)\boldsymbol{\alpha}=\lambda\boldsymbol{\alpha}+\mu\boldsymbol{\alpha}$;

(7) $\lambda(\mu\boldsymbol{\alpha})=(\lambda\mu)\boldsymbol{\alpha}$;

(8) $1\boldsymbol{\alpha}=\boldsymbol{\alpha}$.

例 某工厂生产甲、乙、丙、丁四种不同型号的产品，今年年产量和明年计划年产量(单位:台)分别按产品型号顺序用向量表示为

$$\boldsymbol{\alpha}^{\mathrm{T}}=(1\,000,1\,020,856,2\,880),\quad \boldsymbol{\beta}^{\mathrm{T}}=(1\,120,1\,176,940,3\,252),$$

试问明年计划比今年平均每月多生产甲、乙、丙、丁四种产品各多少?

解
$$\frac{1}{12}(\boldsymbol{\beta}^{\mathrm{T}}-\boldsymbol{\alpha}^{\mathrm{T}})=\frac{1}{12}(1\,120-1\,000,1\,176-1\,020,940-856,3\,252-2\,880)$$
$$=\frac{1}{12}(120,156,84,372)=(10,13,7,31),$$

因此,明年计划比今年平均每月多生产甲产品 10 台、乙产品 13 台、丙产品 7 台、丁产品 31 台.

关于向量实际应用的例子有很多.如原料清单就是一个向量,它可以给出制造一件产品或完成一道工序需要的 n 种原料的数量.n 元时间序列可以表示成 n 维向量,也就是某个量在 n 个不同时刻的取值,如将一段音频表示为向量.一般的矩阵 $\boldsymbol{A}_{m\times n}$ 也可以看作 mn 维向量,特别地,图像可看作一类特殊的向量,如黑白图是 $m\times n$ 像素(有均匀灰度值的方形小块)的,可表示为 $m\times n$ 矩阵,它有 m 行 n 列共计 mn 个像素,每一个像素都具有一个灰度值,其中 0 表示黑色,1 表示白色.

习 题 3.1

1. 已知 $\boldsymbol{\alpha}=\begin{pmatrix}1\\2\\-3\\0\end{pmatrix}$, $\boldsymbol{\beta}=\begin{pmatrix}5\\0\\4\\-3\end{pmatrix}$,计算(1) $4\boldsymbol{\alpha}-3\boldsymbol{\beta}$;(2) 求向量 $\boldsymbol{\gamma}$,使 $\boldsymbol{\beta}=2\boldsymbol{\alpha}-3\boldsymbol{\gamma}$.

2. 已知 $\boldsymbol{\alpha}-\boldsymbol{\beta}=\begin{pmatrix}-1\\2\\0\\-2\end{pmatrix}$, $3\boldsymbol{\alpha}+2\boldsymbol{\beta}=\begin{pmatrix}7\\6\\15\\-1\end{pmatrix}$,求向量 $\boldsymbol{\alpha},\boldsymbol{\beta}$.

3. 已知 $\boldsymbol{\alpha}=\begin{pmatrix}1\\a\\0\\-3\end{pmatrix}$, $\boldsymbol{\beta}=\begin{pmatrix}-1\\2\\b\\3\end{pmatrix}$,当 a,b 为何值时,$\boldsymbol{\alpha}+\boldsymbol{\beta}=\boldsymbol{0}$?

4. 已知 n 维向量 $\boldsymbol{\alpha}^{\mathrm{T}}=(1,0,\cdots,0,-1)$,设矩阵 $\boldsymbol{A}=\boldsymbol{E}-\boldsymbol{\alpha}\boldsymbol{\alpha}^{\mathrm{T}}$,其中 $\boldsymbol{E}$ 是 n 阶单位矩阵,求 $\boldsymbol{A}^2$.

§3.2 线性相关与线性无关

若干个同维向量所组成的集合称为**向量组**(vector group).向量组中向量的线性关系的

研究在线性方程组解的存在性与解的结构的研究中都非常重要.向量组 $\boldsymbol{\alpha}_1,\boldsymbol{\alpha}_2,\cdots,\boldsymbol{\alpha}_m$ 通过**有限次线性运算**可以构造出一些新的向量,这些新的向量统称为该向量组的**线性组合**(linear combination),具体定义如下:

定义 3.2.1　对于 n 维向量组 $\boldsymbol{\alpha}_1,\boldsymbol{\alpha}_2,\cdots,\boldsymbol{\alpha}_m$ 和 n 维向量 $\boldsymbol{\beta}$,若存在数 $k_1,k_2,\cdots,k_m$,使得 $\boldsymbol{\beta}=k_1\boldsymbol{\alpha}_1+k_2\boldsymbol{\alpha}_2+\cdots+k_m\boldsymbol{\alpha}_m$,则称向量 $\boldsymbol{\beta}$ 为向量组 $\boldsymbol{\alpha}_1,\boldsymbol{\alpha}_2,\cdots,\boldsymbol{\alpha}_m$ 的一个**线性组合**,也称向量 $\boldsymbol{\beta}$ 可以由向量组 $\boldsymbol{\alpha}_1,\boldsymbol{\alpha}_2,\cdots,\boldsymbol{\alpha}_m$ **线性表示**或**线性表出**(linear expression).

特别是如果 $\boldsymbol{\beta}$ 可以由向量 $\boldsymbol{\alpha}$ 线性表示,即有数 k,使得 $\boldsymbol{\beta}=k\boldsymbol{\alpha}$,则称 $\boldsymbol{\alpha}$ **与** $\boldsymbol{\beta}$ **成比例**.

例 1　零向量是任意向量组 $\boldsymbol{\alpha}_1,\boldsymbol{\alpha}_2,\cdots,\boldsymbol{\alpha}_m$ 的线性组合,这是因为

$$\mathbf{0}=0\boldsymbol{\alpha}_1+0\boldsymbol{\alpha}_2+\cdots+0\boldsymbol{\alpha}_m.$$

例 2　任意 n 维向量 $\boldsymbol{\alpha}=\begin{pmatrix}a_1\\a_2\\\vdots\\a_n\end{pmatrix}$ 是向量组 $\boldsymbol{\varepsilon}_1=\begin{pmatrix}1\\0\\\vdots\\0\end{pmatrix},\boldsymbol{\varepsilon}_2=\begin{pmatrix}0\\1\\\vdots\\0\end{pmatrix},\cdots,\boldsymbol{\varepsilon}_n=\begin{pmatrix}0\\0\\\vdots\\1\end{pmatrix}$ 的线性组合,因为 $\boldsymbol{\alpha}=a_1\boldsymbol{\varepsilon}_1+a_2\boldsymbol{\varepsilon}_2+\cdots+a_n\boldsymbol{\varepsilon}_n$.一般称 $\boldsymbol{\varepsilon}_1,\boldsymbol{\varepsilon}_2,\cdots,\boldsymbol{\varepsilon}_n$ 为 n **维基本向量**或 n **维初始单位向量**.

例 3　关于 n 个未知量 $x_1,x_2,\cdots,x_n$ 的线性方程组

$$\begin{cases}a_{11}x_1+a_{12}x_2+\cdots+a_{1n}x_n=b_1,\\a_{21}x_1+a_{22}x_2+\cdots+a_{2n}x_n=b_2,\\\cdots\cdots\cdots\cdots\\a_{m1}x_1+a_{m2}x_2+\cdots+a_{mn}x_n=b_m\end{cases}\tag{3.1}$$

有解、无解的问题完全**等价于** m 维向量 $\boldsymbol{\beta}$ 能否表示为 m 维向量组 $\boldsymbol{\alpha}_1,\boldsymbol{\alpha}_2,\cdots,\boldsymbol{\alpha}_n$ 的线性组合的问题,即能否存在数 $x_1,x_2,\cdots,x_n$ 使得

$$\boldsymbol{\beta}=x_1\boldsymbol{\alpha}_1+x_2\boldsymbol{\alpha}_2+\cdots+x_n\boldsymbol{\alpha}_n,\tag{3.2}$$

其中 $\boldsymbol{\beta}=\begin{pmatrix}b_1\\b_2\\\vdots\\b_m\end{pmatrix},\boldsymbol{\alpha}_1=\begin{pmatrix}a_{11}\\a_{21}\\\vdots\\a_{m1}\end{pmatrix},\boldsymbol{\alpha}_2=\begin{pmatrix}a_{12}\\a_{22}\\\vdots\\a_{m2}\end{pmatrix},\cdots,\boldsymbol{\alpha}_n=\begin{pmatrix}a_{1n}\\a_{2n}\\\vdots\\a_{mn}\end{pmatrix}$,(3.2)称为线性方程组(3.1)的**向量形式**.因此,如果要将 $\boldsymbol{\beta}$ 表示为向量组 $\boldsymbol{\alpha}_1,\boldsymbol{\alpha}_2,\cdots,\boldsymbol{\alpha}_n$ 的线性组合 $\boldsymbol{\beta}=x_1\boldsymbol{\alpha}_1+x_2\boldsymbol{\alpha}_2+\cdots+x_n\boldsymbol{\alpha}_n$,可以转化为求解线性方程组(3.1).反过来,当研究线性方程组解的存在性与解的结构时,也可以利用向量的线性表示与下面即将要讨论的向量之间的线性关系.

向量的**线性相关性**是向量在线性运算下的一种性质,是线性代数中极其重要的基本概念.在空间解析几何中,若 3 维实向量空间中两个非零向量 $\boldsymbol{\alpha}_1,\boldsymbol{\alpha}_2$ 方向相同或相反(即平行于同一直线),则称这两个向量 $\boldsymbol{\alpha}_1,\boldsymbol{\alpha}_2$ 是**共线**的,即 $\boldsymbol{\alpha}_2=l\boldsymbol{\alpha}_1$($l$ 为实数),就等价于存在不全为零的数 k_1,k_2,使得 $k_1\boldsymbol{\alpha}_1+k_2\boldsymbol{\alpha}_2=\mathbf{0}$;当两个向量 $\boldsymbol{\alpha}_1,\boldsymbol{\alpha}_2$ **不共线**时,若 $k_1\boldsymbol{\alpha}_1+k_2\boldsymbol{\alpha}_2=\mathbf{0}$,则必有 $k_1=k_2=0$.若三个非零向量 $\boldsymbol{\alpha}_1,\boldsymbol{\alpha}_2,\boldsymbol{\alpha}_3$ 平行于同一平面,则称这三个向量是**共面**的,此时其中至少 1 个向量可由其余 2 个向量线性表示.如图 3-1 所示,$\boldsymbol{\alpha}_3=k_1\boldsymbol{\alpha}_1+k_2\boldsymbol{\alpha}_2$,如图 3-2 所示,$\boldsymbol{\alpha}_3=k_1\boldsymbol{\alpha}_1+0\boldsymbol{\alpha}_2$,前者是向量两两不共线的情形,后者是向量中至少有一对共线(不妨设 $\boldsymbol{\alpha}_1,\boldsymbol{\alpha}_3$ 共线)的情形.对于向量两两不共线的情形,如图 3-1 所示,具体做法如下:取共同起点 O 作三个向量 $\overrightarrow{OA}=\boldsymbol{\alpha}_1,\overrightarrow{OB}=\boldsymbol{\alpha}_2,\overrightarrow{OC}=\boldsymbol{\alpha}_3$,过 $\boldsymbol{\alpha}_3$ 的终点 C 作平行于 $\boldsymbol{\alpha}_2$ 的直线交 OA 直线(延长线或

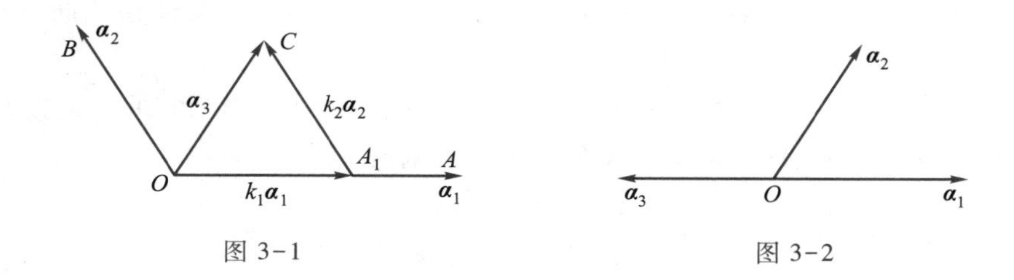

图 3-1　　　　图 3-2

反向延长线）于一点 A_1，记 $\overrightarrow{OA_1}=k_1\boldsymbol{\alpha}_1$，$\overrightarrow{A_1C}=k_2\boldsymbol{\alpha}_2$，在 $\triangle OA_1C$ 中，有 $\boldsymbol{\alpha}_3=k_1\boldsymbol{\alpha}_1+k_2\boldsymbol{\alpha}_2$. 综上所述：三个向量 $\boldsymbol{\alpha}_1,\boldsymbol{\alpha}_2,\boldsymbol{\alpha}_3$ **共面**，就等价于存在不全为零的数 k_1,k_2,k_3，使得 $k_1\boldsymbol{\alpha}_1+k_2\boldsymbol{\alpha}_2+k_3\boldsymbol{\alpha}_3=\mathbf{0}$；当三个向量 $\boldsymbol{\alpha}_1,\boldsymbol{\alpha}_2,\boldsymbol{\alpha}_3$ **不共面**时，若 $k_1\boldsymbol{\alpha}_1+k_2\boldsymbol{\alpha}_2+k_3\boldsymbol{\alpha}_3=\mathbf{0}$，则必有 $k_1=k_2=k_3=0$. 这样的共线与共面的概念可以推广到如下一般的 n 维向量组：

定义 3.2.2　已知 n 维向量组 $\boldsymbol{\alpha}_1,\boldsymbol{\alpha}_2,\cdots,\boldsymbol{\alpha}_m$，如果存在**不全为零**的一组数 $k_1,k_2,\cdots,k_m$，使得 $k_1\boldsymbol{\alpha}_1+k_2\boldsymbol{\alpha}_2+\cdots+k_m\boldsymbol{\alpha}_m=\mathbf{0}$ 成立，则称向量组 $\boldsymbol{\alpha}_1,\boldsymbol{\alpha}_2,\cdots,\boldsymbol{\alpha}_m$ **线性相关**（linear dependent）；否则，称该向量组**线性无关**（linear independent）.

实际上，n 维向量组 $\boldsymbol{\alpha}_1,\boldsymbol{\alpha}_2,\cdots,\boldsymbol{\alpha}_m$ 线性无关的充要条件是：n 维零向量 $\mathbf{0}$ 能被 n 维向量组 $\boldsymbol{\alpha}_1,\boldsymbol{\alpha}_2,\cdots,\boldsymbol{\alpha}_m$ 唯一地线性表示，即 $k_1\boldsymbol{\alpha}_1+k_2\boldsymbol{\alpha}_2+\cdots+k_m\boldsymbol{\alpha}_m=\mathbf{0}$ 当且仅当 $k_1=k_2=\cdots=k_m=0$.

由定义可知：一个向量 $\boldsymbol{\alpha}$ 线性相关当且仅当 $\boldsymbol{\alpha}$ 是零向量. 反之，一个向量 $\boldsymbol{\alpha}$ 线性无关当且仅当 $\boldsymbol{\alpha}\neq\mathbf{0}$. 3 维实向量空间 $\mathbf{R}^3$ 中两个向量共线、三个向量共面就是线性相关，两个向量不共线、三个向量不共面就是线性无关.

例 4　4 维向量组 $\boldsymbol{\alpha}_1=\begin{pmatrix}1\\-9\\8\\7\end{pmatrix}$，$\boldsymbol{\alpha}_2=\begin{pmatrix}3\\-1\\0\\-3\end{pmatrix}$，$\boldsymbol{\alpha}_3=\begin{pmatrix}1\\4\\-4\\-5\end{pmatrix}$，$\boldsymbol{\alpha}_4=\begin{pmatrix}\lambda_1\\\lambda_2\\\lambda_3\\\lambda_4\end{pmatrix}$（这里 $\lambda_1,\lambda_2,\lambda_3,\lambda_4$ 是任意实数）是线性相关的，这是因为存在不全为零的数 $1,-1,2,0$ 使得 $\boldsymbol{\alpha}_1+(-1)\boldsymbol{\alpha}_2+2\boldsymbol{\alpha}_3+0\boldsymbol{\alpha}_4=\mathbf{0}$.

例 5　已知向量组 $\boldsymbol{\alpha}_1,\boldsymbol{\alpha}_2,\boldsymbol{\alpha}_3$ 线性无关，证明向量组：$\boldsymbol{\alpha}_1,\boldsymbol{\alpha}_1-\boldsymbol{\alpha}_2,\boldsymbol{\alpha}_1+\boldsymbol{\alpha}_2-\boldsymbol{\alpha}_3$ 也是线性无关的.

证　若存在数 k_1,k_2,k_3，使得 $k_1\boldsymbol{\alpha}_1+k_2(\boldsymbol{\alpha}_1-\boldsymbol{\alpha}_2)+k_3(\boldsymbol{\alpha}_1+\boldsymbol{\alpha}_2-\boldsymbol{\alpha}_3)=\mathbf{0}$，则可得 $(k_1+k_2+k_3)\boldsymbol{\alpha}_1+(-k_2+k_3)\boldsymbol{\alpha}_2-k_3\boldsymbol{\alpha}_3=\mathbf{0}$. 又因为向量组 $\boldsymbol{\alpha}_1,\boldsymbol{\alpha}_2,\boldsymbol{\alpha}_3$ 线性无关，所以 $k_1+k_2+k_3=-k_2+k_3=-k_3=0$，从中解得 $k_1=k_2=k_3=0$. 因此向量组 $\boldsymbol{\alpha}_1,\boldsymbol{\alpha}_1-\boldsymbol{\alpha}_2,\boldsymbol{\alpha}_1+\boldsymbol{\alpha}_2-\boldsymbol{\alpha}_3$ 线性无关. 证毕.

对 n 维向量组 $\boldsymbol{\alpha}_1,\boldsymbol{\alpha}_2,\cdots,\boldsymbol{\alpha}_m,\mathbf{0}$，存在不全为零的数 $0,0,\cdots,0,1$，使得 $0\boldsymbol{\alpha}_1+0\boldsymbol{\alpha}_2+\cdots+0\boldsymbol{\alpha}_m+1\mathbf{0}=\mathbf{0}$，因此含有零向量的向量组 $\boldsymbol{\alpha}_1,\boldsymbol{\alpha}_2,\cdots,\boldsymbol{\alpha}_m,\mathbf{0}$ 线性相关. 对基本向量 $\boldsymbol{\varepsilon}_1,\boldsymbol{\varepsilon}_2,\cdots,\boldsymbol{\varepsilon}_n$（见例 2），若 $k_1\boldsymbol{\varepsilon}_1+k_2\boldsymbol{\varepsilon}_2+\cdots+k_n\boldsymbol{\varepsilon}_n=\begin{pmatrix}k_1\\k_2\\\vdots\\k_n\end{pmatrix}=\begin{pmatrix}0\\0\\\vdots\\0\end{pmatrix}$，则显然有 $k_1=k_2=\cdots=k_n=0$，因此有如下结论：

（1）任何含有零向量的向量组一定线性相关；

（2）n 维基本向量组 $\boldsymbol{\varepsilon}_1,\boldsymbol{\varepsilon}_2,\cdots,\boldsymbol{\varepsilon}_n$ 一定线性无关.

定理 3.2.1　n 维向量组 $\boldsymbol{\alpha}_1,\boldsymbol{\alpha}_2,\cdots,\boldsymbol{\alpha}_m(m\geqslant 2)$ 线性相关的充要条件是该向量组中至少存在一个向量可以表示为其余 $m-1$ 个向量的线性组合.

证　必要性 由向量组 $\boldsymbol{\alpha}_1,\boldsymbol{\alpha}_2,\cdots,\boldsymbol{\alpha}_m$ 线性相关,可知必存在不全为零的一组数 $k_1,k_2,\cdots,k_m$,使得 $k_1\boldsymbol{\alpha}_1+k_2\boldsymbol{\alpha}_2+\cdots+k_m\boldsymbol{\alpha}_m=\mathbf{0}$ 成立.不妨设 $k_i\neq 0$,则有

$$\boldsymbol{\alpha}_i=\left(-\frac{k_1}{k_i}\right)\boldsymbol{\alpha}_1+\cdots+\left(-\frac{k_{i-1}}{k_i}\right)\boldsymbol{\alpha}_{i-1}+\left(-\frac{k_{i+1}}{k_i}\right)\boldsymbol{\alpha}_{i+1}+\cdots+\left(-\frac{k_m}{k_i}\right)\boldsymbol{\alpha}_m.$$

充分性 不妨设向量组 $\boldsymbol{\alpha}_1,\boldsymbol{\alpha}_2,\cdots,\boldsymbol{\alpha}_m$ 中向量 $\boldsymbol{\alpha}_s$ 可由其余向量线性表示如下:

$$\boldsymbol{\alpha}_s=\lambda_1\boldsymbol{\alpha}_1+\cdots+\lambda_{s-1}\boldsymbol{\alpha}_{s-1}+\lambda_{s+1}\boldsymbol{\alpha}_{s+1}+\cdots+\lambda_m\boldsymbol{\alpha}_m,$$

则存在不全为零的数 $\lambda_1,\cdots,\lambda_{s-1},-1,\lambda_{s+1},\cdots,\lambda_m$ 使得

$$\lambda_1\boldsymbol{\alpha}_1+\cdots+\lambda_{s-1}\boldsymbol{\alpha}_{s-1}+(-1)\boldsymbol{\alpha}_s+\lambda_{s+1}\boldsymbol{\alpha}_{s+1}+\cdots+\lambda_m\boldsymbol{\alpha}_m=\mathbf{0},$$

所以向量组 $\boldsymbol{\alpha}_1,\boldsymbol{\alpha}_2,\cdots,\boldsymbol{\alpha}_m$ 线性相关.证毕.

定理 3.2.2　若 m 个 n 维向量 $\boldsymbol{\alpha}_1,\boldsymbol{\alpha}_2,\cdots,\boldsymbol{\alpha}_m$ 线性无关,且 $m+1$ 个 n 维向量 $\boldsymbol{\alpha}_1,\boldsymbol{\alpha}_2,\cdots,\boldsymbol{\alpha}_m,\boldsymbol{\beta}$ 线性相关,则

(1) $\boldsymbol{\beta}$ 可由向量组 $\boldsymbol{\alpha}_1,\boldsymbol{\alpha}_2,\cdots,\boldsymbol{\alpha}_m$ 线性表示;

(2) (1)中的线性表示**唯一确定**,即存在唯一一组数 $\lambda_1,\lambda_2,\cdots,\lambda_m$,使得

$$\boldsymbol{\beta}=\lambda_1\boldsymbol{\alpha}_1+\lambda_2\boldsymbol{\alpha}_2+\cdots+\lambda_m\boldsymbol{\alpha}_m.$$

证　(1) 因为向量组 $\boldsymbol{\alpha}_1,\boldsymbol{\alpha}_2,\cdots,\boldsymbol{\alpha}_m,\boldsymbol{\beta}$ 线性相关,所以存在不全为零的一组数 $k_1,k_2,\cdots,k_m,k$,使得 $k_1\boldsymbol{\alpha}_1+k_2\boldsymbol{\alpha}_2+\cdots+k_m\boldsymbol{\alpha}_m+k\boldsymbol{\beta}=\mathbf{0}$.这里一定有 $k\neq 0$.因为若 $k=0$,则 $k_1\boldsymbol{\alpha}_1+k_2\boldsymbol{\alpha}_2+\cdots+k_m\boldsymbol{\alpha}_m=\mathbf{0}$,又因向量组 $\boldsymbol{\alpha}_1,\boldsymbol{\alpha}_2,\cdots,\boldsymbol{\alpha}_m$ 线性无关,因此 $k_1=k_2=\cdots=k_m=0$,这与不全为零的一组数 $k_1,k_2,\cdots,k_m,k$ 相矛盾.因此 $k\neq 0$ 且有 $\boldsymbol{\beta}=-\dfrac{k_1}{k}\boldsymbol{\alpha}_1-\dfrac{k_2}{k}\boldsymbol{\alpha}_2-\cdots-\dfrac{k_m}{k}\boldsymbol{\alpha}_m$.

(2) 设有两组数 $\lambda_1,\lambda_2,\cdots,\lambda_m$ 与 $\mu_1,\mu_2,\cdots,\mu_m$,使得

$$\boldsymbol{\beta}=\lambda_1\boldsymbol{\alpha}_1+\lambda_2\boldsymbol{\alpha}_2+\cdots+\lambda_m\boldsymbol{\alpha}_m=\mu_1\boldsymbol{\alpha}_1+\mu_2\boldsymbol{\alpha}_2+\cdots+\mu_m\boldsymbol{\alpha}_m,$$

则 $(\lambda_1-\mu_1)\boldsymbol{\alpha}_1+(\lambda_2-\mu_2)\boldsymbol{\alpha}_2+\cdots+(\lambda_m-\mu_m)\boldsymbol{\alpha}_m=\mathbf{0}$.又因 $\boldsymbol{\alpha}_1,\boldsymbol{\alpha}_2,\cdots,\boldsymbol{\alpha}_m$ 线性无关,所以 $\lambda_1-\mu_1=0$, $\lambda_2-\mu_2=0,\cdots,\lambda_m-\mu_m=0$,因此 $\lambda_1=\mu_1,\lambda_2=\mu_2,\cdots,\lambda_m=\mu_m$,此即证明 $\boldsymbol{\beta}$ 由向量组 $\boldsymbol{\alpha}_1,\boldsymbol{\alpha}_2,\cdots,\boldsymbol{\alpha}_m$ 线性表示是唯一确定的.证毕.

向量组中一部分向量构成的向量组,称为该向量组的**子向量组**.

定理 3.2.3　在 n 维向量组 $\boldsymbol{\alpha}_1,\boldsymbol{\alpha}_2,\cdots,\boldsymbol{\alpha}_m$ 中,若存在某子向量组线性相关,则向量组 $\boldsymbol{\alpha}_1,\boldsymbol{\alpha}_2,\cdots,\boldsymbol{\alpha}_m$ 一定线性相关.反之,若向量组 $\boldsymbol{\alpha}_1,\boldsymbol{\alpha}_2,\cdots,\boldsymbol{\alpha}_m$ 线性无关,则它的任意子向量组都线性无关.

证　不妨设子向量组 $\boldsymbol{\alpha}_1,\boldsymbol{\alpha}_2,\cdots,\boldsymbol{\alpha}_s(s\leqslant m)$ 线性相关,则存在不全为零的 s 个数 $k_1,k_2,\cdots,k_s$,使得 $k_1\boldsymbol{\alpha}_1+k_2\boldsymbol{\alpha}_2+\cdots+k_s\boldsymbol{\alpha}_s=\mathbf{0}$.因此有不全为零的 m 个数 $k_1,k_2,\cdots,k_s,0,\cdots,0$,使得 $k_1\boldsymbol{\alpha}_1+k_2\boldsymbol{\alpha}_2+\cdots+k_s\boldsymbol{\alpha}_s+0\boldsymbol{\alpha}_{s+1}+\cdots+0\boldsymbol{\alpha}_m=\mathbf{0}$,此即证明了向量组 $\boldsymbol{\alpha}_1,\boldsymbol{\alpha}_2,\cdots,\boldsymbol{\alpha}_s,\boldsymbol{\alpha}_{s+1},\cdots,\boldsymbol{\alpha}_m$ 线性相关.

由命题与其逆否命题等价即得:若向量组 $\boldsymbol{\alpha}_1,\boldsymbol{\alpha}_2,\cdots,\boldsymbol{\alpha}_m$ 线性无关,则它的任意子向量组都线性无关.证毕.

定理 3.2.4　n 维向量组 $\boldsymbol{\alpha}_1,\boldsymbol{\alpha}_2,\cdots,\boldsymbol{\alpha}_m$ 同时去掉相应的 $n-s(n>s)$ 个分量后得到 s 维向量

组 $\boldsymbol{\beta}_1,\boldsymbol{\beta}_2,\cdots,\boldsymbol{\beta}_m$，其中 $\boldsymbol{\alpha}_j=\begin{pmatrix}a_{1j}\\a_{2j}\\\vdots\\a_{nj}\end{pmatrix},\boldsymbol{\beta}_j=\begin{pmatrix}a_{1j}\\a_{2j}\\\vdots\\a_{sj}\end{pmatrix},j=1,2,\cdots,m$，则

（1）若 $\boldsymbol{\alpha}_1,\boldsymbol{\alpha}_2,\cdots,\boldsymbol{\alpha}_m$ 线性相关，则 $\boldsymbol{\beta}_1,\boldsymbol{\beta}_2,\cdots,\boldsymbol{\beta}_m$ 也一定线性相关；

（2）若 $\boldsymbol{\beta}_1,\boldsymbol{\beta}_2,\cdots,\boldsymbol{\beta}_m$ 线性无关，则 $\boldsymbol{\alpha}_1,\boldsymbol{\alpha}_2,\cdots,\boldsymbol{\alpha}_m$ 也一定线性无关.

证 （1）若 $\boldsymbol{\alpha}_1,\boldsymbol{\alpha}_2,\cdots,\boldsymbol{\alpha}_m$ 线性相关，则存在不全为零的数 $k_1,k_2,\cdots,k_m$，使得 $k_1\boldsymbol{\alpha}_1+k_2\boldsymbol{\alpha}_2+\cdots+k_m\boldsymbol{\alpha}_m=\mathbf{0}$，即 $k_1\begin{pmatrix}a_{11}\\a_{21}\\\vdots\\a_{n1}\end{pmatrix}+k_2\begin{pmatrix}a_{12}\\a_{22}\\\vdots\\a_{n2}\end{pmatrix}+\cdots+k_m\begin{pmatrix}a_{1m}\\a_{2m}\\\vdots\\a_{nm}\end{pmatrix}=\begin{pmatrix}0\\0\\\vdots\\0\end{pmatrix}$，从而得 n 个方程成立：

$$\begin{cases}a_{11}k_1+a_{12}k_2+\cdots+a_{1m}k_m=0,\\a_{21}k_1+a_{22}k_2+\cdots+a_{2m}k_m=0,\\\cdots\cdots\cdots\cdots\\a_{s1}k_1+a_{s2}k_2+\cdots+a_{sm}k_m=0,\\a_{s+1,1}k_1+a_{s+1,2}k_2+\cdots+a_{s+1,m}k_m=0,\\\cdots\cdots\cdots\cdots\\a_{n1}k_1+a_{n2}k_2+\cdots+a_{nm}k_m=0,\end{cases}$$

根据前 s 个方程成立可得

$$k_1\begin{pmatrix}a_{11}\\a_{21}\\\vdots\\a_{s1}\end{pmatrix}+k_2\begin{pmatrix}a_{12}\\a_{22}\\\vdots\\a_{s2}\end{pmatrix}+\cdots+k_m\begin{pmatrix}a_{1m}\\a_{2m}\\\vdots\\a_{sm}\end{pmatrix}=\mathbf{0}.$$

因此存在不全为零的数 $k_1,k_2,\cdots,k_m$，使得 $k_1\boldsymbol{\beta}_1+k_2\boldsymbol{\beta}_2+\cdots+k_m\boldsymbol{\beta}_m=\mathbf{0}$，即 $\boldsymbol{\beta}_1,\boldsymbol{\beta}_2,\cdots,\boldsymbol{\beta}_m$ 线性相关.

（2）由（2）是（1）的逆否命题，而（1）已证.证毕.

例 6 平面束就是经过空间一条直线的所有平面的集合. 两个不平行的平面 $\pi_1:A_1x+B_1y+C_1z+D_1=0$ 与 $\pi_2:A_2x+B_2y+C_2z+D_2=0$ 必相交于一条直线 L，即该直线 L 由方程组 $\begin{cases}A_1x+B_1y+C_1z+D_1=0,\\A_2x+B_2y+C_2z+D_2=0\end{cases}$ 所确定，如图 3-3 所示，其中系数 A_1,B_1,C_1 与 A_2,B_2,C_2 不对应成比例.

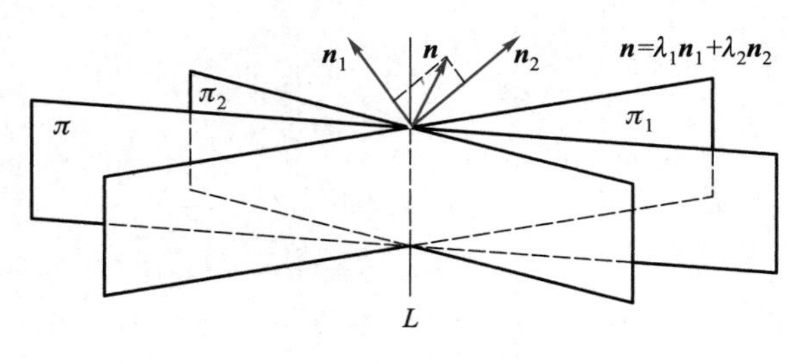

图 3-3

（1）由 $A_1x+B_1y+C_1z+D_1+\lambda(A_2x+B_2y+C_2z+D_2)=0(\lambda\in\mathbf{R})$ 确定的平面集合是否包含过直线 L 的平面束中的所有平面，为什么？

（2）由 $\lambda_1(A_1x+B_1y+C_1z+D_1)+\lambda_2(A_2x+B_2y+C_2z+D_2)=0(\lambda_1,\lambda_2\in\mathbf{R})$ 确定的平面集合是否包含过直线 L 的平面束中的所有平面，为什么？

解　如图 3-3 所示，任取平面束中的一个平面 $\pi:Ax+By+Cz+D=0$，则该平面的法向量 $\boldsymbol{n}=(A,B,C)^{\mathrm{T}}$ 与直线 L 垂直，因此 $\boldsymbol{n},\boldsymbol{n}_1=(A_1,B_1,C_1)^{\mathrm{T}}$ 与 $\boldsymbol{n}_2=(A_2,B_2,C_2)^{\mathrm{T}}$ 都与直线 L 垂直，从而它们共面（即线性相关），又因 A_1,B_1,C_1 与 A_2,B_2,C_2 不对应成比例，故 $\boldsymbol{n}_1$ 与 $\boldsymbol{n}_2$ 线性无关，由定理 3.2.2 知有唯一线性表示 $\boldsymbol{n}=\lambda_1\boldsymbol{n}_1+\lambda_2\boldsymbol{n}_2$.

反过来，任取 $(A,B,C)^{\mathrm{T}}=k_1(A_1,B_1,C_1)^{\mathrm{T}}+k_2(A_2,B_2,C_2)^{\mathrm{T}}(k_1,k_2\in\mathbf{R})$，则知 $(A,B,C)^{\mathrm{T}}$，$(A_1,B_1,C_1)^{\mathrm{T}}$ 与 $(A_2,B_2,C_2)^{\mathrm{T}}$ 线性相关（即共面），它们都垂直于直线 L，因而 $(A,B,C)^{\mathrm{T}}$ 是该平面束中一个平面的法向量.

（1）平面集合 $A_1x+B_1y+C_1z+D_1+\lambda(A_2x+B_2y+C_2z+D_2)=0$ 中不包含平面 $A_2x+B_2y+C_2z+D_2=0$，包含其余所有平面束中平面，这是因为有唯一线性表示 $(A,B,C)^{\mathrm{T}}=\lambda_1(A_1,B_1,C_1)^{\mathrm{T}}+\lambda_2(A_2,B_2,C_2)^{\mathrm{T}}$，当 $\lambda_1\neq 0$ 时，取 $\lambda=\dfrac{\lambda_2}{\lambda_1}$，即得平面 π；但当 $\lambda_1=0,\lambda_2\neq 0$ 时平面 π_2 就不在该平面集合中.

重难点分析
线性相关性的判定小结

（2）平面集合 $\lambda_1(A_1x+B_1y+C_1z+D_1)+\lambda_2(A_2x+B_2y+C_2z+D_2)=0(\lambda_1,\lambda_2\in\mathbf{R})$ 包含了过直线 L 的平面束中的所有平面.

习　题　3.2

1. 判定下列向量组的线性相关性：

（1）$\boldsymbol{\alpha}=\begin{pmatrix}1\\0\\0\end{pmatrix},\boldsymbol{\beta}=\begin{pmatrix}1\\-2\\0\end{pmatrix},\boldsymbol{\gamma}=\begin{pmatrix}1\\-2\\3\end{pmatrix}$；

（2）$\boldsymbol{\alpha}_1=\begin{pmatrix}4\\1\\6\\-1\end{pmatrix},\boldsymbol{\alpha}_2=\begin{pmatrix}-1\\2\\3\\1\end{pmatrix},\boldsymbol{\alpha}_3=\begin{pmatrix}-2\\1\\0\\1\end{pmatrix}$.

2. 3 个向量：$\boldsymbol{\beta}_1=\begin{pmatrix}9\\-3\\11\end{pmatrix},\boldsymbol{\beta}_2=\begin{pmatrix}2\\0\\-7\\0\\-8\end{pmatrix}$ 和 $\boldsymbol{\beta}_3=\begin{pmatrix}2\\1\\-1\\0\end{pmatrix}$ 中，单个向量能否由向量组 $\boldsymbol{\alpha}_1=\begin{pmatrix}1\\0\\0\\0\end{pmatrix},\boldsymbol{\alpha}_2=\begin{pmatrix}1\\1\\0\\0\end{pmatrix},\boldsymbol{\alpha}_3=\begin{pmatrix}1\\1\\1\\0\end{pmatrix},\boldsymbol{\alpha}_4=\begin{pmatrix}1\\1\\1\\1\end{pmatrix}$ 线性表示？若能，求其表达式；若不能，为什么？

3. 下列关于 n 维向量的一些说法是否正确？如不正确，举反例说明.

(1) 若向量组 $\boldsymbol{\alpha}_1,\boldsymbol{\alpha}_2,\cdots,\boldsymbol{\alpha}_m(m\geqslant 2)$ 线性相关,则向量 $\boldsymbol{\alpha}_1$ 一定可以由 $\boldsymbol{\alpha}_2,\boldsymbol{\alpha}_3,\cdots,\boldsymbol{\alpha}_m$ 线性表示;

(2) 若向量组 $\boldsymbol{\alpha}_1,\boldsymbol{\alpha}_2,\cdots,\boldsymbol{\alpha}_m$ 线性无关,则对任意一组不全为零的数 $k_1,k_2,\cdots,k_m$,都有 $k_1\boldsymbol{\alpha}_1+k_2\boldsymbol{\alpha}_2+\cdots+k_m\boldsymbol{\alpha}_m\neq\mathbf{0}$;

(3) 因为 $0\boldsymbol{\alpha}_1+0\boldsymbol{\alpha}_2+\cdots+0\boldsymbol{\alpha}_m=\mathbf{0}$,所以向量组 $\boldsymbol{\alpha}_1,\boldsymbol{\alpha}_2,\cdots,\boldsymbol{\alpha}_m$ 线性无关.

4. 已知向量组 $\boldsymbol{\alpha}_1,\boldsymbol{\alpha}_2$ 线性无关,证明向量组 $\boldsymbol{\alpha}_1+2\boldsymbol{\alpha}_2,\boldsymbol{\alpha}_1-\boldsymbol{\alpha}_2$ 线性无关.

5. 已知向量组 $\boldsymbol{\alpha}_1,\boldsymbol{\alpha}_2,\boldsymbol{\alpha}_3,\boldsymbol{\alpha}_4$,证明向量组 $\boldsymbol{\alpha}_1+\boldsymbol{\alpha}_2,\boldsymbol{\alpha}_2+\boldsymbol{\alpha}_3,\boldsymbol{\alpha}_3+\boldsymbol{\alpha}_4,\boldsymbol{\alpha}_1+\boldsymbol{\alpha}_4$ 线性相关.

6. 若 $\boldsymbol{\beta}=\begin{pmatrix}0\\k\\k^2\end{pmatrix}$ 由 $\boldsymbol{\alpha}_1=\begin{pmatrix}1+k\\1\\1\end{pmatrix},\boldsymbol{\alpha}_2=\begin{pmatrix}1\\1+k\\1\end{pmatrix},\boldsymbol{\alpha}_3=\begin{pmatrix}1\\1\\1+k\end{pmatrix}$ 唯一地线性表示,求 k.

7. 已知向量组 $\boldsymbol{\alpha}_1,\boldsymbol{\alpha}_2,\cdots,\boldsymbol{\alpha}_m$ 线性无关,证明向量组 $\boldsymbol{\beta}_1=\boldsymbol{\alpha}_1,\boldsymbol{\beta}_2=\boldsymbol{\alpha}_1+\boldsymbol{\alpha}_2,\cdots,\boldsymbol{\beta}_m=\boldsymbol{\alpha}_1+\boldsymbol{\alpha}_2+\cdots+\boldsymbol{\alpha}_m$ 也线性无关.

§3.3　向量组的秩

本节主要介绍向量组的等价、极大线性无关组与秩等概念.

3.3.1　向量组的等价

定义 3.3.1　若 n 维向量组 $A:\boldsymbol{\alpha}_1,\boldsymbol{\alpha}_2,\cdots,\boldsymbol{\alpha}_m$ 中的每一个向量都能被 n 维向量组 $B:\boldsymbol{\beta}_1,\boldsymbol{\beta}_2,\cdots,\boldsymbol{\beta}_s$ 线性表示,则称向量组 A 可由向量组 B 线性表示.若向量组 A 与向量组 B 可以互相线性表示,则称向量组 A 与向量组 B 等价(equivalent).

由定义易知:向量组的任意子向量组可由向量组本身线性表示.任意 n 维向量组 $\boldsymbol{\alpha}_1,\boldsymbol{\alpha}_2,\cdots,\boldsymbol{\alpha}_m$ 可由 n 维基本向量组 $E:\boldsymbol{\varepsilon}_1,\boldsymbol{\varepsilon}_2,\cdots,\boldsymbol{\varepsilon}_n$ 线性表示.特别是空间直角坐标系中所有 3 维向量构成的向量组 $\mathbf{R}^3$ 与基本向量组 $\boldsymbol{i}=\begin{pmatrix}1\\0\\0\end{pmatrix},\boldsymbol{j}=\begin{pmatrix}0\\1\\0\end{pmatrix},\boldsymbol{k}=\begin{pmatrix}0\\0\\1\end{pmatrix}$ 等价.

以下假定 $A:\boldsymbol{\alpha}_1,\boldsymbol{\alpha}_2,\cdots,\boldsymbol{\alpha}_m,B:\boldsymbol{\beta}_1,\boldsymbol{\beta}_2,\cdots,\boldsymbol{\beta}_s,C:\boldsymbol{\gamma}_1,\boldsymbol{\gamma}_2,\cdots,\boldsymbol{\gamma}_t$ 都是 n 维向量组.

如果向量组 A 可由向量组 B 线性表示,且向量组 B 可由向量组 C 线性表示,那么向量组 A 可由向量组 C 线性表示.验证如下:

设
$$\boldsymbol{\alpha}_i=a_{i1}\boldsymbol{\beta}_1+a_{i2}\boldsymbol{\beta}_2+\cdots+a_{is}\boldsymbol{\beta}_s=\sum_{j=1}^{s}a_{ij}\boldsymbol{\beta}_j,\text{ 其中 } i=1,2,\cdots,m,$$
$$\boldsymbol{\beta}_j=b_{j1}\boldsymbol{\gamma}_1+b_{j2}\boldsymbol{\gamma}_2+\cdots+b_{jt}\boldsymbol{\gamma}_t=\sum_{k=1}^{t}b_{jk}\boldsymbol{\gamma}_k,\text{ 其中 } j=1,2,\cdots,s,$$

则有 $\boldsymbol{\alpha}_i=a_{i1}\sum\limits_{k=1}^{t}b_{1k}\boldsymbol{\gamma}_k+a_{i2}\sum\limits_{k=1}^{t}b_{2k}\boldsymbol{\gamma}_k+\cdots+a_{is}\sum\limits_{k=1}^{t}b_{sk}\boldsymbol{\gamma}_k=\sum\limits_{j=1}^{s}a_{ij}\Big(\sum\limits_{k=1}^{t}b_{jk}\boldsymbol{\gamma}_k\Big)=\sum\limits_{k=1}^{t}\Big(\sum\limits_{j=1}^{s}a_{ij}b_{jk}\Big)\boldsymbol{\gamma}_k$.

由此易证向量组的等价性满足如下性质：

1. 反身性　向量组 A 与向量组 A 等价；

2. 对称性　若向量组 A 与向量组 B 等价，则向量组 B 与向量组 A 等价；

3. 传递性　若向量组 A 与向量组 B 等价且向量组 B 与向量组 C 等价，则向量组 A 与向量组 C 等价.

定理 3.3.1　如果所含向量个数多的向量组 $A:\boldsymbol{\alpha}_1,\boldsymbol{\alpha}_2,\cdots,\boldsymbol{\alpha}_m$ 能被所含向量个数少的向量组 $B:\boldsymbol{\beta}_1,\boldsymbol{\beta}_2,\cdots,\boldsymbol{\beta}_s$ 线性表示，则向量组 A 一定线性相关.

证　由已知条件知 $m>s$ 且有 $\boldsymbol{\alpha}_i=a_{i1}\boldsymbol{\beta}_1+a_{i2}\boldsymbol{\beta}_2+\cdots+a_{is}\boldsymbol{\beta}_s=\sum\limits_{j=1}^{s}a_{ij}\boldsymbol{\beta}_j$，其中 $i=1,2,\cdots,m$.设有一组数 $x_1,x_2,\cdots,x_m$，使得 $x_1\boldsymbol{\alpha}_1+x_2\boldsymbol{\alpha}_2+\cdots+x_m\boldsymbol{\alpha}_m=\boldsymbol{0}$，则有 $x_1\left(\sum\limits_{j=1}^{s}a_{1j}\boldsymbol{\beta}_j\right)+x_2\left(\sum\limits_{j=1}^{s}a_{2j}\boldsymbol{\beta}_j\right)+\cdots+x_m\left(\sum\limits_{j=1}^{s}a_{mj}\boldsymbol{\beta}_j\right)=\sum\limits_{i=1}^{m}x_i\left(\sum\limits_{j=1}^{s}a_{ij}\boldsymbol{\beta}_j\right)=\sum\limits_{j=1}^{s}\left(\sum\limits_{i=1}^{m}a_{ij}x_i\right)\boldsymbol{\beta}_j=\boldsymbol{0}$. 以下考虑齐次线性方程组：$\sum\limits_{i=1}^{m}a_{ij}x_i=0$，其中 $j=1,2,\cdots,s$，它有 m 个未知量、s 个方程且 $m>s$，因此它一定有非零解（参见 2.5.4 节）.由此证明了一定存在不全为零的一组数 $x_1,x_2,\cdots,x_m$，使得 $x_1\boldsymbol{\alpha}_1+x_2\boldsymbol{\alpha}_2+\cdots+x_m\boldsymbol{\alpha}_m=\boldsymbol{0}$，因此向量组 A 线性相关.证毕.

直接由定理 3.3.1 可得：

推论 1　对同维的两个向量组 $A:\boldsymbol{\alpha}_1,\boldsymbol{\alpha}_2,\cdots,\boldsymbol{\alpha}_m$ 与 $B:\boldsymbol{\beta}_1,\boldsymbol{\beta}_2,\cdots,\boldsymbol{\beta}_s$，若向量组 A 线性无关且能被向量组 B 线性表示，则一定有 $m\leqslant s$.

推论 2　若向量组 $A:\boldsymbol{\alpha}_1,\boldsymbol{\alpha}_2,\cdots,\boldsymbol{\alpha}_m$ 与 $B:\boldsymbol{\beta}_1,\boldsymbol{\beta}_2,\cdots,\boldsymbol{\beta}_s$ 都线性无关，且向量组 A 与 B 等价，则一定有 $m=s$.

证　由于向量组 $A:\boldsymbol{\alpha}_1,\boldsymbol{\alpha}_2,\cdots,\boldsymbol{\alpha}_m$ 与 $B:\boldsymbol{\beta}_1,\boldsymbol{\beta}_2,\cdots,\boldsymbol{\beta}_s$ 等价且它们都线性无关，所以向量组 A 可由向量组 B 线性表示，因此 $m\leqslant s$；又因向量组 B 可由向量组 A 线性表示，因此 $s\leqslant m$，因而 $m=s$.证毕.

$n+1$ 个 n 维向量总可由 n 维基本向量组 $E:\boldsymbol{\varepsilon}_1,\boldsymbol{\varepsilon}_2,\cdots,\boldsymbol{\varepsilon}_n$ 线性表示，因此有：

推论 3　$n+1$ 个 n 维向量一定线性相关.

3.3.2　向量组的极大线性无关组

定义 3.3.2　已知向量组 A 及其子向量组 B，若

（1）子向量组 B 是线性无关的；

（2）向量组 A 中任取一向量添进向量组 B 后所得的向量组都线性相关，则称 B 为 A 的**极大线性无关组**（maximal linearly independent subset）.

不妨设向量组 $A:\boldsymbol{\alpha}_1,\boldsymbol{\alpha}_2,\cdots,\boldsymbol{\alpha}_m$ 的一个极大线性无关组为 $B:\boldsymbol{\alpha}_1,\boldsymbol{\alpha}_2,\cdots,\boldsymbol{\alpha}_r\,(r<m)$，则由定义 3.3.2 知向量组 $\boldsymbol{\alpha}_1,\boldsymbol{\alpha}_2,\cdots,\boldsymbol{\alpha}_r,\boldsymbol{\alpha}_k\,(k=r+1,r+2,\cdots,m)$ 一定线性相关，再由定理 3.2.2 知 $\boldsymbol{\alpha}_k\,(k=r+1,r+2,\cdots,m)$ 可由向量组 B 线性表示，因此证明：**向量组 A 中的每一个向量可由 A 的极大线性无关组线性表示.**

n 维基本向量组 $E:\boldsymbol{\varepsilon}_1,\boldsymbol{\varepsilon}_2,\cdots,\boldsymbol{\varepsilon}_n$ 作为全体 n 维实向量组 $\mathbf{R}^n$ 的线性无关的子向量组，它是

$\mathbf{R}^n$的一个极大线性无关组,这是因为$\mathbf{R}^n$中任意一个向量都可以由$E:\boldsymbol{\varepsilon}_1,\boldsymbol{\varepsilon}_2,\cdots,\boldsymbol{\varepsilon}_n$线性表示.值得注意的是,向量组的极大线性无关组一般来说并不唯一,看下例即知.

例 1 设向量组$\boldsymbol{\alpha}_1=\begin{pmatrix}2\\-1\\2\\3\end{pmatrix},\boldsymbol{\alpha}_2=\begin{pmatrix}3\\1\\-2\\0\end{pmatrix},\boldsymbol{\alpha}_3=\begin{pmatrix}1\\-3\\6\\6\end{pmatrix}$,求它的极大线性无关组.

解 由$\boldsymbol{\alpha}_3=2\boldsymbol{\alpha}_1-\boldsymbol{\alpha}_2$知$\boldsymbol{\alpha}_2=2\boldsymbol{\alpha}_1-\boldsymbol{\alpha}_3,\boldsymbol{\alpha}_1=\frac{1}{2}\boldsymbol{\alpha}_2+\frac{1}{2}\boldsymbol{\alpha}_3$.由于$\boldsymbol{\alpha}_1$与$\boldsymbol{\alpha}_2$的分量不对应成比例,所以$\boldsymbol{\alpha}_1,\boldsymbol{\alpha}_2$线性无关,同理可知$\boldsymbol{\alpha}_1,\boldsymbol{\alpha}_3$线性无关,且$\boldsymbol{\alpha}_2,\boldsymbol{\alpha}_3$线性无关.因此$\boldsymbol{\alpha}_1,\boldsymbol{\alpha}_2$是该向量组的极大线性无关组,且$\boldsymbol{\alpha}_1,\boldsymbol{\alpha}_3$与$\boldsymbol{\alpha}_2,\boldsymbol{\alpha}_3$是它的另外两个极大线性无关组.

尽管向量组的极大线性无关组不一定唯一,但例 1 的三个极大线性无关组中向量的个数都是 2,这并非偶然,一般有如下结论:

定理 3.3.2 (1)向量组与它的任意一个极大线性无关组等价.向量组中任意两个极大线性无关组等价;

(2)向量组中任意两个极大线性无关组所包含向量的个数相同.

证 (1)设向量组$A:\boldsymbol{\alpha}_1,\boldsymbol{\alpha}_2,\cdots,\boldsymbol{\alpha}_m$,因为向量组$A$可被它的极大线性无关组线性表示,又显然极大线性无关组可被向量组A本身线性表示,所以向量组A与它的极大线性无关组等价.由向量组等价的传递性得:向量组A中任意两个极大线性无关组等价.

(2)由(1)的证明及定理 3.3.1 的推论 2 知:向量组A中任意两个极大线性无关组所包含向量的个数相同.证毕.

3.3.3 向量组的秩

由定理 3.3.2 知向量组中极大线性无关组所包含向量的个数是一个不变量,这个不变量直接反映向量组自身的特征,这就出现了向量组秩的概念.

定义 3.3.3 向量组A的极大线性无关组中所包含向量的个数称为**向量组A的秩**(rank),记作$\operatorname{rank}(A)$,简记为$r(A)$.

只含零向量的向量组没有极大线性无关组,因此规定其秩为零.

本节例 1 中向量组$\boldsymbol{\alpha}_1,\boldsymbol{\alpha}_2,\boldsymbol{\alpha}_3$的秩为 2,全体$n$维实向量组$\mathbf{R}^n$的秩为$n$.

定理 3.3.3 若向量组A可以由向量组B线性表示,则$r(A)\leqslant r(B)$.

证 不妨设$\boldsymbol{\alpha}_1,\boldsymbol{\alpha}_2,\cdots,\boldsymbol{\alpha}_s$与$\boldsymbol{\beta}_1,\boldsymbol{\beta}_2,\cdots,\boldsymbol{\beta}_t$分别是向量组$A$与向量组$B$的极大线性无关组,则$r(A)=s,r(B)=t$.向量组$A$与$\boldsymbol{\alpha}_1,\boldsymbol{\alpha}_2,\cdots,\boldsymbol{\alpha}_s$等价,且向量组$B$与$\boldsymbol{\beta}_1,\boldsymbol{\beta}_2,\cdots,\boldsymbol{\beta}_t$等价,又因向量组$A$可由向量组$B$线性表示,故$\boldsymbol{\alpha}_1,\boldsymbol{\alpha}_2,\cdots,\boldsymbol{\alpha}_s$可由$\boldsymbol{\beta}_1,\boldsymbol{\beta}_2,\cdots,\boldsymbol{\beta}_t$线性表示.然后由定理 3.3.1 的推论 1 知$s=r(A)\leqslant t=r(B)$.证毕.

推论 若向量组A与向量组B等价,则$r(A)=r(B)$.

值得注意的是,推论反过来的结论未必成立,即秩相同的两个同维向量组不一定等价.如取向量组$A:\boldsymbol{\alpha}_1=\begin{pmatrix}1\\0\\0\end{pmatrix},\boldsymbol{\alpha}_2=\begin{pmatrix}0\\1\\0\end{pmatrix}$与$B:\boldsymbol{\beta}_1=\begin{pmatrix}0\\0\\1\end{pmatrix},\boldsymbol{\beta}_2=\begin{pmatrix}0\\1\\0\end{pmatrix}$,显然$r(A)=r(B)=2$,但向量组$A$

与 B 并不等价.

例 2　如果 $\boldsymbol{\alpha}_1+\boldsymbol{\alpha}_2,\boldsymbol{\alpha}_2+\boldsymbol{\alpha}_3,\boldsymbol{\alpha}_3+\boldsymbol{\alpha}_1$ 线性无关,证明 $\boldsymbol{\alpha}_1,\boldsymbol{\alpha}_2,\boldsymbol{\alpha}_3$ 线性无关.

证　设 $\boldsymbol{\beta}_1=\boldsymbol{\alpha}_1+\boldsymbol{\alpha}_2,\boldsymbol{\beta}_2=\boldsymbol{\alpha}_2+\boldsymbol{\alpha}_3,\boldsymbol{\beta}_3=\boldsymbol{\alpha}_3+\boldsymbol{\alpha}_1$,则 $\boldsymbol{\beta}_1,\boldsymbol{\beta}_2,\boldsymbol{\beta}_3$ 可由 $\boldsymbol{\alpha}_1,\boldsymbol{\alpha}_2,\boldsymbol{\alpha}_3$ 线性表示. 由上式求得 $\boldsymbol{\alpha}_1=\frac{1}{2}(\boldsymbol{\beta}_1-\boldsymbol{\beta}_2+\boldsymbol{\beta}_3),\boldsymbol{\alpha}_2=\frac{1}{2}(\boldsymbol{\beta}_1+\boldsymbol{\beta}_2-\boldsymbol{\beta}_3),\boldsymbol{\alpha}_3=\frac{1}{2}(-\boldsymbol{\beta}_1+\boldsymbol{\beta}_2+\boldsymbol{\beta}_3)$,即 $\boldsymbol{\alpha}_1,\boldsymbol{\alpha}_2,\boldsymbol{\alpha}_3$ 可由 $\boldsymbol{\beta}_1,\boldsymbol{\beta}_2,\boldsymbol{\beta}_3$ 线性表示,因此 $\boldsymbol{\alpha}_1,\boldsymbol{\alpha}_2,\boldsymbol{\alpha}_3$ 与 $\boldsymbol{\beta}_1,\boldsymbol{\beta}_2,\boldsymbol{\beta}_3$ 等价且秩相等. 因 $\boldsymbol{\beta}_1,\boldsymbol{\beta}_2,\boldsymbol{\beta}_3$ 线性无关,$r(\boldsymbol{\alpha}_1,\boldsymbol{\alpha}_2,\boldsymbol{\alpha}_3)=r(\boldsymbol{\beta}_1,\boldsymbol{\beta}_2,\boldsymbol{\beta}_3)=3$,故 $\boldsymbol{\alpha}_1,\boldsymbol{\alpha}_2,\boldsymbol{\alpha}_3$ 线性无关. 证毕.

习　题　3.3

1. 求向量组 $\boldsymbol{\alpha}_1=\begin{pmatrix}0\\1\\1\end{pmatrix},\boldsymbol{\alpha}_2=\begin{pmatrix}1\\0\\1\end{pmatrix},\boldsymbol{\alpha}_3=\begin{pmatrix}2\\1\\0\end{pmatrix},\boldsymbol{\alpha}_4=\begin{pmatrix}1\\1\\1\end{pmatrix}$ 的秩和一个极大线性无关组.

2. 已知向量组 $\boldsymbol{\alpha}_1=\begin{pmatrix}1\\2\\0\end{pmatrix},\boldsymbol{\alpha}_2=\begin{pmatrix}2\\3\\1\end{pmatrix},\boldsymbol{\alpha}_3=\begin{pmatrix}a\\3\\1\end{pmatrix},\boldsymbol{\alpha}_4=\begin{pmatrix}2\\b\\3\end{pmatrix}$ 的秩为 2,求 a,b.

3. 已知 $\boldsymbol{\beta}_1=\boldsymbol{\alpha}_1,\boldsymbol{\beta}_2=\boldsymbol{\alpha}_1+\boldsymbol{\alpha}_2,\cdots,\boldsymbol{\beta}_m=\boldsymbol{\alpha}_1+\boldsymbol{\alpha}_2+\cdots+\boldsymbol{\alpha}_m$,证明向量组 $\boldsymbol{\alpha}_1,\boldsymbol{\alpha}_2,\cdots,\boldsymbol{\alpha}_m$ 与向量组 $\boldsymbol{\beta}_1,\boldsymbol{\beta}_2,\cdots,\boldsymbol{\beta}_m$ 有相同的秩.

4. 证明:对 n 维向量组 $A:\boldsymbol{\alpha}_1,\boldsymbol{\alpha}_2,\cdots,\boldsymbol{\alpha}_m$ 及其子向量组 $B:\boldsymbol{\alpha}_1,\boldsymbol{\alpha}_2,\cdots,\boldsymbol{\alpha}_s(s<m)$,若 $r(A)=r(B)$,则向量组 A 与向量组 B 等价.

5. 设向量组 $A:\boldsymbol{\alpha}_1,\boldsymbol{\alpha}_2,\cdots,\boldsymbol{\alpha}_m$ 与向量组 $B:\boldsymbol{\beta}_1,\boldsymbol{\beta}_2,\cdots,\boldsymbol{\beta}_s$ 合并得向量组 $C:\boldsymbol{\alpha}_1,\boldsymbol{\alpha}_2,\cdots,\boldsymbol{\alpha}_m,\boldsymbol{\beta}_1,\boldsymbol{\beta}_2,\cdots,\boldsymbol{\beta}_s$,秩分别为 $r(A)=r_1,r(B)=r_2,r(C)=r_3$,证明

$$\max\{r_1,r_2\}\leqslant r_3\leqslant r_1+r_2.$$

6. 设向量组 $\boldsymbol{\alpha}_1=\begin{pmatrix}1\\0\\0\end{pmatrix},\boldsymbol{\alpha}_2=\begin{pmatrix}2\\1\\0\end{pmatrix},\boldsymbol{\alpha}_3=\begin{pmatrix}3\\-2\\1\end{pmatrix}$ 不能由向量组 $\boldsymbol{\beta}_1=\begin{pmatrix}1\\1\\1\end{pmatrix},\boldsymbol{\beta}_2=\begin{pmatrix}1\\2\\3\end{pmatrix},\boldsymbol{\beta}_3=\begin{pmatrix}3\\4\\a\end{pmatrix}$ 线性表示,求 a 的值.

§3.4　矩阵的秩

本节由向量组的秩引入矩阵的秩的概念,并由此得向量组秩的简单计算.

3.4.1　矩阵的秩

对于 $m\times n$ 矩阵 $\boldsymbol{A}=\begin{pmatrix} a_{11} & a_{12} & \cdots & a_{1n} \\ a_{21} & a_{22} & \cdots & a_{2n} \\ \vdots & \vdots & & \vdots \\ a_{m1} & a_{m2} & \cdots & a_{mn} \end{pmatrix}$，它的每一行（每一列）都可以看成一个 n 维行向量（m 维列向量），因而一般称 m 个 n 维行向量

$$\boldsymbol{\alpha}_1^{\mathrm{T}}=(a_{11},a_{12},\cdots,a_{1n}),\boldsymbol{\alpha}_2^{\mathrm{T}}=(a_{21},a_{22},\cdots,a_{2n}),\cdots,\boldsymbol{\alpha}_m^{\mathrm{T}}=(a_{m1},a_{m2},\cdots,a_{mn})$$

为矩阵 $\boldsymbol{A}$ 的行向量组；同理称 n 个 m 维列向量为矩阵 $\boldsymbol{A}$ 的列向量组.

定义 3.4.1　称矩阵 $\boldsymbol{A}$ 的行向量组（列向量组）的秩为矩阵 $\boldsymbol{A}$ 的行秩（列秩）.

例 1　求矩阵 $\boldsymbol{A}=\begin{pmatrix} 0 & 1 & 2 & 4 & 0 & -1 & 0 \\ 0 & 0 & 0 & 0 & 1 & 6 & 0 \\ 0 & 0 & 0 & 0 & 0 & 0 & 1 \\ 0 & 0 & 0 & 0 & 0 & 0 & 0 \end{pmatrix}$ 的行秩与列秩.

解　矩阵 $\boldsymbol{A}$ 的列向量组为 $\boldsymbol{\beta}_1=\begin{pmatrix}0\\0\\0\\0\end{pmatrix},\boldsymbol{\beta}_2=\begin{pmatrix}1\\0\\0\\0\end{pmatrix},\boldsymbol{\beta}_3=\begin{pmatrix}2\\0\\0\\0\end{pmatrix},\boldsymbol{\beta}_4=\begin{pmatrix}4\\0\\0\\0\end{pmatrix},\boldsymbol{\beta}_5=\begin{pmatrix}0\\1\\0\\0\end{pmatrix},\boldsymbol{\beta}_6=\begin{pmatrix}-1\\6\\0\\0\end{pmatrix}$，$\boldsymbol{\beta}_7=\begin{pmatrix}0\\0\\1\\0\end{pmatrix}$；显然 $\boldsymbol{\beta}_2,\boldsymbol{\beta}_5,\boldsymbol{\beta}_7$ 是线性无关的，且 $\boldsymbol{\beta}_3=2\boldsymbol{\beta}_2,\boldsymbol{\beta}_4=4\boldsymbol{\beta}_2,\boldsymbol{\beta}_6=-\boldsymbol{\beta}_2+6\boldsymbol{\beta}_5$，因此 $\boldsymbol{\beta}_2,\boldsymbol{\beta}_5,\boldsymbol{\beta}_7$ 是列向量组的极大线性无关组，因而 $\boldsymbol{A}$ 的列秩为 3. $\boldsymbol{A}$ 的行向量组 $\boldsymbol{\alpha}_1^{\mathrm{T}}=(0,1,2,4,0,-1,0),\boldsymbol{\alpha}_2^{\mathrm{T}}=(0,0,0,0,1,6,0),\boldsymbol{\alpha}_3^{\mathrm{T}}=(0,0,0,0,0,0,1),\boldsymbol{\alpha}_4^{\mathrm{T}}=(0,0,0,0,0,0,0)$. 如果

$$k_1\boldsymbol{\alpha}_1^{\mathrm{T}}+k_2\boldsymbol{\alpha}_2^{\mathrm{T}}+k_3\boldsymbol{\alpha}_3^{\mathrm{T}}=(0,k_1,2k_1,4k_1,k_2,-k_1+6k_2,k_3)=(0,0,0,0,0,0,0),$$

则 $k_1=k_2=k_3=0$，因此 $\boldsymbol{\alpha}_1^{\mathrm{T}},\boldsymbol{\alpha}_2^{\mathrm{T}},\boldsymbol{\alpha}_3^{\mathrm{T}}$ 是线性无关的且为 $\boldsymbol{A}$ 的行向量组的极大线性无关组，因而 $\boldsymbol{A}$ 的行秩为 3.

定理 3.4.1　对 $m\times n$ 矩阵 $\boldsymbol{A}$ 作有限次初等行变换将其变为矩阵 $\boldsymbol{B}$，则

(1) $\boldsymbol{A}$ 的行秩等于 $\boldsymbol{B}$ 的行秩；

(2) $\boldsymbol{A}$ 的任意列子向量组和它相对应的 $\boldsymbol{B}$ 的列子向量组都有相同的线性关系，即若

$$\boldsymbol{A}=(\boldsymbol{\alpha}_1,\boldsymbol{\alpha}_2,\cdots,\boldsymbol{\alpha}_n)\xrightarrow{\text{初等行变换}}\boldsymbol{B}=(\boldsymbol{\beta}_1,\boldsymbol{\beta}_2,\cdots,\boldsymbol{\beta}_n),$$

则对任意 $1\leqslant i_1<i_2<\cdots<i_k\leqslant n$，向量组 $\boldsymbol{\alpha}_{i_1},\boldsymbol{\alpha}_{i_2},\cdots,\boldsymbol{\alpha}_{i_k}$ 与向量组 $\boldsymbol{\beta}_{i_1},\boldsymbol{\beta}_{i_2},\cdots,\boldsymbol{\beta}_{i_k}$ 都有相同的线性关系. 进而有：$\boldsymbol{A}$ 的列秩等于 $\boldsymbol{B}$ 的列秩.

证 (1) 设 $\boldsymbol{A}=\begin{pmatrix}\boldsymbol{\xi}_1^{\mathrm{T}}\\ \boldsymbol{\xi}_2^{\mathrm{T}}\\ \vdots\\ \boldsymbol{\xi}_m^{\mathrm{T}}\end{pmatrix}\xrightarrow{1\text{ 次初等行变换}}\boldsymbol{B}=\begin{pmatrix}\boldsymbol{\eta}_1^{\mathrm{T}}\\ \boldsymbol{\eta}_2^{\mathrm{T}}\\ \vdots\\ \boldsymbol{\eta}_m^{\mathrm{T}}\end{pmatrix}$,其中 $\boldsymbol{\xi}_i^{\mathrm{T}},\boldsymbol{\eta}_i^{\mathrm{T}}(i=1,2,\cdots,m)$ 分别表示矩阵 $\boldsymbol{A}$ 和 $\boldsymbol{B}$ 的 n 维行向量.其一,若对换 $\boldsymbol{A}$ 中的某两行,则只对向量组 $\boldsymbol{\xi}_1^{\mathrm{T}},\boldsymbol{\xi}_2^{\mathrm{T}},\cdots,\boldsymbol{\xi}_m^{\mathrm{T}}$ 改变其中两个向量的次序而得向量组 $\boldsymbol{\eta}_1^{\mathrm{T}},\boldsymbol{\eta}_2^{\mathrm{T}},\cdots,\boldsymbol{\eta}_m^{\mathrm{T}}$,因此 $\boldsymbol{A}$ 的行秩等于 $\boldsymbol{B}$ 的行秩;其二,如果是将 $\boldsymbol{A}$ 中第 i 行乘非零数 k,则 $k\boldsymbol{\xi}_i^{\mathrm{T}}=\boldsymbol{\eta}_i^{\mathrm{T}}\left(\text{或 }\boldsymbol{\xi}_i^{\mathrm{T}}=\dfrac{1}{k}\boldsymbol{\eta}_i^{\mathrm{T}}\right)$,且当 $j=1,2,\cdots,i-1,i+1,\cdots,m$ 时,$\boldsymbol{\xi}_j^{\mathrm{T}}=\boldsymbol{\eta}_j^{\mathrm{T}}$,因此向量组 $\boldsymbol{\xi}_1^{\mathrm{T}},\boldsymbol{\xi}_2^{\mathrm{T}},\cdots,\boldsymbol{\xi}_m^{\mathrm{T}}$ 与 $\boldsymbol{\eta}_1^{\mathrm{T}},\boldsymbol{\eta}_2^{\mathrm{T}},\cdots,\boldsymbol{\eta}_m^{\mathrm{T}}$ 等价,故 $\boldsymbol{A}$ 的行秩等于 $\boldsymbol{B}$ 的行秩;其三,如果 $\boldsymbol{A}$ 中第 j 行乘数 k 加到第 $i(i\neq j)$ 行上,则 $\boldsymbol{\xi}_i^{\mathrm{T}}+k\boldsymbol{\xi}_j^{\mathrm{T}}=\boldsymbol{\eta}_i^{\mathrm{T}}$(或 $\boldsymbol{\xi}_i^{\mathrm{T}}=\boldsymbol{\eta}_i^{\mathrm{T}}-k\boldsymbol{\xi}_j^{\mathrm{T}}$),且当 $s=1,2,\cdots,i-1,i+1,\cdots,m$ 时 $\boldsymbol{\xi}_s^{\mathrm{T}}=\boldsymbol{\eta}_s^{\mathrm{T}}$,因此 $\boldsymbol{\xi}_1^{\mathrm{T}},\boldsymbol{\xi}_2^{\mathrm{T}},\cdots,\boldsymbol{\xi}_m^{\mathrm{T}}$ 与 $\boldsymbol{\eta}_1^{\mathrm{T}},\boldsymbol{\eta}_2^{\mathrm{T}},\cdots,\boldsymbol{\eta}_m^{\mathrm{T}}$ 等价,故 $\boldsymbol{A}$ 的行秩等于 $\boldsymbol{B}$ 的行秩.因为初等行变换只有以上三种形式,所以对矩阵 $\boldsymbol{A}$ 实施有限次初等行变换之后,其行秩不变.

(2) 若通过 t 次初等行变换使 $\boldsymbol{A}=(\boldsymbol{\alpha}_1,\boldsymbol{\alpha}_2,\cdots,\boldsymbol{\alpha}_n)\rightarrow\boldsymbol{B}=(\boldsymbol{\beta}_1,\boldsymbol{\beta}_2,\cdots,\boldsymbol{\beta}_n)$,则等价于用 t 个初等矩阵 $\boldsymbol{P}_1,\boldsymbol{P}_2,\cdots,\boldsymbol{P}_t$ 依次左乘 $\boldsymbol{A}$ 后使它等于 $\boldsymbol{B}$,记 $\boldsymbol{P}=\boldsymbol{P}_t\boldsymbol{P}_{t-1}\cdots\boldsymbol{P}_1$($\boldsymbol{P}$ 是可逆的),则有 $\boldsymbol{PA}=\boldsymbol{B}$,即

$$\boldsymbol{P}(\boldsymbol{\alpha}_1,\boldsymbol{\alpha}_2,\cdots,\boldsymbol{\alpha}_n)=(\boldsymbol{P\alpha}_1,\boldsymbol{P\alpha}_2,\cdots,\boldsymbol{P\alpha}_n)=(\boldsymbol{\beta}_1,\boldsymbol{\beta}_2,\cdots,\boldsymbol{\beta}_n),$$

因此,对 $j=1,2,\cdots,n$,$\boldsymbol{P\alpha}_j=\boldsymbol{\beta}_j$ 且 $\boldsymbol{\alpha}_j=\boldsymbol{P}^{-1}\boldsymbol{\beta}_j$.

对任意 $1\leqslant i_1<i_2<\cdots<i_k\leqslant n$,考虑向量组 $\boldsymbol{\alpha}_{i_1},\boldsymbol{\alpha}_{i_2},\cdots,\boldsymbol{\alpha}_{i_k}$ 的线性关系:

$$x_{i_1}\boldsymbol{\alpha}_{i_1}+x_{i_2}\boldsymbol{\alpha}_{i_2}+\cdots+x_{i_k}\boldsymbol{\alpha}_{i_k}=\boldsymbol{0},\tag{3.3}$$

因此

$$\boldsymbol{P}(x_{i_1}\boldsymbol{\alpha}_{i_1}+x_{i_2}\boldsymbol{\alpha}_{i_2}+\cdots+x_{i_k}\boldsymbol{\alpha}_{i_k})=x_{i_1}(\boldsymbol{P\alpha}_{i_1})+x_{i_2}(\boldsymbol{P\alpha}_{i_2})+\cdots+x_{i_k}(\boldsymbol{P\alpha}_{i_k})=\boldsymbol{0},$$

由此可得

$$x_{i_1}\boldsymbol{\beta}_{i_1}+x_{i_2}\boldsymbol{\beta}_{i_2}+\cdots+x_{i_k}\boldsymbol{\beta}_{i_k}=\boldsymbol{0},\tag{3.4}$$

又因 $\boldsymbol{P}$ 是可逆的,在方程(3.4)两边左乘 $\boldsymbol{P}^{-1}$ 即可得方程(3.3),因此含 k 个未知量 m 个方程的齐次线性方程组(3.3)与(3.4)同解,所以向量组 $\boldsymbol{\alpha}_{i_1},\boldsymbol{\alpha}_{i_2},\cdots,\boldsymbol{\alpha}_{i_k}$ 与向量组 $\boldsymbol{\beta}_{i_1},\boldsymbol{\beta}_{i_2},\cdots,\boldsymbol{\beta}_{i_k}$ 有相同的线性关系.由此易知,$\boldsymbol{A}$ 的列向量组的极大线性无关组对应于 $\boldsymbol{B}$ 中相应的那些列向量,也构成 $\boldsymbol{B}$ 的列向量组的极大线性无关组,因此,$\boldsymbol{A}$ 的列秩等于 $\boldsymbol{B}$ 的列秩.证毕.

由定理 3.4.1 可得一种求向量组线性关系的重要计算方法,如求向量组的秩、极大线性无关组及把其余向量表示为极大线性无关组的线性组合等,具体步骤如下:以向量组的向量为列作矩阵 $\boldsymbol{A}$,通过初等行变换将其先化为行阶梯形矩阵,然后再化为行最简形矩阵.计算结果表明:向量组的秩等于行阶梯形矩阵的非零行的行数;**行阶梯形矩阵(或行最简形矩阵)中每行首个非零元所在列对应的原矩阵 $\boldsymbol{A}$ 的相应列向量就构成它的一个极大线性无关组;**用行最简形矩阵直接写出其余向量表示为所求极大线性无关组的线性组合.注意:对行向量组,可以先转置变为列向量组后用上述方法,或者以向量组的向量为行写出矩阵,仅用初等列变换化为列阶梯形矩阵(列最简形矩阵)去计算.

重难点分析
初等变换法
小结

例 2 求向量组 $\boldsymbol{\alpha}_1=\begin{pmatrix}1\\2\\3\\-1\end{pmatrix},\boldsymbol{\alpha}_2=\begin{pmatrix}2\\2\\2\\-1\end{pmatrix},\boldsymbol{\alpha}_3=\begin{pmatrix}3\\2\\1\\-1\end{pmatrix},\boldsymbol{\alpha}_4=\begin{pmatrix}2\\3\\1\\1\end{pmatrix},\boldsymbol{\alpha}_5=\begin{pmatrix}5\\5\\2\\0\end{pmatrix}$ 的秩和它的一个极大线性无关组，并把其余向量表示为所求极大线性无关组的线性组合.

解

$$\boldsymbol{A}=\begin{pmatrix}1&2&3&2&5\\2&2&2&3&5\\3&2&1&1&2\\-1&-1&-1&1&0\end{pmatrix}\xrightarrow[r_4+r_1]{\substack{r_2-2r_1\\r_3-3r_1}}\begin{pmatrix}1&2&3&2&5\\0&-2&-4&-1&-5\\0&-4&-8&-5&-13\\0&1&2&3&5\end{pmatrix}$$

$$\xrightarrow[r_4+2r_2]{\substack{r_2\leftrightarrow r_4\\r_3+4r_2}}\begin{pmatrix}1&2&3&2&5\\0&1&2&3&5\\0&0&0&7&7\\0&0&0&5&5\end{pmatrix}\xrightarrow[r_4-5r_3]{\frac{1}{7}r_3}\begin{pmatrix}1&2&3&2&5\\0&1&2&3&5\\0&0&0&1&1\\0&0&0&0&0\end{pmatrix}$$

$$\xrightarrow[r_1-2r_3]{r_2-3r_3}\begin{pmatrix}1&2&3&0&3\\0&1&2&0&2\\0&0&0&1&1\\0&0&0&0&0\end{pmatrix}\xrightarrow{r_1-2r_2}\begin{pmatrix}1&0&-1&0&-1\\0&1&2&0&2\\0&0&0&1&1\\0&0&0&0&0\end{pmatrix},$$

因此得列向量组：$\boldsymbol{\beta}_1=\begin{pmatrix}1\\0\\0\\0\end{pmatrix},\boldsymbol{\beta}_2=\begin{pmatrix}0\\1\\0\\0\end{pmatrix},\boldsymbol{\beta}_3=\begin{pmatrix}-1\\2\\0\\0\end{pmatrix},\boldsymbol{\beta}_4=\begin{pmatrix}0\\0\\1\\0\end{pmatrix},\boldsymbol{\beta}_5=\begin{pmatrix}-1\\2\\1\\0\end{pmatrix}$，显然 $\boldsymbol{\beta}_1,\boldsymbol{\beta}_2,\boldsymbol{\beta}_4$ 是此向量组的极大线性无关组，且 $\boldsymbol{\beta}_3=-\boldsymbol{\beta}_1+2\boldsymbol{\beta}_2,\boldsymbol{\beta}_5=-\boldsymbol{\beta}_1+2\boldsymbol{\beta}_2+\boldsymbol{\beta}_4$.因此，根据定理 3.4.1 易知：向量组 $\boldsymbol{\alpha}_1,\boldsymbol{\alpha}_2,\boldsymbol{\alpha}_3,\boldsymbol{\alpha}_4,\boldsymbol{\alpha}_5$ 的极大线性无关组为 $\boldsymbol{\alpha}_1,\boldsymbol{\alpha}_2,\boldsymbol{\alpha}_4$，故该向量组的秩为 3，且 $\boldsymbol{\alpha}_3=-\boldsymbol{\alpha}_1+2\boldsymbol{\alpha}_2$，$\boldsymbol{\alpha}_5=-\boldsymbol{\alpha}_1+2\boldsymbol{\alpha}_2+\boldsymbol{\alpha}_4$.

前边例 1 中矩阵的行秩等于它的列秩并非偶然.由定理 3.4.1，初等行变换既不改变矩阵的行秩，也不改变矩阵的列秩，同理初等列变换不改变矩阵的行秩与列秩.由定理 2.5.1 又知，对任意 $m\times n$ 矩阵 $\boldsymbol{A}$，通过有限次初等变换后，总可以化为标准形 $\begin{pmatrix}\boldsymbol{E}_r&\boldsymbol{O}_{r\times(n-r)}\\\boldsymbol{O}_{(m-r)\times r}&\boldsymbol{O}_{(m-r)\times(n-r)}\end{pmatrix}$，而标准形矩阵的行秩显然等于它的列秩，因此可得如下重要结论：

定理 3.4.2 矩阵的行秩等于它的列秩.

从而有如下定义：

定义 3.4.2 $m\times n$ 矩阵 $\boldsymbol{A}$ 的行秩(或 $\boldsymbol{A}$ 的列秩)称为矩阵 $\boldsymbol{A}$ 的秩，记作 $r(\boldsymbol{A})$.

若 n 阶方阵 $\boldsymbol{A}$ 的秩为 n，则称方阵 $\boldsymbol{A}$ 满秩.

定理 3.4.3 n 阶方阵 $\boldsymbol{A}$ 满秩的充要条件是它的行列式 $|\boldsymbol{A}|\neq 0$.

证 $\boldsymbol{A}$ 满秩，即 $\boldsymbol{A}$ 的秩为 $n\Leftrightarrow\boldsymbol{A}$ 可通过有限次初等变换化为 $\boldsymbol{E}_n\overset{\text{定理2.5.2}}{\Longleftrightarrow}$ 方阵 $\boldsymbol{A}$ 可逆 $\Leftrightarrow$ 行列式 $|\boldsymbol{A}|\neq 0$.证毕.

3.4.2　矩阵秩的性质

定义 3.4.3　矩阵 $\boldsymbol{A}=\begin{pmatrix} a_{11} & a_{12} & \cdots & a_{1n} \\ a_{21} & a_{22} & \cdots & a_{2n} \\ \vdots & \vdots & & \vdots \\ a_{m1} & a_{m2} & \cdots & a_{mn} \end{pmatrix}$ 的任意 k 行（$1\leqslant i_1<i_2<\cdots<i_k\leqslant l$，其中 $l=\min\{m,n\}$）与任意 k 列（$1\leqslant j_1<j_2<\cdots<j_k\leqslant l$）位于交叉点上的 k^2 个元素按照原来的次序所构成的一个 k 阶行列式 $\begin{vmatrix} a_{i_1j_1} & a_{i_1j_2} & \cdots & a_{i_1j_k} \\ a_{i_2j_1} & a_{i_2j_2} & \cdots & a_{i_2j_k} \\ \vdots & \vdots & & \vdots \\ a_{i_kj_1} & a_{i_kj_2} & \cdots & a_{i_kj_k} \end{vmatrix}$ 称为矩阵 $\boldsymbol{A}$ 的 k 阶子行列式，简称矩阵 $\boldsymbol{A}$ 的 k 阶子式.特别地，当 $i_1=j_1,i_2=j_2,\cdots,i_k=j_k$ 时，又称为矩阵 $\boldsymbol{A}$ 的 k 阶主子式.

矩阵的秩也可用它的非零子式刻画如下：

定理 3.4.4　$m\times n$ 矩阵 $\boldsymbol{A}$ 的秩等于矩阵 $\boldsymbol{A}$ 的所有非零子式的最高阶数.

证　设 $r(\boldsymbol{A})=r,l=\min\{m,n\}$，则矩阵 $\boldsymbol{A}$ 的行秩是 r 且存在矩阵 $\boldsymbol{A}$ 的 r 行（$1\leqslant i_1<i_2<\cdots<i_r\leqslant l$）向量作为 $\boldsymbol{A}$ 的行向量组的极大线性无关组，其构成一矩阵 $\boldsymbol{A}_1=\begin{pmatrix} a_{i_11} & a_{i_12} & \cdots & a_{i_1n} \\ a_{i_21} & a_{i_22} & \cdots & a_{i_2n} \\ \vdots & \vdots & & \vdots \\ a_{i_r1} & a_{i_r2} & \cdots & a_{i_rn} \end{pmatrix}$.又因 $\boldsymbol{A}_1$ 的列秩也是 r，因此存在矩阵 $\boldsymbol{A}_1$ 的 r 列（$1\leqslant j_1<j_2<\cdots<j_r\leqslant l$）向量作为 $\boldsymbol{A}_1$ 的列向量组的极大线性无关组，从而得一个 r 阶满秩矩阵 $\boldsymbol{A}_2=\begin{pmatrix} a_{i_1j_1} & a_{i_1j_2} & \cdots & a_{i_1j_r} \\ a_{i_2j_1} & a_{i_2j_2} & \cdots & a_{i_2j_r} \\ \vdots & \vdots & & \vdots \\ a_{i_rj_1} & a_{i_rj_2} & \cdots & a_{i_rj_r} \end{pmatrix}$，由定理 3.4.3 知：$\boldsymbol{A}$ 的 r 阶子式 $|\boldsymbol{A}_2|\neq 0$.又因 $\boldsymbol{A}$ 的任意 $r+1,r+2,\cdots,m$ 个行向量必线性相关，所以 $\boldsymbol{A}$ 的所有阶数大于 r 的子式全为零.证毕.

关于矩阵的秩，还有如下几个常用性质：

性质 3.4.1　对任意矩阵 $\boldsymbol{A}_{m\times n},\boldsymbol{B}_{m\times n},\boldsymbol{C}_{n\times s}$，有

（1）两个矩阵和的秩不超过两个矩阵秩的和，即 $r(\boldsymbol{A}+\boldsymbol{B})\leqslant r(\boldsymbol{A})+r(\boldsymbol{B})$；

（2）两个矩阵积的秩不超过左乘矩阵的秩，也不超过右乘矩阵的秩，即 $r(\boldsymbol{AC})\leqslant \min\{r(\boldsymbol{A}),r(\boldsymbol{C})\}$；

（3）矩阵左乘或右乘可逆方阵，其秩不变，即若 $\boldsymbol{P},\boldsymbol{Q}$ 分别是 m 阶、n 阶可逆方阵，则 $r(\boldsymbol{A}_{m\times n})=r(\boldsymbol{PA}_{m\times n})=r(\boldsymbol{A}_{m\times n}\boldsymbol{Q})=r(\boldsymbol{PA}_{m\times n}\boldsymbol{Q})$.

证　（1）设 $\boldsymbol{A},\boldsymbol{B}$ 都是 $m\times n$ 矩阵，且向量组 $\boldsymbol{\alpha}_1,\boldsymbol{\alpha}_2,\cdots,\boldsymbol{\alpha}_t$ 与 $\boldsymbol{\beta}_1,\boldsymbol{\beta}_2,\cdots,\boldsymbol{\beta}_s$ 分别是矩阵 $\boldsymbol{A}$ 与 $\boldsymbol{B}$ 的列向量组的极大线性无关组，则 $r(\boldsymbol{A})=t$，$r(\boldsymbol{B})=s$，且 $\boldsymbol{A}+\boldsymbol{B}$ 的列向量可由向量

组 $\boldsymbol{\alpha}_1,\boldsymbol{\alpha}_2,\cdots,\boldsymbol{\alpha}_t,\boldsymbol{\beta}_1,\boldsymbol{\beta}_2,\cdots,\boldsymbol{\beta}_s$线性表示,因此由定理 3.3.3 可得

$$\begin{aligned} r(\boldsymbol{A}+\boldsymbol{B}) = \boldsymbol{A}+\boldsymbol{B}\text{ 的列向量组的秩} &\leqslant r(\boldsymbol{\alpha}_1,\boldsymbol{\alpha}_2,\cdots,\boldsymbol{\alpha}_t,\boldsymbol{\beta}_1,\boldsymbol{\beta}_2,\cdots,\boldsymbol{\beta}_s) \\ &\leqslant t+s=r(\boldsymbol{A})+r(\boldsymbol{B}). \end{aligned}$$

(2) 设矩阵 $\boldsymbol{A}=(a_{ij})_{m\times n}=(\boldsymbol{\alpha}_1,\boldsymbol{\alpha}_2,\cdots,\boldsymbol{\alpha}_n)$且 $\boldsymbol{C}=(c_{ij})_{n\times s}$,则

$$\boldsymbol{AC}=(\boldsymbol{\gamma}_1,\boldsymbol{\gamma}_2,\cdots,\boldsymbol{\gamma}_s)=(\boldsymbol{\alpha}_1,\boldsymbol{\alpha}_2,\cdots,\boldsymbol{\alpha}_n)\begin{pmatrix} c_{11} & c_{12} & \cdots & c_{1s} \\ c_{21} & c_{22} & \cdots & c_{2s} \\ \vdots & \vdots & & \vdots \\ c_{n1} & c_{n2} & \cdots & c_{ns} \end{pmatrix},$$

因此 $\boldsymbol{AC}$ 的列向量 $\boldsymbol{\gamma}_1,\boldsymbol{\gamma}_2,\cdots,\boldsymbol{\gamma}_s$可由 $\boldsymbol{\alpha}_1,\boldsymbol{\alpha}_2,\cdots,\boldsymbol{\alpha}_n$线性表示,故 $r(\boldsymbol{AC})\leqslant r(\boldsymbol{\alpha}_1,\boldsymbol{\alpha}_2,\cdots,\boldsymbol{\alpha}_n)=r(\boldsymbol{A})$;同理考虑 $\boldsymbol{AC}$ 的行向量组由 $\boldsymbol{C}$ 的行向量组线性表示,可证 $r(\boldsymbol{AC})\leqslant r(\boldsymbol{C})$.

(3) 由于 $\boldsymbol{P},\boldsymbol{Q}$ 分别是 m 阶、n 阶可逆方阵,故它们都可以分解为有限个初等矩阵的乘积.将 $\boldsymbol{A}$ 左乘 $\boldsymbol{P}$ 或右乘 $\boldsymbol{Q}$ 等价于作有限次初等行变换或列变换,因此其秩不变.证毕.

推论 (1) n 个矩阵和的秩不超过这 n 个矩阵秩的和,即

$$r(\boldsymbol{A}_1+\boldsymbol{A}_2+\cdots+\boldsymbol{A}_n)\leqslant r(\boldsymbol{A}_1)+r(\boldsymbol{A}_2)+\cdots+r(\boldsymbol{A}_n);$$

(2) n 个矩阵积的秩不超过各因子矩阵的秩,即

$$r(\boldsymbol{B}_1\boldsymbol{B}_2\cdots\boldsymbol{B}_n)\leqslant \min\{r(\boldsymbol{B}_1),r(\boldsymbol{B}_2),\cdots,r(\boldsymbol{B}_n)\}.$$

对 $m\times n$ 矩阵 $\boldsymbol{A}$,若 $r(\boldsymbol{A})=r$,则在矩阵等价意义下,其最简单的形式是什么?

定理 3.4.5 对 $m\times n$ 矩阵 $\boldsymbol{A}$,若 $r(\boldsymbol{A})=r$,则一定存在 m 阶可逆方阵 $\boldsymbol{P}$ 和 n 阶可逆方阵 $\boldsymbol{Q}$,使得 $\boldsymbol{PAQ}=\begin{pmatrix} \boldsymbol{E}_r & \boldsymbol{O}_{r\times(n-r)} \\ \boldsymbol{O}_{(m-r)\times r} & \boldsymbol{O}_{(m-r)\times(n-r)} \end{pmatrix}$,其中 $\boldsymbol{E}_r$是 r 阶单位矩阵,$\boldsymbol{O}_{r\times(n-r)},\boldsymbol{O}_{(m-r)\times r},\boldsymbol{O}_{(m-r)\times(n-r)}$全是零矩阵.

证 由定理 2.5.1 知,对 $m\times n$ 矩阵 $\boldsymbol{A}$,必存在 m 阶初等矩阵 $\boldsymbol{P}_1,\boldsymbol{P}_2,\cdots,\boldsymbol{P}_t$与 n 阶初等矩阵 $\boldsymbol{Q}_1,\boldsymbol{Q}_2,\cdots,\boldsymbol{Q}_k$,使得

$$\boldsymbol{P}_t\boldsymbol{P}_{t-1}\cdots\boldsymbol{P}_1\boldsymbol{A}\boldsymbol{Q}_1\boldsymbol{Q}_2\cdots\boldsymbol{Q}_k=\begin{pmatrix} \boldsymbol{E}_s & \boldsymbol{O}_{s\times(n-s)} \\ \boldsymbol{O}_{(m-s)\times s} & \boldsymbol{O}_{(m-s)\times(n-s)} \end{pmatrix}=\boldsymbol{B}_s,$$

由性质 3.4.1(3)知 $r(\boldsymbol{B}_s)=r(\boldsymbol{A})=r$,因此 $s=r$.取可逆矩阵 $\boldsymbol{P}=\boldsymbol{P}_t\boldsymbol{P}_{t-1}\cdots\boldsymbol{P}_1$与$\boldsymbol{Q}=\boldsymbol{Q}_1\boldsymbol{Q}_2\cdots\boldsymbol{Q}_k$即可.证毕.

一般称矩阵 $\boldsymbol{B}_r=\begin{pmatrix} \boldsymbol{E}_r & \boldsymbol{O}_{r\times(n-r)} \\ \boldsymbol{O}_{(m-r)\times r} & \boldsymbol{O}_{(m-r)\times(n-r)} \end{pmatrix}$(其中 $\boldsymbol{E}_r$是 r 阶单位矩阵,$\boldsymbol{O}_{r\times(n-r)},\boldsymbol{O}_{(m-r)\times r},\boldsymbol{O}_{(m-r)\times(n-r)}$全是零矩阵)为 $m\times n$ 矩阵的等价标准形矩阵.规定 $\boldsymbol{B}_0=\boldsymbol{O}_{m\times n}$是零矩阵.由定理 3.4.5 知,所有 m 行 n 列矩阵等价于如下 $l+1$ 个等价标准形矩阵:$\boldsymbol{B}_0,\boldsymbol{B}_1,\boldsymbol{B}_2,\cdots,\boldsymbol{B}_l$,其中 $l=\min\{m,n\}$.因此,由矩阵等价的传递性可得如下结论:

推论 对同型矩阵 $\boldsymbol{A},\boldsymbol{B}$,$r(\boldsymbol{A})=r(\boldsymbol{B})$的充要条件是 $\boldsymbol{A}$ 和 $\boldsymbol{B}$ 等价.

例 3 设 $\boldsymbol{A}$ 为 $m\times n$ 矩阵,$\boldsymbol{B}$ 为 $n\times s$ 矩阵,$\boldsymbol{O}$ 为 $m\times s$ 零矩阵,如果 $\boldsymbol{AB}=\boldsymbol{O}$,证明 $r(\boldsymbol{A})+r(\boldsymbol{B})\leqslant n$.

证 若 $r(\boldsymbol{A})=r$,存在可逆方阵 $\boldsymbol{P}_{m\times m},\boldsymbol{Q}_{n\times n}$,使得 $\boldsymbol{PAQ}=\begin{pmatrix} \boldsymbol{E}_r & \boldsymbol{O}_{r\times(n-r)} \\ \boldsymbol{O}_{(m-r)\times r} & \boldsymbol{O}_{(m-r)\times(n-r)} \end{pmatrix}$. 令 $\boldsymbol{C}=$

$Q^{-1}B=\begin{pmatrix}C_1\\C_2\end{pmatrix}$，其中 C_1 是 $r\times s$ 矩阵，而 C_2 是 $(n-r)\times s$ 矩阵. 由于 $PAQC=PAB=O_{m\times s}$ 且

$(PAQ)C=\begin{pmatrix}E_r & O_{r\times(n-r)}\\O_{(m-r)\times r} & O_{(m-r)\times(n-r)}\end{pmatrix}\begin{pmatrix}C_1\\C_2\end{pmatrix}=\begin{pmatrix}C_1\\O_{(m-r)\times s}\end{pmatrix}=O_{m\times s}$ 得 $C_1=O_{r\times s}$，从而 $C=\begin{pmatrix}O_{r\times s}\\C_2\end{pmatrix}$，$r(B)=r(C)\leqslant n-r$ 即 $r(A)+r(B)\leqslant n$. 证毕.

学习了第四章线性方程组后可知，若 $r(A)=r$，则齐次线性方程组 $AX=0$ 的所有解向量组的极大线性无关组的个数必为 $n-r$，因此 $r(B)\leqslant n-r$，这就给出了另一简短证明.

习　题　3.4

1. 求下列向量组的秩及其一个极大线性无关组：

(1) $\alpha_1=\begin{pmatrix}1\\1\\1\\-1\end{pmatrix},\alpha_2=\begin{pmatrix}1\\-2\\3\\-4\end{pmatrix},\alpha_3=\begin{pmatrix}1\\4\\-1\\2\end{pmatrix},\alpha_4=\begin{pmatrix}1\\7\\-3\\5\end{pmatrix}$；

(2) $\beta_1^{\mathrm T}=(1,2,1,3),\beta_2^{\mathrm T}=(4,-1,-5,-6),\beta_3^{\mathrm T}=(1,-3,-4,-7)$.

2. 求下列向量组的秩及一个极大线性无关组，并把其余向量用这个极大线性无关组线性表示.

(1) $\alpha_1=\begin{pmatrix}1\\-1\\2\\3\end{pmatrix},\alpha_2=\begin{pmatrix}0\\2\\5\\8\end{pmatrix},\alpha_3=\begin{pmatrix}2\\2\\0\\-1\end{pmatrix},\alpha_4=\begin{pmatrix}-1\\7\\-1\\-2\end{pmatrix}$；

(2) $\beta_1^{\mathrm T}=(1,2,2),\beta_2^{\mathrm T}=(2,4,4),\beta_3^{\mathrm T}=(1,0,3),\beta_4^{\mathrm T}=(0,4,-2),\beta_5^{\mathrm T}=(0,3,0)$；

(3) $\alpha_1=\begin{pmatrix}1\\0\\2\\1\end{pmatrix},\alpha_2=\begin{pmatrix}1\\2\\0\\1\end{pmatrix},\alpha_3=\begin{pmatrix}2\\1\\3\\0\end{pmatrix},\alpha_4=\begin{pmatrix}2\\5\\-1\\4\end{pmatrix},\alpha_5=\begin{pmatrix}1\\-1\\3\\-1\end{pmatrix}$.

3. 求下列矩阵的秩：

(1) $\begin{pmatrix}1&-1&1&1&1\\3&-2&1&0&-3\\0&-1&2&3&6\\5&-4&3&2&-1\end{pmatrix}$；　(2) $\begin{pmatrix}3&-2&-5&-5&2\\2&1&-7&0&0\\2&3&-6&3&0\\1&4&-7&6&8\end{pmatrix}$.

4. 求 $n(n\geqslant2)$ 阶方阵 $A=\begin{pmatrix}b&a&\cdots&a\\a&b&\cdots&a\\\vdots&\vdots&&\vdots\\a&a&\cdots&b\end{pmatrix}$ 的秩.

5. 设 A 为 $m\times n$ 矩阵，B 为 $n\times s$ 矩阵，若 $AB=O$ 且 $r(B)=n$，证明 $A=O$.

6. 证明任何秩为 r 的矩阵 $A_{m\times n}$ 都等于 r 个秩为 1 的矩阵之和.

7. 设矩阵 $A_{n\times m}$ 与 $B_{n\times s}$，合并得矩阵 $C_{n\times(m+s)}=(A\mid B)$，证明：

$$\max\{r(A),r(B)\}\leqslant r(C)\leqslant r(A)+r(B).$$

8. 设矩阵 $A_{s\times t}, B_{p\times q}, C_{p\times t}$ 及零矩阵 $O_{s\times q}, O_{p\times t}$(这里 s,t,p,q 是正整数),证明:

(1) $r\left(\begin{pmatrix} A & O_{s\times q} \\ O_{p\times t} & B \end{pmatrix}\right)=r(A)+r(B)$;　　(2) $r\left(\begin{pmatrix} A & O_{s\times q} \\ C & B \end{pmatrix}\right)\geqslant r(A)+r(B)$.

9. 设矩阵 $A_{m\times n}$ 的秩为 r,证明必存在列满秩矩阵 $G_{m\times r}$ 与行满秩矩阵 $H_{r\times n}$ 使得 $A=GH$,其中 $r(G)=r(H)=r$.

知识点诠释
矩阵秩的
性质小结

§3.5 向量空间

定义 3.5.1 设 V 是定义在实数集 $\mathbf{R}$ 上的 n 维向量的一个非空集合.如果 V 中向量对加法和数乘运算封闭,即:

(1) 对任意 $\boldsymbol{\alpha},\boldsymbol{\beta}\in V$,总有 $\boldsymbol{\alpha}+\boldsymbol{\beta}\in V$;

(2) 对任意 $\boldsymbol{\alpha}\in V, k\in\mathbf{R}$,总有 $k\boldsymbol{\alpha}\in V$,

则称 V 是一个向量空间(vector space).

注意向量空间 V 中的向量满足性质 3.1.1 的 8 条基本运算规律.显然任何向量空间都包含零向量,只含零向量的向量空间称为零向量空间.易知 n 维实向量的全体 $\mathbf{R}^n$ 是一个向量空间.

数学中有更为一般的向量空间,考虑实数集 $\mathbf{R}$ 上的非空集合 V 中定义了加法和数乘运算,若 V 中元素对加法和数乘运算封闭,且 V 中元素满足性质 3.1.1 中 8 条运算规律,则称 V 是一个向量空间或线性空间(见定义 7.1.2).典型的例子如定义在 $[a,b]$ 上的所有连续实函数的集合 $C[a,b]$ 在函数的加法及数与函数的乘法下构成向量空间(见 §7.1 例 2).

例 1 在解析几何中,从平面直角坐标系或空间直角坐标系的坐标原点为起点引出的所有向量(或矢量)的集合,恰好构成了向量空间 $\mathbf{R}^2$ 或 $\mathbf{R}^3$,这是因为它们对向量的加法与数乘运算都封闭.

例 2 在空间直角坐标系 $Oxyz$ 中,(1) 所有平行于坐标平面 xOy 的向量构成的集合 $V_2=\{(x,y,0)\mid x\in\mathbf{R},y\in\mathbf{R}\}\subseteq\mathbf{R}^3$ 是一个向量空间,因为从几何意义上看显然对向量的加法与数乘运算都封闭;(2) 所有起点在坐标原点 O,终点在平面 $z=1$ 上的向量(或矢量)构成的集合 $V=\{(x,y,1)\mid x\in\mathbf{R},y\in\mathbf{R}\}$ 不是向量空间,因为 $(x,y,1)+(0,0,1)=(x,y,2)\notin V$.

由 n 维向量 $\boldsymbol{\alpha}_1,\boldsymbol{\alpha}_2,\cdots,\boldsymbol{\alpha}_m$ 的任意线性组合构成的向量集

$$V=\{k_1\boldsymbol{\alpha}_1+k_2\boldsymbol{\alpha}_2+\cdots+k_m\boldsymbol{\alpha}_m \mid k_1,k_2,\cdots,k_m\in\mathbf{R}\}$$

是一个向量空间,称其为由 $\boldsymbol{\alpha}_1,\boldsymbol{\alpha}_2,\cdots,\boldsymbol{\alpha}_m$ 生成的向量空间,记作 $L(\boldsymbol{\alpha}_1,\boldsymbol{\alpha}_2,\cdots,\boldsymbol{\alpha}_m)$.

验证如下:对任意 $\boldsymbol{\eta}=k_1\boldsymbol{\alpha}_1+k_2\boldsymbol{\alpha}_2+\cdots+k_m\boldsymbol{\alpha}_m\in V$ 和 $\lambda\in\mathbf{R}$ 有

$$\lambda\boldsymbol{\eta}=\lambda(k_1\boldsymbol{\alpha}_1+k_2\boldsymbol{\alpha}_2+\cdots+k_m\boldsymbol{\alpha}_m)=\lambda k_1\boldsymbol{\alpha}_1+\lambda k_2\boldsymbol{\alpha}_2+\cdots+\lambda k_m\boldsymbol{\alpha}_m\in V,$$

对 V 中任意两向量 $\boldsymbol{\eta}_1=k_1\boldsymbol{\alpha}_1+k_2\boldsymbol{\alpha}_2+\cdots+k_m\boldsymbol{\alpha}_m$ 与 $\boldsymbol{\eta}_2=l_1\boldsymbol{\alpha}_1+l_2\boldsymbol{\alpha}_2+\cdots+l_m\boldsymbol{\alpha}_m$ 有

$$\begin{aligned}\boldsymbol{\eta}_1+\boldsymbol{\eta}_2&=(k_1\boldsymbol{\alpha}_1+k_2\boldsymbol{\alpha}_2+\cdots+k_m\boldsymbol{\alpha}_m)+(l_1\boldsymbol{\alpha}_1+l_2\boldsymbol{\alpha}_2+\cdots+l_m\boldsymbol{\alpha}_m)\\&=(k_1+l_1)\boldsymbol{\alpha}_1+(k_2+l_2)\boldsymbol{\alpha}_2+\cdots+(k_m+l_m)\boldsymbol{\alpha}_m\in V.\end{aligned}$$

设 V 是向量空间且 $W\subseteq V$，若 W 是向量空间，则称 W 是 V 的子向量空间，简称子空间(subspace).如本节例 2(1) 中 $V_2=\{(x,y,0)\mid x\in\mathbf{R},y\in\mathbf{R}\}$ 是 $\mathbf{R}^3$ 的子空间.

定义 3.5.2　若向量组 $\boldsymbol{\alpha}_1,\boldsymbol{\alpha}_2,\cdots,\boldsymbol{\alpha}_r$ 是向量空间 V 中的极大线性无关组，即

(1) $\boldsymbol{\alpha}_1,\boldsymbol{\alpha}_2,\cdots,\boldsymbol{\alpha}_r$ 是线性无关的；

(2) 向量空间 V 中任意一个向量 $\boldsymbol{\beta}$ 都可由 $\boldsymbol{\alpha}_1,\boldsymbol{\alpha}_2,\cdots,\boldsymbol{\alpha}_r$ 线性表示，则称 $\boldsymbol{\alpha}_1,\boldsymbol{\alpha}_2,\cdots,\boldsymbol{\alpha}_r$ 是向量空间 V 的一个基(basis)，称此向量组中向量的个数 r 为向量空间 V 的维数(dimension)，记作 $\dim(V)=r$.此外，若 $\boldsymbol{\beta}=x_1\boldsymbol{\alpha}_1+x_2\boldsymbol{\alpha}_2+\cdots+x_r\boldsymbol{\alpha}_r$，则称有序数组 $x_1,x_2,\cdots,x_r$ 为向量 $\boldsymbol{\beta}$ 在基 $\boldsymbol{\alpha}_1,\boldsymbol{\alpha}_2,\cdots,\boldsymbol{\alpha}_r$ 下的坐标(coordinate)，记作 $\begin{pmatrix}x_1\\x_2\\\vdots\\x_r\end{pmatrix}$ 或 $(x_1,x_2,\cdots,x_r)$.

向量空间的维数就是向量空间作为向量组的秩.零向量空间没有基，规定其维数为 0.由向量组的极大线性无关组及其秩的性质易知：非零向量空间的基不唯一，但向量空间的维数被向量空间自身唯一确定.向量空间中任一个向量在某确定基下的坐标表示是唯一确定的.

由 n 维实向量组 $\boldsymbol{\alpha}_1,\boldsymbol{\alpha}_2,\cdots,\boldsymbol{\alpha}_m$ 生成的 $L(\boldsymbol{\alpha}_1,\boldsymbol{\alpha}_2,\cdots,\boldsymbol{\alpha}_m)$ 是 $\mathbf{R}^n$ 的子空间，它的维数 $\dim[L(\boldsymbol{\alpha}_1,\boldsymbol{\alpha}_2,\cdots,\boldsymbol{\alpha}_m)]$ 就是向量组 $\boldsymbol{\alpha}_1,\boldsymbol{\alpha}_2,\cdots,\boldsymbol{\alpha}_m$ 的秩.直接验证可得：

定理 3.5.1　(1) 如果向量组 $\boldsymbol{\alpha}_1,\boldsymbol{\alpha}_2,\cdots,\boldsymbol{\alpha}_m$ 可由向量组 $\boldsymbol{\beta}_1,\boldsymbol{\beta}_2,\cdots,\boldsymbol{\beta}_s$ 线性表示，则 $L(\boldsymbol{\alpha}_1,\boldsymbol{\alpha}_2,\cdots,\boldsymbol{\alpha}_m)\subseteq L(\boldsymbol{\beta}_1,\boldsymbol{\beta}_2,\cdots,\boldsymbol{\beta}_s)$；

(2) 向量组 $\boldsymbol{\alpha}_1,\boldsymbol{\alpha}_2,\cdots,\boldsymbol{\alpha}_m$ 与向量组 $\boldsymbol{\beta}_1,\boldsymbol{\beta}_2,\cdots,\boldsymbol{\beta}_s$ 等价的充要条件是 $L(\boldsymbol{\alpha}_1,\boldsymbol{\alpha}_2,\cdots,\boldsymbol{\alpha}_m)=L(\boldsymbol{\beta}_1,\boldsymbol{\beta}_2,\cdots,\boldsymbol{\beta}_s)$.

例 3　求向量 $\boldsymbol{\alpha}=\begin{pmatrix}a_1\\a_2\\\vdots\\a_{n-1}\\a_n\end{pmatrix}$ 分别在基 $\boldsymbol{\beta}_1=\begin{pmatrix}1\\0\\0\\\vdots\\0\end{pmatrix},\boldsymbol{\beta}_2=\begin{pmatrix}1\\1\\0\\\vdots\\0\end{pmatrix},\cdots,\boldsymbol{\beta}_{n-1}=\begin{pmatrix}1\\1\\\vdots\\1\\0\end{pmatrix},\boldsymbol{\beta}_n=\begin{pmatrix}1\\1\\\vdots\\1\\1\end{pmatrix}$ 和 n 维基本向量构成的基 $\boldsymbol{\varepsilon}_1,\boldsymbol{\varepsilon}_2,\cdots,\boldsymbol{\varepsilon}_n$ 下的坐标.

解　设 $\boldsymbol{\alpha}=\begin{pmatrix}a_1\\a_2\\\vdots\\a_{n-1}\\a_n\end{pmatrix}=x_1\boldsymbol{\beta}_1+x_2\boldsymbol{\beta}_2+\cdots+x_{n-1}\boldsymbol{\beta}_{n-1}+x_n\boldsymbol{\beta}_n=\begin{pmatrix}x_1+x_2+\cdots+x_n\\x_2+\cdots+x_n\\\vdots\\x_{n-1}+x_n\\x_n\end{pmatrix}$，解得 $x_n=a_n,x_{n-1}=a_{n-1}-a_n,x_{n-2}=a_{n-2}-a_{n-1},\cdots,x_2=a_2-a_3,x_1=a_1-a_2$.

又显然有 $\boldsymbol{\alpha}=a_1\boldsymbol{\varepsilon}_1+a_2\boldsymbol{\varepsilon}_2+\cdots+a_n\boldsymbol{\varepsilon}_n$.因此向量 $\boldsymbol{\alpha}$ 在基 $\boldsymbol{\beta}_1,\boldsymbol{\beta}_2,\cdots,\boldsymbol{\beta}_n$ 下的坐标是 $\begin{pmatrix}a_1-a_2\\a_2-a_3\\\vdots\\a_{n-1}-a_n\\a_n\end{pmatrix}$，

在基 $\boldsymbol{\varepsilon}_1,\boldsymbol{\varepsilon}_2,\cdots,\boldsymbol{\varepsilon}_n$ 下的坐标是 $\begin{pmatrix} a_1 \\ a_2 \\ \vdots \\ a_{n-1} \\ a_n \end{pmatrix}$.

习　题　3.5

1. 下面考虑行向量 (x_1,x_2,x_3,x_4)，且其分量 $x_1,x_2,x_3,x_4\in\mathbf{R}$.验证下列 $\mathbf{R}^4$ 的子集 V 是否为 $\mathbf{R}^4$ 的子空间，为什么？

(1) $V=\{(x_1,x_2,x_3,x_4)\mid x_1+x_3=x_2+x_4\}$；

(2) $V=\{(x_1,x_2,x_3,x_4)\mid x_1+x_2+x_3+x_4=1\}$.

2. 设 V 是一个向量空间，$\boldsymbol{\alpha}\in V,k\in\mathbf{R}$，如果 $k\boldsymbol{\alpha}=\mathbf{0}$，证明：$k=0$ 或 $\boldsymbol{\alpha}=\mathbf{0}$.

3. 证明：若 V_1 与 V_2 都是向量空间 $\mathbf{R}^n$ 的子空间，则它们的交集

$$V_1\cap V_2=\{\boldsymbol{\alpha}\mid\boldsymbol{\alpha}\in V_1\text{ 且 }\boldsymbol{\alpha}\in V_2\}$$

也是 $\mathbf{R}^n$ 的子空间.

4. 求由下列向量组生成的向量空间的维数与基：

(1) $\boldsymbol{\alpha}_1=\begin{pmatrix}1\\-2\\3\end{pmatrix},\boldsymbol{\alpha}_2=\begin{pmatrix}2\\1\\0\end{pmatrix},\boldsymbol{\alpha}_3=\begin{pmatrix}1\\-7\\9\end{pmatrix}$；

(2) $\boldsymbol{\alpha}_1=\begin{pmatrix}2\\1\\0\\3\end{pmatrix},\boldsymbol{\alpha}_2=\begin{pmatrix}1\\-3\\2\\4\end{pmatrix},\boldsymbol{\alpha}_3=\begin{pmatrix}3\\0\\2\\-1\end{pmatrix},\boldsymbol{\alpha}_4=\begin{pmatrix}2\\-2\\4\\6\end{pmatrix}$.

5. 证明 $\boldsymbol{\beta}=\begin{pmatrix}-1\\-8\\9\end{pmatrix}\in L(\boldsymbol{\alpha}_1,\boldsymbol{\alpha}_2,\boldsymbol{\alpha}_3)$，其中 $\boldsymbol{\alpha}_1=\begin{pmatrix}1\\-2\\3\end{pmatrix},\boldsymbol{\alpha}_2=\begin{pmatrix}2\\1\\0\end{pmatrix},\boldsymbol{\alpha}_3=\begin{pmatrix}1\\-7\\9\end{pmatrix}$（见第 4 题(1)），并求 $\boldsymbol{\beta}$ 在空间 $L(\boldsymbol{\alpha}_1,\boldsymbol{\alpha}_2,\boldsymbol{\alpha}_3)$ 的基下的坐标.

6. 证明：由 $\boldsymbol{\alpha}_1=\begin{pmatrix}3\\1\\0\end{pmatrix},\boldsymbol{\alpha}_2=\begin{pmatrix}1\\0\\2\end{pmatrix},\boldsymbol{\alpha}_3=\begin{pmatrix}0\\1\\1\end{pmatrix}$ 生成的向量空间 $L(\boldsymbol{\alpha}_1,\boldsymbol{\alpha}_2,\boldsymbol{\alpha}_3)=\mathbf{R}^3$，并求 $\boldsymbol{\beta}=\begin{pmatrix}1\\4\\-1\end{pmatrix}$ 在基 $\boldsymbol{\alpha}_1,\boldsymbol{\alpha}_2,\boldsymbol{\alpha}_3$ 下的坐标.

7. 问数 a 满足什么条件时，向量组 $\boldsymbol{\alpha}_1=\begin{pmatrix}1\\-1\\1\end{pmatrix},\boldsymbol{\alpha}_2=\begin{pmatrix}1\\-2\\2\end{pmatrix},\boldsymbol{\alpha}_3=\begin{pmatrix}1\\a\\5\end{pmatrix}$ 是向量空间 $\mathbf{R}^3$ 的一组基？

§3.6　欧氏空间与正交矩阵

在向量空间中，其基本运算就是线性运算，即加法和数乘，但是对于解析几何中的向量，还有长度、夹角等度量.本节主要介绍向量的一些度量性质.实际上，向量的一系列度量性质都可用向量的内积这一概念来表示.

3.6.1　向量的内积与长度

定义 3.6.1　设 $\boldsymbol{\alpha}=\begin{pmatrix}a_1\\a_2\\\vdots\\a_n\end{pmatrix},\boldsymbol{\beta}=\begin{pmatrix}b_1\\b_2\\\vdots\\b_n\end{pmatrix}$ 是 $\mathbf{R}^n$ 的两个向量，数 $a_1b_1+a_2b_2+\cdots+a_nb_n$ 称为向量 $\boldsymbol{\alpha}$ 与 $\boldsymbol{\beta}$ 的内积(inner product)，记作 $(\boldsymbol{\alpha},\boldsymbol{\beta})$，即 $(\boldsymbol{\alpha},\boldsymbol{\beta})=a_1b_1+a_2b_2+\cdots+a_nb_n=\boldsymbol{\alpha}^{\mathrm{T}}\boldsymbol{\beta}$.

定义了内积的向量空间 V 称为欧几里得空间(Euclidean space)，简称欧氏空间.向量空间 $\mathbf{R}^n$ 及其子空间都是关于定义 3.6.1 中内积的欧氏空间.

由内积的定义，直接可得如下性质：

性质 3.6.1　设 $\boldsymbol{\alpha},\boldsymbol{\beta},\boldsymbol{\gamma}$ 都是 n 维向量，λ,μ 是实数，则

(1) $(\boldsymbol{\alpha},\boldsymbol{\beta})=(\boldsymbol{\beta},\boldsymbol{\alpha})$(对称性)；

(2) $(\lambda\boldsymbol{\alpha}+\mu\boldsymbol{\gamma},\boldsymbol{\beta})=\lambda(\boldsymbol{\alpha},\boldsymbol{\beta})+\mu(\boldsymbol{\gamma},\boldsymbol{\beta})$(线性性)；

(3) $(\boldsymbol{\alpha},\boldsymbol{\alpha})\geqslant 0$(非负性)，且 $(\boldsymbol{\alpha},\boldsymbol{\alpha})=0$ 当且仅当 $\boldsymbol{\alpha}=\mathbf{0}$.

解析几何中 3 维欧氏空间 $\mathbf{R}^3$ 中向量长度(或模)的概念直接可推广到一般欧氏空间中.

定义 3.6.2　设 $\boldsymbol{\alpha}$ 是欧氏空间 V 的任一向量，非负实数 $(\boldsymbol{\alpha},\boldsymbol{\alpha})$ 的算术平方根 $\sqrt{(\boldsymbol{\alpha},\boldsymbol{\alpha})}$ 称为向量 $\boldsymbol{\alpha}$ 的长度(length)(或范数(norm))，记作 $|\boldsymbol{\alpha}|=\sqrt{(\boldsymbol{\alpha},\boldsymbol{\alpha})}$ (或 $\|\boldsymbol{\alpha}\|=\sqrt{(\boldsymbol{\alpha},\boldsymbol{\alpha})}$).

欧氏空间 V 中任意两个向量 $\boldsymbol{\alpha},\boldsymbol{\beta}$ 的距离定义为 $d(\boldsymbol{\alpha},\boldsymbol{\beta})=|\boldsymbol{\alpha}-\boldsymbol{\beta}|$.

若 $|\boldsymbol{\alpha}|=1$，则称 $\boldsymbol{\alpha}$ 为单位向量(unit vector).

若 $\boldsymbol{\alpha}=\begin{pmatrix}a_1\\a_2\\\vdots\\a_n\end{pmatrix}\in\mathbf{R}^n$，则 $\boldsymbol{\alpha}$ 的长度为 $|\boldsymbol{\alpha}|=\sqrt{(\boldsymbol{\alpha},\boldsymbol{\alpha})}=\sqrt{a_1^2+a_2^2+\cdots+a_n^2}$.对任意非零向量 $\boldsymbol{\alpha}$，因为 $|\boldsymbol{\alpha}|\neq 0$，所以它的单位向量为 $\dfrac{1}{|\boldsymbol{\alpha}|}\boldsymbol{\alpha}=\dfrac{\boldsymbol{\alpha}}{|\boldsymbol{\alpha}|}$.

向量的长度具有如下性质：

性质 3.6.2　设 $\boldsymbol{\alpha},\boldsymbol{\beta}$ 都是 n 维向量，λ 是实数，则有

(1) 长度 $|\boldsymbol{\alpha}|\geqslant 0$(非负性)，且 $|\boldsymbol{\alpha}|=0\Leftrightarrow\boldsymbol{\alpha}=\mathbf{0}$；

(2) $|\lambda\boldsymbol{\alpha}|=|\lambda||\boldsymbol{\alpha}|$(齐次性);

(3) $|(\boldsymbol{\alpha},\boldsymbol{\beta})|\leqslant|\boldsymbol{\alpha}||\boldsymbol{\beta}|$(柯西-施瓦茨(Cauchy-Schwarz)不等式);

(4) $|\boldsymbol{\alpha}+\boldsymbol{\beta}|\leqslant|\boldsymbol{\alpha}|+|\boldsymbol{\beta}|$(三角不等式).

证 (1),(2)直接验证.

(3) 若$\boldsymbol{\beta}=\mathbf{0}$,显然成立.若$\boldsymbol{\beta}\neq\mathbf{0}$,则$(\boldsymbol{\beta},\boldsymbol{\beta})>0$.对任意实数 x,都有

$$0\leqslant(\boldsymbol{\alpha}+x\boldsymbol{\beta},\boldsymbol{\alpha}+x\boldsymbol{\beta})=(\boldsymbol{\beta},\boldsymbol{\beta})x^2+2(\boldsymbol{\alpha},\boldsymbol{\beta})x+(\boldsymbol{\alpha},\boldsymbol{\alpha}),$$

由于上述关于 x 的一元二次不等式对一切实数 x 都成立,因此

$$\Delta=[2(\boldsymbol{\alpha},\boldsymbol{\beta})]^2-4(\boldsymbol{\beta},\boldsymbol{\beta})(\boldsymbol{\alpha},\boldsymbol{\alpha})\leqslant0\Rightarrow(\boldsymbol{\alpha},\boldsymbol{\beta})^2\leqslant(\boldsymbol{\beta},\boldsymbol{\beta})(\boldsymbol{\alpha},\boldsymbol{\alpha}),$$

故有$|(\boldsymbol{\alpha},\boldsymbol{\beta})|\leqslant|\boldsymbol{\alpha}||\boldsymbol{\beta}|$.

(4) 因为 $|\boldsymbol{\alpha}+\boldsymbol{\beta}|^2=(\boldsymbol{\alpha}+\boldsymbol{\beta},\boldsymbol{\alpha}+\boldsymbol{\beta})=(\boldsymbol{\alpha},\boldsymbol{\alpha})+2(\boldsymbol{\alpha},\boldsymbol{\beta})+(\boldsymbol{\beta},\boldsymbol{\beta})$

$$\leqslant|\boldsymbol{\alpha}|^2+2|\boldsymbol{\alpha}||\boldsymbol{\beta}|+|\boldsymbol{\beta}|^2=(|\boldsymbol{\alpha}|+|\boldsymbol{\beta}|)^2,$$

所以$|\boldsymbol{\alpha}+\boldsymbol{\beta}|\leqslant|\boldsymbol{\alpha}|+|\boldsymbol{\beta}|$.证毕.

由柯西-施瓦茨不等式,可如下定义两个向量的夹角:

定义 3.6.3 若$\boldsymbol{\alpha},\boldsymbol{\beta}$是欧氏空间 V 中两个非零向量,则$\boldsymbol{\alpha},\boldsymbol{\beta}$的夹角(included angle)定义为

$$\theta=\arccos\frac{(\boldsymbol{\alpha},\boldsymbol{\beta})}{|\boldsymbol{\alpha}||\boldsymbol{\beta}|},\quad 即\quad \cos\theta=\frac{(\boldsymbol{\alpha},\boldsymbol{\beta})}{|\boldsymbol{\alpha}||\boldsymbol{\beta}|},\quad \theta\in[0,\pi]. \tag{3.5}$$

若欧氏空间 V 中两个非零向量$\boldsymbol{\alpha},\boldsymbol{\beta}$的内积为 0,即$(\boldsymbol{\alpha},\boldsymbol{\beta})=0$,则称$\boldsymbol{\alpha},\boldsymbol{\beta}$是正交的(orthogonal).

如上定义的一般欧氏空间的夹角和距离概念,也满足$\mathbf{R}^2$、$\mathbf{R}^3$中的一些常见的几何性质如三角不等式(见性质 3.6.2(4))、勾股定理(如下面的例 1)等.

例 1 欧氏空间$\mathbf{R}^n(n\geqslant2)$中的勾股定理:设$\boldsymbol{\alpha},\boldsymbol{\beta}\in\mathbf{R}^n$且$\boldsymbol{\alpha}$与$\boldsymbol{\beta}$正交,令$\boldsymbol{\gamma}=\boldsymbol{\alpha}+\boldsymbol{\beta}$,则

$$\begin{aligned}|\boldsymbol{\gamma}|^2&=|\boldsymbol{\alpha}+\boldsymbol{\beta}|^2=(\boldsymbol{\alpha}+\boldsymbol{\beta},\boldsymbol{\alpha}+\boldsymbol{\beta})\\&=|\boldsymbol{\alpha}|^2+2(\boldsymbol{\alpha},\boldsymbol{\beta})+|\boldsymbol{\beta}|^2=|\boldsymbol{\alpha}|^2+|\boldsymbol{\beta}|^2,\end{aligned}$$

这是因为$(\boldsymbol{\alpha},\boldsymbol{\beta})=\mathbf{0}$(如图 3-4).

以上是一般 $n(\geqslant2)$维空间的勾股定理的证明.公元前 11 世纪,西周商高就论述了勾股定理.在《周髀算经》中记载商高说:"故折矩,以为勾广三,股修四,径隅五",因此勾股定理又称为商高定理.公元 3 世纪三国时期的赵爽对《周髀算经》的勾股定理作注释,他将形数结合,用"勾股圆方图"的方法证明了该定理.后来刘徽用"割补术"也证明了该定理.西方在公元前 6 世纪由古希腊的毕达哥拉斯(Pythagoras)学派提出并证明该定理,勾股定理又称为毕达哥拉斯定理.

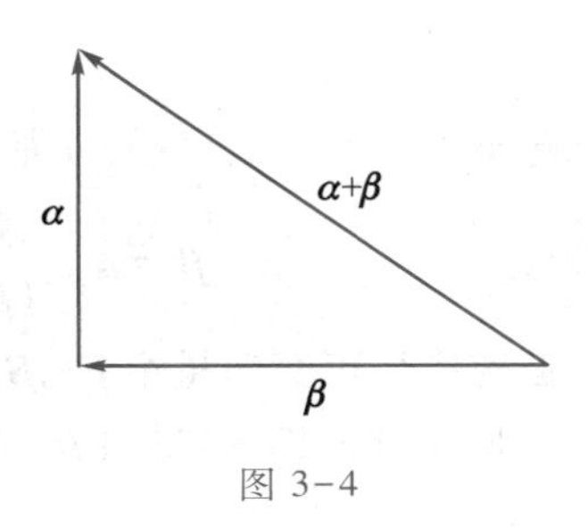

图 3-4

定义 3.6.4 若在不含零向量的向量组$\boldsymbol{\alpha}_1,\boldsymbol{\alpha}_2,\cdots,\boldsymbol{\alpha}_m$中,任意两个向量都正交,则称$\boldsymbol{\alpha}_1,\boldsymbol{\alpha}_2,\cdots,\boldsymbol{\alpha}_m$是正交向量组(set of orthogonal vectors).进一步,如果正交向量组$\boldsymbol{\alpha}_1,\boldsymbol{\alpha}_2,\cdots,\boldsymbol{\alpha}_m$中每一个向量都是单位向量,则称其为单位正交向量组或标准正交向量组(set of orthonormal vectors).

若正交向量组$\boldsymbol{\alpha}_1,\boldsymbol{\alpha}_2,\cdots,\boldsymbol{\alpha}_m$是向量空间 V 的基,则称$\boldsymbol{\alpha}_1,\boldsymbol{\alpha}_2,\cdots,\boldsymbol{\alpha}_m$为 V 的正交基(orthogonal basis);若单位正交向量组$\boldsymbol{\alpha}_1,\boldsymbol{\alpha}_2,\cdots,\boldsymbol{\alpha}_m$是 V 的基,则称$\boldsymbol{\alpha}_1,\boldsymbol{\alpha}_2,\cdots,\boldsymbol{\alpha}_m$为 V 的单

位正交基，又称为标准正交基，或规范正交基(orthonormal basis)．

显然，n 维基本向量 $\boldsymbol{\varepsilon}_1,\boldsymbol{\varepsilon}_2,\cdots,\boldsymbol{\varepsilon}_n$ 是 $\mathbf{R}^n$ 的标准正交基．

定理 3.6.1　正交向量组 $\boldsymbol{\alpha}_1,\boldsymbol{\alpha}_2,\cdots,\boldsymbol{\alpha}_m$ 一定线性无关．

证　如果 $k_1\boldsymbol{\alpha}_1+k_2\boldsymbol{\alpha}_2+\cdots+k_m\boldsymbol{\alpha}_m=\mathbf{0}$(其中 $k_1,k_2,\cdots,k_m$ 是 m 个数)，分别用 $\boldsymbol{\alpha}_i(i=1,2,\cdots,m)$ 对该等式两边作内积，由于 $\boldsymbol{\alpha}_1,\boldsymbol{\alpha}_2,\cdots,\boldsymbol{\alpha}_m$ 两两正交，故 $(\boldsymbol{\alpha}_i,\boldsymbol{\alpha}_j)=0(j\neq i)$，因此有

$$\begin{aligned}(\boldsymbol{\alpha}_i,k_1\boldsymbol{\alpha}_1+k_2\boldsymbol{\alpha}_2+\cdots+k_m\boldsymbol{\alpha}_m)&=k_1(\boldsymbol{\alpha}_i,\boldsymbol{\alpha}_1)+\cdots+k_i(\boldsymbol{\alpha}_i,\boldsymbol{\alpha}_i)+\cdots+k_m(\boldsymbol{\alpha}_i,\boldsymbol{\alpha}_m)\\&=k_i(\boldsymbol{\alpha}_i,\boldsymbol{\alpha}_i)=0,\end{aligned}$$

但由 $\boldsymbol{\alpha}_i\neq\mathbf{0}$，得 $(\boldsymbol{\alpha}_i,\boldsymbol{\alpha}_i)\neq0$，因此 $k_i=0(i=1,2,\cdots,m)$，从而 $\boldsymbol{\alpha}_1,\boldsymbol{\alpha}_2,\cdots,\boldsymbol{\alpha}_m$ 是线性无关的．证毕．

3.6.2　标准正交基的计算

在欧氏空间中，通常用如下格拉姆-施密特(Gram-Schmidt)正交化方法进行标准正交基的计算：

定理 3.6.2　设 $A:\boldsymbol{\alpha}_1,\boldsymbol{\alpha}_2,\cdots,\boldsymbol{\alpha}_m$ 是线性无关的向量组，则一定存在正交向量组 $B:\boldsymbol{\beta}_1,\boldsymbol{\beta}_2,\cdots,\boldsymbol{\beta}_m$，使得 A 与 B 等价；进而一定存在单位正交向量组 $C:\boldsymbol{\gamma}_1,\boldsymbol{\gamma}_2,\cdots,\boldsymbol{\gamma}_m$，使得 A 与 C 等价．

证　首先，把线性无关向量组 $\boldsymbol{\alpha}_1,\boldsymbol{\alpha}_2,\cdots,\boldsymbol{\alpha}_m$ 正交化．

取 $\boldsymbol{\beta}_1=\boldsymbol{\alpha}_1,\boldsymbol{\beta}_2=\boldsymbol{\alpha}_2+k\boldsymbol{\beta}_1$，由 $(\boldsymbol{\beta}_1,\boldsymbol{\beta}_2)=0$ 得 $k=-\dfrac{(\boldsymbol{\beta}_1,\boldsymbol{\alpha}_2)}{(\boldsymbol{\beta}_1,\boldsymbol{\beta}_1)}$，因此有

$$\boldsymbol{\beta}_1=\boldsymbol{\alpha}_1,\quad \boldsymbol{\beta}_2=\boldsymbol{\alpha}_2-\frac{(\boldsymbol{\beta}_1,\boldsymbol{\alpha}_2)}{(\boldsymbol{\beta}_1,\boldsymbol{\beta}_1)}\boldsymbol{\beta}_1,\tag{3.6}$$

再取 $\boldsymbol{\beta}_3=\boldsymbol{\alpha}_3+\lambda_1\boldsymbol{\beta}_1+\lambda_2\boldsymbol{\beta}_2$，由 $(\boldsymbol{\beta}_1,\boldsymbol{\beta}_3)=0,(\boldsymbol{\beta}_2,\boldsymbol{\beta}_3)=0$ 得 $\lambda_1=-\dfrac{(\boldsymbol{\beta}_1,\boldsymbol{\alpha}_3)}{(\boldsymbol{\beta}_1,\boldsymbol{\beta}_1)},\lambda_2=-\dfrac{(\boldsymbol{\beta}_2,\boldsymbol{\alpha}_3)}{(\boldsymbol{\beta}_2,\boldsymbol{\beta}_2)}$，因此有

$$\boldsymbol{\beta}_3=\boldsymbol{\alpha}_3-\frac{(\boldsymbol{\beta}_1,\boldsymbol{\alpha}_3)}{(\boldsymbol{\beta}_1,\boldsymbol{\beta}_1)}\boldsymbol{\beta}_1-\frac{(\boldsymbol{\beta}_2,\boldsymbol{\alpha}_3)}{(\boldsymbol{\beta}_2,\boldsymbol{\beta}_2)}\boldsymbol{\beta}_2.\tag{3.7}$$

依此类推，对 $s=2,3,\cdots,m$ 都有

$$\boldsymbol{\beta}_s=\boldsymbol{\alpha}_s-\frac{(\boldsymbol{\beta}_1,\boldsymbol{\alpha}_s)}{(\boldsymbol{\beta}_1,\boldsymbol{\beta}_1)}\boldsymbol{\beta}_1-\frac{(\boldsymbol{\beta}_2,\boldsymbol{\alpha}_s)}{(\boldsymbol{\beta}_2,\boldsymbol{\beta}_2)}\boldsymbol{\beta}_2-\cdots-\frac{(\boldsymbol{\beta}_{s-1},\boldsymbol{\alpha}_s)}{(\boldsymbol{\beta}_{s-1},\boldsymbol{\beta}_{s-1})}\boldsymbol{\beta}_{s-1},\tag{3.8}$$

于是构造得正交向量组 $\boldsymbol{\beta}_1,\boldsymbol{\beta}_2,\cdots,\boldsymbol{\beta}_m$，且 $\boldsymbol{\beta}_1,\boldsymbol{\beta}_2,\cdots,\boldsymbol{\beta}_m$ 与 $\boldsymbol{\alpha}_1,\boldsymbol{\alpha}_2,\cdots,\boldsymbol{\alpha}_m$ 等价．

其次，把正交向量组 $\boldsymbol{\beta}_1,\boldsymbol{\beta}_2,\cdots,\boldsymbol{\beta}_m$ 单位化，对任意 $s=1,2,\cdots,m$，

$$\boldsymbol{\gamma}_s=\frac{1}{|\boldsymbol{\beta}_s|}\boldsymbol{\beta}_s,\tag{3.9}$$

显然 $\boldsymbol{\beta}_1,\boldsymbol{\beta}_2,\cdots,\boldsymbol{\beta}_m$ 与 $\boldsymbol{\gamma}_1,\boldsymbol{\gamma}_2,\cdots,\boldsymbol{\gamma}_m$ 等价，因而 $\boldsymbol{\alpha}_1,\boldsymbol{\alpha}_2,\cdots,\boldsymbol{\alpha}_m$ 与 $\boldsymbol{\gamma}_1,\boldsymbol{\gamma}_2,\cdots,\boldsymbol{\gamma}_m$ 等价．证毕．

知识点诠释
格拉姆-施密特正交化方法的几何直观解释

(3.8)称为格拉姆-施密特正交化公式．

结合几何意义可理解记忆格拉姆-施密特正交化公式．设 $\boldsymbol{\alpha}_1,\boldsymbol{\alpha}_2,\boldsymbol{\alpha}_3$ 是 $\mathbf{R}^3$ 中一个线性无关的向量组．首先，取 $\boldsymbol{\beta}_1=\boldsymbol{\alpha}_1$；其次，通过以下方式来构造向量 $\boldsymbol{\beta}_2$：平移不共线向量 $\boldsymbol{\beta}_1$ 和 $\boldsymbol{\alpha}_2$ 至同一起点 O，设向量 $\boldsymbol{\beta}_1$ 和 $\boldsymbol{\alpha}_2$ 的夹角为 θ．令 $\boldsymbol{\gamma}$

为 $\boldsymbol{\alpha}_2$ 在 $\boldsymbol{\beta}_1$ 上的投影向量(如图 3-5),取 $\boldsymbol{\beta}_2=\boldsymbol{\alpha}_2-\boldsymbol{\gamma}$,则 $\boldsymbol{\beta}_2$ 与 $\boldsymbol{\beta}_1$ 正交.下面计算 $\boldsymbol{\gamma}$:

$$\begin{aligned}\boldsymbol{\gamma}&=(|\boldsymbol{\alpha}_2|\cdot\cos\theta)\cdot\frac{\boldsymbol{\beta}_1}{|\boldsymbol{\beta}_1|}\\&=|\boldsymbol{\alpha}_2|\cdot\frac{(\boldsymbol{\beta}_1,\boldsymbol{\alpha}_2)}{|\boldsymbol{\beta}_1|\cdot|\boldsymbol{\alpha}_2|}\cdot\frac{\boldsymbol{\beta}_1}{|\boldsymbol{\beta}_1|}=\frac{(\boldsymbol{\beta}_1,\boldsymbol{\alpha}_2)}{(\boldsymbol{\beta}_1,\boldsymbol{\beta}_1)}\boldsymbol{\beta}_1,\end{aligned}$$

从而 $\boldsymbol{\beta}_2=\boldsymbol{\alpha}_2-\dfrac{(\boldsymbol{\beta}_1,\boldsymbol{\alpha}_2)}{(\boldsymbol{\beta}_1,\boldsymbol{\beta}_1)}\boldsymbol{\beta}_1$.

最后,以 O 为原点,以 x,y 轴分别平行于 $\boldsymbol{\beta}_1$ 与 $\boldsymbol{\beta}_2$ 建立空间直角坐标系(如图 3-6),平移不共面向量 $\boldsymbol{\alpha}_3,\boldsymbol{\beta}_1,\boldsymbol{\beta}_2$ 使其起点都为 O,令 $\boldsymbol{\gamma}'$为 $\boldsymbol{\alpha}_3$ 在 xOy 平面上的投影向量,取 $\boldsymbol{\beta}_3=\boldsymbol{\alpha}_3-\boldsymbol{\gamma}'$,则 $\boldsymbol{\beta}_1,\boldsymbol{\beta}_2,\boldsymbol{\beta}_3$ 两两正交. 显然 $\boldsymbol{\alpha}_3$ 在 $\boldsymbol{\beta}_1$ 上($\boldsymbol{\beta}_2$ 上)的投影向量等于 $\boldsymbol{\gamma}'$在 $\boldsymbol{\beta}_1$ 上($\boldsymbol{\beta}_2$ 上)的投影向量,记为 $\boldsymbol{\gamma}'_x(\boldsymbol{\gamma}'_y)$,则 $\boldsymbol{\gamma}'=\boldsymbol{\gamma}'_x+\boldsymbol{\gamma}'_y$. 由上一步讨论可得

$$\boldsymbol{\gamma}'_x=\frac{(\boldsymbol{\beta}_1,\boldsymbol{\alpha}_3)}{(\boldsymbol{\beta}_1,\boldsymbol{\beta}_1)}\boldsymbol{\beta}_1,\quad \boldsymbol{\gamma}'_y=\frac{(\boldsymbol{\beta}_2,\boldsymbol{\alpha}_3)}{(\boldsymbol{\beta}_2,\boldsymbol{\beta}_2)}\boldsymbol{\beta}_2.$$

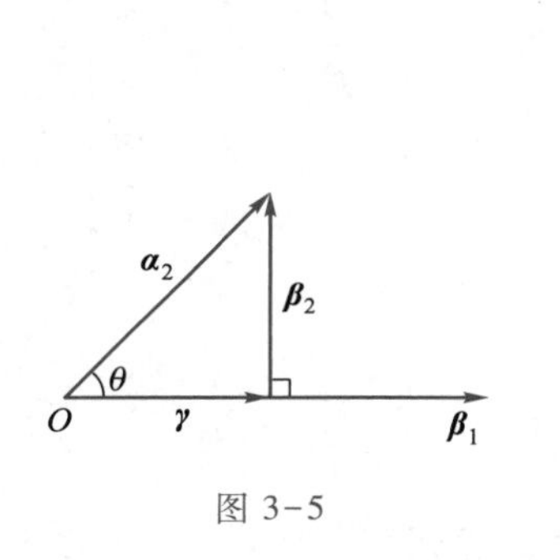

图 3-5

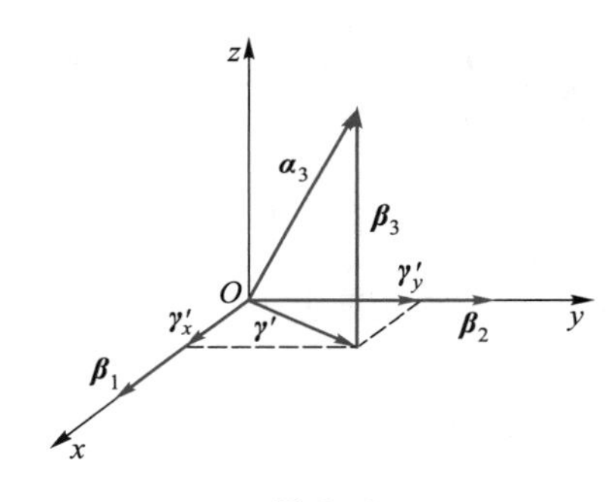

图 3-6

所以

$$\boldsymbol{\gamma}'=\frac{(\boldsymbol{\beta}_1,\boldsymbol{\alpha}_3)}{(\boldsymbol{\beta}_1,\boldsymbol{\beta}_1)}\boldsymbol{\beta}_1+\frac{(\boldsymbol{\beta}_2,\boldsymbol{\alpha}_3)}{(\boldsymbol{\beta}_2,\boldsymbol{\beta}_2)}\boldsymbol{\beta}_2,$$

故

$$\boldsymbol{\beta}_3=\boldsymbol{\alpha}_3-\frac{(\boldsymbol{\beta}_1,\boldsymbol{\alpha}_3)}{(\boldsymbol{\beta}_1,\boldsymbol{\beta}_1)}\boldsymbol{\beta}_1-\frac{(\boldsymbol{\beta}_2,\boldsymbol{\alpha}_3)}{(\boldsymbol{\beta}_2,\boldsymbol{\beta}_2)}\boldsymbol{\beta}_2,$$

即 $\boldsymbol{\beta}_3$ 等于 $\boldsymbol{\alpha}_3$ 减去 $\boldsymbol{\alpha}_3$ 分别在 $\boldsymbol{\beta}_1,\boldsymbol{\beta}_2$ 上的 2 个投影向量.

对于 $\mathbf{R}^n$ 中的线性无关向量组 $\boldsymbol{\alpha}_1,\boldsymbol{\alpha}_2,\cdots,\boldsymbol{\alpha}_m$,用类似的方法递归计算可得:$\boldsymbol{\beta}_1=\boldsymbol{\alpha}_1$;$\boldsymbol{\beta}_s$ 等于 $\boldsymbol{\alpha}_s$ 减去 $\boldsymbol{\alpha}_s$ 分别在 $\boldsymbol{\beta}_1,\boldsymbol{\beta}_2,\cdots,\boldsymbol{\beta}_{s-1}$上的 $s-1$ 个投影向量,即

$$\boldsymbol{\beta}_s=\boldsymbol{\alpha}_s-\frac{(\boldsymbol{\beta}_1,\boldsymbol{\alpha}_s)}{(\boldsymbol{\beta}_1,\boldsymbol{\beta}_1)}\boldsymbol{\beta}_1-\frac{(\boldsymbol{\beta}_2,\boldsymbol{\alpha}_s)}{(\boldsymbol{\beta}_2,\boldsymbol{\beta}_2)}\boldsymbol{\beta}_2-\cdots-\frac{(\boldsymbol{\beta}_{s-1},\boldsymbol{\alpha}_s)}{(\boldsymbol{\beta}_{s-1},\boldsymbol{\beta}_{s-1})}\boldsymbol{\beta}_{s-1},\quad s=2,3,\cdots,m.$$

在欧氏空间 V 中,若 $\boldsymbol{\alpha}_1,\boldsymbol{\alpha}_2,\cdots,\boldsymbol{\alpha}_m$ 是 V 的基,则可以利用上述格拉姆-施密特正交化方法求得 V 的标准正交基.

例 2 已知欧氏空间 $\mathbf{R}^3$的基 A:$\boldsymbol{\alpha}_1=\begin{pmatrix}1\\1\\1\end{pmatrix}$,$\boldsymbol{\alpha}_2=\begin{pmatrix}0\\1\\2\end{pmatrix}$,$\boldsymbol{\alpha}_3=\begin{pmatrix}2\\0\\3\end{pmatrix}$,利用格拉姆-施密特正交化

方法，由基 A 构造 $\mathbf{R}^3$的标准正交基.

解　先正交化：

$$\boldsymbol{\beta}_1=\boldsymbol{\alpha}_1=\begin{pmatrix}1\\1\\1\end{pmatrix},\quad \boldsymbol{\beta}_2=\boldsymbol{\alpha}_2-\frac{(\boldsymbol{\beta}_1,\boldsymbol{\alpha}_2)}{(\boldsymbol{\beta}_1,\boldsymbol{\beta}_1)}\boldsymbol{\beta}_1=\begin{pmatrix}0\\1\\2\end{pmatrix}-\frac{3}{3}\begin{pmatrix}1\\1\\1\end{pmatrix}=\begin{pmatrix}-1\\0\\1\end{pmatrix},$$

$$\boldsymbol{\beta}_3=\boldsymbol{\alpha}_3-\frac{(\boldsymbol{\beta}_1,\boldsymbol{\alpha}_3)}{(\boldsymbol{\beta}_1,\boldsymbol{\beta}_1)}\boldsymbol{\beta}_1-\frac{(\boldsymbol{\beta}_2,\boldsymbol{\alpha}_3)}{(\boldsymbol{\beta}_2,\boldsymbol{\beta}_2)}\boldsymbol{\beta}_2=\begin{pmatrix}2\\0\\3\end{pmatrix}-\frac{5}{3}\begin{pmatrix}1\\1\\1\end{pmatrix}-\frac{1}{2}\begin{pmatrix}-1\\0\\1\end{pmatrix}=\begin{pmatrix}\frac{5}{6}\\-\frac{5}{3}\\\frac{5}{6}\end{pmatrix}=\frac{5}{6}\begin{pmatrix}1\\-2\\1\end{pmatrix}.$$

再单位化：

$$\boldsymbol{\gamma}_1=\frac{\boldsymbol{\beta}_1}{|\boldsymbol{\beta}_1|}=\begin{pmatrix}\frac{\sqrt{3}}{3}\\\frac{\sqrt{3}}{3}\\\frac{\sqrt{3}}{3}\end{pmatrix},\quad \boldsymbol{\gamma}_2=\frac{\boldsymbol{\beta}_2}{|\boldsymbol{\beta}_2|}=\begin{pmatrix}-\frac{\sqrt{2}}{2}\\0\\\frac{\sqrt{2}}{2}\end{pmatrix},\quad \boldsymbol{\gamma}_3=\frac{\boldsymbol{\beta}_3}{|\boldsymbol{\beta}_3|}=\begin{pmatrix}\frac{\sqrt{6}}{6}\\-\frac{\sqrt{6}}{3}\\\frac{\sqrt{6}}{6}\end{pmatrix}.$$

$\boldsymbol{\gamma}_1,\boldsymbol{\gamma}_2,\boldsymbol{\gamma}_3$即为所求标准正交基.

3.6.3　正交矩阵

定义 3.6.5　对 n 阶方阵 $\boldsymbol{A}$，若 $\boldsymbol{A}^{\mathrm{T}}\boldsymbol{A}=\boldsymbol{E}$，则称 $\boldsymbol{A}$ 为正交矩阵(orthogonal matrix).

对正交矩阵 $\boldsymbol{A}$，由 $\boldsymbol{A}^{\mathrm{T}}\boldsymbol{A}=\boldsymbol{E}$ 得 $1=|\boldsymbol{E}|=|\boldsymbol{A}^{\mathrm{T}}|\,|\boldsymbol{A}|=|\boldsymbol{A}|^2$，因此 $|\boldsymbol{A}|=\pm1\neq0$，即 $\boldsymbol{A}$ 可逆且 $\boldsymbol{A}^{-1}=\boldsymbol{A}^{\mathrm{T}}$.又因为$(\boldsymbol{A}^{\mathrm{T}})^{\mathrm{T}}\boldsymbol{A}^{\mathrm{T}}=\boldsymbol{A}\boldsymbol{A}^{\mathrm{T}}=\boldsymbol{A}\boldsymbol{A}^{-1}=\boldsymbol{E}$，从而 $\boldsymbol{A}^{\mathrm{T}}$也是正交矩阵.这就得到关于正交矩阵的几个简单性质：

性质 3.6.3　设 $\boldsymbol{A}$ 是 n 阶正交矩阵，则

(1) $\boldsymbol{A}$ 的行列式 $|\boldsymbol{A}|=1$ 或 $|\boldsymbol{A}|=-1$；

(2) $\boldsymbol{A}$ 的转置就是 $\boldsymbol{A}$ 的逆矩阵，即 $\boldsymbol{A}^{-1}=\boldsymbol{A}^{\mathrm{T}}$；

(3) $\boldsymbol{A}^{\mathrm{T}}$也是 n 阶正交矩阵.

欧氏空间 $\mathbf{R}^n$中任意标准正交基 $\boldsymbol{\gamma}_1=\begin{pmatrix}a_{11}\\a_{21}\\\vdots\\a_{n1}\end{pmatrix},\boldsymbol{\gamma}_2=\begin{pmatrix}a_{12}\\a_{22}\\\vdots\\a_{n2}\end{pmatrix},\cdots,\boldsymbol{\gamma}_n=\begin{pmatrix}a_{1n}\\a_{2n}\\\vdots\\a_{nn}\end{pmatrix}$构成矩阵 $\boldsymbol{A}=(\boldsymbol{\gamma}_1,\boldsymbol{\gamma}_2,\cdots,\boldsymbol{\gamma}_n)=\begin{pmatrix}a_{11}&a_{12}&\cdots&a_{1n}\\a_{21}&a_{22}&\cdots&a_{2n}\\\vdots&\vdots&&\vdots\\a_{n1}&a_{n2}&\cdots&a_{nn}\end{pmatrix}$，由于 $\boldsymbol{\gamma}_i^{\mathrm{T}}\boldsymbol{\gamma}_j=(\boldsymbol{\gamma}_i,\boldsymbol{\gamma}_j)=\begin{cases}0,i\neq j,\\1,i=j,\end{cases}$因此有 $\boldsymbol{A}^{\mathrm{T}}\boldsymbol{A}=\begin{pmatrix}\boldsymbol{\gamma}_1^{\mathrm{T}}\\\boldsymbol{\gamma}_2^{\mathrm{T}}\\\vdots\\\boldsymbol{\gamma}_n^{\mathrm{T}}\end{pmatrix}(\boldsymbol{\gamma}_1,$

$$\boldsymbol{\gamma}_2,\cdots,\boldsymbol{\gamma}_n)=\begin{pmatrix}\boldsymbol{\gamma}_1^{\mathrm{T}}\boldsymbol{\gamma}_1 & \boldsymbol{\gamma}_1^{\mathrm{T}}\boldsymbol{\gamma}_2 & \cdots & \boldsymbol{\gamma}_1^{\mathrm{T}}\boldsymbol{\gamma}_n\\ \boldsymbol{\gamma}_2^{\mathrm{T}}\boldsymbol{\gamma}_1 & \boldsymbol{\gamma}_2^{\mathrm{T}}\boldsymbol{\gamma}_2 & \cdots & \boldsymbol{\gamma}_2^{\mathrm{T}}\boldsymbol{\gamma}_n\\ \vdots & \vdots & & \vdots\\ \boldsymbol{\gamma}_n^{\mathrm{T}}\boldsymbol{\gamma}_1 & \boldsymbol{\gamma}_n^{\mathrm{T}}\boldsymbol{\gamma}_2 & \cdots & \boldsymbol{\gamma}_n^{\mathrm{T}}\boldsymbol{\gamma}_n\end{pmatrix}=\boldsymbol{E}_n$$

,即 $\boldsymbol{A}$ 是正交矩阵.反之,若 n 阶方阵 $\boldsymbol{A}$ 是正交矩阵,即 $\boldsymbol{A}^{\mathrm{T}}\boldsymbol{A}=\boldsymbol{E}_n$,可知其列向量组是 $\mathbf{R}^n$ 的标准正交基.由此可得:

定理 3.6.3 n 阶方阵 $\boldsymbol{A}$ 是正交矩阵当且仅当 $\boldsymbol{A}$ 的 n 个列向量(或 n 个行向量)是 $\mathbf{R}^n$ 的标准正交基.

设 $\boldsymbol{A}=\begin{pmatrix}\frac{\sqrt{3}}{3} & -\frac{\sqrt{2}}{2} & \frac{\sqrt{6}}{6}\\ \frac{\sqrt{3}}{3} & 0 & -\frac{\sqrt{6}}{3}\\ \frac{\sqrt{3}}{3} & \frac{\sqrt{2}}{2} & \frac{\sqrt{6}}{6}\end{pmatrix}$,则有

$$\boldsymbol{A}^{\mathrm{T}}\boldsymbol{A}=\begin{pmatrix}\frac{\sqrt{3}}{3} & \frac{\sqrt{3}}{3} & \frac{\sqrt{3}}{3}\\ -\frac{\sqrt{2}}{2} & 0 & \frac{\sqrt{2}}{2}\\ \frac{\sqrt{6}}{6} & -\frac{\sqrt{6}}{3} & \frac{\sqrt{6}}{6}\end{pmatrix}\begin{pmatrix}\frac{\sqrt{3}}{3} & -\frac{\sqrt{2}}{2} & \frac{\sqrt{6}}{6}\\ \frac{\sqrt{3}}{3} & 0 & -\frac{\sqrt{6}}{3}\\ \frac{\sqrt{3}}{3} & \frac{\sqrt{2}}{2} & \frac{\sqrt{6}}{6}\end{pmatrix}=\begin{pmatrix}1 & 0 & 0\\ 0 & 1 & 0\\ 0 & 0 & 1\end{pmatrix},$$

这就验证了本节例 1 中所求 $\mathbf{R}^3$ 的基 $\boldsymbol{\gamma}_1=\begin{pmatrix}\frac{\sqrt{3}}{3}\\ \frac{\sqrt{3}}{3}\\ \frac{\sqrt{3}}{3}\end{pmatrix},\boldsymbol{\gamma}_2=\begin{pmatrix}-\frac{\sqrt{2}}{2}\\ 0\\ \frac{\sqrt{2}}{2}\end{pmatrix},\boldsymbol{\gamma}_3=\begin{pmatrix}\frac{\sqrt{6}}{6}\\ -\frac{\sqrt{6}}{3}\\ \frac{\sqrt{6}}{6}\end{pmatrix}$ 是标准正交基.

习　题　3.6

1. 当 λ 取何实数时,下列向量正交:

(1) $\boldsymbol{\alpha}=\begin{pmatrix}\frac{1}{\lambda}\\ 2\\ 1\\ 2\end{pmatrix},\boldsymbol{\beta}=\begin{pmatrix}5\\ \frac{\lambda}{2}\\ -4\\ -1\end{pmatrix}$;　　(2) $\boldsymbol{\alpha}=\begin{pmatrix}0\\ 1\\ \lambda\\ 9\end{pmatrix},\boldsymbol{\beta}=\begin{pmatrix}7\\ \frac{1}{\lambda}\\ -1\\ 0\end{pmatrix}$.

2. 求下列向量的夹角：

(1) $\boldsymbol{\alpha}=\begin{pmatrix}2\\1\\3\\2\end{pmatrix},\boldsymbol{\beta}=\begin{pmatrix}1\\2\\-2\\1\end{pmatrix}$；　(2) $\boldsymbol{\alpha}=\begin{pmatrix}1\\2\\2\\3\end{pmatrix},\boldsymbol{\beta}=\begin{pmatrix}3\\1\\5\\1\end{pmatrix}$.

3. 把下列线性无关向量组化为单位正交向量组：

(1) $\boldsymbol{\alpha}_1=\begin{pmatrix}1\\-1\\0\end{pmatrix},\boldsymbol{\alpha}_2=\begin{pmatrix}1\\0\\1\end{pmatrix},\boldsymbol{\alpha}_3=\begin{pmatrix}1\\-1\\1\end{pmatrix}$；

(2) $\boldsymbol{\alpha}_1=\begin{pmatrix}1\\1\\-1\\-1\end{pmatrix},\boldsymbol{\alpha}_2=\begin{pmatrix}1\\2\\3\\4\end{pmatrix},\boldsymbol{\alpha}_3=\begin{pmatrix}1\\3\\1\\0\end{pmatrix}$.

4. 设 $\boldsymbol{\alpha}_1=\begin{pmatrix}1\\1\\1\end{pmatrix},\boldsymbol{\alpha}_2=\begin{pmatrix}1\\-2\\1\end{pmatrix}$,求一个单位向量 $\boldsymbol{\beta}$,使得 $\boldsymbol{\beta}$ 与 $\boldsymbol{\alpha}_1,\boldsymbol{\alpha}_2$ 都正交.

5. 判断下列矩阵是否为正交矩阵,并说明理由：

(1) $\begin{pmatrix}\cos\theta & \sin\theta\\ -\sin\theta & \cos\theta\end{pmatrix}$,其中 $\theta\in\mathbf{R}$；　(2) $\begin{pmatrix}1&1&0\\0&1&1\\0&0&1\end{pmatrix}$；

(3) $\begin{pmatrix}\frac{\sqrt{2}}{2} & \frac{\sqrt{2}}{6} & \frac{2}{3}\\ 0 & -\frac{2\sqrt{2}}{3} & \frac{1}{3}\\ -\frac{\sqrt{2}}{2} & \frac{\sqrt{2}}{6} & \frac{2}{3}\end{pmatrix}$；　(4) $\begin{pmatrix}0&0&0&1\\0&0&-1&0\\0&-1&0&0\\1&0&0&0\end{pmatrix}$.

6. 设 $\boldsymbol{A},\boldsymbol{B}$ 都是正交矩阵,证明：(1) $\boldsymbol{AB}$ 也是正交矩阵；(2) $\boldsymbol{AB}^{\mathrm{T}}$ 也是正交矩阵.

7. 已知 n 维向量 $\boldsymbol{\alpha}_1,\boldsymbol{\alpha}_2,\cdots,\boldsymbol{\alpha}_n$ 线性无关,如果 $\boldsymbol{\beta}$ 与 $\boldsymbol{\alpha}_1,\boldsymbol{\alpha}_2,\cdots,\boldsymbol{\alpha}_n$ 都正交,证明 $\boldsymbol{\beta}$ 必为零向量.

8. 已知向量组 $\boldsymbol{\alpha}_1,\boldsymbol{\alpha}_2,\cdots,\boldsymbol{\alpha}_m$ 线性无关,如果非零向量 $\boldsymbol{\beta}$ 与 $\boldsymbol{\alpha}_1,\boldsymbol{\alpha}_2,\cdots,\boldsymbol{\alpha}_m$ 都正交,证明 $\boldsymbol{\alpha}_1,\boldsymbol{\alpha}_2,\cdots,\boldsymbol{\alpha}_m,\boldsymbol{\beta}$ 一定线性无关.

*§3.7　应用举例

借助于向量空间的任意向量可以表示为它的基的线性组合,而导数、微分、积分等计算都满足线性性质,因此可以考虑从特殊(基向量)到一般(空间的任意向量)的计算思路,如下例：

例 1　求不定积分 $I=\int\frac{c\cos x+d\sin x}{a\cos x+b\sin x}\mathrm{d}x$, 其中 a,b,c,d 是常数,且 $a^2+b^2\neq0$.

解 记 $c\cos x+d\sin x=(\cos x,\sin x)\begin{pmatrix}c\\d\end{pmatrix}$，当取 $\begin{pmatrix}c\\d\end{pmatrix}=\begin{pmatrix}a\\b\end{pmatrix},\begin{pmatrix}b\\-a\end{pmatrix}$ 时，依次分别计算可得

$$I_1=x+C_1,$$

$$I_2=\int\frac{b\cos x-a\sin x}{a\cos x+b\sin x}\mathrm{d}x=\int\frac{\mathrm{d}(a\cos x+b\sin x)}{a\cos x+b\sin x}=\ln|a\cos x+b\sin x|+C_2.$$

由于 $a^2+b^2\neq0$，故 $\begin{pmatrix}a\\b\end{pmatrix},\begin{pmatrix}b\\-a\end{pmatrix}$ 是线性无关的，因此对任意 $\begin{pmatrix}c\\d\end{pmatrix}\in\mathbf{R}^2$，都可由 $\begin{pmatrix}a\\b\end{pmatrix},\begin{pmatrix}b\\-a\end{pmatrix}$ 线性表示，即 $\begin{pmatrix}c\\d\end{pmatrix}=k_1\begin{pmatrix}a\\b\end{pmatrix}+k_2\begin{pmatrix}b\\-a\end{pmatrix}$，解之得 $\begin{cases}k_1=\dfrac{ac+bd}{a^2+b^2},\\ k_2=\dfrac{bc-ad}{a^2+b^2}.\end{cases}$ 由此得

$$\begin{aligned}I&=\int\frac{1}{a\cos x+b\sin x}(\cos x,\sin x)\begin{pmatrix}c\\d\end{pmatrix}\mathrm{d}x\\&=\int\frac{k_1}{a\cos x+b\sin x}(\cos x,\sin x)\begin{pmatrix}a\\b\end{pmatrix}\mathrm{d}x+\int\frac{k_2}{a\cos x+b\sin x}(\cos x,\sin x)\begin{pmatrix}b\\-a\end{pmatrix}\mathrm{d}x\\&=k_1I_1+k_2I_2=\frac{ac+bd}{a^2+b^2}x+\frac{bc-ad}{a^2+b^2}\ln|a\cos x+b\sin x|+C,\end{aligned}$$

其中 $C=k_1C_1+k_2C_2$.

欧氏空间 V 中向量有长度与夹角等度量概念，由此可以考虑一些应用，如相关系数：设 $\boldsymbol{\alpha}^{\mathrm{T}}=(a_1,a_2,\cdots,a_n)$，$\boldsymbol{\beta}^{\mathrm{T}}=(b_1,b_2,\cdots,b_n)$，$\bar{a}=\dfrac{1}{n}\sum_{i=1}^{n}a_i$，$\bar{b}=\dfrac{1}{n}\sum_{i=1}^{n}b_i$，设它们对应地减去平均值后所得向量（下设它们是非零的）分别记作

$$\tilde{\boldsymbol{\alpha}}^{\mathrm{T}}=(a_1-\bar{a},a_2-\bar{a},\cdots,a_n-\bar{a}),\quad\tilde{\boldsymbol{\beta}}^{\mathrm{T}}=(b_1-\bar{b},b_2-\bar{b},\cdots,b_n-\bar{b}),$$

它们的夹角余弦

$$\rho=\frac{\tilde{\boldsymbol{\alpha}}^{\mathrm{T}}\tilde{\boldsymbol{\beta}}}{|\tilde{\boldsymbol{\alpha}}^{\mathrm{T}}||\tilde{\boldsymbol{\beta}}^{\mathrm{T}}|}=\left(\frac{\tilde{\boldsymbol{\alpha}}}{|\tilde{\boldsymbol{\alpha}}^{\mathrm{T}}|}\right)^{\mathrm{T}}\left(\frac{\tilde{\boldsymbol{\beta}}}{|\tilde{\boldsymbol{\beta}}^{\mathrm{T}}|}\right)\tag{3.10}$$

定义为**相关系数**（correlation coefficient）或**相关度**.

例 2（统计数据的相关系数与相关矩阵） 假设我们要计算一个班级学生的期末考试成绩和作业成绩、平时测验成绩之间的相关程度.我们考虑某大学一个教学班第二学期两门数学课的作业成绩、平时测验成绩与期末考试成绩，表 3-1 所示的作业成绩、平时测验成绩、期末考试成绩都是两门数学课成绩之和，每门按照百分制，满分 200 分.

表 3-1 第二学期数学成绩

学生	作业成绩	平时测验成绩	期末考试成绩
S1	198	200	196
S2	160	165	165
S3	158	158	133

续表

学生	作业成绩	平时测验成绩	期末考试成绩
S4	150	165	91
S5	175	182	151
S6	134	135	101
S7	152	136	80
平均成绩	161	163	131

将作业成绩、平时测验成绩、期末考试成绩各自看成一个集合，来研究它们之间的相关关系.为了看到两个成绩集合的相关程度，并考虑到不同成绩由于难度的不同而形成了成绩高低的差异，因此需要将每一类成绩的均值调整为 0，各类成绩都减去它相应的平均成绩后用如下矩阵表示（也就是将表 3-1 中最后一行平均成绩乘-1 依次按列对应加到 2—8 行的学生成绩上去）：

$$\boldsymbol{X}=\begin{pmatrix} 37 & 37 & 65 \\ -1 & 2 & 34 \\ -3 & -5 & 2 \\ -11 & 2 & -40 \\ 14 & 19 & 20 \\ -27 & -28 & -30 \\ -9 & -27 & -51 \end{pmatrix}$$

$\boldsymbol{X}$ 的列向量 $\boldsymbol{\alpha}_1,\boldsymbol{\alpha}_2,\boldsymbol{\alpha}_3$ 表示三个成绩集合中每一个学生的成绩相对于均值的偏差，此三个列向量的分量之和全为 0.因此，为了比较两个成绩集合，我们计算 $\boldsymbol{X}$ 中两个列向量 $\boldsymbol{\alpha}_i,\boldsymbol{\alpha}_j$ 之间的夹角余弦 $\cos\theta=\dfrac{(\boldsymbol{\alpha}_i,\boldsymbol{\alpha}_j)}{|\boldsymbol{\alpha}_i|\,|\boldsymbol{\alpha}_j|}$ 作为相关系数，若余弦值接近 ±1，就说明此两向量接近于“平行”，因而这两个成绩是高度相关的；反之，若余弦值接近 0，就说明此两向量接近于“垂直”，因而这两个成绩是不相关的.例如，作业成绩和平时测验成绩的相关系数为

$$\cos\theta=\frac{(\boldsymbol{\alpha}_1,\boldsymbol{\alpha}_2)}{|\boldsymbol{\alpha}_1|\,|\boldsymbol{\alpha}_2|}\approx0.92. \tag{3.11}$$

相关系数 1 对应的两向量分量对应成比例，即这两个向量线性相关，所以

$$\boldsymbol{\alpha}_2=k\boldsymbol{\alpha}_1\quad(k>0). \tag{3.12}$$

因而，当把作业成绩用变量 x 表示，平时测验成绩用变量 y 表示，相关系数 1 就意味着每名学生的作业成绩与平时测验成绩对应的数对位于直线 $y=kx$ 上.该直线的斜率 k 计算如下：由(3.12)有 $(\boldsymbol{\alpha}_2,\boldsymbol{\alpha}_1)=(k\boldsymbol{\alpha}_1,\boldsymbol{\alpha}_1)=k(\boldsymbol{\alpha}_1,\boldsymbol{\alpha}_1)$，因此得

$$k=\frac{(\boldsymbol{\alpha}_2,\boldsymbol{\alpha}_1)}{(\boldsymbol{\alpha}_1,\boldsymbol{\alpha}_1)}=\frac{\boldsymbol{\alpha}_2^{\mathrm{T}}\boldsymbol{\alpha}_1}{\boldsymbol{\alpha}_1^{\mathrm{T}}\boldsymbol{\alpha}_1}=\frac{2\,625}{2\,506}\approx1.05. \tag{3.13}$$

综合上述，相关系数由(3.11)计算，拟合线性关系

$$\tilde{y}=kx \tag{3.14}$$

的系数 k 由(3.13)计算，如图 3-7 所示.

若考虑单位向量 $\boldsymbol{u}_1=\dfrac{1}{|\boldsymbol{\alpha}_1|}\boldsymbol{\alpha}_1,\boldsymbol{u}_2=\dfrac{1}{|\boldsymbol{\alpha}_2|}\boldsymbol{\alpha}_2$,则两个列向量 $\boldsymbol{\alpha}_1,\boldsymbol{\alpha}_2$ 之间的夹角余弦为 $\cos\theta=(\boldsymbol{u}_1,\boldsymbol{u}_2)=\boldsymbol{u}_1^{\mathrm{T}}\boldsymbol{u}_2$,因此将矩阵 $\boldsymbol{X}$ 的 3 个列向量单位化后得如下矩阵:

$$\boldsymbol{U}=\begin{pmatrix}0.74 & 0.65 & 0.62\\ -0.02 & 0.03 & 0.33\\ -0.06 & -0.09 & 0.02\\ -0.22 & 0.03 & -0.38\\ 0.28 & 0.33 & 0.19\\ -0.54 & -0.49 & -0.29\\ -0.18 & -0.47 & -0.49\end{pmatrix},$$

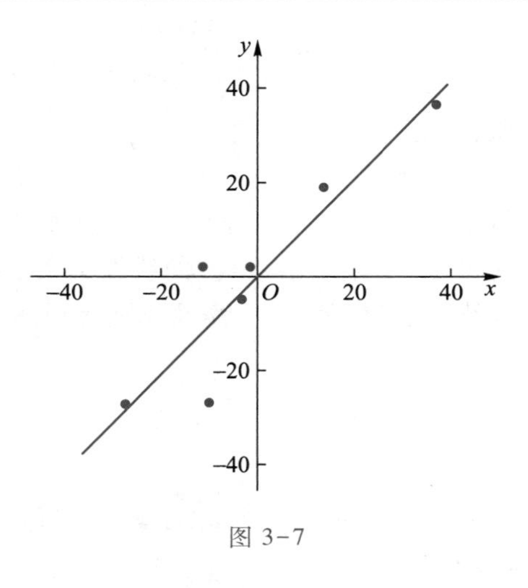

图 3-7

令 $\boldsymbol{C}=\boldsymbol{U}^{\mathrm{T}}\boldsymbol{U}$,则

$$\boldsymbol{C}=\begin{pmatrix}1 & 0.92 & 0.83\\ 0.92 & 1 & 0.83\\ 0.83 & 0.83 & 1\end{pmatrix}. \tag{3.15}$$

易知,$\boldsymbol{C}$ 中第 i 行、第 j 列数就是 $\boldsymbol{X}$ 的第 i 列与第 j 列的相关系数,矩阵 $\boldsymbol{C}$ 称为相关矩阵(correlation matrix).

由于(3.15)中相关系数都是正的,所以该例子中的三个成绩是正相关(positively correlated)的,负相关系数表示两组数据的集合是负相关(negatively correlated)的,0 相关系数表示两组数据的集合是不相关(uncorrelated)的.

例 2 中所反映的学生作业完成情况、平时测验与期末考试等成绩的相关性,一方面说明学生平时学习的重要性,学习知识要循序渐进、不断积累,持续努力;另一方面反映了对于老师的教学来说,平时对学生学习的过程性考核是很重要的.

应用数学中最常见的问题涉及元素是函数的向量空间,我们看下面的例子.

例 3 定义在闭区间$[a,b]$上的所有连续实函数构成一个向量空间,记作 $C[a,b]$,定义内积 $\langle f(x),g(x)\rangle=\int_a^b f(x)g(x)\mathrm{d}x$,其中 $f(x),g(x)\in C[a,b]$,由定积分的基本性质证明它满足内积(见性质 3.6.1)的 3 条性质:对称性、线性性、非负性.

证 (1) 对称性

$$\langle f(x),g(x)\rangle=\int_a^b f(x)g(x)\mathrm{d}x=\int_a^b g(x)f(x)\mathrm{d}x=\langle g(x),f(x)\rangle;$$

(2) 线性性

$$\begin{aligned}\langle \lambda f(x)+\mu g(x),h(x)\rangle&=\int_a^b[\lambda f(x)+\mu g(x)]h(x)\mathrm{d}x\\&=\lambda\int_a^b f(x)h(x)\mathrm{d}x+\mu\int_a^b g(x)h(x)\mathrm{d}x\\&=\lambda\langle f(x),h(x)\rangle+\mu\langle g(x),h(x)\rangle;\end{aligned}$$

(3) 非负性

$$\langle f(x),f(x)\rangle=\int_a^b f^2(x)\mathrm{d}x\geqslant 0,$$

若$\langle f(x),f(x)\rangle=\int_a^b f^2(x)\mathrm{d}x=0$,则必有$f(x)\equiv 0$,因为$f^2(x)\geqslant 0$是闭区间上的非负连续函数. 证毕.

由幂函数$f_1(x)=1,f_2(x)=x^2,\cdots,f_n(x)=x^n,\cdots$(其中$x\in[a,b]$)生成的多项式函数的向量空间$W$是$C[a,b]$的一个子空间,对于这类定义了内积的向量空间(见例3),同样可考虑向量组(即连续函数组)的线性关系如线性相关、线性无关、极大线性无关组、向量空间的基与维数、坐标表示、夹角及正交等概念.

*习　题　3.7

1. 证明在$[a,b]$上的所有连续实函数的集合$C[a,b]$,在函数的加法及数与函数的乘法下构成一个向量空间.

2. 设$f(x),g(x)\in C[a,b]$,其中$C[a,b]$表示在$[a,b]$上的所有连续函数的集合,证明不等式:

$$\left[\int_a^b f(x)g(x)\mathrm{d}x\right]^2\leqslant\left[\int_a^b f^2(x)\mathrm{d}x\right]\left[\int_a^b g^2(x)\mathrm{d}x\right].$$

3. 设V表示定义了内积的向量空间$C[0,1]$,W是由多项式函数$f_1(x)=1$,$f_2(x)=2x-1$和$f_3(x)=12x^2$(其中$x\in[0,1]$)生成的子空间,利用格拉姆-施密特正交化方法求W的正交基.

§3.8　MATLAB实验

通过本节的学习,会利用MATLAB来求向量组的秩、判断向量组的线性相关性以及求极大线性无关组等.

在MATLAB中使用函数命令rref或rrefmovie可以把矩阵化为行最简形矩阵,格式如下:

R=rref(A)	给出矩阵$\boldsymbol{A}$的行最简形矩阵$\mathbf{R}$;
[R,ip]=rref(A)	给出矩阵$\boldsymbol{A}$的行最简形矩阵$\mathbf{R}$;
ip	表示列向量基所在的列数;
r=length(ip)	给出矩阵$\boldsymbol{A}$的秩;
A(:,ip)	给出矩阵$\boldsymbol{A}$的一个列向量基;
rrefmovie(A)	给出求矩阵$\boldsymbol{A}$的行最简形矩阵的每一个步骤.

例1　求向量组$(0,-1,2,3)^{\mathrm{T}},(1,4,0,-1)^{\mathrm{T}},(3,1,4,2)^{\mathrm{T}}$的秩,并判断其线性相关性.

解　程序及运行结果如下:

```
>> A=[0 1 3;-1 4 1;2 0 4;3 -1 2]
A=
     0     1     3
    -1     4     1
     2     0     4
     3    -1     2
```

```
>> rank(A)
ans =
        3
```

故可知向量组的秩为 3.由于该向量组的秩等于向量的个数,所以这个向量组线性无关.

例 2 求向量组 $\boldsymbol{a}=(1\ -1\ 2\ 4)$,$\boldsymbol{b}=(0\ 3\ 1\ 2)$,$\boldsymbol{c}=(-3\ 3\ 7\ 14)$,$\boldsymbol{d}=(4\ -1\ 9\ 18)$的秩以及一个极大线性无关组,并将不属于该极大线性无关组的向量用极大线性无关组线性表示.

解 程序及运行结果如下:

```
>> a=[1 -1 2 4]';b=[0 3 1 2]';c=[-3 3 7 14]';d=[4 -1 9 18]';
A=[a,b,c,d]            %将向量组组成一个矩阵
[R,ip]=rref(A)
R =
     1     0     0     4
     0     1     0     1
     0     0     1     0
     0     0     0     0
ip =
     1     2     3
>>A(:,ip)              %给出矩阵 A 的一个列向量基
length(ip)             %给出矩阵 A 的秩,也可用 rank(A)求矩阵 A 的秩
ans =
      1     0    -3
     -1     3     3
      2     1     7
      4     2    14
ans =
      3
```

所以,$\boldsymbol{a}$,$\boldsymbol{b}$,$\boldsymbol{c}$ 是向量组 $\boldsymbol{a}$,$\boldsymbol{b}$,$\boldsymbol{c}$,$\boldsymbol{d}$ 的一个极大线性无关组,并且 $\boldsymbol{d}=4\cdot\boldsymbol{a}+1\cdot\boldsymbol{b}+0\cdot\boldsymbol{c}$.读者可以用命令 rrefmovie(A)看一看求行最简形矩阵的每一个步骤.

例 3 求向量 $\boldsymbol{a}=(1\ 2\ -3\ 4)$,$\boldsymbol{b}=(2\ 3\ 4\ 5)$的内积、夹角.

解 程序及运行结果如下:

```
>>a=[1 2 -3 4];
b=[2 3 4 5]';          %将向量 b 写成列向量
p=a*b                  %求向量的内积
thita=acos((a*b)/(norm(a)*norm(b)))   %norm 用于求出向量的模
p =
  16
thita =
  1.1620
[Q,R]=qr(A)            %此命令将矩阵 A 分解为一个正交矩阵 Q 和一个上三角形矩阵 R
```

的乘积，即 $A=QR$.

例 4　将线性无关向量组 $a=(1\ \ -1\ \ 1\ \ 1\ \ 1)$，$b=(2\ \ 1\ \ 4\ \ -4\ \ 2)$，$c=(5\ \ -4\ \ -3\ \ 7\ \ 1)$，$d=(3\ \ 2\ \ 4\ \ 6\ \ -1)$正交化.

解　程序及运行结果如下：

```
>>a=[1  -1  1  1  1]';b=[2  1  4  -4  2]';c=[5  -4  -3  7  1]';d=[3  2
4  6  -1]';
e=[2  3  4  1  3]' ; %任意添上一个与向量 a,b,c,d 线性无关的向量
A=[a b c d e];
[Q,R]=qr(A)    % Q 中前 4 个列向量,相当于利用施密特正交化方法得到的标准正
               交向量,加上最后一列补充的标准正交向量,构成 5 维线性空间的标
               准正交基
Q=
    -0.4472   -0.2236    0.8322   -0.2000   -0.1323
     0.4472   -0.2556    0.1026   -0.6504    0.5487
    -0.4472   -0.5430   -0.5245   -0.4000   -0.2646
    -0.4472    0.7347   -0.1235   -0.4586    0.1862
    -0.4472   -0.2236   -0.0816    0.4082    0.7594
R=
    -2.2361   -1.3416   -6.2610   -4.4721   -3.1305
          0   -6.2610    6.4527    1.2778   -3.3222
          0         0    4.3776   -0.0559   -0.4942
          0         0         0   -6.6606   -3.1855
          0         0         0         0    2.7878
>>Q' * Q          %验证 Q 是正交矩阵
ans=
     1.0000   -0.0000    0.0000    0.0000         0
    -0.0000    1.0000    0.0000   -0.0000   -0.0000
     0.0000    0.0000    1.0000   -0.0000    0.0000
     0.0000   -0.0000   -0.0000    1.0000         0
          0   -0.0000    0.0000         0    1.0000
```

习　题　3.8

1. 运用 MATLAB 软件求向量组 $(0,-1,3,-4)^{\mathrm{T}}$，$(3,4,8,-1)^{\mathrm{T}}$，$(7,1,5,-4)^{\mathrm{T}}$，$(-2,12,-2,0)^{\mathrm{T}}$，$(5,-5,6,10)^{\mathrm{T}}$ 的秩，并判断其线性相关性.

2. 运用 MATLAB 软件求向量组 $\boldsymbol{\alpha}_1=(1,2,3,0)^{\mathrm{T}}$，$\boldsymbol{\alpha}_2=(-1,-1,-3,1)^{\mathrm{T}}$，$\boldsymbol{\alpha}_3=(5,0,15,-10)^{\mathrm{T}}$，$\boldsymbol{\alpha}_4=(-2,1,-6,5)^{\mathrm{T}}$，$\boldsymbol{\alpha}_5=(2,0,5,-4)^{\mathrm{T}}$ 的一个极大线性无关组，并将不属于该极大线性无关组的向量用极大线性无关组线性表示.

3. 运用 MATLAB 软件将向量组 $(1,1,-1)^{\mathrm{T}}$，$(0,4,1)^{\mathrm{T}}$，$(-2,1,1)^{\mathrm{T}}$ 规范正交化.

第三章思维导图

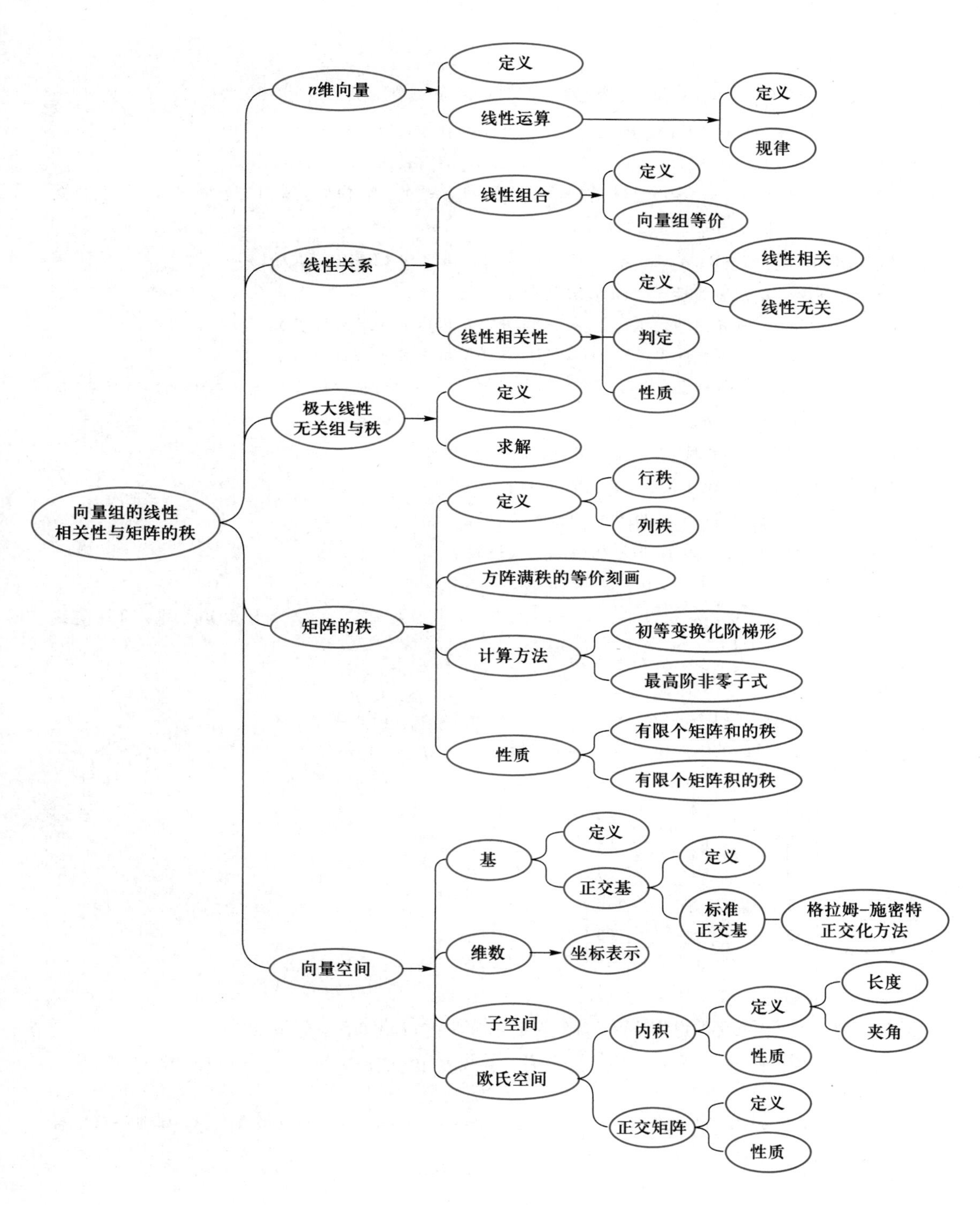
向量组的线性
相关性与矩阵的秩
n维向量
定义
线性运算
定义
规律
线性关系
线性组合
定义
向量组等价
线性相关性
定义
线性相关
线性无关
判定
性质
极大线性
无关组与秩
定义
求解
矩阵的秩
定义
行秩
列秩
方阵满秩的等价刻画
计算方法
初等变换化阶梯形
最高阶非零子式
性质
有限个矩阵和的秩
有限个矩阵积的秩
向量空间
基
定义
正交基
定义
标准
正交基
格拉姆-施密特
正交化方法
维数
坐标表示
子空间
欧氏空间
内积
定义
长度
夹角
性质
正交矩阵
定义
性质

综合习题三

1. 选择题：

(1) 已知向量组 $\boldsymbol{\alpha}_1,\boldsymbol{\alpha}_2,\boldsymbol{\alpha}_3,\boldsymbol{\alpha}_4$ 线性无关，则下列向量组线性无关的是(　　).

(A) $\boldsymbol{\alpha}_1+\boldsymbol{\alpha}_2,\boldsymbol{\alpha}_2+\boldsymbol{\alpha}_3,\boldsymbol{\alpha}_3+\boldsymbol{\alpha}_4,\boldsymbol{\alpha}_4+\boldsymbol{\alpha}_1$　　(B) $\boldsymbol{\alpha}_1-\boldsymbol{\alpha}_2,\boldsymbol{\alpha}_2-\boldsymbol{\alpha}_3,\boldsymbol{\alpha}_3-\boldsymbol{\alpha}_4,\boldsymbol{\alpha}_4-\boldsymbol{\alpha}_1$

(C) $\boldsymbol{\alpha}_1+\boldsymbol{\alpha}_2,\boldsymbol{\alpha}_2+\boldsymbol{\alpha}_3,\boldsymbol{\alpha}_3+\boldsymbol{\alpha}_4,\boldsymbol{\alpha}_4-\boldsymbol{\alpha}_1$　　(D) $\boldsymbol{\alpha}_1+\boldsymbol{\alpha}_2,\boldsymbol{\alpha}_2+\boldsymbol{\alpha}_3,\boldsymbol{\alpha}_3-\boldsymbol{\alpha}_4,\boldsymbol{\alpha}_4-\boldsymbol{\alpha}_1$

(2) 设有向量组 $\boldsymbol{\alpha}_1=(1,-1,2,4),\boldsymbol{\alpha}_2=(0,3,1,2),\boldsymbol{\alpha}_3=(3,0,7,14),\boldsymbol{\alpha}_4=(1,-2,2,0),\boldsymbol{\alpha}_5=(2,1,5,10)$，则该向量组的极大线性无关组是(　　).

(A) $\boldsymbol{\alpha}_1,\boldsymbol{\alpha}_2,\boldsymbol{\alpha}_3$　　(B) $\boldsymbol{\alpha}_1,\boldsymbol{\alpha}_2,\boldsymbol{\alpha}_4$　　(C) $\boldsymbol{\alpha}_1,\boldsymbol{\alpha}_2,\boldsymbol{\alpha}_5$　　(D) $\boldsymbol{\alpha}_1,\boldsymbol{\alpha}_2,\boldsymbol{\alpha}_4,\boldsymbol{\alpha}_5$

(3) 若向量组 $\boldsymbol{\alpha},\boldsymbol{\beta},\boldsymbol{\gamma}$ 线性无关，$\boldsymbol{\alpha},\boldsymbol{\beta},\boldsymbol{\delta}$ 线性相关，则(　　).

(A) $\boldsymbol{\alpha}$ 必可由 $\boldsymbol{\beta},\boldsymbol{\gamma},\boldsymbol{\delta}$ 线性表示　　(B) $\boldsymbol{\beta}$ 必不可由 $\boldsymbol{\alpha},\boldsymbol{\gamma},\boldsymbol{\delta}$ 线性表示

(C) $\boldsymbol{\delta}$ 必可由 $\boldsymbol{\beta},\boldsymbol{\gamma},\boldsymbol{\alpha}$ 线性表示　　(D) $\boldsymbol{\delta}$ 必不可由 $\boldsymbol{\beta},\boldsymbol{\gamma},\boldsymbol{\alpha}$ 线性表示

(4) 设向量 $\boldsymbol{\beta}$ 可由向量组 $\boldsymbol{\alpha}_1,\boldsymbol{\alpha}_2,\cdots,\boldsymbol{\alpha}_m$ 线性表示，但不能由向量组(Ⅰ)：$\boldsymbol{\alpha}_1,\boldsymbol{\alpha}_2,\cdots,\boldsymbol{\alpha}_{m-1}$ 线性表示，记向量组(Ⅱ)：$\boldsymbol{\alpha}_1,\boldsymbol{\alpha}_2,\cdots,\boldsymbol{\alpha}_{m-1},\boldsymbol{\beta}$，则(　　).

(A) $\boldsymbol{\alpha}_m$ 不能由(Ⅰ)线性表示，也不能由(Ⅱ)线性表示

(B) $\boldsymbol{\alpha}_m$ 不能由(Ⅰ)线性表示，但可由(Ⅱ)线性表示

(C) $\boldsymbol{\alpha}_m$ 可由(Ⅰ)线性表示，也可由(Ⅱ)线性表示

(D) $\boldsymbol{\alpha}_m$ 可由(Ⅰ)线性表示，但不能由(Ⅱ)线性表示

(5) 设向量 $\boldsymbol{\alpha}_1=\begin{pmatrix}0\\0\\c_1\end{pmatrix},\boldsymbol{\alpha}_2=\begin{pmatrix}0\\1\\c_2\end{pmatrix},\boldsymbol{\alpha}_3=\begin{pmatrix}1\\-1\\c_3\end{pmatrix},\boldsymbol{\alpha}_4=\begin{pmatrix}-1\\1\\c_4\end{pmatrix}$，其中 c_1,c_2,c_3,c_4 为任意实数，则以下一定线性相关的是(　　).

(A) $\boldsymbol{\alpha}_1,\boldsymbol{\alpha}_2,\boldsymbol{\alpha}_3$　　(B) $\boldsymbol{\alpha}_1,\boldsymbol{\alpha}_2,\boldsymbol{\alpha}_4$　　(C) $\boldsymbol{\alpha}_1,\boldsymbol{\alpha}_3,\boldsymbol{\alpha}_4$　　(D) $\boldsymbol{\alpha}_2,\boldsymbol{\alpha}_3,\boldsymbol{\alpha}_4$

2. 判定下列向量组的线性相关性，并说明理由：

(1) $\boldsymbol{\alpha}_1=\begin{pmatrix}1\\1\\1\\1\end{pmatrix},\boldsymbol{\alpha}_2=\begin{pmatrix}-1\\-1\\1\\1\end{pmatrix},\boldsymbol{\alpha}_3=\begin{pmatrix}1\\-1\\1\\-1\end{pmatrix},\boldsymbol{\alpha}_4=\begin{pmatrix}1\\-1\\-1\\1\end{pmatrix}$；

(2) $\boldsymbol{\alpha}_1=\begin{pmatrix}1\\-2\\1\\0\end{pmatrix},\boldsymbol{\alpha}_2=\begin{pmatrix}5\\-6\\9\\1\end{pmatrix},\boldsymbol{\alpha}_3=\begin{pmatrix}0\\8\\-7\\-1\end{pmatrix},\boldsymbol{\alpha}_4=\begin{pmatrix}-3\\10\\-14\\-2\end{pmatrix}$.

3. 下列关于 n 维向量的说法是否正确？若正确，证明之；若不正确，举反例说明.

(1) 若向量组 $\boldsymbol{\alpha}_1,\boldsymbol{\alpha}_2,\cdots,\boldsymbol{\alpha}_m$ 线性无关，且 $\boldsymbol{\beta}$ 不能由 $\boldsymbol{\alpha}_1,\boldsymbol{\alpha}_2,\cdots,\boldsymbol{\alpha}_m$ 线性表示，则 $\boldsymbol{\alpha}_1,\boldsymbol{\alpha}_2,\cdots,\boldsymbol{\alpha}_m,\boldsymbol{\beta}$ 一定线性无关.

(2) 若向量组 $\boldsymbol{\alpha}_1,\boldsymbol{\alpha}_2,\boldsymbol{\alpha}_3$ 线性无关，且非零向量 $\boldsymbol{\beta}=k_1\boldsymbol{\alpha}_1+k_2\boldsymbol{\alpha}_2+k_3\boldsymbol{\alpha}_3$，则其系数 k_1,k_2,k_3 唯一确定且不全为零.

（3）向量组 $\boldsymbol{\alpha}_1,\boldsymbol{\alpha}_2,\cdots,\boldsymbol{\alpha}_m(m>2)$ 线性无关的充要条件是该向量组中任意 2 个向量都线性无关.

（4）对任意向量组 $\boldsymbol{\alpha}_1,\boldsymbol{\alpha}_2,\boldsymbol{\alpha}_3$，向量组 $\boldsymbol{\alpha}_1-\boldsymbol{\alpha}_2,\boldsymbol{\alpha}_2-\boldsymbol{\alpha}_3,\boldsymbol{\alpha}_3-\boldsymbol{\alpha}_1$ 一定线性相关.

4. 已知向量组 $\boldsymbol{\alpha}_1,\boldsymbol{\alpha}_2,\boldsymbol{\alpha}_3$ 线性无关，证明向量组 $\boldsymbol{\alpha}_1+\boldsymbol{\alpha}_2,\boldsymbol{\alpha}_2+\boldsymbol{\alpha}_3,\boldsymbol{\alpha}_1+\boldsymbol{\alpha}_3$ 是线性无关的.

5. 已知向量组 $A:\boldsymbol{\alpha}_1,\boldsymbol{\alpha}_2,\boldsymbol{\alpha}_3,\boldsymbol{\alpha}_4$ 线性相关，但向量组 A 中任意 3 个向量都线性无关，证明一定存在全不为零的数 k_1,k_2,k_3,k_4，使得 $k_1\boldsymbol{\alpha}_1+k_2\boldsymbol{\alpha}_2+k_3\boldsymbol{\alpha}_3+k_4\boldsymbol{\alpha}_4=\mathbf{0}$.

6. 已知向量组 $\boldsymbol{\alpha}_1,\boldsymbol{\alpha}_2,\cdots,\boldsymbol{\alpha}_m(m\geqslant 2)$ 中 $\boldsymbol{\alpha}_1\neq\mathbf{0}$ 且每一个 $\boldsymbol{\alpha}_i(i=2,3,\cdots,m)$ 都不能由前面 $i-1$ 个向量 $\boldsymbol{\alpha}_1,\boldsymbol{\alpha}_2,\cdots,\boldsymbol{\alpha}_{i-1}$ 线性表示，证明向量组 $\boldsymbol{\alpha}_1,\boldsymbol{\alpha}_2,\cdots,\boldsymbol{\alpha}_m$ 线性无关.

7. 已知 A 是 n 阶方阵，若存在正整数 k 和 n 维列向量 $\boldsymbol{\alpha}$，使得 $\boldsymbol{A}^k\boldsymbol{\alpha}=\mathbf{0}$，且 $\boldsymbol{A}^{k-1}\boldsymbol{\alpha}\neq\mathbf{0}$，证明向量组 $\boldsymbol{\alpha},\boldsymbol{A\alpha},\boldsymbol{A}^2\boldsymbol{\alpha},\cdots,\boldsymbol{A}^{k-1}\boldsymbol{\alpha}$ 是线性无关的.

8. 填空题：

（1）设 $\boldsymbol{\alpha}_1=(1,2,3,4),\boldsymbol{\alpha}_2=(2,3,4,5),\boldsymbol{\alpha}_3=(3,4,5,6),\boldsymbol{\alpha}_4=(4,5,6,7)$，则该向量组的秩等于__________.

（2）已知向量组 $\boldsymbol{\alpha}_1=(1,2,-1,1),\boldsymbol{\alpha}_2=(2,0,t,0),\boldsymbol{\alpha}_3=(0,-4,5,-2)$ 的秩为 2，则 $t=$__________.

（3）若向量组（Ⅰ）可由向量组（Ⅱ）线性表示，则 r（Ⅰ）__________ r（Ⅱ）.

9. 已知向量组 $\boldsymbol{\alpha}_1,\boldsymbol{\alpha}_2,\boldsymbol{\alpha}_3$ 的秩为 3，且向量组 $\boldsymbol{\alpha}_1,\boldsymbol{\alpha}_2,\boldsymbol{\alpha}_3,\boldsymbol{\alpha}_4$ 的秩也为 3，向量组 $\boldsymbol{\alpha}_1,\boldsymbol{\alpha}_2,\boldsymbol{\alpha}_3,\boldsymbol{\alpha}_5$ 的秩为 4，证明向量组 $\boldsymbol{\alpha}_1,\boldsymbol{\alpha}_2,\boldsymbol{\alpha}_3,\boldsymbol{\alpha}_5-\boldsymbol{\alpha}_4$ 的秩为 4.

10. 求下列向量组的秩及其一个极大线性无关组，并且把其余向量用这个极大线性无关组线性表示.

（1）$\boldsymbol{\alpha}_1=\begin{pmatrix}1\\1\\1\\-1\end{pmatrix},\boldsymbol{\alpha}_2=\begin{pmatrix}1\\-2\\3\\-4\end{pmatrix},\boldsymbol{\alpha}_3=\begin{pmatrix}1\\4\\-1\\2\end{pmatrix},\boldsymbol{\alpha}_4=\begin{pmatrix}1\\7\\-3\\5\end{pmatrix}$；

（2）$\boldsymbol{\beta}_1^{\mathrm{T}}=(1,2,1,3),\boldsymbol{\beta}_2^{\mathrm{T}}=(4,-1,-5,-6),\boldsymbol{\beta}_3^{\mathrm{T}}=(1,-3,-4,-7)$；

（3）$\boldsymbol{\alpha}_1=\begin{pmatrix}1\\0\\2\\1\end{pmatrix},\boldsymbol{\alpha}_2=\begin{pmatrix}1\\2\\0\\1\end{pmatrix},\boldsymbol{\alpha}_3=\begin{pmatrix}2\\1\\3\\0\end{pmatrix},\boldsymbol{\alpha}_4=\begin{pmatrix}2\\5\\-1\\4\end{pmatrix},\boldsymbol{\alpha}_5=\begin{pmatrix}1\\-1\\3\\-1\end{pmatrix}$.

11. 已知 $\boldsymbol{\alpha}_1=\begin{pmatrix}1\\4\\0\\2\end{pmatrix},\boldsymbol{\alpha}_2=\begin{pmatrix}2\\7\\1\\3\end{pmatrix},\boldsymbol{\alpha}_3=\begin{pmatrix}0\\1\\-1\\a\end{pmatrix},\boldsymbol{\alpha}_4=\begin{pmatrix}3\\10\\b\\4\end{pmatrix}$，当 a,b 取何值时，

（1）$\boldsymbol{\alpha}_4$ 不能由 $\boldsymbol{\alpha}_1,\boldsymbol{\alpha}_2,\boldsymbol{\alpha}_3$ 线性表示？

（2）$\boldsymbol{\alpha}_4$ 可以由 $\boldsymbol{\alpha}_1,\boldsymbol{\alpha}_2,\boldsymbol{\alpha}_3$ 唯一地线性表示？并求此表达式.

（3）$\boldsymbol{\alpha}_4$ 可以由 $\boldsymbol{\alpha}_1,\boldsymbol{\alpha}_2,\boldsymbol{\alpha}_3$ 线性表示，但线性表示不唯一.

12. 就数 a 的不同取值，讨论向量组 $\boldsymbol{\alpha}_1=\begin{pmatrix}1\\0\\1\end{pmatrix},\boldsymbol{\alpha}_2=\begin{pmatrix}0\\1\\1\end{pmatrix},\boldsymbol{\alpha}_3=\begin{pmatrix}1\\3\\5\end{pmatrix}$ 被向量组 $\boldsymbol{\beta}_1=\begin{pmatrix}1\\1\\1\end{pmatrix},\boldsymbol{\beta}_2=\begin{pmatrix}1\\2\\3\end{pmatrix},\boldsymbol{\beta}_3=\begin{pmatrix}3\\4\\a\end{pmatrix}$ 线性表示的情况，并求出线性表示关系式.

13. 证明：$\mathbf{R}^n$ 中 n 维向量组 $\boldsymbol{\alpha}_1,\boldsymbol{\alpha}_2,\cdots,\boldsymbol{\alpha}_n$ 线性无关的充要条件是 n 维基本向量组 $\boldsymbol{\varepsilon}_1=\begin{pmatrix}1\\0\\\vdots\\0\end{pmatrix},\boldsymbol{\varepsilon}_2=\begin{pmatrix}0\\1\\\vdots\\0\end{pmatrix},\cdots,\boldsymbol{\varepsilon}_n=\begin{pmatrix}0\\0\\\vdots\\1\end{pmatrix}$ 可由向量组 $\boldsymbol{\alpha}_1,\boldsymbol{\alpha}_2,\cdots,\boldsymbol{\alpha}_n$ 线性表示.

14. 求下列矩阵的秩：

(1) $\begin{pmatrix}1&3&2&a\\2&-4&-1&b\\3&-2&0&c\end{pmatrix}$，其中 a,b,c 为任意实数.

(2) $\begin{pmatrix}1&1&1&1&1\\0&1&-1&2&1\\2&3&a+2&4&b+3\\3&5&1&a+8&5\end{pmatrix}$，对于 a,b 的不同取值，讨论其秩.

15. 设矩阵 $\boldsymbol{A}=\begin{pmatrix}1&0&1\\1&1&2\\0&1&1\end{pmatrix}$，$\boldsymbol{\alpha}_1,\boldsymbol{\alpha}_2,\boldsymbol{\alpha}_3$ 是线性无关的 3 维列向量组，求向量组 $\boldsymbol{A\alpha}_1,\boldsymbol{A\alpha}_2,\boldsymbol{A\alpha}_3$ 的秩.

16. 设 $\boldsymbol{A}$ 为 n 阶方阵，如果 $\boldsymbol{A}^2=\boldsymbol{A}$，$\boldsymbol{E}$ 为 n 阶单位矩阵，证明：

$$r(\boldsymbol{A})+r(\boldsymbol{A}-\boldsymbol{E})=n.$$

17. 若 $\boldsymbol{A}$ 为 n 行 m 列矩阵、$\boldsymbol{B}$ 为 m 行 n 列矩阵且 $\boldsymbol{AB}=\boldsymbol{E}$，证明：

(1) $m\geqslant n$；(2) $\boldsymbol{A}$ 的行向量组线性无关；(3) $\boldsymbol{B}$ 的列向量组线性无关.

18. 设 $\boldsymbol{A}^*$ 是 n 阶方阵 $\boldsymbol{A}$ 的伴随矩阵，证明：

$$r(\boldsymbol{A}^*)=\begin{cases}n, & \text{当 } r(\boldsymbol{A})=n \text{ 时},\\ 1, & \text{当 } r(\boldsymbol{A})=n-1 \text{ 时},\\ 0, & \text{当 } r(\boldsymbol{A})<n-1 \text{ 时}.\end{cases}$$

19. 下面考虑行向量 (x_1,x_2,x_3,x_4)，且其分量 $x_1,x_2,x_3,x_4\in\mathbf{R}$.验证下列 $\mathbf{R}^4$ 的子集 V 是否为 $\mathbf{R}^4$ 的子空间，为什么？

(1) $V=\{(x_1,x_2,x_3,x_4)\mid x_1+x_2+x_3+x_4=0\}$；

(2) $V=\{(x_1,x_2,x_3,x_4)\mid x_1^2=x_2^2\}$.

20. 证明：若 V_1 与 V_2 都是向量空间 $\mathbf{R}^n$ 的子空间，则它们的和集

$$V_1+V_2=\{\boldsymbol{\alpha}_1+\boldsymbol{\alpha}_2\mid \boldsymbol{\alpha}_1\in V_1 \text{ 且 } \boldsymbol{\alpha}_2\in V_2\}$$

也是 $\mathbf{R}^n$ 的子空间.

21. 求由下列向量组生成的向量空间的维数与基，并求其余向量在该基下的坐标：

(1) $\boldsymbol{\alpha}_1=\begin{pmatrix}1\\2\\1\\3\end{pmatrix},\boldsymbol{\alpha}_2=\begin{pmatrix}1\\-1\\2\\4\end{pmatrix},\boldsymbol{\alpha}_3=\begin{pmatrix}0\\3\\-1\\-1\end{pmatrix},\boldsymbol{\alpha}_4=\begin{pmatrix}1\\2\\3\\2\end{pmatrix}$；

(2) $\boldsymbol{\alpha}_1=\begin{pmatrix}2\\1\\0\\3\end{pmatrix},\boldsymbol{\alpha}_2=\begin{pmatrix}1\\-3\\2\\4\end{pmatrix},\boldsymbol{\alpha}_3=\begin{pmatrix}3\\0\\2\\-1\end{pmatrix},\boldsymbol{\alpha}_4=\begin{pmatrix}1\\-1\\2\\3\end{pmatrix},\boldsymbol{\alpha}_5=\begin{pmatrix}5\\1\\2\\2\end{pmatrix}$.

22. 已知由向量组 $\boldsymbol{\alpha}_1=\begin{pmatrix}1\\1\\1\\1\end{pmatrix},\boldsymbol{\alpha}_2=\begin{pmatrix}2\\3\\3\\0\end{pmatrix},\boldsymbol{\alpha}_3=\begin{pmatrix}3\\5\\5\\-1\end{pmatrix}$ 生成向量空间 V_1，由 $\boldsymbol{\beta}_1=\begin{pmatrix}-1\\2\\2\\-7\end{pmatrix},\boldsymbol{\beta}_2=\begin{pmatrix}1\\2\\2\\-1\end{pmatrix}$ 生成向量空间 V_2，证明 $V_1=V_2$.

23. 设 $\boldsymbol{A}$ 是正交矩阵，证明：

(1) $\boldsymbol{A}$ 的逆矩阵 $\boldsymbol{A}^{-1}$ 也是正交矩阵.(2) $\boldsymbol{A}$ 的伴随矩阵 $\boldsymbol{A}^*$ 也是正交矩阵.

24. 设 $\boldsymbol{A}$ 是 n 阶正交矩阵，证明对任意 n 维列向量 $\boldsymbol{\alpha},\boldsymbol{\beta}$，都有

$$(\boldsymbol{A\alpha},\boldsymbol{A\beta})=(\boldsymbol{\alpha},\boldsymbol{\beta}).$$

数学之星——埃达尔·阿勒坎与5G技术

埃达尔·阿勒坎(Erdal Arikan,如图3-8)出生在土耳其首都安卡拉,1981年在加州理工学院获得本科学位,随后去了麻省理工学院,于1985年获得电子信息工程专业博士学位.阿勒坎的博士生导师是美国人罗伯特·加拉格教授,而加拉格的导师是大名鼎鼎的信息论鼻祖香农.

图3-8

数学之美妙就在于它的广泛应用.华为的5G技术领先世界,它也源于数学的创新研究成果.华为的5G标准源于十多年前土耳其科学家埃达尔·阿勒坎(Erdal Arikan)的一篇数学论文,10年时间,华为就把土耳其教授的数学论文变成技术和标准.2016年11月,国际移动通信标准化组织3GPP最终确定了5G eMBB(增强移动宽带)场景的信道编码技术方案,其中,极化(Polar)码作为控制信道的编码方案;LDPC码作为数据信道的编码方案.华为的5G通信编码的基础就是极化码,尽管极化码看起来很复杂,但它本质上是进行一些矩阵的

乘法，比如，如果要对 k 个比特的信息 $(u_1,u_2,\cdots,u_k)$ 用极化码编码，会得到另外一个 n 个比特的码字 $(x_1,x_2,\cdots,x_n)$，这可用矩阵的乘法表示为

$$(x_1,x_2,\cdots,x_n)=(u_1,u_2,\cdots,u_k)\boldsymbol{G},$$

其中 $\boldsymbol{G}$ 为极化码的生成矩阵. 与传统的线性码的生成矩阵构造相比，极化码的生成矩阵的选取是一个相对抽象的过程，需要更多的数学知识. 5G 中，控制信道的数据量要比数据信道的数据量小很多，控制信道的码长一般在 20—300 比特之间，数据信道的码长要长得多，其典型的数据量可在 3 000—8 000 比特之间，而且码字也非常多，其所传输的数据量比控制信道要高几个数量级. 因此，在通信标准的制定中，我们仍然任重而道远，希望同学们刻苦读书、奋发努力、开拓创新！

第四章
线性方程组

求解线性方程组是线性代数的核心问题之一．许多科学研究和工程应用中的数学问题都涉及求解线性方程组．线性方程组已广泛应用于经济学、遗传学、电子学、工程学及物理学等领域．

§4.1　齐次线性方程组

对于以 $m\times n$ 矩阵 $\boldsymbol{A}$ 为系数矩阵的齐次线性方程组

$$\begin{cases} a_{11}x_1+a_{12}x_2+\cdots+a_{1n}x_n=0, \\ a_{21}x_1+a_{22}x_2+\cdots+a_{2n}x_n=0, \\ \qquad\cdots\cdots\cdots\cdots \\ a_{m1}x_1+a_{m2}x_2+\cdots+a_{mn}x_n=0, \end{cases} \tag{4.1}$$

即

$$\boldsymbol{AX}=\boldsymbol{0}, \tag{4.2}$$

寻求它的解是我们的重要工作.由于齐次线性方程组(4.2)的解有多种可能的结果.首先,它一定有解,至少有一个零解$(0,0,\cdots,0)^{\mathrm{T}}$;其次,它也可能有非零解.我们关心的是:它在什么情况下有非零解以及如何求出所有的非零解.这就需要弄清齐次线性方程组解的结构以帮助我们解决这些问题.

4.1.1　齐次线性方程组有非零解的判定定理

利用向量组的线性相关性,我们可以得出齐次线性方程组(4.2)有非零解的一个充要条件.

定理 4.1.1　设 $\boldsymbol{A}=(a_{ij})_{m\times n}$,则齐次线性方程组 $\boldsymbol{AX}=\boldsymbol{0}$ 有非零解的充要条件是 $r(\boldsymbol{A})<n$.

证　由上一章知,齐次线性方程组(4.2)的向量形式为 $x_1\boldsymbol{\alpha}_1+x_2\boldsymbol{\alpha}_2+\cdots+x_n\boldsymbol{\alpha}_n=\boldsymbol{0}$,因此,方

程组(4.2)有非零解的充要条件是 $\boldsymbol{\alpha}_1,\boldsymbol{\alpha}_2,\cdots,\boldsymbol{\alpha}_n$ 线性相关,即 $r(\boldsymbol{A})=r(\boldsymbol{\alpha}_1,\boldsymbol{\alpha}_2,\cdots,\boldsymbol{\alpha}_n)<n$. 证毕.

推论 1 设 $\boldsymbol{A}=(a_{ij})_{m\times n}$,则齐次线性方程组 $\boldsymbol{AX}=\boldsymbol{0}$ 只有零解的充要条件是 $r(\boldsymbol{A})=n$.

推论 2 若 $\boldsymbol{A}$ 为 n 阶方阵,则齐次线性方程组 $\boldsymbol{AX}=\boldsymbol{0}$ 有非零解的充要条件是 $|\boldsymbol{A}|=0$.

4.1.2 齐次线性方程组解的结构

为了研究齐次线性方程组解的结构,下面先讨论解的性质,并给出基础解系的概念.

性质 4.1.1 若 $\boldsymbol{\eta}_1,\boldsymbol{\eta}_2$ 是齐次线性方程组 $\boldsymbol{AX}=\boldsymbol{0}$ 的两个解,则 $k_1\boldsymbol{\eta}_1+k_2\boldsymbol{\eta}_2$($k_1,k_2$ 为任意常数)也是它的解.

证 因为 $\boldsymbol{\eta}_1,\boldsymbol{\eta}_2$ 是齐次线性方程组 $\boldsymbol{AX}=\boldsymbol{0}$ 的两个解,所以 $\boldsymbol{A\eta}_1=\boldsymbol{0},\boldsymbol{A\eta}_2=\boldsymbol{0},\boldsymbol{A}(k_1\boldsymbol{\eta}_1+k_2\boldsymbol{\eta}_2)=k_1(\boldsymbol{A\eta}_1)+k_2(\boldsymbol{A\eta}_2)=\boldsymbol{0}+\boldsymbol{0}=\boldsymbol{0}$,即 $k_1\boldsymbol{\eta}_1+k_2\boldsymbol{\eta}_2$ 也是方程组 $\boldsymbol{AX}=\boldsymbol{0}$ 的解.证毕.

这个性质告诉我们,齐次线性方程组的解具有线性性.显然,该性质对有限多个解的线性组合也成立.由此可知,齐次线性方程组的所有解组成的集合是一个向量空间,这里称之为解空间(solution space).注意到,基是向量空间中十分重要的一个概念,类似地,我们在解空间中引入下面的定义.

定义 4.1.1 设 $\boldsymbol{\eta}_1,\boldsymbol{\eta}_2,\cdots,\boldsymbol{\eta}_s$ 是齐次线性方程组 $\boldsymbol{AX}=\boldsymbol{0}$ 的解,若满足下面两个条件:

(1) $\boldsymbol{\eta}_1,\boldsymbol{\eta}_2,\cdots,\boldsymbol{\eta}_s$ 线性无关;

(2) $\boldsymbol{AX}=\boldsymbol{0}$ 的任一个解均可由 $\boldsymbol{\eta}_1,\boldsymbol{\eta}_2,\cdots,\boldsymbol{\eta}_s$ 线性表示,

则称 $\boldsymbol{\eta}_1,\boldsymbol{\eta}_2,\cdots,\boldsymbol{\eta}_s$ 是齐次线性方程组 $\boldsymbol{AX}=\boldsymbol{0}$ 的一个基础解系(basis of the solution set).

事实上,齐次线性方程组 $\boldsymbol{AX}=\boldsymbol{0}$ 的一个基础解系 $\boldsymbol{\eta}_1,\boldsymbol{\eta}_2,\cdots,\boldsymbol{\eta}_s$ 就是其解空间的一个基,集合 $\{\boldsymbol{X}\mid\boldsymbol{X}=k_1\boldsymbol{\eta}_1+k_2\boldsymbol{\eta}_2+\cdots+k_s\boldsymbol{\eta}_s;k_1,k_2,\cdots,k_s$ 为任意实数$\}$ 构成了 $\boldsymbol{AX}=\boldsymbol{0}$ 的维数是 s 的解空间,也是 $\boldsymbol{AX}=\boldsymbol{0}$ 的所有解的集合.因此齐次线性方程组 $\boldsymbol{AX}=\boldsymbol{0}$ 的结构形式的通解(general solution)即全部解可表示为

$$\boldsymbol{X}=k_1\boldsymbol{\eta}_1+k_2\boldsymbol{\eta}_2+\cdots+k_s\boldsymbol{\eta}_s,\quad k_1,k_2,\cdots,k_s\text{为任意实数}.$$

由此可知要求有非零解的齐次线性方程组的通解只要找出它的一个基础解系即可.下面给出的定理不仅证明了有非零解的齐次线性方程组必存在基础解系,而且给出了一个具体求基础解系的方法.

定理 4.1.2 设 $\boldsymbol{A}$ 是 $m\times n$ 矩阵,若 $r(\boldsymbol{A})=r<n$,则齐次线性方程组 $\boldsymbol{AX}=\boldsymbol{0}$ 存在基础解系,且基础解系所含向量的个数为 $n-r$.

证 系数矩阵 $\boldsymbol{A}$ 的秩为 r,不妨设 $\boldsymbol{A}$ 的前 r 个列向量线性无关,对 $\boldsymbol{A}$ 施行一系列初等行变换可得 $\boldsymbol{A}$ 的行最简形矩阵

$$\begin{pmatrix} 1 & \cdots & 0 & b_{11} & \cdots & b_{1,n-r} \\ \vdots & & \vdots & \vdots & & \vdots \\ 0 & \cdots & 1 & b_{r1} & \cdots & b_{r,n-r} \\ 0 & & 0 & 0 & & 0 \\ \vdots & & \vdots & \vdots & & \vdots \\ 0 & \cdots & 0 & 0 & \cdots & 0 \end{pmatrix},$$

于是与齐次线性方程组 $\boldsymbol{AX}=\boldsymbol{0}$ 同解的齐次线性方程组可表示为

$$\begin{cases} x_1=-b_{11}x_{r+1}-\cdots-b_{1,n-r}x_n, \\ \cdots\cdots\cdots\cdots \\ x_r=-b_{r1}x_{r+1}-\cdots-b_{r,n-r}x_n. \end{cases} \tag{4.3}$$

在方程组(4.3) 中,任给 $x_{r+1},\cdots,x_n$的一组值,就可确定 $x_1,\cdots,x_r$的值,由此得(4.3)的一个解,也就是(4.2) 的解.分别令

$$\begin{pmatrix} x_{r+1} \\ x_{r+2} \\ \vdots \\ x_n \end{pmatrix}=\begin{pmatrix} 1 \\ 0 \\ \vdots \\ 0 \end{pmatrix},\begin{pmatrix} 0 \\ 1 \\ \vdots \\ 0 \end{pmatrix},\cdots,\begin{pmatrix} 0 \\ 0 \\ \vdots \\ 1 \end{pmatrix}.$$

代入(4.3) 依次可得

$$\begin{pmatrix} x_1 \\ x_2 \\ \vdots \\ x_r \end{pmatrix}=\begin{pmatrix} -b_{11} \\ -b_{21} \\ \vdots \\ -b_{r1} \end{pmatrix},\begin{pmatrix} -b_{12} \\ -b_{22} \\ \vdots \\ -b_{r2} \end{pmatrix},\cdots,\begin{pmatrix} -b_{1,n-r} \\ -b_{2,n-r} \\ \vdots \\ -b_{r,n-r} \end{pmatrix}.$$

从而求得(4.3) ,也就是(4.2) 的$n-r$ 个解

$$\boldsymbol{\eta}_1=\begin{pmatrix} -b_{11} \\ -b_{21} \\ \vdots \\ -b_{r1} \\ 1 \\ 0 \\ \vdots \\ 0 \end{pmatrix},\boldsymbol{\eta}_2=\begin{pmatrix} -b_{12} \\ -b_{22} \\ \vdots \\ -b_{r2} \\ 0 \\ 1 \\ \vdots \\ 0 \end{pmatrix},\cdots,\boldsymbol{\eta}_{n-r}=\begin{pmatrix} -b_{1,n-r} \\ -b_{2,n-r} \\ \vdots \\ -b_{r,n-r} \\ 0 \\ 0 \\ \vdots \\ 1 \end{pmatrix}.$$

下面证明 $\boldsymbol{\eta}_1,\boldsymbol{\eta}_2,\cdots,\boldsymbol{\eta}_{n-r}$即为齐次线性方程组 $\boldsymbol{AX}=\mathbf{0}$ 的一个基础解系.

首先, 由于 $n-r$ 个 $n-r$ 维向量$\begin{pmatrix} 1 \\ 0 \\ \vdots \\ 0 \end{pmatrix},\begin{pmatrix} 0 \\ 1 \\ \vdots \\ 0 \end{pmatrix},\cdots,\begin{pmatrix} 0 \\ 0 \\ \vdots \\ 1 \end{pmatrix}$所构成的向量组线性无关,由定理 3.2.4 知 $\boldsymbol{\eta}_1,\boldsymbol{\eta}_2,\cdots,\boldsymbol{\eta}_{n-r}$线性无关.

其次,证明 $\boldsymbol{AX}=\mathbf{0}$ 的任一解 $\boldsymbol{\xi}=\begin{pmatrix} \lambda_1 \\ \vdots \\ \lambda_r \\ \lambda_{r+1} \\ \vdots \\ \lambda_n \end{pmatrix}$均可由 $\boldsymbol{\eta}_1,\boldsymbol{\eta}_2,\cdots,\boldsymbol{\eta}_{n-r}$线性表示.为此作向量 $\boldsymbol{\eta}=\lambda_{r+1}\boldsymbol{\eta}_1+\lambda_{r+2}\boldsymbol{\eta}_2+\cdots+\lambda_n\boldsymbol{\eta}_{n-r}$,由于 $\boldsymbol{\eta}_1,\boldsymbol{\eta}_2,\cdots,\boldsymbol{\eta}_{n-r}$是 $\boldsymbol{AX}=\mathbf{0}$ 的解,因此 $\boldsymbol{\eta}$ 也是它的解.比较 $\boldsymbol{\xi}$ 与 $\boldsymbol{\eta}$,可知它们的后面 $n-r$ 个分量对应相等,由于它们都满足方程组(4.3),从而知它们前面 r

个分量也对应相等,因此 $\boldsymbol{\eta}=\boldsymbol{\xi}$,即

$$\boldsymbol{\xi}=\lambda_{r+1}\boldsymbol{\eta}_1+\lambda_{r+2}\boldsymbol{\eta}_2+\cdots+\lambda_n\boldsymbol{\eta}_{n-r},$$

故 $\boldsymbol{\eta}_1,\boldsymbol{\eta}_2,\cdots,\boldsymbol{\eta}_{n-r}$ 即为齐次线性方程组 $\boldsymbol{AX}=\boldsymbol{0}$ 的一个基础解系,且含向量的个数为 $n-r$. 证毕.

例 1　求齐次线性方程组

$$\begin{cases} x_1+x_2-x_3-x_4=0, \\ 2x_1-5x_2+3x_3+2x_4=0, \\ 7x_1-7x_2+3x_3+x_4=0 \end{cases}$$

典型例题讲解
齐次线性方程组的求解

的一个基础解系与通解.

解　对系数矩阵 $\boldsymbol{A}$ 作初等行变换,变为行最简形矩阵,有

$$\boldsymbol{A}=\begin{pmatrix} 1 & 1 & -1 & -1 \\ 2 & -5 & 3 & 2 \\ 7 & -7 & 3 & 1 \end{pmatrix}\xrightarrow[r_3-7r_1]{r_2-2r_1}\begin{pmatrix} 1 & 1 & -1 & -1 \\ 0 & -7 & 5 & 4 \\ 0 & -14 & 10 & 8 \end{pmatrix}$$

$$\xrightarrow{r_3-2r_2}\begin{pmatrix} 1 & 1 & -1 & -1 \\ 0 & -7 & 5 & 4 \\ 0 & 0 & 0 & 0 \end{pmatrix}\xrightarrow[r_1-r_2]{r_2\times\left(-\frac{1}{7}\right)}\begin{pmatrix} 1 & 0 & -\frac{2}{7} & -\frac{3}{7} \\ 0 & 1 & -\frac{5}{7} & -\frac{4}{7} \\ 0 & 0 & 0 & 0 \end{pmatrix},$$

即得与原方程组同解的方程组

$$\begin{cases} x_1=\frac{2}{7}x_3+\frac{3}{7}x_4, \\ x_2=\frac{5}{7}x_3+\frac{4}{7}x_4. \end{cases} \tag{4.4}$$

令 $\begin{pmatrix} x_3 \\ x_4 \end{pmatrix}=\begin{pmatrix} 1 \\ 0 \end{pmatrix},\begin{pmatrix} 0 \\ 1 \end{pmatrix}$,即得一个基础解系 $\boldsymbol{\eta}_1=\begin{pmatrix} \frac{2}{7} \\ \frac{5}{7} \\ 1 \\ 0 \end{pmatrix},\boldsymbol{\eta}_2=\begin{pmatrix} \frac{3}{7} \\ \frac{4}{7} \\ 0 \\ 1 \end{pmatrix}$,由此得通解

$$\begin{pmatrix} x_1 \\ x_2 \\ x_3 \\ x_4 \end{pmatrix}=k_1\begin{pmatrix} \frac{2}{7} \\ \frac{5}{7} \\ 1 \\ 0 \end{pmatrix}+k_2\begin{pmatrix} \frac{3}{7} \\ \frac{4}{7} \\ 0 \\ 1 \end{pmatrix}\quad(k_1,k_2\text{为任意实数}). \tag{4.5}$$

注　上述解法也可用以下方法简化.将(4.4)写成

$$\begin{cases} x_1 = \frac{2}{7}x_3 + \frac{3}{7}x_4, \\ x_2 = \frac{5}{7}x_3 + \frac{4}{7}x_4, \quad \text{其中 } x_3, x_4 \text{为自由量}, \\ x_3 = \quad x_3, \\ x_4 = \quad\quad x_4, \end{cases} \tag{4.6}$$

(4.6)即为该齐次线性方程组的含自由量形式的通解.易见,(4.6)写成向量的形式,即

$$\begin{pmatrix} x_1 \\ x_2 \\ x_3 \\ x_4 \end{pmatrix} = x_3 \begin{pmatrix} \frac{2}{7} \\ \frac{5}{7} \\ 1 \\ 0 \end{pmatrix} + x_4 \begin{pmatrix} \frac{3}{7} \\ \frac{4}{7} \\ 0 \\ 1 \end{pmatrix},$$

令 $x_3 = k_1, x_4 = k_2$,即为(4.5).事实上,第 2 章 2.5.1 节方程(2.10)的解(2.11)即为含自由量形式的通解.

例 2　已知齐次线性方程组

$$\begin{cases} x_1 + 2x_2 - 2x_3 = 0, \\ 3x_1 + 7x_2 - 6x_3 = 0, \\ 4x_1 + 8x_2 + \lambda x_3 = 0 \end{cases}$$

有非零解,求 λ 的值.

解　齐次线性方程组有非零解,则其系数矩阵 $\boldsymbol{A}$ 的秩 $r(\boldsymbol{A}) < 3$,对 $\boldsymbol{A}$ 施行初等行变换,将其化为行阶梯形矩阵.

$$\boldsymbol{A} = \begin{pmatrix} 1 & 2 & -2 \\ 3 & 7 & -6 \\ 4 & 8 & \lambda \end{pmatrix} \xrightarrow[r_3 - 4r_1]{r_2 - 3r_1} \begin{pmatrix} 1 & 2 & -2 \\ 0 & 1 & 0 \\ 0 & 0 & \lambda + 8 \end{pmatrix}.$$

要使 $r(\boldsymbol{A}) < 3$,必有 $\lambda + 8 = 0$,即 $\lambda = -8$.

例 3　已知齐次线性方程组

$$\begin{cases} a_{11}x_1 + a_{12}x_2 + \cdots + a_{1n}x_n = 0, \\ a_{21}x_1 + a_{22}x_2 + \cdots + a_{2n}x_n = 0, \\ \cdots\cdots\cdots\cdots \\ a_{n1}x_1 + a_{n2}x_2 + \cdots + a_{nn}x_n = 0 \end{cases}$$

的系数行列式 $|\boldsymbol{A}| = 0$,而系数矩阵 $\boldsymbol{A}$ 中某元素 a_{ij} 的代数余子式 $A_{ij} \neq 0$,证明:$(A_{i1}, A_{i2}, \cdots, A_{in})^{\mathrm{T}}$ 是该方程组的一个基础解系.

证　因为 $|\boldsymbol{A}| = 0$,所以 $\boldsymbol{A}\boldsymbol{A}^* = |\boldsymbol{A}|\boldsymbol{E} = \boldsymbol{O}$,将 $\boldsymbol{A}^*$ 按列分块得

$$\boldsymbol{A}^* = (\boldsymbol{\alpha}_1, \boldsymbol{\alpha}_2, \cdots, \boldsymbol{\alpha}_n),$$

其中

$$\boldsymbol{\alpha}_k = (A_{k1}, A_{k2}, \cdots, A_{kn})^{\mathrm{T}} \quad (k = 1, 2, \cdots, n),$$

则有 $\boldsymbol{A}\boldsymbol{A}^* = \boldsymbol{A}(\boldsymbol{\alpha}_1, \boldsymbol{\alpha}_2, \cdots, \boldsymbol{\alpha}_n) = (\boldsymbol{A}\boldsymbol{\alpha}_1, \boldsymbol{A}\boldsymbol{\alpha}_2, \cdots, \boldsymbol{A}\boldsymbol{\alpha}_n) = (\boldsymbol{0}, \boldsymbol{0}, \cdots, \boldsymbol{0})$,因此

$$\boldsymbol{A}\boldsymbol{\alpha}_k = \boldsymbol{0} \quad (k = 1, 2, \cdots, n),$$

故 $\boldsymbol{\alpha}_1,\boldsymbol{\alpha}_2,\cdots,\boldsymbol{\alpha}_n$ 均是齐次线性方程组 $\boldsymbol{AX}=\boldsymbol{0}$ 的解.特别地,$\boldsymbol{\alpha}_i=(A_{i1},A_{i2},\cdots,A_{in})^{\mathrm{T}}$ 为该方程组的一个解.又因 $|\boldsymbol{A}|=0,A_{ij}\neq 0$,即 $\boldsymbol{A}$ 有一个 $n-1$ 阶子式不为 0,故 $r(\boldsymbol{A})=n-1$.

因此知齐次线性方程组 $\boldsymbol{AX}=\boldsymbol{0}$ 的基础解系含且只含有一个解向量.由 $A_{ij}\neq 0$,有 $\boldsymbol{\alpha}_i\neq\boldsymbol{0}$,因此 $\boldsymbol{\alpha}_i=(A_{i1},A_{i2},\cdots,A_{in})^{\mathrm{T}}$ 是该方程组的一个基础解系.证毕.

习　题　4.1

1. 求下列齐次线性方程组的基础解系及通解:

(1) $\begin{cases} x_1+x_2-x_3=0, \\ -2x_1-x_2+2x_3=0, \\ -x_1+x_3=0; \end{cases}$　(2) $\begin{cases} x_1+2x_2+4x_3-3x_4=0, \\ 2x_1+3x_2+2x_3-x_4=0, \\ 4x_1+5x_2-2x_3+3x_4=0, \\ -x_1+3x_2+26x_3-22x_4=0; \end{cases}$

(3) $\begin{cases} 2x_1+3x_3+2x_4=0, \\ x_1+x_2-2x_3+3x_4=0, \\ 3x_1-x_2+8x_3+x_4=0, \\ x_1+3x_2-9x_3+7x_4=0; \end{cases}$　(4) $\begin{cases} 3x_1+x_2-6x_3-4x_4+2x_5=0, \\ 2x_1+2x_2-3x_3-5x_4+3x_5=0, \\ x_1-5x_2-6x_3+8x_4-6x_5=0. \end{cases}$

2. 设齐次线性方程组

$$\mathrm{I}:\begin{cases} x_1+x_2=0, \\ x_2-x_4=0. \end{cases}\qquad \mathrm{II}:\begin{cases} x_1-x_2+x_3=0, \\ x_2-x_3+x_4=0. \end{cases}$$

求:(1) 方程组 I 与 II 的基础解系;(2) 方程组 I 与 II 的公共解.

3. 设 $\boldsymbol{A}$ 是 $m\times n$ 矩阵,$\boldsymbol{B}$ 是 $n\times m$ 矩阵,且 $n<m$,证明:齐次线性方程组 $(\boldsymbol{AB})\boldsymbol{X}=\boldsymbol{0}$ 有非零解.

4. 设齐次线性方程组 $\boldsymbol{AX}=\boldsymbol{0}$ 有非零解,且其中 $\boldsymbol{A}=\begin{pmatrix} 1 & 2 & 3 \\ 2 & a & 1 \\ -1 & 3 & 2 \\ -2 & 1 & -1 \end{pmatrix}$,求参数 a.

5. 设 $\boldsymbol{A}=\begin{pmatrix} 1 & 2 & 1 & 2 \\ 0 & 1 & a & a \\ 1 & a & 0 & 1 \end{pmatrix}$,且齐次线性方程组 $\boldsymbol{AX}=\boldsymbol{0}$ 的基础解系中含有 2 个解向量,求参数 a 及 $\boldsymbol{AX}=\boldsymbol{0}$ 的通解.

6. 设 $\boldsymbol{A}=\begin{pmatrix} 2 & -2 & 1 & 3 \\ 9 & -5 & 2 & 8 \end{pmatrix}$,求一个 4×2 矩阵 $\boldsymbol{B}$,使 $\boldsymbol{AB}=\boldsymbol{O}$,且 $r(\boldsymbol{B})=2$.

§4.2　非齐次线性方程组

由上一节知,齐次线性方程组一定有解(至少有一个零解),但对于矩阵形式为 $\boldsymbol{AX}=\boldsymbol{b}$ 的非齐次线性方程组

$$
\begin{cases}
a_{11}x_1+a_{12}x_2+\cdots+a_{1n}x_n=b_1, \\
a_{21}x_1+a_{22}x_2+\cdots+a_{2n}x_n=b_2, \\
\cdots\cdots\cdots\cdots \\
a_{m1}x_1+a_{m2}x_2+\cdots+a_{mn}x_n=b_m,
\end{cases}
\tag{4.7}
$$

其中 $b_1,b_2,\cdots,b_m$不全为零,该方程组未必有解.而由此也导致了其解的结构发生变化.下面逐一进行讨论.

4.2.1 非齐次线性方程组有解的判定定理

定理 4.2.1 设 $\boldsymbol{A}=(a_{ij})_{m\times n}$,则非齐次线性方程组 $\boldsymbol{AX}=\boldsymbol{b}$ 有解的充要条件是系数矩阵 $\boldsymbol{A}$ 的秩等于增广矩阵 $\overline{\boldsymbol{A}}$ 的秩,即 $r(\boldsymbol{A})=r(\overline{\boldsymbol{A}})$.

证 非齐次线性方程组 $\boldsymbol{AX}=\boldsymbol{b}$ 的向量形式为

$$x_1\boldsymbol{\alpha}_1+x_2\boldsymbol{\alpha}_2+\cdots+x_n\boldsymbol{\alpha}_n=\boldsymbol{b},$$

其中 $\boldsymbol{\alpha}_i(i=1,2,\cdots,n)$是系数矩阵 $\boldsymbol{A}$ 的列向量,因此方程组 $\boldsymbol{AX}=\boldsymbol{b}$ 有解的充要条件是 $\boldsymbol{b}$ 可以由 $\boldsymbol{\alpha}_1,\boldsymbol{\alpha}_2,\cdots,\boldsymbol{\alpha}_n$线性表示.

若 $\boldsymbol{b}$ 可以由 $\boldsymbol{\alpha}_1,\boldsymbol{\alpha}_2,\cdots,\boldsymbol{\alpha}_n$线性表示,则 $r(\boldsymbol{\alpha}_1\ \ \boldsymbol{\alpha}_2\ \ \cdots\ \ \boldsymbol{\alpha}_n)=r(\boldsymbol{\alpha}_1\ \ \boldsymbol{\alpha}_2\ \ \cdots\ \ \boldsymbol{\alpha}_n\ \ \boldsymbol{b})$,即 $r(\boldsymbol{A})=r(\overline{\boldsymbol{A}})$.

反之,若 $r(\boldsymbol{A})=r(\overline{\boldsymbol{A}})$,即 $r(\boldsymbol{\alpha}_1\ \ \boldsymbol{\alpha}_2\ \ \cdots\ \ \boldsymbol{\alpha}_n)=r(\boldsymbol{\alpha}_1\ \ \boldsymbol{\alpha}_2\ \ \cdots\ \ \boldsymbol{\alpha}_n\ \ \boldsymbol{b})$.令 $r(\boldsymbol{\alpha}_1\ \ \boldsymbol{\alpha}_2\ \ \cdots\ \ \boldsymbol{\alpha}_n)=r$,不妨设$(\boldsymbol{\alpha}_1\ \ \boldsymbol{\alpha}_2\ \ \cdots\ \ \boldsymbol{\alpha}_n)$的极大线性无关组为 $\boldsymbol{\alpha}_1,\boldsymbol{\alpha}_2,\cdots,\boldsymbol{\alpha}_r$.由于 $r(\boldsymbol{\alpha}_1\ \ \boldsymbol{\alpha}_2\ \ \cdots\ \ \boldsymbol{\alpha}_n\ \ \boldsymbol{b})=r$,所以 $\boldsymbol{\alpha}_1,\boldsymbol{\alpha}_2,\cdots,\boldsymbol{\alpha}_r$也是 $\boldsymbol{\alpha}_1,\boldsymbol{\alpha}_2,\cdots,\boldsymbol{\alpha}_n,\boldsymbol{b}$ 的一个极大线性无关组,故 $\boldsymbol{b}$ 可以由 $\boldsymbol{\alpha}_1,\boldsymbol{\alpha}_2,\cdots,\boldsymbol{\alpha}_r$线性表示,从而 $\boldsymbol{b}$ 也可以由 $\boldsymbol{\alpha}_1,\boldsymbol{\alpha}_2,\cdots,\boldsymbol{\alpha}_n$线性表示,即非齐次线性方程组 $\boldsymbol{AX}=\boldsymbol{b}$ 有解.证毕.

推论 若 $r(\boldsymbol{A})\neq r(\overline{\boldsymbol{A}})$,则非齐次线性方程组 $\boldsymbol{AX}=\boldsymbol{b}$ 无解.

4.2.2 非齐次线性方程组解的结构

齐次线性方程组 $\boldsymbol{AX}=\boldsymbol{0}$ 称为非齐次线性方程组 $\boldsymbol{AX}=\boldsymbol{b}$ 的导出组(associated homogeneous system).非齐次线性方程组 $\boldsymbol{AX}=\boldsymbol{b}$ 的解与它的导出组的解之间有如下性质:

性质 4.2.1 设 $\boldsymbol{\eta}_1,\boldsymbol{\eta}_2$是非齐次线性方程组 $\boldsymbol{AX}=\boldsymbol{b}$ 的两个解,则 $\boldsymbol{\eta}_1-\boldsymbol{\eta}_2$是其导出组的解.

证 因为 $\boldsymbol{\eta}_1,\boldsymbol{\eta}_2$是 $\boldsymbol{AX}=\boldsymbol{b}$ 的两个解,即 $\boldsymbol{A\eta}_1=\boldsymbol{b},\boldsymbol{A\eta}_2=\boldsymbol{b}$,所以

$$\boldsymbol{A}(\boldsymbol{\eta}_1-\boldsymbol{\eta}_2)=\boldsymbol{A\eta}_1-\boldsymbol{A\eta}_2=\boldsymbol{b}-\boldsymbol{b}=\boldsymbol{0},$$

故 $\boldsymbol{\eta}_1-\boldsymbol{\eta}_2$是其导出组的解.证毕.

性质 4.2.2 设 $\boldsymbol{\eta}$ 是非齐次线性方程组 $\boldsymbol{AX}=\boldsymbol{b}$ 的一个解,$\boldsymbol{\xi}$ 是其导出组的一个解,则 $\boldsymbol{\eta}+\boldsymbol{\xi}$ 也是 $\boldsymbol{AX}=\boldsymbol{b}$ 的一个解.

证 由已知,$\boldsymbol{A}(\boldsymbol{\eta}+\boldsymbol{\xi})=\boldsymbol{A\eta}+\boldsymbol{A\xi}=\boldsymbol{b}+\boldsymbol{0}=\boldsymbol{b}$,故 $\boldsymbol{\eta}+\boldsymbol{\xi}$ 也是 $\boldsymbol{AX}=\boldsymbol{b}$ 的一个解.证毕.

定理 4.2.2(解的结构定理) 若 $\boldsymbol{\eta}^*$ 是非齐次线性方程组 $\boldsymbol{AX}=\boldsymbol{b}$ 的一个特解,$\boldsymbol{Y}$ 是其导出组的通解,则 $\boldsymbol{X}=\boldsymbol{\eta}^*+\boldsymbol{Y}$ 是 $\boldsymbol{AX}=\boldsymbol{b}$ 的通解.

证　由性质 4.2.2,$\boldsymbol{X}=\boldsymbol{\eta}^*+\boldsymbol{Y}$ 是 $\boldsymbol{AX}=\boldsymbol{b}$ 的解.设 $\boldsymbol{\eta}_1$ 是 $\boldsymbol{AX}=\boldsymbol{b}$ 的任一个解,由性质 4.2.1,$\boldsymbol{\eta}_1-\boldsymbol{\eta}^*$ 是导出组 $\boldsymbol{AX}=\boldsymbol{0}$ 的解,而 $\boldsymbol{\eta}_1=\boldsymbol{\eta}^*+(\boldsymbol{\eta}_1-\boldsymbol{\eta}^*)$,因此 $\boldsymbol{AX}=\boldsymbol{b}$ 的任一个解都可表示为其特解 $\boldsymbol{\eta}^*$ 与其导出组的某一个解的和,即 $\boldsymbol{X}=\boldsymbol{\eta}^*+\boldsymbol{Y}$ 是 $\boldsymbol{AX}=\boldsymbol{b}$ 的通解.证毕.

由此定理可知,如果非齐次线性方程组有解,只需求出它的一个特解 $\boldsymbol{\eta}^*$,并求出其导出组的基础解系 $\boldsymbol{\eta}_1,\boldsymbol{\eta}_2,\cdots,\boldsymbol{\eta}_{n-r}$,则其通解可表示为

$$\boldsymbol{X}=\boldsymbol{\eta}^*+\boldsymbol{Y}=\boldsymbol{\eta}^*+k_1\boldsymbol{\eta}_1+k_2\boldsymbol{\eta}_2+\cdots+k_{n-r}\boldsymbol{\eta}_{n-r},k_1,k_2,\cdots,k_{n-r}\text{为任意实数}.$$

另外,当非齐次线性方程组 $\boldsymbol{AX}=\boldsymbol{b}$ 有解时,由定理 4.2.2、定理 4.2.1 和定理 4.1.1 可得到下面的结论:

定理 4.2.3　对 n 元非齐次线性方程组 $\boldsymbol{AX}=\boldsymbol{b}$,若 $r(\boldsymbol{A})=r(\overline{\boldsymbol{A}})<n$,则它有无穷多解;若 $r(\boldsymbol{A})=r(\overline{\boldsymbol{A}})=n$,则它有唯一解.

例 1　求非齐次线性方程组

$$\begin{cases}x_1-x_2-x_3+x_4=0,\\x_1-x_2+x_3-3x_4=1,\\2x_1-2x_2-4x_3+6x_4=-1\end{cases}$$

的通解.

解　对增广矩阵 $\overline{\boldsymbol{A}}$ 施行初等行变换,

$$\overline{\boldsymbol{A}}=\begin{pmatrix}1&-1&-1&1&0\\1&-1&1&-3&1\\2&-2&-4&6&-1\end{pmatrix}\xrightarrow[r_3-2r_1]{r_2-r_1}\begin{pmatrix}1&-1&-1&1&0\\0&0&2&-4&1\\0&0&-2&4&-1\end{pmatrix}$$

$$\xrightarrow[r_3+r_2]{r_3\times\frac{1}{2},\ r_1-r_3,\ r_2\times\frac{1}{2}}\begin{pmatrix}1&-1&0&-1&\frac{1}{2}\\0&0&1&-2&\frac{1}{2}\\0&0&0&0&0\end{pmatrix},$$

得 $r(\boldsymbol{A})=r(\overline{\boldsymbol{A}})=2<4$,故原方程组有无穷多解,且得同解方程组为

$$\begin{cases}x_1=x_2+x_4+\dfrac{1}{2},\\x_3=\quad 2x_4+\dfrac{1}{2},\end{cases}\tag{4.8}$$

令 $\begin{pmatrix}x_2\\x_4\end{pmatrix}=\begin{pmatrix}0\\0\end{pmatrix}$,得方程组的一个特解 $\boldsymbol{\eta}^*=\begin{pmatrix}\frac{1}{2}\\0\\\frac{1}{2}\\0\end{pmatrix}$,又因与其导出组对应的同解方程组为

$$\begin{cases}x_1=x_2+x_4,\\x_3=\quad 2x_4,\end{cases}$$

令$\begin{pmatrix}x_2\\x_4\end{pmatrix}=\begin{pmatrix}1\\0\end{pmatrix},\begin{pmatrix}0\\1\end{pmatrix}$,即得导出组的一个基础解系 $\boldsymbol{\eta}_1=\begin{pmatrix}1\\1\\0\\0\end{pmatrix},\boldsymbol{\eta}_2=\begin{pmatrix}1\\0\\2\\1\end{pmatrix}$,因此原方程组的通解为

$$\begin{aligned}\boldsymbol{X}&=\boldsymbol{\eta}^*+k_1\boldsymbol{\eta}_1+k_2\boldsymbol{\eta}_2\\&=\begin{pmatrix}\frac{1}{2}\\0\\\frac{1}{2}\\0\end{pmatrix}+k_1\begin{pmatrix}1\\1\\0\\0\end{pmatrix}+k_2\begin{pmatrix}1\\0\\2\\1\end{pmatrix},\end{aligned}\tag{4.9}$$

其中 k_1,k_2为任意常数.

注　上述解法也可用上一节同样的方法简化.将(4.8)式写成

$$\begin{cases}x_1=x_2+x_4+\frac{1}{2},\\x_2=x_2,\\x_3=\quad 2x_4+\frac{1}{2},\\x_4=\quad x_4,\end{cases}\tag{4.10}$$

即得含自由量形式的通解$\begin{pmatrix}x_1\\x_2\\x_3\\x_4\end{pmatrix}=\begin{pmatrix}\frac{1}{2}\\0\\\frac{1}{2}\\0\end{pmatrix}+x_2\begin{pmatrix}1\\1\\0\\0\end{pmatrix}+x_4\begin{pmatrix}1\\0\\2\\1\end{pmatrix}$.若令两自由量 $x_2=k_1,x_4=k_2$,则可得(4.9)式.

例 2　求解非齐次线性方程组$\begin{cases}x_1+\ x_2-3x_3-\ x_4=1,\\3x_1-\ x_2-3x_3+4x_4=4,\\x_1+5x_2-9x_3-8x_4=0.\end{cases}$

解　对增广矩阵 $\overline{\boldsymbol{A}}$ 施行初等行变换,

$$\overline{\boldsymbol{A}}=\begin{pmatrix}1&1&-3&-1&1\\3&-1&-3&4&4\\1&5&-9&-8&0\end{pmatrix}\xrightarrow[r_3-r_1]{r_2-3r_1}\begin{pmatrix}1&1&-3&-1&1\\0&-4&6&7&1\\0&4&-6&-7&-1\end{pmatrix}\xrightarrow{r_3+r_2}\begin{pmatrix}1&1&-3&-1&1\\0&-4&6&7&1\\0&0&0&0&0\end{pmatrix}$$

$$\xrightarrow{r_2\times\left(-\frac{1}{4}\right)}\begin{pmatrix}1&1&-3&-1&1\\0&1&-\frac{3}{2}&-\frac{7}{4}&-\frac{1}{4}\\0&0&0&0&0\end{pmatrix}\xrightarrow{r_1-r_2}\begin{pmatrix}1&0&-\frac{3}{2}&\frac{3}{4}&\frac{5}{4}\\0&1&-\frac{3}{2}&-\frac{7}{4}&-\frac{1}{4}\\0&0&0&0&0\end{pmatrix},$$

得到 $r(\boldsymbol{A})=r(\overline{\boldsymbol{A}})=2$,故原方程组有无穷多解,且得同解方程组为

$$\begin{cases} x_1=\frac{3}{2}x_3-\frac{3}{4}x_4+\frac{5}{4}, \\ x_2=\frac{3}{2}x_3+\frac{7}{4}x_4-\frac{1}{4}, \\ x_3=x_3, \\ x_4=x_4, \end{cases}$$

令自由量 $x_3=k_1, x_4=k_2$，则可得到原方程组的通解为

$$\begin{pmatrix} x_1 \\ x_2 \\ x_3 \\ x_4 \end{pmatrix}=k_1\begin{pmatrix} \frac{3}{2} \\ \frac{3}{2} \\ 1 \\ 0 \end{pmatrix}+k_2\begin{pmatrix} -\frac{3}{4} \\ \frac{7}{4} \\ 0 \\ 1 \end{pmatrix}+\begin{pmatrix} \frac{5}{4} \\ -\frac{1}{4} \\ 0 \\ 0 \end{pmatrix} \quad (\text{其中 } k_1, k_2 \text{ 为任意常数}).$$

例 3　设线性方程组

$$\begin{cases} x_1+2x_2-x_3-2x_4=0, \\ 2x_1-x_2-x_3+x_4=1, \\ 3x_1+x_2-2x_3-x_4=a, \end{cases}$$

试确定 a 的值，使方程组有解，并求出其通解.

解　对增广矩阵 $\overline{\boldsymbol{A}}$ 施行初等行变换，

$$\overline{\boldsymbol{A}}=\begin{pmatrix} 1 & 2 & -1 & -2 & 0 \\ 2 & -1 & -1 & 1 & 1 \\ 3 & 1 & -2 & -1 & a \end{pmatrix}\xrightarrow[r_3-3r_1]{r_2-2r_1}\begin{pmatrix} 1 & 2 & -1 & -2 & 0 \\ 0 & -5 & 1 & 5 & 1 \\ 0 & -5 & 1 & 5 & a \end{pmatrix}\xrightarrow{r_3-r_2}\begin{pmatrix} 1 & 2 & -1 & -2 & 0 \\ 0 & -5 & 1 & 5 & 1 \\ 0 & 0 & 0 & 0 & a-1 \end{pmatrix}.$$

当 $a=1$ 时，$r(A)=r(\overline{\boldsymbol{A}})=2<4$，原方程组有无穷多解.此时，

$$\overline{\boldsymbol{A}}\to\begin{pmatrix} 1 & 2 & -1 & -2 & 0 \\ 0 & -5 & 1 & 5 & 1 \\ 0 & 0 & 0 & 0 & 0 \end{pmatrix}\xrightarrow{r_2\times\left(-\frac{1}{5}\right)}\begin{pmatrix} 1 & 2 & -1 & -2 & 0 \\ 0 & 1 & -\frac{1}{5} & -1 & -\frac{1}{5} \\ 0 & 0 & 0 & 0 & 0 \end{pmatrix}$$

$$\xrightarrow{r_1-2r_2}\begin{pmatrix} 1 & 0 & -\frac{3}{5} & 0 & \frac{2}{5} \\ 0 & 1 & -\frac{1}{5} & -1 & -\frac{1}{5} \\ 0 & 0 & 0 & 0 & 0 \end{pmatrix}.$$

同解方程组为

$$\begin{cases} x_1=\frac{3}{5}x_3+\frac{2}{5}, \\ x_2=\frac{1}{5}x_3+x_4-\frac{1}{5}, \\ x_3=x_3, \\ x_4=x_4. \end{cases}$$

令自由量 $x_3=k_1,x_4=k_2$,则可得到原方程组的通解为

$$\begin{pmatrix}x_1\\x_2\\x_3\\x_4\end{pmatrix}=k_1\begin{pmatrix}\frac{3}{5}\\\frac{1}{5}\\1\\0\end{pmatrix}+k_2\begin{pmatrix}0\\1\\0\\1\end{pmatrix}+\begin{pmatrix}\frac{2}{5}\\-\frac{1}{5}\\0\\0\end{pmatrix}\quad(k_1,k_2\text{ 为任意实数}).$$

例 4 讨论 a,b 为何值时,方程组

$$\begin{cases}x+ay+a^2z=1,\\x+ay+abz=a,\\bx+a^2y+a^2bz=a^2b\end{cases}$$

有唯一解,无穷多解或无解?当方程组有解时求出其解.

解法 1 对增广矩阵作初等行变换

$$\overline{A}=\begin{pmatrix}1&a&a^2&1\\1&a&ab&a\\b&a^2&a^2b&a^2b\end{pmatrix}\to\begin{pmatrix}1&a&a^2&1\\0&a(a-b)&0&b(a^2-1)\\0&0&a(b-a)&a-1\end{pmatrix},$$

(1) 当 $a\neq b$ 且 $a\neq0$ 时,$r(A)=r(\overline{A})=3$,此时方程组有唯一解

$$x=\frac{a^2(b-1)}{b-a},\quad y=\frac{b(a^2-1)}{a(a-b)},\quad z=\frac{a-1}{a(b-a)};$$

(2) 当 $a=b$ 或 $a=0$ 时,$\overline{A}\to\begin{pmatrix}1&a&a^2&1\\0&0&0&b(a^2-1)\\0&0&0&a-1\end{pmatrix}$,

① 若 $a=b=1$,则 $r(A)=r(\overline{A})=1$,方程组有无穷多解,此时同解方程组为 $x+y+z=1$,通解 $\begin{pmatrix}x\\y\\z\end{pmatrix}=\begin{pmatrix}1\\0\\0\end{pmatrix}+k_1\begin{pmatrix}-1\\1\\0\end{pmatrix}+k_2\begin{pmatrix}-1\\0\\1\end{pmatrix}$(其中 k_1,k_2为任意常数);

② 若 $a=b\neq1$ 或 $a=0$,则 $r(A)=1,r(\overline{A})=2,r(A)\neq r(\overline{A})$,此时方程组无解.

解法 2 因为方程组的系数行列式为

$$\begin{vmatrix}1&a&a^2\\1&a&ab\\b&a^2&a^2b\end{vmatrix}=a^2(a-b)^2.$$

(1) 当 $a(b-a)\neq0$,即 $a\neq b$ 且 $a\neq0$ 时,由克拉默法则知方程组有唯一解

$$x=\frac{a^2(b-1)}{b-a},\quad y=\frac{b(a^2-1)}{a(a-b)},\quad z=\frac{a-1}{a(b-a)};$$

(2) ① 当 $a=0$ 时,方程组为$\begin{cases}x=1,\\x=0,\\bx=0,\end{cases}$这显然是矛盾的,方程组无解;

② 当 $a=b$ 时，方程组变为$\begin{cases} x+by+b^2z=1, \\ x+by+b^2z=b, \\ bx+b^2y+b^3z=b^3, \end{cases}$对增广矩阵作初等行变换：

$$\overline{\boldsymbol{A}}=\begin{pmatrix} 1 & b & b^2 & 1 \\ 1 & b & b^2 & b \\ b & b^2 & b^3 & b^3 \end{pmatrix} \to \begin{pmatrix} 1 & b & b^2 & 1 \\ 0 & 0 & 0 & b-1 \\ 0 & 0 & 0 & b(b^2-1) \end{pmatrix},$$

重难点分析
线性方程组

此时若 $a=b=1$，则方程组等价于 $x+y+z=1$，方程组有无穷多解

$$\begin{pmatrix} x \\ y \\ z \end{pmatrix}=\begin{pmatrix} 1 \\ 0 \\ 0 \end{pmatrix}+k_1\begin{pmatrix} -1 \\ 1 \\ 0 \end{pmatrix}+k_2\begin{pmatrix} -1 \\ 0 \\ 1 \end{pmatrix}\quad（其中 k_1,k_2 为任意常数）;$$

此时若 $a=b\neq 1$，则出现矛盾方程，方程组无解.

习　题　4.2

1. 求下列线性方程组的通解：

（1）$\begin{cases} 3x_1-5x_2+5x_3=0, \\ 2x_1-3x_2+2x_3=1, \\ x_2-4x_3=8; \end{cases}$　　（2）$\begin{cases} 9x_1+12x_2+3x_3+7x_4=10, \\ 6x_1+8x_2+2x_3+5x_4=7, \\ 3x_1+4x_2+x_3+5x_4=6; \end{cases}$

（3）$\begin{cases} 2x+y-z+w=1, \\ 4x+2y-2z+w=2, \\ 2x+y-z-w=1; \end{cases}$　　（4）$\begin{cases} x_1+3x_2+3x_3-2x_4+x_5=3, \\ 2x_1+6x_2+x_3-3x_4=2, \\ x_1+3x_2-2x_3-x_4-x_5=-1, \\ 3x_1+9x_2+x_3-5x_4+x_5=5. \end{cases}$

2. 当 λ,a,b 取何值时，下列非齐次线性方程组有唯一解、无解或有无穷多解？当方程组有无穷多解时，求出其全部解.

（1）$\begin{cases} -x_1-4x_2+x_3+x_4=3, \\ x_1+5x_2-3x_3-x_4=-4, \\ -2x_1-7x_2+2x_4=\lambda; \end{cases}$　　（2）$\begin{cases} \lambda x_1+x_2+x_3=1, \\ x_1+\lambda x_2+x_3=\lambda, \\ x_1+x_2+\lambda x_3=\lambda^2; \end{cases}$

（3）$\begin{cases} x_1+x_2-x_3=1, \\ 2x_1+(a+2)x_2+(-b-2)x_3=3, \\ -3ax_2+(a+2b)x_3=-3. \end{cases}$

典型例题讲解
含参数的非
齐次线性方
程组的求解

3. 已知 $\boldsymbol{\alpha}_1=(1,2,0),\boldsymbol{\alpha}_2=(1,a+2,-3a),\boldsymbol{\alpha}_3=(-1,b+2,a+2b),\boldsymbol{\beta}=(1,3,-3)$.

（1）a,b 为何值时，$\boldsymbol{\beta}$ 不能表示成 $\boldsymbol{\alpha}_1,\boldsymbol{\alpha}_2,\boldsymbol{\alpha}_3$ 的线性组合；

（2）a,b 为何值时，$\boldsymbol{\beta}$ 能由 $\boldsymbol{\alpha}_1,\boldsymbol{\alpha}_2,\boldsymbol{\alpha}_3$ 唯一地线性表示，并写出该表达式.

4. 已知 $\boldsymbol{\alpha}_1,\boldsymbol{\alpha}_2$ 是方程组$\begin{cases} x_1-x_2+2x_3=3, \\ 2x_1-3x_3=1, \\ -2x_1+ax_2+10x_3=4 \end{cases}$的两个不同的解，求参数 a 的值.

5. 证明：若方程组$\begin{cases}x_1+a_1x_2+a_1^2x_3=a_1^3,\\x_1+a_2x_2+a_2^2x_3=a_2^3,\\x_1+a_3x_2+a_3^2x_3=a_3^3\end{cases}$有无穷多解，则 a_1,a_2,a_3 中至少有两个相等.

6. 设 $\boldsymbol{A}$ 是 $m\times n$ 矩阵，$\boldsymbol{B}$ 是 $n\times s$ 矩阵，已知 $r(\boldsymbol{B})=n$，$\boldsymbol{AB}=\boldsymbol{O}$，证明 $\boldsymbol{A}=\boldsymbol{O}$.

7. 设 $\boldsymbol{A}$ 为 n 阶方阵，$\boldsymbol{b}$ 是 n 维非零列向量，$\boldsymbol{\eta}_1,\boldsymbol{\eta}_2$ 是非齐次线性方程组 $\boldsymbol{AX}=\boldsymbol{b}$ 的解，$\boldsymbol{\xi}$ 是对应的齐次线性方程组 $\boldsymbol{AX}=\boldsymbol{0}$ 的解.

(1) 若 $\boldsymbol{\eta}_1\neq\boldsymbol{\eta}_2$，证明 $\boldsymbol{\eta}_1,\boldsymbol{\eta}_2$ 线性无关；(2) 若 $r(\boldsymbol{A})=n-1$，证明 $\boldsymbol{\xi},\boldsymbol{\eta}_1,\boldsymbol{\eta}_2$ 线性相关.

*§4.3　应用举例

应用 1　投入产出模型

投入产出模型是由哈佛大学教授列昂惕夫于 20 世纪 30 年代首次提出的，它是研究一个经济系统各部门之间投入与产出关系的线性模型.

设一个经济系统分为 n 个生产部门，各部门分别用 $1,2,\cdots,n$ 表示，这些部门生产各自不同的商品和服务.一方面，每个生产部门在生产过程中要消耗彼此的产品，即生产者本身创造了中间需求；另一方面，每个生产部门的产品用来满足社会的非生产性需要，并提供积累，即生产者创造了最终需求.如表 4-1 所示，

$x_{ij}(i,j=1,2,\cdots,n)$ 表示部门 j 消耗部门 i 的产品量；

$y_i(i=1,2,\cdots,n)$ 表示部门 i 的最终产品；

$x_i(i=1,2,\cdots,n)$ 表示部门 i 的总产出.

表 4-1　投入产出表

消耗部门		中间需求				最终需求	总产出
		1	2	$\cdots$	n		
生产部门	1	x_{11}	x_{12}	$\cdots$	x_{1n}	y_1	x_1
	2	x_{21}	x_{22}	$\cdots$	x_{2n}	y_2	x_2
	$\vdots$	$\vdots$	$\vdots$		$\vdots$	$\vdots$	$\vdots$
	n	x_{n1}	x_{n2}	$\cdots$	x_{nn}	y_n	x_n

从表 4-1 每一行来看，如果要求各部门产品分配平衡，那么每个部门创造的中间需求加上最终需求，应等于它的总产出，即得线性方程组

$$\begin{cases}x_1=x_{11}+x_{12}+\cdots+x_{1n}+y_1,\\x_2=x_{21}+x_{22}+\cdots+x_{2n}+y_2,\\\cdots\cdots\cdots\cdots\\x_n=x_{n1}+x_{n2}+\cdots+x_{nn}+y_n.\end{cases}\tag{4.11}$$

列昂惕夫投入产出模型的基本假设是,对每一部门都有一个单位的消费向量,它反映了该部门的单位产出所需其他部门的产品量,常称为该部门对所需部门的直接消耗系数.因此,对部门 j,考虑单位产出所要消耗部门 i 的产品量,即考虑部门 j 对部门 i 的直接消耗系数.设部门 j 对部门 i 的直接消耗系数为 c_{ij},则

$$c_{ij}=\frac{x_{ij}}{x_j}\ (i,j=1,2,\cdots,n), \tag{4.12}$$

$$x_{ij}=c_{ij}x_j, \tag{4.13}$$

将(4.12)代入(4.11),得

$$\begin{cases} x_1=c_{11}x_1+c_{12}x_2+\cdots+c_{1n}x_n+y_1, \\ x_2=c_{21}x_1+c_{22}x_2+\cdots+c_{2n}x_n+y_2, \\ \cdots\cdots\cdots\cdots \\ x_n=c_{n1}x_1+c_{n2}x_2+\cdots+c_{nn}x_n+y_n, \end{cases} \tag{4.14}$$

记

$$\boldsymbol{C}=\begin{pmatrix} c_{11} & c_{12} & \cdots & c_{1n} \\ c_{21} & c_{22} & \cdots & c_{2n} \\ \vdots & \vdots & & \vdots \\ c_{n1} & c_{n2} & \cdots & c_{nn} \end{pmatrix},\ \text{称其为消耗矩阵;}$$

$$\boldsymbol{X}=\begin{pmatrix} x_1 \\ x_2 \\ \vdots \\ x_n \end{pmatrix},\ \text{称其为产出向量;}$$

$$\boldsymbol{Y}=\begin{pmatrix} y_1 \\ y_2 \\ \vdots \\ y_n \end{pmatrix},\ \text{称其为最终需求向量.}$$

则方程组(4.14)可以写成矩阵形式

$$\boldsymbol{X}=\boldsymbol{C}\boldsymbol{X}+\boldsymbol{Y},$$

或

$$(\boldsymbol{E}-\boldsymbol{C})\boldsymbol{X}=\boldsymbol{Y}, \tag{4.15}$$

此即列昂惕夫投入产出模型.

例 1　设有一个经济体系由 A、B 和 C 三个部门构成.部门 A 每单位的产出需消耗 0.1 单位自己的产品,0.3 单位部门 B 的产品和 0.3 单位部门 C 的产品.部门 B 每单位的产出需消耗 0.2 单位自己的产品,0.6 单位部门 A 的产品和 0.1 单位部门 C 的产品.部门 C 每单位的产出需消耗 0.6 单位部门 A 的产品,0.1 单位部门 C 的产品,但不消耗部门 B 的产品.

（1）构造此经济体系的消耗矩阵；

（2）为了满足最终需求为 36 单位部门 A 的产品，36 单位部门 B 的产品，0 单位部门 C 的产品，各部门的总产出应为多少？

解 （1）由题意知，消耗矩阵为

$$\boldsymbol{C}=\begin{pmatrix}0.1 & 0.6 & 0.6\\ 0.3 & 0.2 & 0\\ 0.3 & 0.1 & 0.1\end{pmatrix}.$$

（2）
$$\boldsymbol{E}-\boldsymbol{C}=\begin{pmatrix}0.9 & -0.6 & -0.6\\ -0.3 & 0.8 & 0\\ -0.3 & -0.1 & 0.9\end{pmatrix},$$

对方程组(4.15)的增广矩阵作初等行变换，变为行最简形矩阵，有

$$\begin{pmatrix}0.9 & -0.6 & -0.6 & 36\\ -0.3 & 0.8 & 0 & 36\\ -0.3 & -0.1 & 0.9 & 0\end{pmatrix}\longrightarrow\begin{pmatrix}1 & 0 & 0 & \dfrac{440}{3}\\ 0 & 1 & 0 & 100\\ 0 & 0 & 1 & 60\end{pmatrix},$$

故部门 A 总产出 $\dfrac{440}{3}\approx 147$ 个单位，部门 B 总产出 100 个单位，部门 C 总产出 60 个单位.

若矩阵 $\boldsymbol{E}-\boldsymbol{C}$ 可逆，则也可用 $\boldsymbol{X}=(\boldsymbol{E}-\boldsymbol{C})^{-1}\boldsymbol{Y}$ 求得各部门的总产出.

例 2 设有一个经济体系由两个部门构成，已知消耗矩阵为 $\boldsymbol{C}=\begin{pmatrix}0.1 & 0.6\\ 0.5 & 0.2\end{pmatrix}$，最终需求向量为 $\boldsymbol{Y}=\begin{pmatrix}50\\ 30\end{pmatrix}$，应用逆矩阵求各部门的总产出.

解 $\boldsymbol{E}-\boldsymbol{C}=\begin{pmatrix}1 & 0\\ 0 & 1\end{pmatrix}-\begin{pmatrix}0.1 & 0.6\\ 0.5 & 0.2\end{pmatrix}=\begin{pmatrix}0.9 & -0.6\\ -0.5 & 0.8\end{pmatrix}$，$(\boldsymbol{E}-\boldsymbol{C})^{-1}=\dfrac{50}{21}\begin{pmatrix}0.8 & 0.6\\ 0.5 & 0.9\end{pmatrix}$，则产出向量

$$\boldsymbol{X}=(\boldsymbol{E}-\boldsymbol{C})^{-1}\boldsymbol{Y}=\frac{50}{21}\begin{pmatrix}0.8 & 0.6\\ 0.5 & 0.9\end{pmatrix}\begin{pmatrix}50\\ 30\end{pmatrix}\approx\begin{pmatrix}138.1\\ 123.8\end{pmatrix}.$$

故两个部门的总产出分别为约 138.1 个单位和 123.8 个单位.

应用 2 交通流

例 3 如图 4-1 所示，某城市市区的交叉路口由两条单向车道组成，图中给出了在交通高峰时段每小时进入和离开路口的车辆数.计算在四个交叉路口间车辆的数量 x_1,x_2,x_3,x_4.

解 在每一个路口，进入的车辆数与离开的车辆数相等，因此有

$$x_1+350=510+x_2 \quad（路口 A），$$
$$x_2+420=380+x_3 \quad（路口 B），$$
$$x_3+290=500+x_4 \quad（路口 C），$$
$$x_4+540=210+x_1 \quad（路口 D），$$

整理得方程组

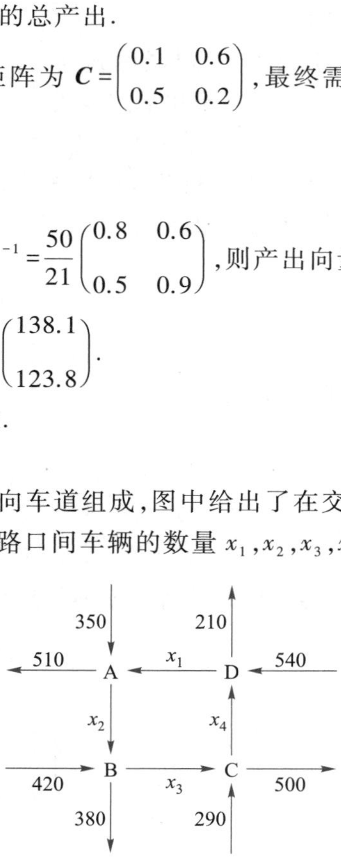

图 4-1

$$\begin{cases} x_1-x_2 = 160, \\ x_2-x_3 = -40, \\ x_3-x_4 = 210, \\ x_1 - x_4 = 330, \end{cases}$$

对增广矩阵作初等行变换，变为行最简形矩阵，有

$$\overline{A}=\begin{pmatrix} 1 & -1 & 0 & 0 & 160 \\ 0 & 1 & -1 & 0 & -40 \\ 0 & 0 & 1 & -1 & 210 \\ 1 & 0 & 0 & -1 & 330 \end{pmatrix} \to \begin{pmatrix} 1 & 0 & 0 & -1 & 330 \\ 0 & 1 & 0 & -1 & 170 \\ 0 & 0 & 1 & -1 & 210 \\ 0 & 0 & 0 & 0 & 0 \end{pmatrix},$$

$$r(\boldsymbol{A})=r(\overline{\boldsymbol{A}})=3<4,$$

因此该方程组有无穷多解

$$\begin{cases} x_1=330+x_4, \\ x_2=170+x_4, (x_4\text{为自由量}). \\ x_3=210+x_4 \end{cases}$$

假设在路口 C 和 D 之间的平均车辆数 $x_4=100$，则相应的 x_1,x_2,x_3 为 $x_1=430,x_2=270,x_3=310$.

应用 **3**　化学方程式

例 **4**　配平化学方程式

$$x_1C_3H_8+x_2O_2\to x_3CO_2+x_4H_2O.$$

解　为了配平该化学方程式，需选择适当的 $x_i(i=1,2,3,4)$ 使得方程两边的碳、氢和氧原子的数量分别相等，因此有

$$3x_1=x_3 \quad (\text{碳原子}),$$
$$8x_1=2x_4 \quad (\text{氢原子}),$$
$$2x_2=2x_3+x_4 \quad (\text{氧原子}),$$

整理得方程组

$$\begin{cases} 3x_1 - x_3 = 0, \\ 4x_1 - x_4 = 0, \\ 2x_2-2x_3-x_4=0, \end{cases}$$

对系数矩阵作初等行变换，变为行最简形矩阵，有

$$\begin{pmatrix} 3 & 0 & -1 & 0 \\ 4 & 0 & 0 & -1 \\ 0 & 2 & -2 & -1 \end{pmatrix} \to \begin{pmatrix} 1 & 0 & 0 & -\frac{1}{4} \\ 0 & 1 & 0 & -\frac{5}{4} \\ 0 & 0 & 1 & -\frac{3}{4} \end{pmatrix},$$

因此该齐次线性方程组有无穷多解

$$\begin{cases} x_1 = \dfrac{1}{4}x_4, \\ x_2 = \dfrac{5}{4}x_4, (x_4\text{为自由量}). \\ x_3 = \dfrac{3}{4}x_4 \end{cases}$$

因为化学方程式的系数应为正整数,所以取 $x_4=4$,得 $x_1=1, x_2=5, x_3=3$.

配平的方程式为

$$C_3H_8+5O_2 \rightarrow 3CO_2+4H_2O.$$

*习　题　4.3

1. 设有一个经济体系由制造业、农业和服务业三个部门构成.制造业每单位的产出需消耗 0.5 单位自己的产品,0.2 单位农业产品和 0.1 单位服务业产品.农业每单位的产出需消耗 0.3 单位自己的产品,0.4 单位制造业产品和 0.1 单位服务业产品.服务业每单位的产出需消耗 0.2 单位制造业产品,0.1 单位农业产品和 0.3 单位服务业产品.

(1) 构造此经济体系的消耗矩阵;

(2) 为了满足最终需求为 50 单位制造业产品、30 单位农业产品、20 单位服务业产品,各部门的总产出应为多少?

2. 在 §4.3 例 2 中取 $\boldsymbol{C}=\begin{pmatrix} 0 & 0.5 \\ 0.6 & 0.2 \end{pmatrix}, \boldsymbol{Y}=\begin{pmatrix} 50 \\ 30 \end{pmatrix}$,应用逆矩阵求各部门的总产出.

3. 如图 4-2 所示,某城市市区的交叉路口由两条单向车道组成.图中给出了在交通高峰时段每小时进入和离开路口的车辆数.计算在四个交叉路口间车辆的数量 x_1, x_2, x_3, x_4.

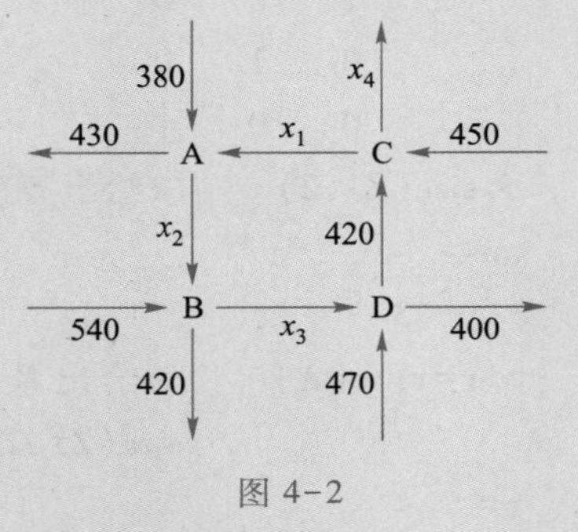

图 4-2

*4. 在光合作用中,植物利用太阳提供的辐射能,将二氧化碳(CO_2)和水(H_2O)转化为葡萄糖($C_6H_{12}O_6$)和氧气(O_2).试配平该化学方程式

$$CO_2+H_2O \rightarrow C_6H_{12}O_6+O_2.$$

§4.4　MATLAB 实验

通过本节的学习,会利用 MATLAB 来求线性方程组的基础解系、通解等.

在 MATLAB 中,函数命令 null(A)可以求解齐次线性方程组.

Z=null(A)　　给出齐次线性方程组 $\boldsymbol{AX}=\boldsymbol{0}$ 的解空间的正交基 $\boldsymbol{Z}$,故 $\boldsymbol{AZ}=\boldsymbol{0}$;

Z1=null(A,'r')　　给出齐次线性方程组 $\boldsymbol{AX}=\boldsymbol{0}$ 通过初等行变换化简后得到的解空间的基,也就是通常说的一组基础解系,即用手工计算的结果;

size(Z1,2)　　　　给出齐次线性方程组 $\boldsymbol{AX}=\boldsymbol{0}$ 解空间的维数.

例 1　求解齐次线性方程组 $\begin{cases} x_1+x_2+x_3+x_4+x_5=0, \\ 3x_1+2x_2+x_3+x_4-3x_5=0, \\ x_2+2x_3+2x_4+6x_5=0, \\ 5x_1+4x_2+3x_3+3x_4-x_5=0 \end{cases}$ 的基础解系和通解.

解　程序及运行结果如下:

```
>>A=[1  1  1  1  1;3  2  1  1  -3;0  1  2  2  6;5  4  3  3  -1];
Z=null(A)  %给出齐次线性方程组AX=0的解空间的正交基Z
Z=

    -0.7406    0.1372    0.0000
     0.5610    0.6451   -0.0000
     0.2048   -0.5061   -0.7071
     0.2048   -0.5061    0.7071
    -0.2301    0.2299    0.0000
>>Z1=null(A,'r')  %给出齐次线性方程组AX=0的一组基础解系
Z1=

     1     1     5
    -2    -2    -6
     1     0     0
     0     1     0
     0     0     1
>>size(Z1,2)      %给出齐次线性方程组AX=0解空间的维数n-r
ans=
   3
>>r=rank(A)       %给出系数矩阵A的秩,AX=0解空间的维数n-r=5-2=3,与用
                  size(Z1,2)求出的结果吻合
r=
   2
>>x1=Z1(:,1)      %取出基础解系的第一个向量
x1=

     1
    -2
     1
     0
     0
>>x2=Z1(:,2)      %取出基础解系的第二个向量
x2=
```

```
     1
    -2
     0
     1
     0
>>x3=Z1(:,3)   %取出基础解系的第三个向量
x3=
     5
    -6
     0
     0
     1
>>syms  k1  k2  k3  %声明自由变量
X=k1*x1+k2*x2+k3*x3
X=
  [       k1+k2+5*k3     ]
  [-2*k1-2*k2-6*k3]
  [                     k1]
  [                     k2]
  [                     k3]
```

在 MATLAB 中,使用命令函数 null(A,'r'),结合 $r(\boldsymbol{A})$、$r(\boldsymbol{A}\,\vdots\,\boldsymbol{b})$ 的关系判断并求解非齐次线性方程组 $\boldsymbol{AX}=\boldsymbol{b}$.

例 2 判断非齐次线性方程组 $\begin{cases} x_1-2x_2+3x_3-x_4=1, \\ 3x_1-x_2+5x_3-3x_4=2, \\ 2x_1+x_2+2x_3-2x_4=3 \end{cases}$ 是否有解？若有解,求其通解.

解 程序及运行结果如下:

```
>>A=[1  -2  3  -1;3  -1  5  -3;2  1  2  -2];b=[1  2  3]'; B=[A  b];
n=4;
RA=rank(A); RB=rank(B);
if (RA==RB&RA==n)   X=A\b
  else if (RA==RB & RA<n)
  x0=A\b                    %特解
  D=null(A,'r')             %基础解系
    else
    fprintf('方程组无解')
   end
  end
```

运行该程序,结果为:方程组无解.

例 3　判断非齐次线性方程组$\begin{cases}x_1-x_2-x_3+x_4=0,\\x_1-x_2+x_3-3x_4=1,\\x_1-x_2-2x_3+3x_4=-0.5\end{cases}$是否有解？若有解,求其通解.

解　程序及运行结果如下：

```
>>A=[1  -1  -1  1;1  -1  1  -3;1  -1  -2  3];b=[0  1  -0.5]'; B=[A
b];n=4;
    RA=rank(A); RB=rank(B);
    if(RA==RB&RA==n)    X=A\b   %唯一解
       else if (RA==RB & RA<n)
     x0=A\b      %特解
     D=null(A,'r')   %基础解系
        else
     fprintf('方程组无解')
        end
     end
Warning: Rank deficient,rank = 2   tol =   3.8715e-015.
x0=
         0
   -0.2500
         0
   -0.2500
D=
     1  1
     1  0
     0  2
     0  1
```

由以上显示结果,可得方程组的解为

$$\boldsymbol{x}=k_1\begin{pmatrix}1\\1\\0\\0\end{pmatrix}+k_2\begin{pmatrix}1\\0\\2\\1\end{pmatrix}+\begin{pmatrix}0\\-0.25\\0\\-0.25\end{pmatrix}.$$

习　题　4.4

1. 运用 MATLAB 软件求解线性方程组$\begin{cases}x_1+x_2+x_3+x_4+x_5=7,\\3x_1+2x_2+x_3+x_4-3x_5=-2,\\x_2+2x_3+2x_4+6x_5=23,\\5x_1+4x_2+3x_3+3x_4-x_5=12.\end{cases}$

2. 运用 MATLAB 软件求解齐次线性方程组$\begin{cases} x_1+2x_2+x_3-x_4=0, \\ 3x_1+6x_2-x_3-3x_4=0, \\ 5x_1+10x_2+x_3-5x_4=0 \end{cases}$的基础解系和全部解.

3. 运用 MATLAB 软件求解下列线性方程组：

(1) $\begin{cases} 2x_1+3x_2-x_3+5x_4=0, \\ 3x_1+x_2+2x_3-7x_4=0, \\ 4x_1+x_2-3x_3+6x_4=0, \\ x_1-2x_2+4x_3-7x_4=0; \end{cases}$　(2) $\begin{cases} 2x+3y+z=4, \\ x-2y+4z=-5, \\ 3x+8y-2z=13, \\ 4x-y+9z=-6; \end{cases}$

(3) $\begin{cases} 2x_1+x_2-x_3+x_4=1, \\ 3x_1-2x_2+2x_3-3x_4=2, \\ 5x_1+x_2-x_3+2x_4=-1, \\ 2x_1-x_2+x_3+2x_4=4; \end{cases}$　(4) $\begin{cases} 2x_1+x_2-x_3+x_4=1, \\ 4x_1+2x_2-2x_3+x_4=2, \\ 2x_1+x_2-x_3-x_4=1. \end{cases}$

第四章思维导图

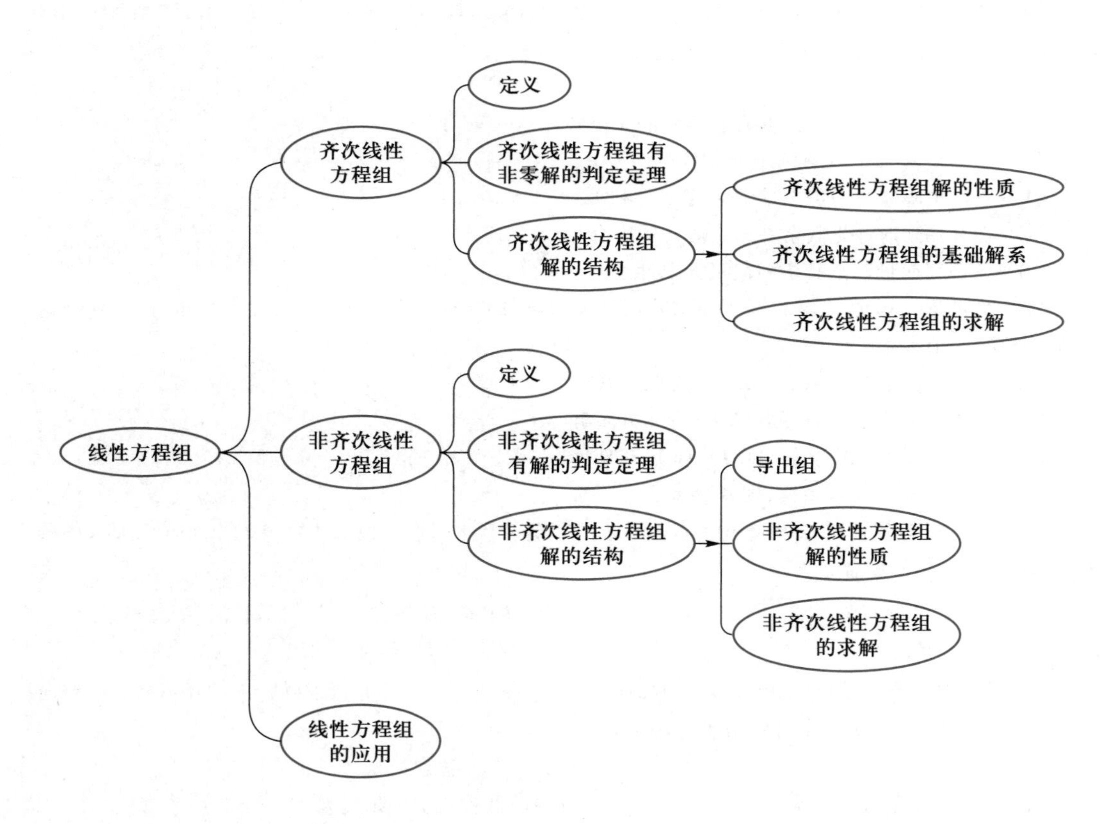

综合习题四

1. 填空题：

(1) 若线性方程组$\begin{cases}x_1+x_2=-a_1,\\x_2+x_3=a_2,\\x_3+x_4=-a_3,\\x_4+x_1=a_4\end{cases}$有解，则常数 a_1,a_2,a_3,a_4 应满足____________.

(2) 设 $\boldsymbol{x}_1,\boldsymbol{x}_2,\cdots,\boldsymbol{x}_r$ 为非齐次线性方程组 $\boldsymbol{AX}=\boldsymbol{b}$ 的一组解，如果 $c_1\boldsymbol{x}_1+c_2\boldsymbol{x}_2+\cdots+c_r\boldsymbol{x}_r$ 也是 $\boldsymbol{AX}=\boldsymbol{b}$ 的解，则 $c_1+c_2+\cdots+c_r=$____________.

(3) 设有一个 4 元齐次线性方程组 $\boldsymbol{AX}=\boldsymbol{0}$，$r(\boldsymbol{A})=2$，$\boldsymbol{\alpha}_1,\boldsymbol{\alpha}_2,\boldsymbol{\alpha}_3$ 为其解向量，且 $\boldsymbol{\alpha}_1=(2,0,0,9)^{\mathrm{T}}$，$\boldsymbol{\alpha}_2+\boldsymbol{\alpha}_3=(2,0,1,0)^{\mathrm{T}}$，则方程组的通解为____________.

(4) 设三元非齐次线性方程组 $\boldsymbol{AX}=\boldsymbol{b}$ 有三个特解 $\boldsymbol{a}_1,\boldsymbol{a}_2,\boldsymbol{a}_3$，且 $\boldsymbol{a}_1+\boldsymbol{a}_2+\boldsymbol{a}_3=(1,1,1)^{\mathrm{T}}$，$\boldsymbol{a}_2+\boldsymbol{a}_3=(1,0,0)^{\mathrm{T}}$，$r(\boldsymbol{A})=2$，则 $\boldsymbol{AX}=\boldsymbol{b}$ 的通解为____________.

(5) 已知 4 阶方阵 $\boldsymbol{A}=(\boldsymbol{\alpha}_1,\boldsymbol{\alpha}_2,\boldsymbol{\alpha}_3,\boldsymbol{\alpha}_4)$，其中 $\boldsymbol{\alpha}_2,\boldsymbol{\alpha}_3,\boldsymbol{\alpha}_4$线性无关，又 $\boldsymbol{\alpha}_1=2\boldsymbol{\alpha}_2-\boldsymbol{\alpha}_3$，若 $\boldsymbol{\beta}=\boldsymbol{\alpha}_1+\boldsymbol{\alpha}_2+\boldsymbol{\alpha}_3+\boldsymbol{\alpha}_4$，则线性方程组 $\boldsymbol{AX}=\boldsymbol{\beta}$ 的通解为____________.

2. 选择题：

(1) 齐次性线方程组 $\boldsymbol{AX}=\boldsymbol{0}$ 有非零解的充要条件是(　　).

(A) 系数矩阵 $\boldsymbol{A}$ 的任意两个列向量线性无关

(B) 系数矩阵 $\boldsymbol{A}$ 的任意两个列向量线性相关

(C) 必有一列向量是其余列向量的线性组合

(D) 任一列向量都是其余列向量的线性组合

(2) 设 $\boldsymbol{A}$ 是 $m\times n$ 矩阵，$\boldsymbol{AX}=\boldsymbol{0}$ 是非齐次线性方程组 $\boldsymbol{AX}=\boldsymbol{b}$ 所对应的齐次线性方程组，则下列结论正确的是(　　).

(A) 若 $\boldsymbol{AX}=\boldsymbol{0}$ 仅有零解，则 $\boldsymbol{AX}=\boldsymbol{b}$ 有唯一解

(B) 若 $\boldsymbol{AX}=\boldsymbol{0}$ 有非零解，则 $\boldsymbol{AX}=\boldsymbol{b}$ 有无穷多解

(C) 若 $\boldsymbol{AX}=\boldsymbol{b}$ 有无穷多解，则 $\boldsymbol{AX}=\boldsymbol{0}$ 仅有零解

(D) 若 $\boldsymbol{AX}=\boldsymbol{b}$ 有无穷多解，则 $\boldsymbol{AX}=\boldsymbol{0}$ 有非零解

(3) 设 $m\times n$ 矩阵 $\boldsymbol{A}$ 的秩为 $r(\boldsymbol{A})=n-3$，且 $\boldsymbol{\xi}_1,\boldsymbol{\xi}_2,\boldsymbol{\xi}_3$是齐次线性方程组 $\boldsymbol{AX}=\boldsymbol{0}$ 的三个线性无关的解向量，则 $\boldsymbol{AX}=\boldsymbol{0}$ 的基础解系为(　　).

(A) $\boldsymbol{\xi}_1,\boldsymbol{\xi}_1+\boldsymbol{\xi}_2,\boldsymbol{\xi}_1+\boldsymbol{\xi}_2+\boldsymbol{\xi}_3$　　(B) $\boldsymbol{\xi}_1-\boldsymbol{\xi}_2,\boldsymbol{\xi}_2-\boldsymbol{\xi}_3,\boldsymbol{\xi}_3-\boldsymbol{\xi}_1$

(C) $\boldsymbol{\xi}_1,\boldsymbol{\xi}_2+\boldsymbol{\xi}_3$　　(D) $\boldsymbol{\xi}_1-\boldsymbol{\xi}_2+\boldsymbol{\xi}_3,\boldsymbol{\xi}_1+\boldsymbol{\xi}_2-\boldsymbol{\xi}_3,\boldsymbol{\xi}_1$

(4) 设 n 阶方阵 $\boldsymbol{A}$ 的伴随矩阵 $\boldsymbol{A}^*\neq\boldsymbol{O}$，若 $\boldsymbol{\xi}_1,\boldsymbol{\xi}_2,\boldsymbol{\xi}_3$是非齐次线性方程组 $\boldsymbol{AX}=\boldsymbol{b}$ 的互不相等的解向量，则相应的齐次线性方程组 $\boldsymbol{AX}=\boldsymbol{0}$ 的基础解系(　　).

(A) 不存在　　(B) 仅含一个非零解向量

(C) 含两个线性无关的解向量　　(D) 含三个线性无关的解向量

(5) 三阶方阵 $\boldsymbol{B}\neq\boldsymbol{O}$,且 $\boldsymbol{B}$ 的每个列向量都是方程组 $\begin{cases}x_1+2x_2-2x_3=0,\\2x_1-x_2+\lambda x_3=0,\\3x_1+x_2-x_3=0\end{cases}$ 的解,则 $\lambda=($ $)$.

(A) 1 (B) 2 (C) 3 (D) 4

3. 求下列齐次线性方程组的基础解系和通解:

(1) $\begin{cases}x_1+2x_2-3x_3=0,\\2x_1+5x_2+2x_3=0,\\3x_1-x_2-4x_3=0;\end{cases}$ (2) $\begin{cases}2x_1+x_2-2x_3+x_4=0,\\x_1-2x_2+4x_3-7x_4=0,\\3x_1-x_2+2x_3-4x_4=0;\end{cases}$

(3) $\begin{cases}x_1+2x_2+x_3-x_4=0,\\3x_1+6x_2-x_3-3x_4=0,\\5x_1+10x_2+x_3-5x_4=0;\end{cases}$ (4) $\begin{cases}x_1+x_2+x_3+4x_4-3x_5=0,\\x_1-x_2+3x_3-2x_4-x_5=0,\\2x_1+x_2+3x_3+5x_4-5x_5=0,\\3x_1+x_2+5x_3+6x_4-7x_5=0.\end{cases}$

4. 确定 a 的值使下列齐次线性方程组有非零解,并求出通解:

(1) $\begin{cases}ax_1+x_2+x_3=0,\\x_1+ax_2+x_3=0,\\x_1+x_2+ax_3=0;\end{cases}$ (2) $\begin{cases}2x_1-x_2+3x_3=0,\\3x_1-4x_2+7x_3=0,\\x_1-2x_2+ax_3=0.\end{cases}$

5. 求下列非齐次线性方程组的通解:

(1) $\begin{cases}2x_1+7x_2+2x_3+x_4=6,\\9x_1+4x_2+x_3+7x_4=2,\\3x_1+5x_2+2x_3+2x_4=4;\end{cases}$ (2) $\begin{cases}x_1-x_2+x_4=0,\\2x_1-x_3-2x_4=-2,\\-2x_2-x_3+4x_4=2;\end{cases}$

(3) $\begin{cases}x_1-2x_2+3x_3-4x_4=4,\\x_2-x_3+x_4=-3,\\x_1+3x_2-3x_4=1,\\-7x_2+3x_3+x_4=-3;\end{cases}$ (4) $\begin{cases}3x_1-5x_2+5x_3-3x_4=2,\\x_1-2x_2+3x_3-x_4=1,\\2x_1-3x_2+2x_3-2x_4=1.\end{cases}$

6. a,b 取何值时,下列非齐次线性方程组有唯一解、无解或有无穷多解?有无穷多解时,求出其全部解.

(1) $\begin{cases}x_1+2x_2-2x_3+2x_4=2,\\x_2-x_3-x_4=1,\\x_1+x_2-x_3+3x_4=a,\\x_1-x_2+x_3+5x_4=b;\end{cases}$ (2) $\begin{cases}ax_1+bx_2+2x_3=1,\\(b-1)x_2+x_3=0,\\ax_1+bx_2+(1-b)x_3=3-2b.\end{cases}$

7. 设有非齐次线性方程组 $\begin{cases}x_1+2x_2+4x_3+2x_4=\lambda,\\x_1+x_2+x_3+\lambda x_4=2,\\2x_1+x_2-x_3+x_4=1.\end{cases}$

(1) 当 λ 取何值时,方程组无解?

(2) 当 λ 取何值时,方程组有解?并求它的解.

8. 已知线性方程组

$$\begin{cases} x_1+x_2+x_3+x_4+x_5=a, \\ 3x_1+2x_2+x_3+x_4-3x_5=0, \\ x_2+2x_3+2x_4+6x_5=b, \\ 5x_1+4x_2+3x_3+3x_4-x_5=2, \end{cases}$$

试讨论当 a,b 为何值时，方程组有解？当方程组有解时，求出其全部解.

9. 设 $\boldsymbol{A}=\begin{pmatrix} 1 & a & 0 & 0 \\ 0 & 1 & a & 0 \\ 0 & 0 & 1 & a \\ a & 0 & 0 & 1 \end{pmatrix}, \boldsymbol{\beta}=\begin{pmatrix} 1 \\ -1 \\ 0 \\ 0 \end{pmatrix}$.

(1) 计算行列式 $|\boldsymbol{A}|$；

(2) 当实数 a 为何值时，方程组 $\boldsymbol{AX}=\boldsymbol{\beta}$ 有无穷多解，并求其通解.

10. 设 $\boldsymbol{A}=\begin{pmatrix} \lambda & 1 & 1 \\ 0 & \lambda-1 & 0 \\ 1 & 1 & \lambda \end{pmatrix}, \boldsymbol{b}=\begin{pmatrix} a \\ 1 \\ 1 \end{pmatrix}$. 已知线性方程组 $\boldsymbol{AX}=\boldsymbol{b}$ 存在 2 个不同的解，(1) 求 λ, a；(2) 求方程组 $\boldsymbol{AX}=\boldsymbol{b}$ 的通解.

11. 已知向量 $\boldsymbol{\alpha}_1=\begin{pmatrix} 1 \\ 2 \\ 0 \\ 1 \end{pmatrix}, \boldsymbol{\alpha}_2=\begin{pmatrix} 1 \\ 0 \\ 1 \\ -3 \end{pmatrix}, \boldsymbol{\alpha}_3=\begin{pmatrix} 3 \\ a \\ 2 \\ -5 \end{pmatrix}, \boldsymbol{\alpha}_4=\begin{pmatrix} 1 \\ 0 \\ 1 \\ b \end{pmatrix}$ 可表示齐次线性方程组 $\boldsymbol{AX}=\boldsymbol{0}$ 的任一解，又知 $r(\boldsymbol{A})=2$，求 a,b 及矩阵 $\boldsymbol{A}$.

12. 已知 $(1,-1,1,-1)^{\mathrm{T}}$ 是线性方程组

$$\begin{cases} x_1+\lambda x_2+\mu x_3+x_4=0, \\ 2x_1+x_2+x_3+2x_4=0, \\ 3x_1+(2+\lambda)x_2+(4+\mu)x_3+4x_4=1 \end{cases}$$

的一个解，试求方程组的通解.

13. 已知下列两个齐次线性方程组同解，求 a,b,c 的值：

$$\text{I}: \begin{cases} x_1+2x_2+3x_3=0, \\ 2x_1+3x_2+5x_3=0, \\ x_1+x_2+ax_3=0, \end{cases} \qquad \text{II}: \begin{cases} x_1+bx_2+cx_3=0, \\ 2x_1+b^2x_2+(c+1)x_3=0. \end{cases}$$

14. 设线性方程组 $\begin{cases} x_1+x_2+x_3=0, \\ x_1+2x_2+ax_3=0, \\ x_1+4x_2+a^2x_3=0 \end{cases}$ 与方程 $x_1+2x_2+x_3=a-1$ 有公共解，求 a 的值及所有公共解.

15. 设 4 元齐次线性方程组（Ⅰ）$\begin{cases} x_1+x_2=0, \\ x_2-x_4=0, \end{cases}$ 又知某线性方程组（Ⅱ）的通解为

$$\boldsymbol{x}=k_1(0,1,1,0)^{\mathrm{T}}+k_2(-1,2,2,1)^{\mathrm{T}}.$$

(1) 求线性方程组（Ⅰ）的基础解系；

(2) 线性方程组（Ⅰ）与（Ⅱ）有没有非零公共解？若有，求出所有非零公共解；若没有，说明理由.

16. 设 4 元齐次线性方程组(Ⅰ)为$\begin{cases}2x_1+3x_2-x_3=0,\\ x_1+2x_2+x_3-x_4=0,\end{cases}$而已知另一个 4 元齐次线性方程组(Ⅱ)的一个基础解系为 $\boldsymbol{\alpha}_1=(2,-1,a+2,1)^{\mathrm{T}}$,$\boldsymbol{\alpha}_2=(-1,2,4,a+8)^{\mathrm{T}}$. 求:

(1) 方程组(Ⅰ)的一个基础解系;

(2) 当 a 为何值时,方程组(Ⅰ)和(Ⅱ)有非零公共解?

17. 已知 $\boldsymbol{\xi}_1=\begin{pmatrix}1\\1\\0\\0\end{pmatrix}$,$\boldsymbol{\xi}_2=\begin{pmatrix}1\\0\\1\\0\end{pmatrix}$,$\boldsymbol{\xi}_3=\begin{pmatrix}1\\0\\0\\1\end{pmatrix}$与 $\boldsymbol{\eta}_1=\begin{pmatrix}0\\0\\1\\1\end{pmatrix}$,$\boldsymbol{\eta}_2=\begin{pmatrix}0\\1\\0\\1\end{pmatrix}$分别是齐次线性方程组(Ⅰ)和(Ⅱ)的基础解系,求方程组(Ⅰ)和(Ⅱ)的非零公共解.

*18. 求如图 4-3 中网络流量的通解.假设流量都是非负的,x_4 可能的最大值是什么?

*19. 硫化硼与水剧烈反应生成硼酸(H_3BO_3)和硫化氢(H_2S)气体.试配平该化学方程式

$$B_2S_3+H_2O\to H_3BO_3+H_2S.$$

*20. 求图 4-4 中各电流强度(单位:A).

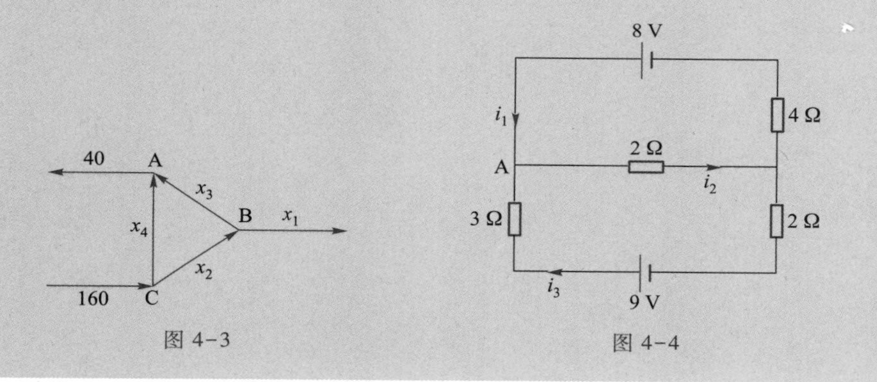

图 4-3　　图 4-4

数学之星——高斯

图 4-5

高斯(Gauss,1777—1855,如图 4-5),德国数学家、物理学家、天文学家、大地测量学家,享有“数学王子”的美誉.

1792 年,15 岁的高斯进入卡罗琳学院,开始研究高等数学.他独立发现了二项式定理的一般形式、数论上的“二次互反律”、素数定理及算术-几何平均数.1795 年高斯进入哥廷根大学.1796 年,19 岁的高斯得到了一个数学史上极其重要的结果,就是正十七边形尺规作图的理论与方法.他提出了高斯消元法,并用它解决了天体计算和后来的地球表面测量计算中的最小二乘法问题.高斯消元法是线性代数中的一个基本算法,可用来求解线性方程组、求矩阵的秩以及求可逆方阵的逆矩阵. 高斯-若尔当消元法是高斯消元法的另一个版本,其方法与高斯消元法相类似.唯一相异之处就是高斯-若尔当消元法生成的矩阵是一个简化行阶梯形矩阵,而不是高斯消元法中的行阶梯形矩阵.与高斯消元法相比,高斯-若尔当消元法的效率比较低,但可把方程组的解用矩阵一次性表示出来.

第五章
特征值与特征向量　矩阵的对角化

我们知道，矩阵 $\boldsymbol{A}$ 与向量 $\boldsymbol{\xi}$ 的乘积 $\boldsymbol{A\xi}$ 仍为一个向量，这里矩阵 $\boldsymbol{A}$ 的作用在几何意义上可以看成将向量 $\boldsymbol{\xi}$ 作了移动，显然这种移动可以是各种方向的．但有一些特殊向量，$\boldsymbol{A}$ 对它的作用十分简单，仅表现为伸长或缩短．

引例　设 $\boldsymbol{A}=\begin{pmatrix}1&3\\2&2\end{pmatrix}$，$\boldsymbol{\xi}=\begin{pmatrix}1\\1\end{pmatrix}$，$\boldsymbol{\eta}=\begin{pmatrix}-3\\2\end{pmatrix}$，易知 $\boldsymbol{A\xi}=4\boldsymbol{\xi}$，$\boldsymbol{A\eta}=-\boldsymbol{\eta}$，从图 5-1 可以清楚看出，$\boldsymbol{A\xi}$ 正是将向量 $\boldsymbol{\xi}$ 同方向伸长了 3 倍，而 $\boldsymbol{A\eta}$ 则等于向量 $\boldsymbol{\eta}$ 的负向量.

这种简单的作用在解决实际问题中有着十分重要的运用，特别是在定量分析经济生活以及各种工程技术（如：机械振动，电磁振荡等）中某种状态的发展趋势时尤为有用.本章将引入矩阵的特征值、特征向量等概念，并对这一类问题进行深入讨论.

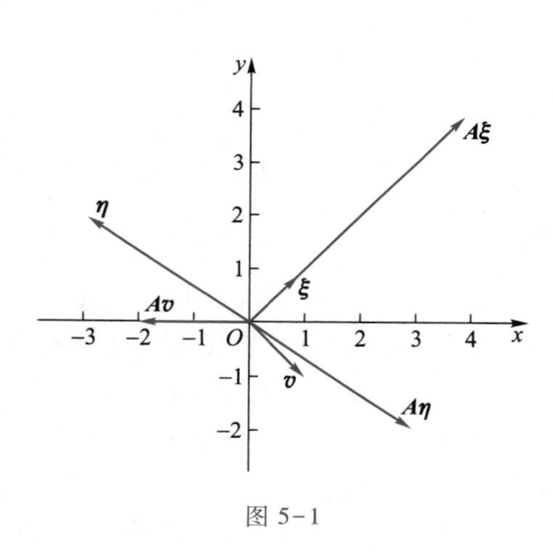

图 5-1

§5.1　矩阵的特征值与特征向量

5.1.1　特征值与特征向量的概念

定义 5.1.1　设 $\boldsymbol{A}$ 是 n 阶方阵，若存在数 λ 和 n 维非零向量 $\boldsymbol{\alpha}$，使得

$$\boldsymbol{A\alpha}=\lambda\boldsymbol{\alpha}, \tag{5.1}$$

则称数 λ 为矩阵 $\boldsymbol{A}$ 的一个特征值（eigenvalue），非零向量 $\boldsymbol{\alpha}$ 称为矩阵 $\boldsymbol{A}$ 的对应于（或属于）λ 的特征向量（eigenvector）.

显然，由定义知引例中的 4 和 −1 均为矩阵 $\boldsymbol{A}$ 的特征值，而 $\boldsymbol{\xi}$ 是对应于特征值 4 的特征向量，$\boldsymbol{\eta}$ 是对应于特征值-1 的特征向量.若取向量 $\boldsymbol{v}=\begin{pmatrix}1\\-1\end{pmatrix}$，则 $\boldsymbol{Av}=\begin{pmatrix}1&3\\2&2\end{pmatrix}\begin{pmatrix}1\\-1\end{pmatrix}=\begin{pmatrix}-2\\0\end{pmatrix}$，因此 $\boldsymbol{Av}$ 不是 $\boldsymbol{v}$ 的倍数(如图 5-1)，故 $\boldsymbol{v}$ 不是 $\boldsymbol{A}$ 的特征向量.

应该强调的是，特征向量一定是非零向量.实际上，对任意 n 阶方阵 $\boldsymbol{A}$ 和任意数 λ_0，总有 $\boldsymbol{A0}=\lambda_0\boldsymbol{0}$.

如果 $\boldsymbol{A}$ 是奇异方阵，那么齐次线性方程组 $\boldsymbol{AX}=\boldsymbol{0}$ 存在非零解 $\boldsymbol{\xi}$，即满足 $\boldsymbol{A\xi}=0\boldsymbol{\xi}$.因此数 0 是奇异方阵 $\boldsymbol{A}$ 的特征值，方程组 $\boldsymbol{AX}=\boldsymbol{0}$ 的非零解都是对应于特征值 0 的特征向量.

值得指出的是，特征值是由特征向量唯一确定的，即一个特征向量对应于一个特征值.事实上，若 $\boldsymbol{A\alpha}=\lambda_1\boldsymbol{\alpha}$，$\boldsymbol{A\alpha}=\lambda_2\boldsymbol{\alpha}$，那么有 $(\lambda_1-\lambda_2)\boldsymbol{\alpha}=\boldsymbol{0}$，因为 $\boldsymbol{\alpha}\neq\boldsymbol{0}$，故 $\lambda_1=\lambda_2$.然而，特征向量却不是被特征值唯一确定的，即一个特征值可以有许多对应于它的特征向量.这是因为当 $\boldsymbol{\alpha}$ 为方阵 $\boldsymbol{A}$ 对应于特征值 λ 的特征向量时，总有 $\boldsymbol{A}(k\boldsymbol{\alpha})=k\boldsymbol{A\alpha}=k(\lambda\boldsymbol{\alpha})=\lambda(k\boldsymbol{\alpha})$（$k$ 为非零常数），所以 $k\boldsymbol{\alpha}(k\neq0)$ 都为 $\boldsymbol{A}$ 对应于 λ 的特征向量.

(5.1)式可以等价地改写成

$$(\boldsymbol{A}-\lambda\boldsymbol{E})\boldsymbol{X}=\boldsymbol{0}.$$

这是一个 n 个未知量 n 个方程的齐次线性方程组，它有非零解的充要条件是系数行列式 $|\boldsymbol{A}-\lambda\boldsymbol{E}|=0$.由行列式的性质，$n$ 阶行列式 $|\boldsymbol{A}-\lambda\boldsymbol{E}|$ 的展开式是一个关于 λ 的 n 次多项式

$$f(\lambda)=|\boldsymbol{A}-\lambda\boldsymbol{E}|=\begin{vmatrix}a_{11}-\lambda & a_{12} & \cdots & a_{1n}\\ a_{21} & a_{22}-\lambda & \cdots & a_{2n}\\ \vdots & \vdots & & \vdots\\ a_{n1} & a_{n2} & \cdots & a_{nn}-\lambda\end{vmatrix}$$

$$=(-1)^n\lambda^n+a_1\lambda^{n-1}+\cdots+a_{n-1}\lambda+a_n,$$

称 $f(\lambda)=|\boldsymbol{A}-\lambda\boldsymbol{E}|$ 为方阵 $\boldsymbol{A}$ 关于 λ 的**特征多项式**(characteristic polynomial)，$|\boldsymbol{A}-\lambda\boldsymbol{E}|=0$ 为方阵 $\boldsymbol{A}$ 的**特征方程**(characteristic equation)；特征方程的根就是方阵 $\boldsymbol{A}$ 的特征值；特征方程的 k 重根，称为方阵 $\boldsymbol{A}$ 的 k **重特征值**.

5.1.2　特征值与特征向量的求法

n 阶方阵 $\boldsymbol{A}$ 的特征值是 $\boldsymbol{A}$ 的特征方程 $f(\lambda)=0$ 的根，其对应的特征向量则是相应的齐次线性方程组 $(\boldsymbol{A}-\lambda\boldsymbol{E})\boldsymbol{X}=\boldsymbol{0}$ 的非零解向量.因此得到计算 n 阶方阵 $\boldsymbol{A}$ 的特征值和特征向量的具体步骤如下：

重难点分析
特征值和特征向量的求法

(1) 写出 $\boldsymbol{A}$ 的特征多项式 $f(\lambda)=|\boldsymbol{A}-\lambda\boldsymbol{E}|$，求出特征方程 $f(\lambda)=0$ 的全部根，即 $\boldsymbol{A}$ 的全部特征值.

(2) 对求得的每一特征值 λ_i，代入齐次线性方程组 $(\boldsymbol{A}-\lambda_i\boldsymbol{E})\boldsymbol{X}=\boldsymbol{0}$，求出一个基础解系 $\boldsymbol{\xi}_{i_1},\boldsymbol{\xi}_{i_2},\cdots,\boldsymbol{\xi}_{i_r}$，则对应于 λ_i 的全部特征向量为

$$\boldsymbol{X}=k_{i_1}\boldsymbol{\xi}_{i_1}+k_{i_2}\boldsymbol{\xi}_{i_2}+\cdots+k_{i_r}\boldsymbol{\xi}_{i_r}\quad(k_{i_1},k_{i_2},\cdots,k_{i_r}\text{不全为}0).$$

例 1　求方阵 $\boldsymbol{A}=\begin{pmatrix}1&0\\-1&2\end{pmatrix}$ 的特征值和特征向量.

解　方阵 $\boldsymbol{A}$ 的特征多项式为

$$f(\lambda)=|A-\lambda E|=\begin{vmatrix}1-\lambda & 0\\ -1 & 2-\lambda\end{vmatrix}=(1-\lambda)(2-\lambda),$$

所以 A 的两个特征值 $\lambda_1=1,\lambda_2=2$.

对于 $\lambda_1=1$，解方程组 $(A-E)X=\mathbf{0}$，由 $A-E=\begin{pmatrix}0 & 0\\ -1 & 1\end{pmatrix}$，得基础解系 $\xi_1=\begin{pmatrix}1\\1\end{pmatrix}$，所以对应于 $\lambda_1=1$ 的全部特征向量是

$$k_1\xi_1=k_1\begin{pmatrix}1\\1\end{pmatrix}\quad(k_1\neq 0).$$

对于 $\lambda_2=2$，解方程组 $(A-2E)X=\mathbf{0}$，由 $A-2E=\begin{pmatrix}-1 & 0\\ -1 & 0\end{pmatrix}\to\begin{pmatrix}1 & 0\\ 0 & 0\end{pmatrix}$，得基础解系 $\xi_2=\begin{pmatrix}0\\1\end{pmatrix}$，所以对应于 $\lambda_2=2$ 的全部特征向量是

$$k_2\xi_2=k_2\begin{pmatrix}0\\1\end{pmatrix}\quad(k_2\neq 0).$$

由本例的做法可以看出，下三角形矩阵的特征值即为主对角线上的 n 个元素，容易看出，对上三角形矩阵以及对角矩阵均有同样的结论.

例 2 求方阵 $A=\begin{pmatrix}4 & 0 & 1\\ -2 & 1 & 0\\ -2 & 0 & 1\end{pmatrix}$ 的特征值和特征向量.

解 方阵 A 的特征多项式为

$$f(\lambda)=|A-\lambda E|=\begin{vmatrix}4-\lambda & 0 & 1\\ -2 & 1-\lambda & 0\\ -2 & 0 & 1-\lambda\end{vmatrix}$$

$$=(-1)^{2+2}(1-\lambda)\begin{vmatrix}4-\lambda & 1\\ -2 & 1-\lambda\end{vmatrix}=(1-\lambda)(2-\lambda)(3-\lambda),$$

所以 A 的三个特征值 $\lambda_1=1,\lambda_2=2,\lambda_3=3$.

对于 $\lambda_1=1$，解方程组 $(A-E)X=\mathbf{0}$，由

$$A-E=\begin{pmatrix}3 & 0 & 1\\ -2 & 0 & 0\\ -2 & 0 & 0\end{pmatrix}\to\begin{pmatrix}1 & 0 & 1\\ 1 & 0 & 0\\ 0 & 0 & 0\end{pmatrix}\to\begin{pmatrix}1 & 0 & 0\\ 0 & 0 & 1\\ 0 & 0 & 0\end{pmatrix},$$

得基础解系 $\xi_1=\begin{pmatrix}0\\1\\0\end{pmatrix}$，所以对应于 $\lambda_1=1$ 的全部特征向量是

$$k_1\xi_1=k_1\begin{pmatrix}0\\1\\0\end{pmatrix}\quad(k_1\neq 0).$$

对于 $\lambda_2=2$，解方程组 $(A-2E)X=\mathbf{0}$，由

$$A-2E=\begin{pmatrix}2 & 0 & 1\\ -2 & -1 & 0\\ -2 & 0 & -1\end{pmatrix}\to\begin{pmatrix}2 & 0 & 1\\ 0 & -1 & 1\\ 0 & 0 & 0\end{pmatrix},$$

得基础解系 $\boldsymbol{\xi}_2=\begin{pmatrix}-1\\2\\2\end{pmatrix}$,所以对应于 $\lambda_2=2$ 的全部特征向量是

$$k_2\boldsymbol{\xi}_2=k_2\begin{pmatrix}-1\\2\\2\end{pmatrix}\quad(k_2\neq 0).$$

对于 $\lambda_3=3$,解方程组 $(\boldsymbol{A}-3\boldsymbol{E})\boldsymbol{X}=\boldsymbol{0}$,由

$$\boldsymbol{A}-3\boldsymbol{E}=\begin{pmatrix}1&0&1\\-2&-2&0\\-2&0&-2\end{pmatrix}\to\begin{pmatrix}1&0&1\\0&-2&2\\0&0&0\end{pmatrix}\to\begin{pmatrix}1&0&1\\0&1&-1\\0&0&0\end{pmatrix},$$

得基础解系 $\boldsymbol{\xi}_3=\begin{pmatrix}-1\\1\\1\end{pmatrix}$,所以对应于 $\lambda_3=3$ 的全部特征向量是

$$k_3\boldsymbol{\xi}_3=k_3\begin{pmatrix}-1\\1\\1\end{pmatrix}\quad(k_3\neq 0).$$

例 3　求方阵 $\boldsymbol{A}=\begin{pmatrix}3&-2&0\\-1&3&-1\\-5&7&-1\end{pmatrix}$ 的特征值和特征向量.

解　方阵 $\boldsymbol{A}$ 的特征多项式为

$$f(\lambda)=|\boldsymbol{A}-\lambda\boldsymbol{E}|=\begin{vmatrix}3-\lambda&-2&0\\-1&3-\lambda&-1\\-5&7&-1-\lambda\end{vmatrix}=\begin{vmatrix}1-\lambda&-2&0\\1-\lambda&3-\lambda&-1\\1-\lambda&7&-1-\lambda\end{vmatrix}$$

$$=(1-\lambda)\begin{vmatrix}1&-2&0\\1&3-\lambda&-1\\1&7&-1-\lambda\end{vmatrix}=(1-\lambda)\begin{vmatrix}1&-2&0\\0&5-\lambda&-1\\0&9&-1-\lambda\end{vmatrix}$$

$$=(1-\lambda)\begin{vmatrix}5-\lambda&-1\\9&-1-\lambda\end{vmatrix}=(1-\lambda)(2-\lambda)^2,$$

所以 $\boldsymbol{A}$ 的三个特征值 $\lambda_1=1,\lambda_2=\lambda_3=2$.

对于 $\lambda_1=1$,解方程组 $(\boldsymbol{A}-\boldsymbol{E})\boldsymbol{X}=\boldsymbol{0}$,由

$$\boldsymbol{A}-\boldsymbol{E}=\begin{pmatrix}2&-2&0\\-1&2&-1\\-5&7&-2\end{pmatrix}\to\begin{pmatrix}1&-1&0\\-1&2&-1\\-5&7&-2\end{pmatrix}\to\begin{pmatrix}1&-1&0\\0&1&-1\\0&2&-2\end{pmatrix}\to\begin{pmatrix}1&0&-1\\0&1&-1\\0&0&0\end{pmatrix},$$

得基础解系 $\boldsymbol{\xi}_1=\begin{pmatrix}1\\1\\1\end{pmatrix}$,所以对应于 $\lambda_1=1$ 的全部特征向量是

$$k_1\boldsymbol{\xi}_1=k_1\begin{pmatrix}1\\1\\1\end{pmatrix}\quad(k_1\neq 0).$$

对于 $\lambda_2=\lambda_3=2$，解方程组 $(\boldsymbol{A}-2\boldsymbol{E})\boldsymbol{X}=\boldsymbol{0}$，由

$$\boldsymbol{A}-2\boldsymbol{E}=\begin{pmatrix}1&-2&0\\-1&1&-1\\-5&7&-3\end{pmatrix}\to\begin{pmatrix}1&-2&0\\0&-1&-1\\0&-3&-3\end{pmatrix}\to\begin{pmatrix}1&-2&0\\0&1&1\\0&0&0\end{pmatrix}\to\begin{pmatrix}1&0&2\\0&1&1\\0&0&0\end{pmatrix},$$

得基础解系 $\boldsymbol{\xi}_2=\begin{pmatrix}-2\\-1\\1\end{pmatrix}$，所以对应于 $\lambda_2=\lambda_3=2$ 的全部特征向量是

$$k_2\boldsymbol{\xi}_2=k_2\begin{pmatrix}-2\\-1\\1\end{pmatrix}\quad(k_2\neq 0).$$

5.1.3 特征值与特征向量的性质

性质 5.1.1 设 n 阶方阵 $\boldsymbol{A}=(a_{ij})$ 有 n 个特征值 $\lambda_1,\lambda_2,\cdots,\lambda_n$（$k$ 重特征值算作 k 个特征值），则必有

(1)
$$\sum_{i=1}^{n}\lambda_i=\sum_{i=1}^{n}a_{ii};\tag{5.2}$$

(2)
$$\prod_{i=1}^{n}\lambda_i=|\boldsymbol{A}|;\tag{5.3}$$

其中 $\sum_{i=1}^{n}a_{ii}$ 是 $\boldsymbol{A}$ 的主对角线元素之和，称为方阵 $\boldsymbol{A}$ 的迹(trace)，记作 $\operatorname{tr}(\boldsymbol{A})$.

证 (1) 由于 $|\boldsymbol{A}-\lambda\boldsymbol{E}|=(-1)^n\lambda^n+(-1)^{n-1}(a_{11}+a_{22}+\cdots+a_{nn})\lambda^{n-1}+\cdots+c_1\lambda+c_0$，又因为 $\boldsymbol{A}$ 有 n 个特征值 $\lambda_1,\lambda_2,\cdots,\lambda_n$，故有

$$|\boldsymbol{A}-\lambda\boldsymbol{E}|=(\lambda_1-\lambda)(\lambda_2-\lambda)\cdots(\lambda_n-\lambda).$$

比较上面两式右端，注意 λ^{n-1} 的系数，则有

$$\sum_{i=1}^{n}\lambda_i=\sum_{i=1}^{n}a_{ii}=\operatorname{tr}(\boldsymbol{A}).$$

(2) 在 $|\boldsymbol{A}-\lambda\boldsymbol{E}|=(\lambda_1-\lambda)(\lambda_2-\lambda)\cdots(\lambda_n-\lambda)$ 中，取 $\lambda=0$ 代入，便有

$$|\boldsymbol{A}|=\lambda_1\lambda_2\cdots\lambda_n=\prod_{i=1}^{n}\lambda_i.$$

证毕.

推论 对 n 阶方阵 $\boldsymbol{A}$，$\boldsymbol{A}$ 可逆 $\Leftrightarrow|\boldsymbol{A}|\neq 0\Leftrightarrow\boldsymbol{A}$ 没有零特征值.

性质 5.1.2 若 $\boldsymbol{A}$ 为可逆矩阵，λ 为 $\boldsymbol{A}$ 的特征值，$\boldsymbol{\alpha}$ 是对应于 λ 的特征向量，则有

(1) $\boldsymbol{A}^{-1}$ 有特征值 $\dfrac{1}{\lambda}$，对应的特征向量为 $\boldsymbol{\alpha}$；

(2) $\boldsymbol{A}^*$ 有特征值 $\dfrac{1}{\lambda}|\boldsymbol{A}|$，对应的特征向量为 $\boldsymbol{\alpha}$.

证 (1) 因为 $\boldsymbol{A\alpha}=\lambda\boldsymbol{\alpha}$，且 $\boldsymbol{A}$ 可逆，故 $\boldsymbol{\alpha}=\boldsymbol{A}^{-1}(\boldsymbol{A\alpha})=\boldsymbol{A}^{-1}(\lambda\boldsymbol{\alpha})$，又由前面的推论知，$\lambda\neq 0$，因而 $\boldsymbol{A}^{-1}\boldsymbol{\alpha}=\dfrac{1}{\lambda}\boldsymbol{\alpha}$，所以 $\dfrac{1}{\lambda}$ 为 $\boldsymbol{A}^{-1}$ 的特征值，对应的特征向量为 $\boldsymbol{\alpha}$.

(2) 由于 $A\alpha=\lambda\alpha$,故 $A^*(A\alpha)=A^*(\lambda\alpha)$,又因为 $A^*A=|A|E$ 及 $\lambda\neq 0$,所以 $A^*\alpha=\frac{1}{\lambda}|A|\alpha$,故$\frac{1}{\lambda}|A|$为 A^* 的特征值,对应的特征向量为 α.证毕.

例 4 设 3 阶方阵 A 的特征值为 $1,-1,2$,A^* 为 A 的伴随矩阵,求行列式 $|A^*-A^{-1}+A|$的一个特征值.

解 设 A 的特征值为 $\lambda_1=1,\lambda_2=-1,\lambda_3=2$,则

$$|A|=\lambda_1\lambda_2\lambda_3=-2,\quad A^*=|A|A^{-1}=-2A^{-1},$$

所以

$$A^*-A^{-1}+A=-3A^{-1}+A,$$

故 $A^*-A^{-1}+A$ 的特征值为 $\mu_i=-3\lambda_i^{-1}+\lambda_i(i=1,2,3)$,计算得

$$\mu_1=-2,\quad \mu_2=2,\quad \mu_3=\frac{1}{2},$$

所以

$$|A^*-A^{-1}+A|=\mu_1\mu_2\mu_3=-2.$$

性质 5.1.3 设 $f(x)=a_0+a_1x+\cdots+a_mx^m$ 为 x 的 m 次多项式,记

$$f(A)=a_0E+a_1A+\cdots+a_mA^m$$

为方阵 A 的多项式.若 λ 为 A 的一个特征值,α 为 λ 对应的特征向量,则 $f(\lambda)$ 是 $f(A)$ 的特征值,且 α 为 $f(\lambda)$ 对应的特征向量.

证 因为 $A\alpha=\lambda\alpha$,有 $A^k\alpha=A^{k-1}(A\alpha)=\lambda A^{k-1}\alpha=\cdots=\lambda^k\alpha(k\in \mathbf{Z}^+)$,故

$$\begin{aligned}f(A)\alpha&=(a_0E+a_1A+\cdots+a_mA^m)\alpha\\&=a_0E\alpha+a_1A\alpha+\cdots+a_mA^m\alpha\\&=(a_0+a_1\lambda+\cdots+a_m\lambda^m)\alpha=f(\lambda)\alpha,\end{aligned}$$

所以 $f(\lambda)$ 是 $f(A)$ 的特征值,且 α 为 $f(\lambda)$ 对应的特征向量.证毕.

例 5 已知 3 阶方阵 A 有特征值 $1,-1,2$,若 $B=3A^4-2A^3+E$,求 $|A|,|B|$.

解 由性质 5.1.1 知,$|A|=1\times(-1)\times 2=-2$,设 $f(x)=3x^4-2x^3+1$,则 $B=f(A)$ 仍为 3 阶方阵,由性质 5.1.3 知,$f(1)=2,f(-1)=6,f(2)=33$ 为 B 所有的 3 个特征值,故 $|B|=396$.

性质 5.1.4 方阵 A 的不同特征值所对应的特征向量是线性无关的.

重难点分析
特征值的
一个性质

证 (反证法)设 $\lambda_1,\lambda_2,\cdots,\lambda_m$ 是 A 的 m 个不同的特征值,$\alpha_1,\alpha_2,\cdots,\alpha_m$ 依次是与之对应的特征向量.假定 $\alpha_1,\alpha_2,\cdots,\alpha_m$ 线性相关,从 α_1 出发,一定可以找到自然数 $r(r<m)$,使 $\alpha_1,\alpha_2,\cdots,\alpha_r$ 线性无关,但 $\alpha_1,\alpha_2,\cdots,\alpha_r,\alpha_{r+1}$ 线性相关,于是存在数 $k_1,k_2,\cdots,k_r$,使

$$\alpha_{r+1}=k_1\alpha_1+k_2\alpha_2+\cdots+k_r\alpha_r,\tag{5.4}$$

(5.4)两端左乘 A,并将 $A\alpha_i=\lambda_i\alpha_i(i=1,2,\cdots,r,r+1)$代入,得

$$A\alpha_{r+1}=k_1A\alpha_1+k_2A\alpha_2+\cdots+k_rA\alpha_r,$$

及

$$\lambda_{r+1}\alpha_{r+1}=k_1\lambda_1\alpha_1+k_2\lambda_2\alpha_2+\cdots+k_r\lambda_r\alpha_r,\tag{5.5}$$

(5.4)两端乘 λ_{r+1},又得

$$\lambda_{r+1}\alpha_{r+1}=k_1\lambda_{r+1}\alpha_1+k_2\lambda_{r+1}\alpha_2+\cdots+k_r\lambda_{r+1}\alpha_r,\tag{5.6}$$

(5.5)与(5.6)相减,得

$$k_1(\lambda_1-\lambda_{r+1})\boldsymbol{\alpha}_1+k_2(\lambda_2-\lambda_{r+1})\boldsymbol{\alpha}_2+\cdots+k_r(\lambda_r-\lambda_{r+1})\boldsymbol{\alpha}_r=\mathbf{0},$$

因为 $\boldsymbol{\alpha}_1,\boldsymbol{\alpha}_2,\cdots,\boldsymbol{\alpha}_r$ 线性无关,且 $\lambda_i-\lambda_{r+1}\neq0(i=1,2,\cdots,r)$,故 $k_i=0(i=1,2,\cdots,r)$,由(5.4)得 $\boldsymbol{\alpha}_{r+1}=\mathbf{0}$,矛盾.所以,$\boldsymbol{\alpha}_1,\boldsymbol{\alpha}_2,\cdots,\boldsymbol{\alpha}_m$ 线性无关.证毕.

推论 设 $\lambda_1,\lambda_2,\cdots,\lambda_s$ 是 n 阶方阵 $\boldsymbol{A}$ 的 s 个互不相同的特征值,对应于 λ_i 的线性无关的特征向量为 $\boldsymbol{\alpha}_{i1},\boldsymbol{\alpha}_{i2},\cdots,\boldsymbol{\alpha}_{ir_i}(i=1,2,\cdots,s)$,则由所有的这些特征向量构成的向量组 $\boldsymbol{\alpha}_{11}$,$\boldsymbol{\alpha}_{12},\cdots,\boldsymbol{\alpha}_{1r_1},\boldsymbol{\alpha}_{21},\boldsymbol{\alpha}_{22},\cdots,\boldsymbol{\alpha}_{2r_2},\cdots,\boldsymbol{\alpha}_{s1},\boldsymbol{\alpha}_{s2},\cdots,\boldsymbol{\alpha}_{sr_s}$ 线性无关.

证 当 $k_{11}\boldsymbol{\alpha}_{11}+\cdots+k_{1r_1}\boldsymbol{\alpha}_{1r_1}+k_{21}\boldsymbol{\alpha}_{21}+\cdots+k_{2r_2}\boldsymbol{\alpha}_{2r_2}+\cdots+k_{s1}\boldsymbol{\alpha}_{s1}+\cdots+k_{sr_s}\boldsymbol{\alpha}_{sr_s}=\mathbf{0}$ 时,若等式中有非零系数,则由于每一组向量 $\boldsymbol{\alpha}_{i1},\boldsymbol{\alpha}_{i2},\cdots,\boldsymbol{\alpha}_{ir_i}(i=1,2,\cdots,s)$ 线性无关,因而非零系数不能仅出现在同一组向量中.当非零系数出现在不同向量组中,由特征向量的性质知,每一个这样的向量组由此形成的线性组合仍为对应于原特征值的特征向量,这就有不同特征值所对应的特征向量线性相关,与性质 5.1.4 矛盾.故等式中的系数均为零,所以向量组 $\boldsymbol{\alpha}_{11},\boldsymbol{\alpha}_{12},\cdots,\boldsymbol{\alpha}_{1r_1}$,$\boldsymbol{\alpha}_{21},\boldsymbol{\alpha}_{22},\cdots,\boldsymbol{\alpha}_{2r_2},\cdots,\boldsymbol{\alpha}_{s1},\boldsymbol{\alpha}_{s2},\cdots,\boldsymbol{\alpha}_{sr_s}$ 线性无关.证毕.

*5.1.4 应用举例

下面的实例将具体说明矩阵的特征值与特征向量的实际含义,以及在解决有关动态线性系统变化趋势问题中的重要作用.

例 6 假定某省人口总数 m 保持不变,每年有 20% 的农村人口流入城镇,有 10% 的城镇人口流入农村,试讨论 n 年后,该省城镇人口与农村人口的分布状态最终是否会趋于一个“稳定状态”?

解 设第 n 年该省城镇人口数与农村人口数分别为 x_n,y_n.由题意,

$$\begin{cases}x_n=0.9x_{n-1}+0.2y_{n-1},\\ y_n=0.1x_{n-1}+0.8y_{n-1},\end{cases}\tag{5.7}$$

记 $\boldsymbol{\alpha}_n=\begin{pmatrix}x_n\\y_n\end{pmatrix},\boldsymbol{A}=\begin{pmatrix}0.9&0.2\\0.1&0.8\end{pmatrix}$,(5.7)等价于 $\boldsymbol{\alpha}_n=\boldsymbol{A}\boldsymbol{\alpha}_{n-1}$,因此可得第 n 年的人口数向量 $\boldsymbol{\alpha}_n$ 与第一年(初始年)的人口数向量 $\boldsymbol{\alpha}_1$ 的关系为

$$\boldsymbol{\alpha}_n=\boldsymbol{A}^{n-1}\boldsymbol{\alpha}_1,$$

容易算出 $\boldsymbol{A}$ 的特征值为 $\lambda_1=1,\lambda_2=0.7$.当 $\lambda_1=1$ 时,对应的特征向量 $\boldsymbol{\xi}_1=\begin{pmatrix}2\\1\end{pmatrix}$;当 $\lambda_2=0.7$ 时,对应的特征向量 $\boldsymbol{\xi}_2=\begin{pmatrix}1\\-1\end{pmatrix}$,$\boldsymbol{\xi}_1,\boldsymbol{\xi}_2$ 线性无关,因而 $\boldsymbol{\alpha}_1$ 可由 $\boldsymbol{\xi}_1,\boldsymbol{\xi}_2$ 线性表示,不妨设为 $\boldsymbol{\alpha}_1=k_1\boldsymbol{\xi}_1+k_2\boldsymbol{\xi}_2$.

下面仅就非负的情况讨论第 n 年该省城镇人口数与农村人口数的分布状态.

(1) 若 $k_2=0$,即 $\boldsymbol{\alpha}_1=k_1\boldsymbol{\xi}_1$,这表明城镇人口数与农村人口数保持 2∶1 的比例,则第 n 年 $\boldsymbol{\alpha}_n=\boldsymbol{A}^{n-1}\boldsymbol{\alpha}_1=\boldsymbol{A}^{n-1}(k_1\boldsymbol{\xi}_1)=k_1\lambda_1^{n-1}\boldsymbol{\xi}_1=\lambda_1^{n-1}(k_1\boldsymbol{\xi}_1)$,仍保持 2∶1 的比例不变,这个比例关系是由特征向量确定的,而这里 $\lambda_1=1$ 表明城镇人口数与农村人口数没有改变(即无增减),此时处于一种平衡稳定的比例状态.

(2) 由于人口数不为负数,故 $k_1 \neq 0$.

(3) 若 $\boldsymbol{\alpha}_1 = k_1\boldsymbol{\xi}_1 + k_2\boldsymbol{\xi}_2$($k_1, k_2$均不为零),则$\begin{cases} x_1 = 2k_1 + k_2, \\ y_1 = k_1 - k_2, \end{cases}$解之得

$$\begin{cases} k_1 = \dfrac{1}{3}(x_1 + y_1) = \dfrac{1}{3}m, \\ k_2 = \dfrac{1}{3}(x_1 - 2y_1), \end{cases}$$

故第 n 年,

$$\begin{aligned} \boldsymbol{\alpha}_n = \boldsymbol{A}^{n-1}\boldsymbol{\alpha}_1 = \boldsymbol{A}^{n-1}(k_1\boldsymbol{\xi}_1 + k_2\boldsymbol{\xi}_2) = k_1\lambda_1^{n-1}\boldsymbol{\xi}_1 + k_2\lambda_2^{n-1}\boldsymbol{\xi}_2 \\ = \frac{1}{3}m\boldsymbol{\xi}_1 + \frac{1}{3}(x_1 - 2y_1)(0.7)^{n-1}\boldsymbol{\xi}_2, \end{aligned}$$

即第 n 年的城镇人口数与农村人口数分布状态为

$$\begin{pmatrix} x_n \\ y_n \end{pmatrix} = \begin{pmatrix} \dfrac{2}{3}m + \dfrac{1}{3}(x_1 - 2y_1)(0.7)^{n-1} \\ \dfrac{1}{3}m - \dfrac{1}{3}(x_1 - 2y_1)(0.7)^{n-1} \end{pmatrix}, \tag{5.8}$$

若在(5.8)中,令 $n \to \infty$,有$\lim\limits_{n\to\infty} x_n = \dfrac{2}{3}m$, $\lim\limits_{n\to\infty} y_n = \dfrac{1}{3}m$.

这表明,该省的城镇人口与农村人口最终会趋于一个"稳定状态",即最终该省人口趋于平均每 3 人中有 2 人为城镇人口,1 人为农村人口.同时可以看出,人口数比例将主要由最大的正特征值 λ_1所对应的特征向量决定.随着年度的增加,这一特征愈加明显.

以上实例不仅在人们的社会生活、经济生活中广泛遇到,其分析方法还适用于工程技术等其他领域的动态线性系统的研究上,这类系统具有相同形式的数学模型,即 $\boldsymbol{\alpha}_{n+1} = \boldsymbol{A}\boldsymbol{\alpha}_n$ 或 $\boldsymbol{\alpha}_{n+1} = \boldsymbol{A}^n\boldsymbol{\alpha}_1$($\boldsymbol{\alpha}_1$为初始状态向量).注意到上面采用的计算方法是向量运算的方法,下面将引进相似矩阵和矩阵对角化,并由此介绍另一种矩阵运算方法来快速计算 $\boldsymbol{A}^n$.这也是常用且使用范围更为广泛的重要方法.

习 题 5.1

1. 判断下列命题的真假,并给出理由.

(1) 若对某个向量 $\boldsymbol{X}$,有 $\boldsymbol{AX} = \lambda\boldsymbol{X}$,则 λ 是 $\boldsymbol{A}$ 的特征值.

(2) 方阵 $\boldsymbol{A}$ 不可逆的充要条件是 0 为 $\boldsymbol{A}$ 的特征值.

(3) 数 c 是方阵 $\boldsymbol{A}$ 的特征值的充要条件是方程组$(\boldsymbol{A} - c\boldsymbol{E})\boldsymbol{X} = \boldsymbol{0}$ 有非零解,其中 $\boldsymbol{x} = (x_1, x_2, \cdots, x_n)^{\mathrm{T}}$.

(4) 若 $\boldsymbol{X}_1, \boldsymbol{X}_2$ 是线性无关的特征向量,则它们是对应不同特征值的特征向量.

(5) 矩阵的特征值是其主对角线上的元素.

2. 填空题:

(1) 矩阵 $\boldsymbol{A} = \begin{pmatrix} 2 & 2 & -2 \\ 2 & 2 & -2 \\ -2 & -2 & 2 \end{pmatrix}$ 的非零特征值是________.

(2) 设 n 阶方阵 A 有 n 个互异的特征值 $\lambda_1,\lambda_2,\cdots,\lambda_n$,而 0 是其中一个特征值,则 $r(A)=$________.

(3) 已知 A 是三阶方阵,$|A|=6$,且-2为 A 的一个特征值,则 A^* 必有特征值________;A^*-2A^{-1}必有特征值________;$A^3+4A^2+8A+8E$ 必有特征值________;$|A^3+4A^2+8A+8E|=$________.

3. 求下列矩阵的特征值和特征向量:

(1) $\begin{pmatrix}3&-2\\2&-1\end{pmatrix}$; (2) $\begin{pmatrix}0&0&1\\0&1&0\\1&0&0\end{pmatrix}$; (3) $\begin{pmatrix}1&3&1&2\\0&-1&1&3\\0&0&2&5\\0&0&0&2\end{pmatrix}$.

4. 不用计算,求 $A=\begin{pmatrix}1&-2&3\\-1&2&-3\\1&-2&3\end{pmatrix}$的特征值,并验证结果.

5. 不用计算,求 $A=\begin{pmatrix}1&1&1\\1&1&1\\1&1&1\end{pmatrix}$的特征值和两个线性无关的特征向量,并验证结果.

6. 设 A 为 n 阶方阵,λ_1 和 λ_2 是 A 的两个不同的特征值,X_1,X_2 是 A 的分别对应于 λ_1 和 λ_2 的特征向量.证明:X_1+X_2 不是 A 的特征向量.

7. 设 A 为 n 阶方阵.证明:A^{T} 与 A 有相同的特征值.

8. 已知三阶方阵 A 的特征值为$-1,2,3$,令 $B=A^3-2A^2-E$.

(1) 求 B 的特征值;

(2) 求$|B|$及$|A+3E|$.

§5.2 相似矩阵与矩阵对角化

5.2.1 相似矩阵

定义 5.2.1 设 A,B 都是 n 阶方阵,若存在 n 阶可逆矩阵 P,使得 $B=P^{-1}AP$,则称矩阵 A 与 B 相似(similar),或称 A 相似于 B,记为 $A\sim B$,可逆矩阵 P 称为将 A 变换成 B 的相似变换矩阵(similarity transformation matrix).

显然,矩阵的相似满足三个基本性质:

(1) 反身性 $A\sim A$;

(2) 对称性 若 $A\sim B$,则 $B\sim A$;

(3) 传递性 若 $A\sim B,B\sim C$,则 $A\sim C$.

此外,矩阵的相似还具有如下结论:

定理 5.2.1 若 $A\sim B$,则有

(1) $A^{\mathrm{T}}\sim B^{\mathrm{T}},kA\sim kB$($k$ 为任意数),$A^m\sim B^m$(m 为正整数);

(2) 若 A 可逆,则 B 可逆且 $A^{-1}\sim B^{-1},A^*\sim B^*$.

证 仅证 $\boldsymbol{A}^{-1}\sim\boldsymbol{B}^{-1}$,其余留给读者完成.

因为 $\boldsymbol{A}\sim\boldsymbol{B}$,故存在可逆矩阵 $\boldsymbol{P}$,使 $\boldsymbol{B}=\boldsymbol{P}^{-1}\boldsymbol{A}\boldsymbol{P}$,由 $\boldsymbol{A}$ 可逆知,$|\boldsymbol{B}|=|\boldsymbol{P}^{-1}||\boldsymbol{A}||\boldsymbol{P}|=|\boldsymbol{A}|\neq 0$,因此 $\boldsymbol{B}$ 也可逆.因而有 $\boldsymbol{B}^{-1}=\boldsymbol{P}^{-1}\boldsymbol{A}^{-1}(\boldsymbol{P}^{-1})^{-1}=\boldsymbol{P}^{-1}\boldsymbol{A}^{-1}\boldsymbol{P}$,所以 $\boldsymbol{A}^{-1}\sim\boldsymbol{B}^{-1}$.证毕.

定理 5.2.2 若 $\boldsymbol{A}\sim\boldsymbol{B}$,则 $\boldsymbol{A},\boldsymbol{B}$ 具有

(1) 相同的秩,即 $r(\boldsymbol{A})=r(\boldsymbol{B})$;

(2) 相同的行列式,即 $|\boldsymbol{A}|=|\boldsymbol{B}|$;

(3) 相同的特征多项式,即 $|\boldsymbol{A}-\lambda\boldsymbol{E}|=|\boldsymbol{B}-\lambda\boldsymbol{E}|$;

(4) 相同的特征值;

(5) 相同的迹,即 $\mathrm{tr}(\boldsymbol{A})=\mathrm{tr}(\boldsymbol{B})$.

证 仅证(3),其余留给读者完成.

因为 $\boldsymbol{A}\sim\boldsymbol{B}$,故存在可逆矩阵 $\boldsymbol{P}$,使 $\boldsymbol{B}=\boldsymbol{P}^{-1}\boldsymbol{A}\boldsymbol{P}$,所以

$$\begin{aligned}|\boldsymbol{B}-\lambda\boldsymbol{E}|&=|\boldsymbol{P}^{-1}\boldsymbol{A}\boldsymbol{P}-\lambda\boldsymbol{E}|=|\boldsymbol{P}^{-1}(\boldsymbol{A}-\lambda\boldsymbol{E})\boldsymbol{P}|=|\boldsymbol{P}^{-1}||\boldsymbol{A}-\lambda\boldsymbol{E}||\boldsymbol{P}|\\&=|\boldsymbol{P}^{-1}\boldsymbol{P}||\boldsymbol{A}-\lambda\boldsymbol{E}|=|\boldsymbol{A}-\lambda\boldsymbol{E}|,\end{aligned}$$

即 $|\boldsymbol{A}-\lambda\boldsymbol{E}|=|\boldsymbol{B}-\lambda\boldsymbol{E}|$.证毕.

必须指出:本定理中诸结论仅为 $\boldsymbol{A}\sim\boldsymbol{B}$ 的必要非充分条件.

例 1 设 $\boldsymbol{A}\sim\boldsymbol{B}$,其中 $\boldsymbol{A}=\begin{pmatrix}1&2&2\\2&1&-2\\-2&-2&x\end{pmatrix}$,$\boldsymbol{B}=\begin{pmatrix}1&0&0\\0&-1&0\\0&0&y\end{pmatrix}$,求 x,y.

解 因为 $\boldsymbol{A}\sim\boldsymbol{B}$,所以 $|\boldsymbol{A}|=|\boldsymbol{B}|$ 且 $\mathrm{tr}(\boldsymbol{A})=\mathrm{tr}(\boldsymbol{B})$,即有 $\begin{cases}-3x=-y,\\2+x=y,\end{cases}$ 解得 $\begin{cases}x=1,\\y=3.\end{cases}$

5.2.2 矩阵的对角化

定义 5.2.2 若矩阵 $\boldsymbol{A}$ 相似于一个对角矩阵,则称矩阵 $\boldsymbol{A}$ **可对角化**(diagonalizable).

注意到,对角矩阵的幂是很容易计算的,那么对于可对角化矩阵 $\boldsymbol{A}$ 的幂的计算也可用如下方法大为简化:

例 2 设 n 阶方阵 $\boldsymbol{A}\sim\boldsymbol{\Lambda}=\begin{pmatrix}\lambda_1&&&\\&\lambda_2&&\\&&\ddots&\\&&&\lambda_n\end{pmatrix}$,求 $\boldsymbol{A}^k(k\in\mathbf{Z}^+)$.

解 因为 $\boldsymbol{A}\sim\boldsymbol{\Lambda}$,所以存在可逆矩阵 $\boldsymbol{P}$,使得 $\boldsymbol{P}^{-1}\boldsymbol{A}\boldsymbol{P}=\boldsymbol{\Lambda}$,因此 $\boldsymbol{A}=\boldsymbol{P}\boldsymbol{\Lambda}\boldsymbol{P}^{-1}$,故

$$\begin{aligned}\boldsymbol{A}^k&=(\boldsymbol{P}\boldsymbol{\Lambda}\boldsymbol{P}^{-1})(\boldsymbol{P}\boldsymbol{\Lambda}\boldsymbol{P}^{-1})\cdots(\boldsymbol{P}\boldsymbol{\Lambda}\boldsymbol{P}^{-1})=\boldsymbol{P}\boldsymbol{\Lambda}^k\boldsymbol{P}^{-1}\\&=\boldsymbol{P}\begin{pmatrix}\lambda_1^k&&&\\&\lambda_2^k&&\\&&\ddots&\\&&&\lambda_n^k\end{pmatrix}\boldsymbol{P}^{-1},\end{aligned}$$

只需求出 $\boldsymbol{P}^{-1}$,再计算出 $\boldsymbol{P}\boldsymbol{\Lambda}^k\boldsymbol{P}^{-1}$ 即可.当 k 比较大时,这比直接计算 $\boldsymbol{A}^k$ 要方便得多.

本例中,矩阵 $\boldsymbol{A}$ 可对角化是已知的,然而问题是对任意一个方阵 $\boldsymbol{A}$,它是否一定可对角

化？回答是否定的，例如二阶方阵 $\boldsymbol{A}=\begin{pmatrix}0&1\\0&0\end{pmatrix}$ 是不可对角化的.事实上，易知 $\boldsymbol{A}$ 的两个特征值均为 0，此时若 $\boldsymbol{A}$ 可对角化，则一定与二阶零矩阵相似，于是有 $\boldsymbol{A}$ 等于零矩阵，矛盾，因此 $\boldsymbol{A}$ 不可对角化.

那么，我们自然会问：什么样的矩阵一定可对角化呢？

重难点分析
对角化定理

定理 5.2.3(对角化定理) n 阶方阵 $\boldsymbol{A}$ 可对角化的充要条件是 $\boldsymbol{A}$ 有 n 个线性无关的特征向量.

证 必要性 设 $\boldsymbol{A}$ 可对角化，则存在可逆矩阵 $\boldsymbol{P}$ 及对角矩阵 $\boldsymbol{\Lambda}$，使 $\boldsymbol{P}^{-1}\boldsymbol{A}\boldsymbol{P}=\boldsymbol{\Lambda}$，即 $\boldsymbol{A}\boldsymbol{P}=\boldsymbol{P}\boldsymbol{\Lambda}$，令

$$\boldsymbol{P}=(\boldsymbol{\alpha}_1,\boldsymbol{\alpha}_2,\cdots,\boldsymbol{\alpha}_n),\quad \boldsymbol{\Lambda}=\begin{pmatrix}\lambda_1&0&\cdots&0\\0&\lambda_2&\cdots&0\\\vdots&\vdots&&\vdots\\0&0&\cdots&\lambda_n\end{pmatrix},$$

则有

$$\boldsymbol{A}(\boldsymbol{\alpha}_1,\boldsymbol{\alpha}_2,\cdots,\boldsymbol{\alpha}_n)=(\boldsymbol{\alpha}_1,\boldsymbol{\alpha}_2,\cdots,\boldsymbol{\alpha}_n)\begin{pmatrix}\lambda_1&0&\cdots&0\\0&\lambda_2&\cdots&0\\\vdots&\vdots&&\vdots\\0&0&\cdots&\lambda_n\end{pmatrix}$$

$$=(\lambda_1\boldsymbol{\alpha}_1,\lambda_2\boldsymbol{\alpha}_2,\cdots,\lambda_n\boldsymbol{\alpha}_n).$$

因而 $\boldsymbol{A}\boldsymbol{\alpha}_i=\lambda_i\boldsymbol{\alpha}_i(i=1,2,\cdots,n)$.由于 $\boldsymbol{P}$ 为可逆矩阵，故必有 $\boldsymbol{\alpha}_1,\boldsymbol{\alpha}_2,\cdots,\boldsymbol{\alpha}_n$ 线性无关，那么，上式表明 $\lambda_1,\lambda_2,\cdots,\lambda_n$ 为 $\boldsymbol{A}$ 的特征值，且 $\boldsymbol{\alpha}_1,\boldsymbol{\alpha}_2,\cdots,\boldsymbol{\alpha}_n$ 是 $\boldsymbol{A}$ 的分别对应于 $\lambda_1,\lambda_2,\cdots,\lambda_n$ 的特征向量.所以 $\boldsymbol{A}$ 有 n 个线性无关的特征向量.

充分性 设 $\boldsymbol{A}$ 有 n 个线性无关的特征向量 $\boldsymbol{\alpha}_1,\boldsymbol{\alpha}_2,\cdots,\boldsymbol{\alpha}_n$，分别对应的特征值为 $\lambda_1,\lambda_2,\cdots,\lambda_n$，即 $\boldsymbol{A}\boldsymbol{\alpha}_i=\lambda_i\boldsymbol{\alpha}_i(i=1,2,\cdots,n)$.令 $\boldsymbol{P}=(\boldsymbol{\alpha}_1,\boldsymbol{\alpha}_2,\cdots,\boldsymbol{\alpha}_n)$，则 $\boldsymbol{P}$ 可逆且

$$\boldsymbol{A}\boldsymbol{P}=\boldsymbol{A}(\boldsymbol{\alpha}_1,\boldsymbol{\alpha}_2,\cdots,\boldsymbol{\alpha}_n)=(\lambda_1\boldsymbol{\alpha}_1,\lambda_2\boldsymbol{\alpha}_2,\cdots,\lambda_n\boldsymbol{\alpha}_n)$$

$$=(\boldsymbol{\alpha}_1,\boldsymbol{\alpha}_2,\cdots,\boldsymbol{\alpha}_n)\begin{pmatrix}\lambda_1&0&\cdots&0\\0&\lambda_2&\cdots&0\\\vdots&\vdots&&\vdots\\0&0&\cdots&\lambda_n\end{pmatrix}=\boldsymbol{P}\boldsymbol{\Lambda},$$

其中 $\boldsymbol{\Lambda}=\begin{pmatrix}\lambda_1&0&\cdots&0\\0&\lambda_2&\cdots&0\\\vdots&\vdots&&\vdots\\0&0&\cdots&\lambda_n\end{pmatrix}$ 为对角矩阵，因而 $\boldsymbol{P}^{-1}\boldsymbol{A}\boldsymbol{P}=\boldsymbol{\Lambda}$，故 $\boldsymbol{A}$ 可对角化.证毕.

从定理 5.2.3 证明的过程中可以看出，如果矩阵 $\boldsymbol{A}$ 相似于对角矩阵 $\boldsymbol{\Lambda}$，那么 $\boldsymbol{\Lambda}$ 的对角线元素都是特征值(重根重复出现)，而相似变换矩阵 $\boldsymbol{P}$ 的各列就是 $\boldsymbol{A}$ 的 n 个线性无关的特征向量，其排列次序与对应的特征值在对角矩阵 $\boldsymbol{\Lambda}$ 中的排列次序一致.

由上节的性质 5.1.4 及其推论可得以下推论：

推论 1 若 n 阶方阵 $\boldsymbol{A}$ 有 n 个互不相同的特征值，则 $\boldsymbol{A}$ 必可对角化.

这是一个常用的判别方阵 $\boldsymbol{A}$ 可对角化的充分非必要条件.若 $\boldsymbol{A}$ 的特征值有重根时,下面的推论 2 是判定 $\boldsymbol{A}$ 可对角化的又一个充要条件.

推论 2　n 阶方阵 $\boldsymbol{A}$ 可对角化的充要条件是 $\boldsymbol{A}$ 的每一个 r_i 重特征值对应 $r_i(i=1,2,\cdots,s)$ 个线性无关的特征向量.

例 3　设矩阵 $\boldsymbol{A}=\begin{pmatrix}2&2&1\\1&3&1\\1&2&2\end{pmatrix}$.判断 $\boldsymbol{A}$ 是否可对角化?若可以,求出对角矩阵 $\boldsymbol{\Lambda}$ 及相似变换矩阵 $\boldsymbol{P}$.

解　由 $\boldsymbol{A}$ 的特征多项式

$$f(\lambda)=|\boldsymbol{A}-\lambda\boldsymbol{E}|=\begin{vmatrix}2-\lambda&2&1\\1&3-\lambda&1\\1&2&2-\lambda\end{vmatrix}=(\lambda-1)^2(5-\lambda),$$

得 $\boldsymbol{A}$ 的特征值为 $\lambda_1=5,\lambda_2=\lambda_3=1$.

由

$$\boldsymbol{A}-5\boldsymbol{E}=\begin{pmatrix}-3&2&1\\1&-2&1\\1&2&-3\end{pmatrix}\to\begin{pmatrix}1&-2&1\\-3&2&1\\1&2&-3\end{pmatrix}$$

$$\to\begin{pmatrix}1&-2&1\\0&-4&4\\0&4&-4\end{pmatrix}\to\begin{pmatrix}1&-2&1\\0&1&-1\\0&0&0\end{pmatrix}\to\begin{pmatrix}1&0&-1\\0&1&-1\\0&0&0\end{pmatrix},$$

得 $(\boldsymbol{A}-5\boldsymbol{E})\boldsymbol{X}=\boldsymbol{0}$ 的基础解系为 $\boldsymbol{\xi}_1=\begin{pmatrix}1\\1\\1\end{pmatrix}$.

由 $\boldsymbol{A}-\boldsymbol{E}=\begin{pmatrix}1&2&1\\1&2&1\\1&2&1\end{pmatrix}\to\begin{pmatrix}1&2&1\\0&0&0\\0&0&0\end{pmatrix}$,得 $(\boldsymbol{A}-\boldsymbol{E})\boldsymbol{X}=\boldsymbol{0}$ 的基础解系为 $\boldsymbol{\xi}_2=\begin{pmatrix}1\\0\\-1\end{pmatrix},\boldsymbol{\xi}_3=\begin{pmatrix}2\\-1\\0\end{pmatrix}$.

由推论 2 知,$\boldsymbol{A}$ 可对角化,其对角矩阵 $\boldsymbol{\Lambda}=\begin{pmatrix}5&0&0\\0&1&0\\0&0&1\end{pmatrix}$,相似变换矩阵 $\boldsymbol{P}=\begin{pmatrix}1&1&2\\1&0&-1\\1&-1&0\end{pmatrix}$,即 $\boldsymbol{P}^{-1}\boldsymbol{A}\boldsymbol{P}=\boldsymbol{\Lambda}$.

需要指出,定理 5.2.2 强调了:若 $\boldsymbol{A}\sim\boldsymbol{B}$,则 $\boldsymbol{A}$ 与 $\boldsymbol{B}$ 具有相同的特征值,但反之未必成立.而有了矩阵的对角化以及相似性的传递性,却可以很容易得到下面在判别矩阵相似性时经常用到的一种方法:

若 n 阶方阵 $\boldsymbol{A}$ 与 $\boldsymbol{B}$ 有相同的特征值(重根时重数一致),且均可对角化,则必有 $\boldsymbol{A}\sim\boldsymbol{B}$.

*5.2.3　应用举例

例 4(递推数列求通项公式问题)　设数列 $\{a_n\}$ 满足递推关系

$$a_{n+3}=2a_{n+2}+a_{n+1}-2a_n,$$

并且 $a_1=1,a_2=2,a_3=3$，求通项 a_n.

解 数列的递推公式是数列的一种表示方法，它反映的是数列相邻项之间的关系，如果要研究某个数列的性质，我们就要确定其通项公式.特征值和特征向量是解决此类问题的一种方法.

由题意，可建立 a_{n+2},a_{n+1},a_n 到 a_{n+3},a_{n+2},a_{n+1} 的线性变换：

$$\begin{cases} a_{n+3}=2a_{n+2}+a_{n+1}-2a_n, \\ a_{n+2}=a_{n+2}, \\ a_{n+1}=a_{n+1}, \end{cases}$$

即

$$\begin{pmatrix} a_{n+3} \\ a_{n+2} \\ a_{n+1} \end{pmatrix}=\begin{pmatrix} 2 & 1 & -2 \\ 1 & 0 & 0 \\ 0 & 1 & 0 \end{pmatrix}\begin{pmatrix} a_{n+2} \\ a_{n+1} \\ a_n \end{pmatrix}.$$

令 $\boldsymbol{A}=\begin{pmatrix} 2 & 1 & -2 \\ 1 & 0 & 0 \\ 0 & 1 & 0 \end{pmatrix}$，则

$$\begin{pmatrix} a_{n+3} \\ a_{n+2} \\ a_{n+1} \end{pmatrix}=\boldsymbol{A}\begin{pmatrix} a_{n+2} \\ a_{n+1} \\ a_n \end{pmatrix}=\boldsymbol{A}^2\begin{pmatrix} a_{n+1} \\ a_n \\ a_{n-1} \end{pmatrix}=\cdots=\boldsymbol{A}^n\begin{pmatrix} a_3 \\ a_2 \\ a_1 \end{pmatrix},$$

其中$\begin{pmatrix} a_3 \\ a_2 \\ a_1 \end{pmatrix}=\begin{pmatrix} 3 \\ 2 \\ 1 \end{pmatrix}$.

由

$$\begin{aligned} |\boldsymbol{A}-\lambda\boldsymbol{E}| &= \begin{vmatrix} 2-\lambda & 1 & -2 \\ 1 & -\lambda & 0 \\ 0 & 1 & -\lambda \end{vmatrix} \\ &= \begin{vmatrix} 1-\lambda & 1 & -2 \\ 1-\lambda & -\lambda & 0 \\ 1-\lambda & 1 & -\lambda \end{vmatrix}=-(1-\lambda)(2-\lambda)(1+\lambda), \end{aligned}$$

得 $\boldsymbol{A}$ 的特征值为 $\lambda_1=1,\lambda_1=2,\lambda_3=-1$，并解得对应的特征向量为

$$\boldsymbol{\xi}_1=\begin{pmatrix} 1 \\ 1 \\ 1 \end{pmatrix},\quad \boldsymbol{\xi}_2=\begin{pmatrix} 4 \\ 2 \\ 1 \end{pmatrix},\quad \boldsymbol{\xi}_3=\begin{pmatrix} 1 \\ -1 \\ 1 \end{pmatrix}.$$

令 $\boldsymbol{P}=(\boldsymbol{\xi}_1,\boldsymbol{\xi}_2,\boldsymbol{\xi}_3)=\begin{pmatrix} 1 & 4 & 1 \\ 1 & 2 & -1 \\ 1 & 1 & 1 \end{pmatrix}$，则计算可得 $\boldsymbol{P}^{-1}=\dfrac{1}{6}\begin{pmatrix} -3 & 3 & 6 \\ 2 & 0 & -2 \\ 1 & -3 & 2 \end{pmatrix}$，并且有 $\boldsymbol{P}^{-1}\boldsymbol{A}\boldsymbol{P}=$ $\begin{pmatrix} 1 & 0 & 0 \\ 0 & 2 & 0 \\ 0 & 0 & -1 \end{pmatrix}$，则

$$
\boldsymbol{A}^n=\boldsymbol{P}\begin{pmatrix}1&0&0\\0&2&0\\0&0&-1\end{pmatrix}^n\boldsymbol{P}^{-1}
$$

$$
=\frac{1}{6}\begin{pmatrix}-3+2^{n+3}+(-1)^n & 3+3\cdot(-1)^{n+1} & 6-2^{n+3}+2\cdot(-1)^n\\ -3+2^{n+2}+(-1)^{n+1} & 3+3\cdot(-1)^n & 6-2^{n+2}+2\cdot(-1)^{n+1}\\ -3+2^{n+1}+(-1)^n & 3+3\cdot(-1)^{n-1} & 6-2^{n+1}+2\cdot(-1)^n\end{pmatrix},
$$

代入，得

$$
a_{n+3}=\frac{1}{6}[(-3+2^{n+3}+(-1)^n)a_3+(3+3\cdot(-1)^{n+1})a_2+(6-2^{n+3}+2\cdot(-1)^n)a_1]
$$

$$
=\frac{1}{3}\cdot 2^{n+3}-\frac{1}{6}\cdot(-1)^n+\frac{1}{2}.
$$

因为 $a_1=1,a_2=2,a_3=3$ 也满足上式，所以数列 $\{a_n\}$ 的通项为

$$
a_n=\frac{1}{3}\cdot 2^n+\frac{1}{6}\cdot(-1)^n+\frac{1}{2}.
$$

例 5(汽车出租问题)　汽车出租公司有三种车型的汽车：轿车、运动车、货车可供出租，在若干年内，长期租用顾客有 600 人，租期为两年，两年后续签租约时他们常常改租车型，根据记录表明：

(1) 在目前租用轿车的 300 名顾客中，有 20% 在一个租期后改租运动车，10% 改租货车.

(2) 在目前租用运动车的 150 名顾客中，有 20% 在一个租期后改租轿车，10% 改租货车.

(3) 在目前租用货车的 150 名顾客中，有 10% 在一个租期后改租轿车，10% 改租运动车.

现预测两年后租用这些车型的顾客各有多少人，以及经过多年后公司该如何分配出租的三种车型？

解　这是一个动态系统. 600 名顾客在三种车型中不断地转移租用，用向量 $(x_n,y_n,z_n)^{\mathrm{T}}$ 表示第 n 次续签租约后租用这三种车型的顾客人数（亦为公司在三种车型中的分配数），则问题为：已知 $(x_0,y_0,z_0)^{\mathrm{T}}=(300,150,150)^{\mathrm{T}}$，而欲求 $(x_1,y_1,z_1)^{\mathrm{T}}$ 以及考察当 $n\to\infty$ 时，$(x_n,y_n,z_n)^{\mathrm{T}}$ 的发展趋势.

由题意，两年后，三种车型的租用人数应为

$$
\begin{cases}x_1=0.7x_0+0.2y_0+0.1z_0,\\ y_1=0.2x_0+0.7y_0+0.1z_0,\\ z_1=0.1x_0+0.1y_0+0.8z_0,\end{cases}
$$

即 $\begin{pmatrix}x_1\\y_1\\z_1\end{pmatrix}=\begin{pmatrix}0.7&0.2&0.1\\0.2&0.7&0.1\\0.1&0.1&0.8\end{pmatrix}\begin{pmatrix}x_0\\y_0\\z_0\end{pmatrix}=\boldsymbol{A}\begin{pmatrix}x_0\\y_0\\z_0\end{pmatrix}$，其中 $\boldsymbol{A}=\begin{pmatrix}0.7&0.2&0.1\\0.2&0.7&0.1\\0.1&0.1&0.8\end{pmatrix}$ 称为转移矩阵，其元素是由顾客在续约时转租车型的概率组成的.

将$(x_0,y_0,z_0)^{\mathrm{T}}=(300,150,150)^{\mathrm{T}}$代入上式,即得

$$\begin{pmatrix}x_1\\y_1\\z_1\end{pmatrix}=\begin{pmatrix}255\\180\\165\end{pmatrix},$$

即两年后租用这三种车型的顾客分别有 255 人、180 人、165 人.

注意到,第二次续签租约后,三种车型的租用人数为$\begin{pmatrix}x_2\\y_2\\z_2\end{pmatrix}=\boldsymbol{A}\begin{pmatrix}x_1\\y_1\\z_1\end{pmatrix}=\boldsymbol{A}^2\begin{pmatrix}x_0\\y_0\\z_0\end{pmatrix}$,可得到第 n 次续签租约后,三种车型的租用人数为$\begin{pmatrix}x_n\\y_n\\z_n\end{pmatrix}=\boldsymbol{A}^n\begin{pmatrix}x_0\\y_0\\z_0\end{pmatrix}$,这就需要计算 $\boldsymbol{A}$ 的 n 次幂 $\boldsymbol{A}^n$,以分析此动态系统的发展态势,下面用对角化的方法求 $\boldsymbol{A}^n$.

由$|\boldsymbol{A}-\lambda\boldsymbol{E}|=\begin{vmatrix}0.7-\lambda & 0.2 & 0.1\\0.2 & 0.7-\lambda & 0.1\\0.1 & 0.1 & 0.8-\lambda\end{vmatrix}=(1-\lambda)(0.7-\lambda)(0.5-\lambda)$,得到 $\boldsymbol{A}$ 的特征值 $\lambda_1=1$, $\lambda_2=0.7$, $\lambda_3=0.5$,并分别可求得对应的特征向量

$$\boldsymbol{\xi}_1=\begin{pmatrix}1\\1\\1\end{pmatrix},\boldsymbol{\xi}_2=\begin{pmatrix}1\\1\\-2\end{pmatrix},\boldsymbol{\xi}_3=\begin{pmatrix}-1\\1\\0\end{pmatrix},$$

令 $\boldsymbol{P}=(\boldsymbol{\xi}_1,\boldsymbol{\xi}_2,\boldsymbol{\xi}_3)$, $\boldsymbol{\Lambda}=\begin{pmatrix}1 & 0 & 0\\0 & 0.7 & 0\\0 & 0 & 0.5\end{pmatrix}$,则有 $\boldsymbol{A}=\boldsymbol{P\Lambda P}^{-1}$, $\boldsymbol{A}^n=\boldsymbol{P\Lambda}^n\boldsymbol{P}^{-1}$,其中 $\boldsymbol{P}^{-1}=\dfrac{1}{6}\begin{pmatrix}2 & 2 & 2\\1 & 1 & -2\\-3 & 3 & 0\end{pmatrix}$,

从而有

$$\begin{aligned}\boldsymbol{A}^n=\boldsymbol{P\Lambda}^n\boldsymbol{P}^{-1}&=\frac{1}{6}\begin{pmatrix}1 & 1 & -1\\1 & 1 & 1\\1 & -2 & 0\end{pmatrix}\begin{pmatrix}1 & 0 & 0\\0 & 0.7^n & 0\\0 & 0 & 0.5^n\end{pmatrix}\begin{pmatrix}2 & 2 & 2\\1 & 1 & -2\\-3 & 3 & 0\end{pmatrix}\\&=\frac{1}{6}\begin{pmatrix}2+0.7^n+3\times0.5^n & 2+0.7^n-3\times0.5^n & 2-2\times0.7^n\\2+0.7^n-3\times0.5^n & 2+0.7^n+3\times0.5^n & 2-2\times0.7^n\\2-2\times0.7^n & 2-2\times0.7^n & 2+4\times0.7^n\end{pmatrix},\end{aligned}$$

令 $n\to\infty$,由于 $0.7^n\to0$, $0.5^n\to0$,故可得

$$\lim_{n\to\infty}\boldsymbol{A}^n=\begin{pmatrix}\frac{1}{3} & \frac{1}{3} & \frac{1}{3}\\\frac{1}{3} & \frac{1}{3} & \frac{1}{3}\\\frac{1}{3} & \frac{1}{3} & \frac{1}{3}\end{pmatrix},\quad 故\quad \lim_{n\to\infty}\begin{pmatrix}x_n\\y_n\\z_n\end{pmatrix}=\begin{pmatrix}\frac{1}{3} & \frac{1}{3} & \frac{1}{3}\\\frac{1}{3} & \frac{1}{3} & \frac{1}{3}\\\frac{1}{3} & \frac{1}{3} & \frac{1}{3}\end{pmatrix}\begin{pmatrix}300\\150\\150\end{pmatrix}=\begin{pmatrix}200\\200\\200\end{pmatrix},$$

这表明,当 n 增加时,三种车型的租用向量趋于一个稳定向量.可以预测,多年以后,公司在出租这三种车型的分配上趋于相等,即各 200 辆.

例 6 自然界中各物种的生存是互相依赖、互相制约的(如人与森林等),假设有三个物种,它们的生存满足如下制约关系:

$$\begin{cases} x_n^{(1)} = 3.2x_{n-1}^{(1)} - 2x_{n-1}^{(2)} + 1.1x_{n-1}^{(3)}, \\ x_n^{(2)} = 6x_{n-1}^{(1)} - 3x_{n-1}^{(2)} + 1.5x_{n-1}^{(3)}, \qquad n = 1, 2, \cdots, \\ x_n^{(3)} = 6x_{n-1}^{(1)} - 3.7x_{n-1}^{(2)} + 2.2x_{n-1}^{(3)}, \end{cases}$$

其中,$x_0^{(1)}, x_0^{(2)}, x_0^{(3)}$ 分别为三个物种在某年的存活数(单位:百万),$x_n^{(1)}, x_n^{(2)}, x_n^{(3)}$ 分别为该年后第 n 年的三个物种的存活数.

记存活数向量 $\boldsymbol{x}_n = \begin{pmatrix} x_n^{(1)} \\ x_n^{(2)} \\ x_n^{(3)} \end{pmatrix}$,$\boldsymbol{A} = \begin{pmatrix} 3.2 & -2 & 1.1 \\ 6 & -3 & 1.5 \\ 6 & -3.7 & 2.2 \end{pmatrix}$,则上面的制约关系方程组可表示为 $\boldsymbol{x}_n = \boldsymbol{A}\boldsymbol{x}_{n-1}$,若已知某年存活数向量 $\boldsymbol{x}_0 = \begin{pmatrix} 1 \\ 1 \\ 2 \end{pmatrix}$,在这种制约关系下,试讨论这三个物种若干年后的变化趋势.

解 由题意易得 $\boldsymbol{x}_n = \boldsymbol{A}^n \boldsymbol{x}_0$,为分析若干年后这三个物种存活数的发展趋势,需计算 $\boldsymbol{A}^n$. 由

$$|\boldsymbol{A} - \lambda \boldsymbol{E}| = \begin{vmatrix} 3.2-\lambda & -2 & 1.1 \\ 6 & -3-\lambda & 1.5 \\ 6 & -3.7 & 2.2-\lambda \end{vmatrix} = (0.5-\lambda)(0.7-\lambda)(1.2-\lambda),$$

得到特征值 $\lambda_1 = 0.5, \lambda_2 = 0.7, \lambda_3 = 1.2$.

由 $(\boldsymbol{A} - 0.5\boldsymbol{E})\boldsymbol{X} = \boldsymbol{0}$ 可得对应于 $\lambda_1 = 0.5$ 的特征向量 $\boldsymbol{\xi}_1 = \begin{pmatrix} 1 \\ 3 \\ 3 \end{pmatrix}$;

由 $(\boldsymbol{A} - 0.7\boldsymbol{E})\boldsymbol{X} = \boldsymbol{0}$ 可得对应于 $\lambda_2 = 0.7$ 的特征向量 $\boldsymbol{\xi}_2 = \begin{pmatrix} 107 \\ 285 \\ 275 \end{pmatrix}$;

由 $(\boldsymbol{A} - 1.2\boldsymbol{E})\boldsymbol{X} = \boldsymbol{0}$ 可得对应于 $\lambda_3 = 1.2$ 的特征向量 $\boldsymbol{\xi}_3 = \begin{pmatrix} 9 \\ 20 \\ 20 \end{pmatrix}$.

因而 $\boldsymbol{A} = \boldsymbol{P}\boldsymbol{\Lambda}\boldsymbol{P}^{-1}$,其中 $\boldsymbol{P} = \begin{pmatrix} 1 & 107 & 9 \\ 3 & 285 & 20 \\ 3 & 275 & 20 \end{pmatrix}$,$\boldsymbol{\Lambda} = \begin{pmatrix} 0.5 & 0 & 0 \\ 0 & 0.7 & 0 \\ 0 & 0 & 1.2 \end{pmatrix}$,且由 $\boldsymbol{P}$ 可得

$$\boldsymbol{P}^{-1} = \frac{1}{70}\begin{pmatrix} -200 & -335 & 425 \\ 0 & 7 & -7 \\ 30 & -46 & 36 \end{pmatrix},$$

故

$$\boldsymbol{A}^n = \boldsymbol{P}\boldsymbol{\Lambda}^n\boldsymbol{P}^{-1} = \frac{1}{70}(\boldsymbol{\xi}_1, \boldsymbol{\xi}_2, \boldsymbol{\xi}_3)\begin{pmatrix} 0.5^n & 0 & 0 \\ 0 & 0.7^n & 0 \\ 0 & 0 & 1.2^n \end{pmatrix}\begin{pmatrix} -200 & -335 & 425 \\ 0 & 7 & -7 \\ 30 & -46 & 36 \end{pmatrix}$$

$$=\frac{1}{70}(\boldsymbol{\xi}_1,\boldsymbol{\xi}_2,\boldsymbol{\xi}_3)\begin{pmatrix}-200\times0.5^n & -335\times0.5^n & 425\times0.5^n\\ 0 & 7\times0.7^n & -7\times0.7^n\\ 30\times1.2^n & -46\times1.2^n & 36\times1.2^n\end{pmatrix},$$

所以

$$\boldsymbol{x}_n=\boldsymbol{A}^n\boldsymbol{x}_0=\frac{1}{70}(\boldsymbol{\xi}_1,\boldsymbol{\xi}_2,\boldsymbol{\xi}_3)\begin{pmatrix}315\times0.5^n\\ -7\times0.7^n\\ 56\times1.2^n\end{pmatrix}$$

$$=4.5\times0.5^n\times\begin{pmatrix}1\\3\\3\end{pmatrix}-0.1\times0.7^n\times\begin{pmatrix}107\\285\\275\end{pmatrix}+0.8\times1.2^n\times\begin{pmatrix}9\\20\\20\end{pmatrix}.$$

注意到，当 $n\to\infty$ 时，$0.7^n\to0$，$0.5^n\to0$，那么对足够大的 n，

$$\boldsymbol{x}_n\approx0.8\times1.2^n\times\begin{pmatrix}9\\20\\20\end{pmatrix}=1.2\times0.8\times1.2^{n-1}\times\begin{pmatrix}9\\20\\20\end{pmatrix}=1.2\boldsymbol{x}_{n-1}.$$

这表明对足够大的 n，三个物种每年大约以 1.2 的倍数同比例增长，即年增长率为 20%，且每 900 万个物种 1 大致对应 2 000 万个物种 2 和 2 000 万个物种 3.这里最大的正特征值 1.2 决定了物种增长或减少，对应的特征向量决定了三个物种之间的生存比例关系.

例 5、例 6 和 5.1 节中的例 6 三个实例给出了分析离散动态系统的常用方法，在工程技术、经济分析以及生态环境分析等诸多方面有着广泛使用，具有指导意义.而特征值和特征向量在分析中起着十分重要的作用，读者需细心体会，以提高应用能力.

习 题 5.2

1. 选择题：

(1) 已知 $\boldsymbol{A}=\begin{pmatrix}4&2\\x&5\end{pmatrix}$ 与 $\boldsymbol{B}=\begin{pmatrix}6&2\\-1&3\end{pmatrix}$ 相似，则 x 的值为(　　).

(A) -1　　(B) 1　　(C) 0　　(D) 2

(2) 若矩阵 $\boldsymbol{A}$ 和 $\boldsymbol{B}$ 相似，则(　　).

(A) $|\lambda\boldsymbol{E}-\boldsymbol{A}|=|\lambda\boldsymbol{E}-\boldsymbol{B}|$　　(B) $\boldsymbol{A}=\boldsymbol{B}$

(C) $\boldsymbol{A}^*=\boldsymbol{B}^*$　　(D) $\boldsymbol{A}^{-1}=\boldsymbol{B}^{-1}$

(3) 设 $\boldsymbol{A}\sim\begin{pmatrix}-1&1\\0&-2\end{pmatrix}$，则有 $|\boldsymbol{A}-\boldsymbol{E}|=$(　　).

(A) 1　　(B) 0

(C) 6　　(D) -6

2. 设 $\boldsymbol{A}$ 与 $\boldsymbol{B}$ 相似，其中 $\boldsymbol{A}=\begin{pmatrix}2&0&0\\0&0&1\\0&1&a\end{pmatrix}$，$\boldsymbol{B}=\begin{pmatrix}2&0&0\\0&b&0\\0&0&-1\end{pmatrix}$，求 a 与 b 的值，并求变换矩阵 $\boldsymbol{P}$，使 $\boldsymbol{P}^{-1}\boldsymbol{A}\boldsymbol{P}=\boldsymbol{B}$.

3. 试问矩阵 $A=\begin{pmatrix}2&3&2\\1&4&2\\1&-3&1\end{pmatrix}$ 与 $B=\begin{pmatrix}1&0&0\\0&3&0\\0&0&3\end{pmatrix}$ 能否相似？为什么？

4. 若 $A\sim B, C\sim D$，证明：$\begin{pmatrix}A&O\\O&C\end{pmatrix}\sim\begin{pmatrix}B&O\\O&D\end{pmatrix}$.

5. 设矩阵 $A=\begin{pmatrix}2&1\\2&3\end{pmatrix}$，求 $\varphi(A)=A^{100}$.

6. 判断矩阵 $A=\begin{pmatrix}1&2\\3&2\end{pmatrix}$ 是否可对角化？若不可对角化，说明理由；若可对角化，求出相似变换矩阵 P 和对角矩阵.

7. 设 A 为三阶方阵，且 $A+E, 2A+E, A-2E$ 均为不可逆矩阵.试问

(1) A 是否可对角化？为什么？

(2) 若 A 可对角化，指出相应的对角矩阵.

§5.3　实对称矩阵的对角化

我们已经知道，并不是任何方阵都能与对角矩阵相似.在本节将指出实对称矩阵必能与实对角矩阵相似，而且相似变换矩阵还可以取为正交矩阵.为此，先讨论实对称矩阵的特征值和特征向量的性质.

5.3.1　实对称矩阵的特征值和特征向量的性质

设矩阵 $A=(a_{ij})$，用 $\overline{a_{ij}}$ 表示 a_{ij} 的共轭复数，记 $\overline{A}=(\overline{a_{ij}})$，称 $\overline{A}$ 为 A 的共轭矩阵(conjugate matrix).显然，当 A 为实矩阵时，$\overline{A}=A$.还容易得到以下性质：

(1) $\overline{A+B}=\overline{A}+\overline{B}$；

(2) $\overline{\lambda B}=\overline{\lambda}\,\overline{B}$；

(3) $\overline{AB}=\overline{A}\,\overline{B}$；

(4) $\overline{A}^{\mathrm{T}}=\overline{A^{\mathrm{T}}}$.

定理 5.3.1　n 阶实对称矩阵 A 的特征值都是实数.

*证　设 λ 是实对称矩阵 A 的特征值，ξ 是对应于 λ 的特征向量，即 $A\xi=\lambda\xi$.以 $\overline{\xi}^{\mathrm{T}}$ 左乘上式得

$$\overline{\xi}^{\mathrm{T}}A\xi=\lambda\overline{\xi}^{\mathrm{T}}\xi.$$

因为 $A^{\mathrm{T}}=A, \overline{A}=A$，所以

$$\overline{\xi}^{\mathrm{T}}A\xi=(\overline{\xi}^{\mathrm{T}}\overline{A}^{\mathrm{T}})\xi=(\overline{A\xi})^{\mathrm{T}}\xi=\overline{\lambda}\,\overline{\xi}^{\mathrm{T}}\xi.$$

于是 $(\lambda-\overline{\lambda})\overline{\xi}^{\mathrm{T}}\xi=0$.由于 $\xi\neq 0$，故实数 $\overline{\xi}^{\mathrm{T}}\xi\neq 0$，因此 $\lambda=\overline{\lambda}$，即 λ 是实数.证毕.

定理 5.3.2　实对称矩阵 A 的不同特征值对应的特征向量必正交.

证　设 λ_1,λ_2是 $\boldsymbol{A}$ 的两个不同的特征值,$\boldsymbol{x}_1,\boldsymbol{x}_2$是其对应的特征向量,则有

$$\begin{aligned}\lambda_1\boldsymbol{x}_1^{\mathrm{T}}\boldsymbol{x}_2&=(\lambda_1\boldsymbol{x}_1)^{\mathrm{T}}\boldsymbol{x}_2=(\boldsymbol{A}\boldsymbol{x}_1)^{\mathrm{T}}\boldsymbol{x}_2=\boldsymbol{x}_1^{\mathrm{T}}\boldsymbol{A}^{\mathrm{T}}\boldsymbol{x}_2\quad(\text{因为 }\boldsymbol{A}^{\mathrm{T}}=\boldsymbol{A})\\&=\boldsymbol{x}_1^{\mathrm{T}}(\boldsymbol{A}\boldsymbol{x}_2)=\boldsymbol{x}_1^{\mathrm{T}}(\lambda_2\boldsymbol{x}_2)=\lambda_2\boldsymbol{x}_1^{\mathrm{T}}\boldsymbol{x}_2,\end{aligned}$$

因此$(\lambda_1-\lambda_2)\boldsymbol{x}_1^{\mathrm{T}}\boldsymbol{x}_2=0$,又因为 $\lambda_1\neq\lambda_2$,故 $\boldsymbol{x}_1^{\mathrm{T}}\boldsymbol{x}_2=0$,即 $\boldsymbol{x}_1$与 $\boldsymbol{x}_2$正交.证毕.

由 3.6 节定理 3.6.1 知,这样的特征向量构成的向量组不仅正交而且线性无关.

有了上述两个定理及第三章格拉姆-施密特正交化方法,可以证得下面关于实对称矩阵对角化的重要结论.

5.3.2 实对称矩阵正交相似于对角矩阵

定理 5.3.3　实对称矩阵必可对角化,且对任一 n 阶实对称矩阵 $\boldsymbol{A}$,都存在 n 阶正交矩阵 $\boldsymbol{Q}$,使得 $\boldsymbol{Q}^{-1}\boldsymbol{A}\boldsymbol{Q}$ 为对角矩阵.

证明从略.

结合上一节定理 5.2.3 的推论 2 可得

推论　实对称矩阵每一个 $r_i(i=1,2,\cdots,s)$重特征值恰有 r_i个线性无关的特征向量.

当 n 阶实对称矩阵 $\boldsymbol{A}$ 的 n 个特征值互不相同时,由定理 5.3.2 知,对应的特征向量必正交,只要将每个向量单位化,即得 n 个彼此正交的单位向量,由于单位化不会影响正交性以及特征向量的属性,因此由它们组成的矩阵 $\boldsymbol{Q}$ 为正交矩阵,且仍为相似变换矩阵,称为正交变换矩阵,即满足 $\boldsymbol{Q}^{-1}\boldsymbol{A}\boldsymbol{Q}=\boldsymbol{Q}^{\mathrm{T}}\boldsymbol{A}\boldsymbol{Q}=\boldsymbol{\Lambda}$;当 n 阶实对称矩阵 $\boldsymbol{A}$ 的特征值为 r_i重根时,通过对该重根对应的 r_i个线性无关的特征向量进行施密特正交单位化后,由 $r_1+r_2+\cdots+r_s=n$,可得 n 个彼此正交的单位向量,由它们组成的正交矩阵 $\boldsymbol{Q}$ 即为正交变换矩阵.

这样,实对称矩阵不仅可对角化并且必可正交对角化,即存在正交矩阵 $\boldsymbol{Q}$ 及对角矩阵 $\boldsymbol{\Lambda}$,使 $\boldsymbol{Q}^{-1}\boldsymbol{A}\boldsymbol{Q}=\boldsymbol{Q}^{\mathrm{T}}\boldsymbol{A}\boldsymbol{Q}=\boldsymbol{\Lambda}$,上面的分析过程就提供了将实对称矩阵正交对角化的方法.

例 1　求一个正交矩阵 $\boldsymbol{Q}$,使得实对称矩阵 $\boldsymbol{A}=\begin{pmatrix}1&-2&0\\-2&2&-2\\0&-2&3\end{pmatrix}$相似变换于对角矩阵.

解　由 $\boldsymbol{A}$ 的特征多项式为

$$f(\lambda)=|\boldsymbol{A}-\lambda\boldsymbol{E}|=\begin{vmatrix}1-\lambda&-2&0\\-2&2-\lambda&-2\\0&-2&3-\lambda\end{vmatrix}=-(1+\lambda)(2-\lambda)(5-\lambda),$$

得 $\boldsymbol{A}$ 的特征值为 $\lambda_1=-1,\lambda_2=2,\lambda_3=5$.

对 $\lambda_1=-1$,解方程组$(\boldsymbol{A}+\boldsymbol{E})\boldsymbol{X}=\boldsymbol{0}$,由

$$\boldsymbol{A}+\boldsymbol{E}=\begin{pmatrix}2&-2&0\\-2&3&-2\\0&-2&4\end{pmatrix}\to\begin{pmatrix}1&-1&0\\0&1&-2\\0&1&-2\end{pmatrix}\to\begin{pmatrix}1&0&-2\\0&1&-2\\0&0&0\end{pmatrix},$$

得基础解系 $\boldsymbol{\alpha}_1=\begin{pmatrix}2\\2\\1\end{pmatrix}$.

对 $\lambda_2=2$,解方程组$(\boldsymbol{A}-2\boldsymbol{E})\boldsymbol{X}=\boldsymbol{0}$,由

$$A-2E=\begin{pmatrix}-1&-2&0\\-2&0&-2\\0&-2&1\end{pmatrix}\to\begin{pmatrix}1&2&0\\1&0&1\\0&-2&1\end{pmatrix}\to\begin{pmatrix}1&2&0\\0&-2&1\\0&-2&1\end{pmatrix}\to\begin{pmatrix}1&0&1\\0&2&-1\\0&0&0\end{pmatrix},$$

得基础解系 $\boldsymbol{\alpha}_2=\begin{pmatrix}2\\-1\\-2\end{pmatrix}$.

对 $\lambda_3=5$，解方程组 $(A-5E)X=\mathbf{0}$，由

$$A-5E=\begin{pmatrix}-4&-2&0\\-2&-3&-2\\0&-2&-2\end{pmatrix}\to\begin{pmatrix}2&1&0\\2&3&2\\0&1&1\end{pmatrix}\to\begin{pmatrix}2&1&0\\0&2&2\\0&1&1\end{pmatrix}\to\begin{pmatrix}2&0&-1\\0&1&1\\0&0&0\end{pmatrix},$$

得基础解系 $\boldsymbol{\alpha}_3=\begin{pmatrix}1\\-2\\2\end{pmatrix}$.

由定理 5.3.2 知，$\boldsymbol{\alpha}_1,\boldsymbol{\alpha}_2,\boldsymbol{\alpha}_3$ 是正交向量组.将它们单位化，得

$$\boldsymbol{\gamma}_1=\frac{\boldsymbol{\alpha}_1}{|\boldsymbol{\alpha}_1|}=\begin{pmatrix}\frac{2}{3}\\\frac{2}{3}\\\frac{1}{3}\end{pmatrix},\quad \boldsymbol{\gamma}_2=\frac{\boldsymbol{\alpha}_2}{|\boldsymbol{\alpha}_2|}=\begin{pmatrix}\frac{2}{3}\\-\frac{1}{3}\\-\frac{2}{3}\end{pmatrix},\quad \boldsymbol{\gamma}_3=\frac{\boldsymbol{\alpha}_3}{|\boldsymbol{\alpha}_3|}=\begin{pmatrix}\frac{1}{3}\\-\frac{2}{3}\\\frac{2}{3}\end{pmatrix}.$$

令 $Q=(\boldsymbol{\gamma}_1,\boldsymbol{\gamma}_2,\boldsymbol{\gamma}_3)=\begin{pmatrix}\frac{2}{3}&\frac{2}{3}&\frac{1}{3}\\\frac{2}{3}&-\frac{1}{3}&-\frac{2}{3}\\\frac{1}{3}&-\frac{2}{3}&\frac{2}{3}\end{pmatrix}$，$\boldsymbol{\Lambda}=\begin{pmatrix}-1&0&0\\0&2&0\\0&0&5\end{pmatrix}$，则 Q 为正交矩阵，且 $Q^{-1}AQ=Q^{\mathrm{T}}AQ=\boldsymbol{\Lambda}$.

例 2　求一个正交矩阵 Q，使得实对称矩阵 $A=\begin{pmatrix}1&-2&2\\-2&-2&4\\2&4&-2\end{pmatrix}$ 相似变换于对角矩阵.

解　由 A 的特征多项式为

$$f(\lambda)=|A-\lambda E|=\begin{vmatrix}1-\lambda&-2&2\\-2&-2-\lambda&4\\2&4&-2-\lambda\end{vmatrix}=-(\lambda-2)^2(\lambda+7),$$

得 A 的特征值为 $\lambda_1=\lambda_2=2,\lambda_3=-7$.

对 $\lambda_1=\lambda_2=2$，解方程组 $(A-2E)X=\mathbf{0}$，由

$$A-2E=\begin{pmatrix}-1&-2&2\\-2&-4&4\\2&4&-4\end{pmatrix}\to\begin{pmatrix}1&2&-2\\0&0&0\\0&0&0\end{pmatrix},$$

得基础解系 $\boldsymbol{\alpha}_1=\begin{pmatrix}2\\0\\1\end{pmatrix},\boldsymbol{\alpha}_2=\begin{pmatrix}0\\1\\1\end{pmatrix}$.正交化得

$$\boldsymbol{\beta}_1=\boldsymbol{\alpha}_1=\begin{pmatrix}2\\0\\1\end{pmatrix},\quad \boldsymbol{\beta}_2=\boldsymbol{\alpha}_2-\frac{(\boldsymbol{\alpha}_2,\boldsymbol{\beta}_1)}{(\boldsymbol{\beta}_1,\boldsymbol{\beta}_1)}\boldsymbol{\beta}_1=\begin{pmatrix}0\\1\\1\end{pmatrix}-\frac{1}{5}\begin{pmatrix}2\\0\\1\end{pmatrix}=\begin{pmatrix}-\frac{2}{5}\\1\\\frac{4}{5}\end{pmatrix}.$$

再单位化,得 $\boldsymbol{\gamma}_1=\begin{pmatrix}\frac{2}{\sqrt{5}}\\0\\\frac{1}{\sqrt{5}}\end{pmatrix},\boldsymbol{\gamma}_2=\begin{pmatrix}-\frac{2}{3\sqrt{5}}\\\frac{\sqrt{5}}{3}\\\frac{4}{3\sqrt{5}}\end{pmatrix}$.

对 $\lambda_3=-7$,解方程组$(\boldsymbol{A}+7\boldsymbol{E})\boldsymbol{X}=\boldsymbol{0}$,由

$$\boldsymbol{A}+7\boldsymbol{E}=\begin{pmatrix}8&-2&2\\-2&5&4\\2&4&5\end{pmatrix}\to\begin{pmatrix}2&4&5\\-2&5&4\\4&-1&1\end{pmatrix}$$

$$\to\begin{pmatrix}2&4&5\\0&9&9\\0&-9&-9\end{pmatrix}\to\begin{pmatrix}2&4&5\\0&1&1\\0&0&0\end{pmatrix}\to\begin{pmatrix}2&0&1\\0&1&1\\0&0&0\end{pmatrix},$$

得基础解系 $\boldsymbol{\alpha}_3=\begin{pmatrix}1\\2\\-2\end{pmatrix}$.单位化得 $\boldsymbol{\gamma}_3=\begin{pmatrix}\frac{1}{3}\\\frac{2}{3}\\-\frac{2}{3}\end{pmatrix}$.

令 $\boldsymbol{Q}=(\boldsymbol{\gamma}_1,\boldsymbol{\gamma}_2,\boldsymbol{\gamma}_3)=\begin{pmatrix}\frac{2}{\sqrt{5}}&-\frac{2}{3\sqrt{5}}&\frac{1}{3}\\0&\frac{\sqrt{5}}{3}&\frac{2}{3}\\\frac{1}{\sqrt{5}}&\frac{4}{3\sqrt{5}}&-\frac{2}{3}\end{pmatrix},\boldsymbol{\Lambda}=\begin{pmatrix}2&0&0\\0&2&0\\0&0&-7\end{pmatrix}$,则 $\boldsymbol{Q}$ 为正交矩阵,且

$\boldsymbol{Q}^{-1}\boldsymbol{A}\boldsymbol{Q}=\boldsymbol{Q}^{\mathrm{T}}\boldsymbol{A}\boldsymbol{Q}=\boldsymbol{\Lambda}$.

例 3 设三阶实对称矩阵 $\boldsymbol{A}$ 的特征值为 $\lambda_1=6,\lambda_2=\lambda_3=3$,对应于 $\lambda_1=6$ 的特征向量为 $\boldsymbol{\alpha}_1=\begin{pmatrix}1\\1\\1\end{pmatrix}$.

(1) 求 $\boldsymbol{A}$ 的对应于特征值 $\lambda_2=\lambda_3=3$ 的特征向量;

（2）求 $\boldsymbol{A}$.

解　（1）设对应于特征值 $\lambda_2=\lambda_3=3$ 的特征向量为 $\boldsymbol{\beta}=\begin{pmatrix}x_1\\x_2\\x_3\end{pmatrix}$，因为 $\boldsymbol{A}$ 为实对称矩阵，所以 $\boldsymbol{\beta}$ 与 $\boldsymbol{\alpha}_1$ 正交，即 $x_1+x_2+x_3=0$，解之得基础解系 $\boldsymbol{\alpha}_2=\begin{pmatrix}-1\\1\\0\end{pmatrix}$，$\boldsymbol{\alpha}_3=\begin{pmatrix}-1\\0\\1\end{pmatrix}$，故对应于特征值 $\lambda_2=\lambda_3=3$ 的所有特征向量为 $k_1\boldsymbol{\alpha}_2+k_2\boldsymbol{\alpha}_3$（$k_1,k_2$ 不全为 0）.

（2）因为 $\boldsymbol{A}$ 为实对称矩阵，所以 $\boldsymbol{A}$ 一定可对角化.只要令 $\boldsymbol{P}=\begin{pmatrix}1&-1&-1\\1&1&0\\1&0&1\end{pmatrix}$，$\boldsymbol{\Lambda}=\begin{pmatrix}6&0&0\\0&3&0\\0&0&3\end{pmatrix}$，

则 $\boldsymbol{P}^{-1}=\begin{pmatrix}\frac{1}{3}&\frac{1}{3}&\frac{1}{3}\\-\frac{1}{3}&\frac{2}{3}&-\frac{1}{3}\\-\frac{1}{3}&-\frac{1}{3}&\frac{2}{3}\end{pmatrix}$，且

$$\boldsymbol{A}=\boldsymbol{P\Lambda P}^{-1}=\begin{pmatrix}1&-1&-1\\1&1&0\\1&0&1\end{pmatrix}\begin{pmatrix}6&0&0\\0&3&0\\0&0&3\end{pmatrix}\begin{pmatrix}\frac{1}{3}&\frac{1}{3}&\frac{1}{3}\\-\frac{1}{3}&\frac{2}{3}&-\frac{1}{3}\\-\frac{1}{3}&-\frac{1}{3}&\frac{2}{3}\end{pmatrix}=\begin{pmatrix}4&1&1\\1&4&1\\1&1&4\end{pmatrix}.$$

习　题　5.3

1. 设 $\boldsymbol{A}$ 是 n 阶实对称矩阵，$\boldsymbol{P}$ 是 n 阶可逆矩阵.已知 n 维列向量 $\boldsymbol{\alpha}$ 是 $\boldsymbol{A}$ 的对应于特征值 λ 的特征向量，则矩阵 $(\boldsymbol{P}^{-1}\boldsymbol{AP})^{\mathrm{T}}$ 对应于特征值 λ 的特征向量是（　　）.

（A）$\boldsymbol{P}^{-1}\boldsymbol{\alpha}$　　（B）$\boldsymbol{P}^{\mathrm{T}}\boldsymbol{\alpha}$　　（C）$\boldsymbol{P\alpha}$　　（D）$(\boldsymbol{P}^{-1})^{\mathrm{T}}\boldsymbol{\alpha}$

2. 设 $\boldsymbol{A}$ 是秩为 3 的三阶实对称矩阵，且 $\boldsymbol{A}^2+2\boldsymbol{A}=\boldsymbol{O}$，则矩阵 $\boldsymbol{A}$ 相似于________.

3. 试求一个正交变换矩阵，将下列对称矩阵化为对角矩阵：

（1）$\begin{pmatrix}3&0&0\\0&1&2\\0&2&1\end{pmatrix}$；　　（2）$\begin{pmatrix}1&1&1\\1&1&1\\1&1&1\end{pmatrix}$.

4. 设三阶实对称矩阵 $\boldsymbol{A}$ 的特征值为 1,2,3，且 $\boldsymbol{A}$ 的对应于特征值 1,2 的特征向量分别是 $\boldsymbol{\xi}_1=(-1,-1,1)^{\mathrm{T}}$，$\boldsymbol{\xi}_2=(1,-2,-1)^{\mathrm{T}}$.

（1）求 $\boldsymbol{A}$ 对应于特征值 3 的特征向量；

（2）求矩阵 $\boldsymbol{A}$.

5. 设三阶实对称矩阵 $\boldsymbol{A}$ 的特征值为 $-5,1,1$，且 $\boldsymbol{A}$ 的对应于特征值 -5 的一个特征向量是 $\boldsymbol{\xi}_1=(1,-1,-1)^{\mathrm{T}}$，求矩阵 $\boldsymbol{A}$.

6. 设三阶实对称矩阵 $\boldsymbol{A}$ 的秩为 2，且 $\boldsymbol{A}\begin{pmatrix}1 & 1\\ 0 & 0\\ -1 & 1\end{pmatrix}=\begin{pmatrix}-1 & 1\\ 0 & 0\\ 1 & 1\end{pmatrix}$.

(1) 求 $\boldsymbol{A}$ 的所有特征值和特征向量；

(2) 矩阵 $\boldsymbol{A}$ 是否与对角矩阵相似？若相似，写出其相似对角矩阵.

§5.4　MATLAB 实验

通过本节的学习，会利用 MATLAB 来求矩阵的特征值、特征向量以及将矩阵对角化等.

在 MATLAB 中，利用函数命令“eig”可以求矩阵的特征值、特征向量，利用命令“jordan”可将矩阵对角化等.

eig(A)　　%给出方阵 $\boldsymbol{A}$ 的所有特征值；

[V,D]=eig(A)　　%给出由方阵 $\boldsymbol{A}$ 的所有特征值组成的对角矩阵 $\boldsymbol{D}$ 和特征向量矩阵 $\boldsymbol{V}$，满足 $\boldsymbol{AV}=\boldsymbol{VD}$，若 $\det(\boldsymbol{V})\neq 0$，则矩阵可通过相似变换化为对角矩阵，即 $\boldsymbol{V}^{-1}\boldsymbol{AV}=\boldsymbol{D}$. 若 $\det(\boldsymbol{V})=0$，则矩阵不可对角化；

poly(A)　　%当 $\boldsymbol{A}$ 是 n 阶方阵时，给出的是 $\boldsymbol{A}$ 的特征多项式的 $n+1$ 个按降幂排列的系数，即特征多项式 $|\lambda\boldsymbol{E}-\boldsymbol{A}|$ 的系数；

trace(A)　　%给出矩阵 $\boldsymbol{A}$ 的迹.

例 1　求矩阵 $\boldsymbol{A}=\begin{pmatrix}1 & 1 & 1 & 1\\ 1 & 1 & -1 & -1\\ 1 & -1 & 1 & -1\\ 1 & -1 & -1 & 1\end{pmatrix}$ 的特征值和特征向量.

解　程序及运行结果如下：

```
>>A=[1  1  1  1;1  1  -1  -1;1  -1  1  -1;1  -1  -1  1];
                                                %输入矩阵A
[V,D]=eig(A)                                    %给出特征向量矩阵V和方阵A
                                                的特征值组成的对角矩阵D
V=                                              %方阵A的特征向量、列向量
   -0.5000    0.4082    0.2887    0.7071
    0.5000   -0.4082   -0.2887    0.7071
    0.5000    0.8165   -0.2887    0.0000
    0.5000         0    0.8660         0
D=                                              %对角线元素是A的特征值
   -2.0000         0         0         0
         0    2.0000         0         0
         0         0    2.0000         0
         0         0         0    2.0000
```

例 2　求矩阵 $\boldsymbol{A}=\begin{pmatrix}2&0&0\\0&3&2\\0&2&3\end{pmatrix}$ 的特征值、特征向量、特征多项式及迹.

```
>>A=[2 0 0;0 3 2;0 2 3];
  [V,D]=eig(A)          %给出特征向量矩阵 V 和方阵 A 的特征值组成的对角矩阵 D
V=                      %方阵 A 的特征向量、列向量
         0    1.0000         0
   -0.7071         0    0.7071
    0.7071         0    0.7071
D=                      %对角线元素是 A 的特征值
    1.0000         0         0
         0    2.0000         0
         0         0    5.0000
>>c=poly(A)             %A 的特征多项式的 n+1 个按降幂排列的系数
c=
    1.0000   -8.0000   17.0000  -10.0000
>>f=poly2sym(c)         %将多项式向量 c 表示为符号形式,f 即为特征多项式
```

$|\lambda\boldsymbol{E}-\boldsymbol{A}|=\lambda^3-8\lambda^2+17\lambda-10$

```
f=
    x^3-8*x^2+17*x-10
>>trace(A)              %给出矩阵 A 的迹
ans=
    8
```

例 3　将矩阵 $\boldsymbol{A}=\begin{pmatrix}0&0&1\\1&1&-1\\1&0&0\end{pmatrix}$ 化为对角矩阵.

```
>>A=[0 0 1;1 1 -1;1 0 0]
  [V,D]=eig(A)
V=
         0    0.7071   -0.5774
    1.0000         0    0.5774
         0    0.7071    0.5774
D=
    1    0    0
    0    1    0
    0    0   -1
>>det(V)      %计算 V 的行列式
ans=
   -0.8165
```

由 $\det(\boldsymbol{V})\neq0$,可见矩阵 $\boldsymbol{A}$ 可对角化,即

$$V^{-1}AV=\begin{pmatrix}1&0&0\\0&1&0\\0&0&-1\end{pmatrix}.$$

习　题　5.4

1. 运用 MATLAB 软件求矩阵 $A=\begin{pmatrix}-1&1&0\\-4&3&0\\1&0&2\end{pmatrix}$ 的特征值和特征向量.

2. 已知矩阵 $A=\begin{pmatrix}1&1&2\\-1&2&1\\0&1&3\end{pmatrix}$，运用 MATLAB 软件求 A,A^2,A^4 以及 A^{-1} 的特征值.

3. 运用 MATLAB 软件将矩阵 $A=\begin{pmatrix}1&1&1\\1&1&1\\1&1&1\end{pmatrix}$ 化为对角矩阵.

4. 运用 MATLAB 软件判断矩阵 $A=\begin{pmatrix}1&1&0\\0&2&1\\0&0&3\end{pmatrix}$ 是否相似于矩阵 $B=\begin{pmatrix}1&0&0\\0&3&0\\0&0&2\end{pmatrix}$.

第五章思维导图

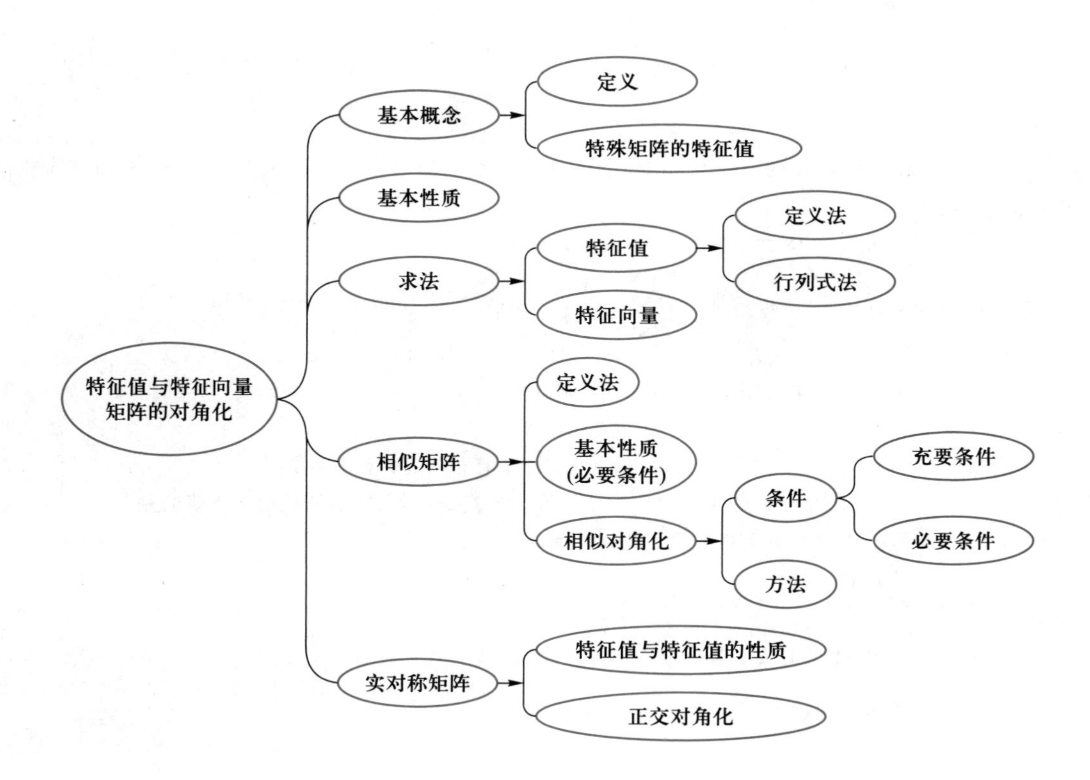

综合习题五

1. 填空题：

(1) 设矩阵 $A=\begin{pmatrix}x&0&2\\0&3&0\\2&0&2\end{pmatrix}$ 的一个特征值 $\lambda_1=0$，则 A 的其他特征值为 $\lambda_2=$________，$\lambda_3=$________，A^{T} 的特征值为________.

(2) 若 $A\sim B$，且 $|A|=5$，则 $|B^3|=$________.

(3) 设 $\alpha=(1,3,2)^{\mathrm{T}}$，$\beta=(1,-1,2)^{\mathrm{T}}$，若 A 与 $\alpha\beta^{\mathrm{T}}$ 相似，则 $(2A+E)^*$ 的特征值为________.

(4) 已知三阶方阵 A 的三个特征值为 $-1,-2,2$，则 $(2A)^*$ 的特征值为________，$(A^{-1})^*$ 的特征值为________，$A+A^{-1}+A^*+E$ 的特征值为________.

(5) 设矩阵 $A=\begin{pmatrix}2&x&2\\5&y&3\\-1&0&-2\end{pmatrix}$ 可逆，且 $\xi=(1,1,-1)^{\mathrm{T}}$ 是 A^{-1} 对应于特征值 λ 的特征向量，则 $\lambda=$________，$x=$________，$y=$________.

(6) 已知 $A^3=A$，则 A 的特征值为________.

(7) 已知 $A=\begin{pmatrix}1&2&0\\2&5&-2\\0&-2&a\end{pmatrix}$ 与 $B=\begin{pmatrix}1&0&0\\0&b&0\\0&0&6\end{pmatrix}$ 相似，则 $a=$________，$b=$________.

(8) 设 A 是秩为 r 的 n 阶实对称矩阵，且 $A^4-3A^3+3A^2-2A=O$，则矩阵 A 的所有特征值是________.

2. 选择题：

(1) 设 λ_1,λ_2 是矩阵 A 的两个不同的特征值，对应的特征向量分别为 α_1,α_2，则 $\alpha_1,A(\alpha_1+\alpha_2)$ 线性无关的充要条件是( ).

(A) $\lambda_1=0$ (B) $\lambda_2=0$ (C) $\lambda_1\neq0$ (D) $\lambda_2\neq0$

(2) 设 A 为三阶方阵，A 的特征值为 $-2,-\dfrac{1}{2},2$，则下列矩阵中可逆的是( ).

(A) $E+2A$ (B) $3E+2A$ (C) $2E+A$ (D) $A-2E$

(3) 设 n 阶方阵 A 和 B 具有相同的特征值，则有( ).

(A) $r(A)=r(B)$ (B) $A\sim B$

(C) $A=B$ (D) A 与 B 有相同的特征多项式

(4) 设 n 阶方阵 A 可逆，α 是 A 的对应于特征值 λ 的特征向量，则下列结论不正确的是( ).

(A) α 是矩阵 $-2A$ 的对应于特征值 -2λ 的特征向量

(B) α 是矩阵 $\left(\dfrac{1}{2}A^2\right)^{-1}$ 的对应于特征值 $\dfrac{2}{\lambda^2}$ 的特征向量

(C) α 是矩阵 $P^{-1}A$ 的对应于特征值 λ 的特征向量，其中 P 是可逆矩阵

(D) α 是矩阵 A^* 的对应于特征值 $\dfrac{|A|}{\lambda}$ 的特征向量

3. 求下列矩阵的特征值及特征向量：

(1) $\begin{pmatrix} 2 & -1 & 2 \\ 5 & -3 & 3 \\ -1 & 0 & -2 \end{pmatrix}$；　(2) $\begin{pmatrix} 1 & 2 & 3 \\ 2 & 1 & 3 \\ 3 & 3 & 6 \end{pmatrix}$；　(3) $\begin{pmatrix} 1 & 1 & 1 & 1 \\ 1 & 1 & -1 & -1 \\ 1 & -1 & 1 & -1 \\ 1 & -1 & -1 & 1 \end{pmatrix}$.

4. 已知 n 阶方阵 $\boldsymbol{A}$ 的特征值为 λ_0.

(1) 求 $k\boldsymbol{A}$ 的特征值(k 为任意实数)；

(2) 若 $\boldsymbol{A}$ 可逆，求 $\boldsymbol{A}^{-1}$ 的特征值；

(3) 求 $\boldsymbol{E}+\boldsymbol{A}$ 的特征值.

5. 若 n 阶方阵 $\boldsymbol{A}$ 满足 $\boldsymbol{A}^2=\boldsymbol{A}$，则称 $\boldsymbol{A}$ 是幂等矩阵，证明幂等矩阵的特征值只能是 0 或 1.

6. 若 $\boldsymbol{A},\boldsymbol{B}$ 是 n 阶方阵且 $\boldsymbol{A}$ 非奇异，证明 $\boldsymbol{AB}\sim\boldsymbol{BA}$.

7. 已知三阶方阵 $\boldsymbol{A}$ 的特征值为 $1,2,-1$，求：

(1) $(2\boldsymbol{A})^{-1}$ 和 $\boldsymbol{A}$ 的伴随矩阵 $\boldsymbol{A}^*$ 的特征值；

(2) $|\boldsymbol{E}+2\boldsymbol{A}^*|$.

8. 设三阶方阵 $\boldsymbol{A}$ 的特征值为 $1,0,-1$，它们依次对应特征向量 $\boldsymbol{\xi}_1=(1,2,2)^{\mathrm{T}}$，$\boldsymbol{\xi}_2=(2,-2,1)^{\mathrm{T}}$，$\boldsymbol{\xi}_3=(-2,-1,2)^{\mathrm{T}}$，求矩阵 $\boldsymbol{A}$.

9. 已知 $\boldsymbol{\xi}=\begin{pmatrix} 1 \\ 1 \\ -1 \end{pmatrix}$ 是矩阵 $\boldsymbol{A}=\begin{pmatrix} a & -1 & 2 \\ 5 & b & 3 \\ -1 & 0 & -2 \end{pmatrix}$ 的特征向量，求 $\boldsymbol{A}$ 的特征值，并证明 $\boldsymbol{A}$ 的任意一个特征向量均可由 $\boldsymbol{\xi}$ 线性表示.

10. 下列哪些矩阵可相似对角化？对不可相似对角化的说明理由，对可相似对角化的矩阵，求出变换矩阵 $\boldsymbol{P}$ 和对角矩阵.

(1) $\begin{pmatrix} 2 & 0 & 0 \\ 1 & 2 & 1 \\ 0 & 0 & 2 \end{pmatrix}$；　(2) $\begin{pmatrix} 1 & 2 & 4 \\ 2 & -2 & 2 \\ 4 & 2 & 1 \end{pmatrix}$；　(3) $\begin{pmatrix} 1 & b & \cdots & b \\ b & 1 & \cdots & b \\ \vdots & \vdots & & \vdots \\ b & b & \cdots & 1 \end{pmatrix}_{n\times n}$.

11. 设 $\boldsymbol{A},\boldsymbol{B}$ 为 n 阶方阵，证明若 $\boldsymbol{A}$ 与 $\boldsymbol{B}$ 相似，则 $\boldsymbol{A}^*$ 与 $\boldsymbol{B}^*$ 相似.

12. 设 $\boldsymbol{A}$ 为非零 n 阶方阵，证明若 $\boldsymbol{A}^m=\boldsymbol{O}$($m$ 为正整数)，则 $\boldsymbol{A}$ 不能与对角矩阵相似.

13. 设 $\boldsymbol{A}=\begin{pmatrix} 1 & 4 & 2 \\ 0 & -3 & 4 \\ 0 & 4 & 3 \end{pmatrix}$. (1) 将 $\boldsymbol{A}$ 对角化；(2) 计算 $\boldsymbol{A}^{100}$.

14. 已知矩阵 $\boldsymbol{A}=\begin{pmatrix} 2 & 0 & 0 \\ 0 & 0 & 1 \\ 0 & 1 & x \end{pmatrix}$ 和 $\boldsymbol{B}=\begin{pmatrix} 2 & 0 & 0 \\ 0 & 3 & 4 \\ 0 & -2 & y \end{pmatrix}$ 相似，求 x,y 的值.

15. 试求一个正交变换矩阵，将下列对称矩阵化为对角矩阵.

(1) $\begin{pmatrix} 2 & -2 & 0 \\ -2 & 1 & -2 \\ 0 & -2 & 0 \end{pmatrix}$；　(2) $\begin{pmatrix} 2 & 2 & -2 \\ 2 & 5 & -4 \\ -2 & -4 & 5 \end{pmatrix}$.

16. 设 $\boldsymbol{A}=\begin{pmatrix} 0 & 1 & 0 & 0 \\ 1 & 0 & 0 & 0 \\ 0 & 0 & y & 1 \\ 0 & 0 & 1 & 2 \end{pmatrix}$.

(1) 已知 $\boldsymbol{A}$ 的一个特征值为 3,试求 y;(2) 求矩阵 $\boldsymbol{P}$,使 $(\boldsymbol{AP})^{\mathrm{T}}(\boldsymbol{AP})$ 为对角矩阵.

17. 设三阶实对称矩阵 $\boldsymbol{A}$ 的各行元素之和均为 3,且 $|\boldsymbol{A}-2\boldsymbol{E}|=0$.向量 $\boldsymbol{\xi}=(1,-2,1)^{\mathrm{T}}$ 是线性方程组 $\boldsymbol{AX}=\boldsymbol{0}$ 的解.求:

(1) $\boldsymbol{A}$ 的特征值和特征向量;

(2) 矩阵 $\boldsymbol{A}$.

18. 设 $\boldsymbol{A}=\begin{pmatrix}0&-1&4\\-1&3&a\\4&a&0\end{pmatrix}$,存在正交矩阵 $\boldsymbol{P}$ 使得 $\boldsymbol{P}^{-1}\boldsymbol{AP}$ 为对角矩阵,如果矩阵 $\boldsymbol{P}$ 的第一列为 $\left(\dfrac{1}{\sqrt{6}},\dfrac{2}{\sqrt{6}},\dfrac{1}{\sqrt{6}}\right)^{\mathrm{T}}$,求 a 和 $\boldsymbol{P}$.

19. 设 $\boldsymbol{A}$ 是三阶实对称矩阵,$r(\boldsymbol{A})=2$,且 $\boldsymbol{A}\begin{pmatrix}1&1\\0&0\\-1&1\end{pmatrix}=\begin{pmatrix}-1&1\\0&0\\1&1\end{pmatrix}$.

(1) 求 $\boldsymbol{A}$ 的所有特征值和特征向量;

(2) 写出矩阵 $\boldsymbol{A}$ 的相似对角矩阵.

20. 设 $\boldsymbol{A}=\begin{pmatrix}\dfrac{1}{4}&-1&2\\0&\dfrac{1}{5}&0\\0&0&\dfrac{1}{6}\end{pmatrix}$,试求 $\lim\limits_{n\to\infty}\boldsymbol{A}^n$.

*21. 假设某地有三个加油站,它们所制定的油价是不完全相同的.因为原油价格上升,为了尽可能地减少油费支出,人们从一个加油站换到另一个加油站.假设在每个月底,顾客甲迁移的概率矩阵为

$$\boldsymbol{A}=\begin{pmatrix}0.44&0.35&0.35\\0.14&0.35&0.10\\0.42&0.30&0.55\end{pmatrix},$$

这里 $\boldsymbol{A}$ 中元素 $a_{ij}(i,j=1,2,3)$ 表示顾客甲从第 j 个加油站迁移到第 i 个加油站的概率.

(1) 如果 4 月 1 日,顾客甲去加油站Ⅰ、Ⅱ、Ⅲ的市场份额为 $\left(\dfrac{1}{3},\dfrac{1}{2},\dfrac{1}{6}\right)^{\mathrm{T}}$,请指出当年 5 月 1 日顾客甲去加油站Ⅰ、Ⅱ、Ⅲ的市场份额;

(2) 预测过若干个月后,顾客甲去加油站Ⅰ、Ⅱ、Ⅲ的市场份额将会产生怎样的发展趋势.

*22. 全球变暖是由于人类过度消耗石油、煤炭、木材等自然资源产生过量的二氧化碳而导致的地球气候变化.随着人类的活动,全球变暖也在改变(影响)着人们的生活方式,带来了越来越多的问题.

为减缓全球变暖,系统推进全面绿色转型与实现碳中和愿景,作为一个负责任的大国,中国于 2020 年 9 月做出了“二氧化碳排放力争于 2030 年前达到峰值,努力争取 2060 年前实现碳中和”的承诺.

在此背景下,某地区经充分调研,在确定每四年为一个发展周期时,找到了工业发展与环境污染这两个社会发展中的一对互相制约的因素具有如下的关系:

$$\begin{cases}x_n=\dfrac{8}{3}x_{n-1}-\dfrac{1}{3}y_{n-1},\\[2mm] y_n=-\dfrac{2}{3}x_{n-1}+\dfrac{7}{3}y_{n-1}\end{cases}\quad(n=1,2,\cdots),$$

其中 x_0 是该地区目前的污染损耗(由土壤、河流及大气等污染指标测得),y_0 是该地区目前的工业产值,x_n,y_n 则分别表示第 n 个发展周期(即 $4n$ 年)后该地区污染损耗和工业产值,记

$$\boldsymbol{A}=\begin{pmatrix}\frac{8}{3} & -\frac{1}{3}\\ -\frac{2}{3} & \frac{7}{3}\end{pmatrix},\quad \boldsymbol{\alpha}_n=\begin{pmatrix}x_n\\ y_n\end{pmatrix},$$

(1) 写出上述关系式的矩阵表示,如果当前水平 $\boldsymbol{\alpha}_0=\begin{pmatrix}11\\ 19\end{pmatrix}$,求出第一个发展周期后该地区的水平;

(2) 预测若干年后,该地区经济会产生怎样的结果.

数学之星——陶哲轩

陶哲轩(如图 5-2),华裔澳大利亚数学家,他未满 13 岁就获得国际数学奥林匹克竞赛金牌,这项纪录至今无人打破,有“数学神童”之称.

他被数学界公认为是调和分析、偏微分方程、组合数学、解析数论、算术数论等接近 10 个重要数学研究领域里的大师级数学家,这些方向都是数学发展中的热点.此外,他的研究领域还涉及应用数学领域,在照相机的压缩传感原理(调和分析在实际中的应用)方面获得了突破性成果.

图 5-2

陶哲轩另一项著名的成果是:与本 · 格林合作,用素数级数解决了一个由欧几里得提出的与“孪生素数”相关的猜想:一些素数数列间等差,如 3、7、11 之间,均差 4,而数列中下一个数 15 则不是素数.这个已经有 2 300 年历史的数学悬案吸引了他的极大兴趣,他与同伴甚至证明了即使在无穷大的素数数列中,也能找到这样的等差数列段,这个结果被命名为“格林-陶定理”.

第六章 二次型

二次型就是二次齐次多项式，它源于解析几何中化一般二次曲线、二次曲面方程为标准方程问题的研究．二次型不但在几何中应用广泛，在数学的其他分支以及物理学、网络计算中也有所应用．本章主要介绍二次型的标准形、惯性定理及正定性的判定定理等．

§6.1 二次型及其矩阵表示

在平面解析几何中，二次曲线的一般方程为

$$a_1x^2+a_2y^2+2a_3xy+a_4x+a_5y+a_6=0,$$

它的二次项 $f(x,y)=a_1x^2+a_2y^2+2a_3xy$ 是一个二元二次齐次函数.在空间解析几何中二次曲面的一般方程为

$$a_1x^2+a_2y^2+a_3z^2+2a_4xy+2a_5xz+2a_6yz+a_7x+a_8y+a_9z+a_{10}=0,$$

它的二次项 $f(x,y,z)=a_1x^2+a_2y^2+a_3z^2+2a_4xy+2a_5xz+2a_6yz$ 是一个三元二次齐次函数.我们知道，这种形式的函数在研究二次曲线以及二次曲面中有着十分重要的作用.而在许多实际问题中，还经常遇到 n 元二次齐次函数，我们称其为二次型.

定义 6.1.1 含有 n 个变量 $x_1,x_2,\cdots,x_n$ 的二次齐次函数

$$\begin{aligned}f(x_1,x_2,\cdots,x_n)=&a_{11}x_1^2+2a_{12}x_1x_2+\cdots+2a_{1n}x_1x_n+\\&a_{22}x_2^2+2a_{23}x_2x_3+\cdots+2a_{2n}x_2x_n+\cdots+\\&a_{n-1,n-1}x_{n-1}^2+2a_{n-1,n}x_{n-1}x_n+a_{nn}x_n^2\end{aligned}\tag{6.1}$$

称为二次型(quadratic forms)，简记为 f.当所有系数 a_{ij} 为复数时，f 称为复二次型；当所有系数 a_{ij} 为实数时，f 称为实二次型.本章只研究实二次型.

取 $a_{ij}=a_{ji}(i<j;i,j=1,2,\cdots,n)$，则 $2a_{ij}x_ix_j=a_{ij}x_ix_j+a_{ji}x_jx_i$，于是(6.1)式可写成

$$\begin{aligned}f=&a_{11}x_1^2+a_{12}x_1x_2+\cdots+a_{1n}x_1x_n+\\&a_{21}x_2x_1+a_{22}x_2^2+\cdots+a_{2n}x_2x_n+\cdots+\\&a_{n1}x_nx_1+a_{n2}x_nx_2+\cdots+a_{nn}x_n^2\end{aligned}$$

$$=\sum_{i,j=1}^{n}a_{ij}x_ix_j.$$

利用矩阵，二次型还可表示为

$$\begin{aligned}f=&x_1(a_{11}x_1+a_{12}x_2+\cdots+a_{1n}x_n)+\\&x_2(a_{21}x_1+a_{22}x_2+\cdots+a_{2n}x_n)+\cdots+\\&x_n(a_{n1}x_1+a_{n2}x_2+\cdots+a_{nn}x_n)\\=&(x_1,x_2,\cdots,x_n)\begin{pmatrix}a_{11}x_1+a_{12}x_2+\cdots+a_{1n}x_n\\a_{21}x_1+a_{22}x_2+\cdots+a_{2n}x_n\\\vdots\\a_{n1}x_1+a_{n2}x_2+\cdots+a_{nn}x_n\end{pmatrix}\\=&(x_1,x_2,\cdots,x_n)\begin{pmatrix}a_{11}&a_{12}&\cdots&a_{1n}\\a_{21}&a_{22}&\cdots&a_{2n}\\\vdots&\vdots&&\vdots\\a_{n1}&a_{n2}&\cdots&a_{nn}\end{pmatrix}\begin{pmatrix}x_1\\x_2\\\vdots\\x_n\end{pmatrix}.\end{aligned}$$

记

$$A=\begin{pmatrix}a_{11}&a_{12}&\cdots&a_{1n}\\a_{21}&a_{22}&\cdots&a_{2n}\\\vdots&\vdots&&\vdots\\a_{n1}&a_{n2}&\cdots&a_{nn}\end{pmatrix},\quad X=\begin{pmatrix}x_1\\x_2\\\vdots\\x_n\end{pmatrix},$$

则二次型可记作

$$f=f(X)=X^{\mathrm{T}}AX, \tag{6.2}$$

其中 A 为对称矩阵.由上面的讨论可知，任给一个二次型，就唯一地确定一个对称矩阵；反之，任给一个对称矩阵，也可以唯一地确定一个二次型.这样，二次型与对称矩阵之间存在一一对应的关系.因此称对称矩阵 A 为二次型 f 的矩阵，也称 f 为对称矩阵 A 的二次型，且称对称矩阵 A 的秩为二次型 f 的秩.

例 1 将二次型 $f=5x^2+3y^2+2z^2-xy+8yz$ 表示成矩阵形式，并求 f 的矩阵和 f 的秩.

解 f 的矩阵形式为

$$f=(x,y,z)\begin{pmatrix}5&-\dfrac{1}{2}&0\\-\dfrac{1}{2}&3&4\\0&4&2\end{pmatrix}\begin{pmatrix}x\\y\\z\end{pmatrix},$$

因此 f 的矩阵为

$$A=\begin{pmatrix}5&-\dfrac{1}{2}&0\\-\dfrac{1}{2}&3&4\\0&4&2\end{pmatrix}.$$

因为 A 的秩为 3，所以 f 的秩为 3.

例 2　令 $f(\boldsymbol{X})=x_1^2+3x_1x_2-4x_2^2$,计算 $f(\boldsymbol{X})$ 在 $\boldsymbol{X}=\begin{pmatrix}2\\1\end{pmatrix},\begin{pmatrix}-2\\1\end{pmatrix}$ 处的值.

解　$f(2,1)=2^2+3\times2\times1-4\times1^2=6$,

$f(-2,1)=(-2)^2+3\times(-2)\times1-4\times1^2=-6$.

通常没有交叉乘积项的二次型会更容易使用,此时二次型的矩阵是对角矩阵,一般的二次型形式比较复杂,研究它的性质也比较困难.我们希望不改变二次型本身的性质而将其形式简化.可逆线性变换是这种简化的一个重要工具.

设线性变换

$$\begin{cases}x_1=c_{11}y_1+c_{12}y_2+\cdots+c_{1n}y_n,\\x_2=c_{21}y_1+c_{22}y_2+\cdots+c_{2n}y_n,\\\cdots\cdots\cdots\cdots\\x_n=c_{n1}y_1+c_{n2}y_2+\cdots+c_{nn}y_n,\end{cases}\tag{6.3}$$

其中 $c_{ij}(i,j=1,2,\cdots,n)$ 为常数,其矩阵形式为

$$\boldsymbol{X}=\boldsymbol{CY},\tag{6.4}$$

其中 $\boldsymbol{C}=(c_{ij})_{n\times n},\boldsymbol{X}=\begin{pmatrix}x_1\\x_2\\\vdots\\x_n\end{pmatrix},\boldsymbol{Y}=\begin{pmatrix}y_1\\y_2\\\vdots\\y_n\end{pmatrix}$,当 $|\boldsymbol{C}|\neq0$ 时,称(6.4)式为可逆线性变换.将(6.4)代入二次型(6.2)后,得

$$f=\boldsymbol{X}^{\mathrm{T}}\boldsymbol{AX}=(\boldsymbol{CY})^{\mathrm{T}}\boldsymbol{A}(\boldsymbol{CY})=\boldsymbol{Y}^{\mathrm{T}}\boldsymbol{C}^{\mathrm{T}}\boldsymbol{ACY}=\boldsymbol{Y}^{\mathrm{T}}(\boldsymbol{C}^{\mathrm{T}}\boldsymbol{AC})\boldsymbol{Y}.$$

记 $\boldsymbol{B}=\boldsymbol{C}^{\mathrm{T}}\boldsymbol{AC}$,则上式为 $f=\boldsymbol{Y}^{\mathrm{T}}\boldsymbol{BY}$,因此 $f=\boldsymbol{Y}^{\mathrm{T}}\boldsymbol{BY}$ 是一个关于变量 $y_1,y_2,\cdots,y_n$ 的二次型.显然,$\boldsymbol{B}$ 为对称矩阵,变换后的二次型的矩阵 $\boldsymbol{B}$ 与原二次型的矩阵 $\boldsymbol{A}$ 之间的关系称为矩阵的合同关系.

定义 6.1.2　对 n 阶矩阵 $\boldsymbol{A},\boldsymbol{B}$,若存在 n 阶可逆矩阵 $\boldsymbol{C}$,使得 $\boldsymbol{B}=\boldsymbol{C}^{\mathrm{T}}\boldsymbol{AC}$,则称矩阵 $\boldsymbol{A}$ 与 $\boldsymbol{B}$ 合同(contract).

合同是矩阵之间的一类特殊的等价关系,与矩阵的相似关系类似,它具有自反性、对称性和传递性.显然,经过可逆的线性变换,新二次型的矩阵与原二次型的矩阵合同,而且它们具有相同的秩.

习　题　6.1

1. 将下列二次型表示成矩阵形式:

(1) $f(x,y)=xy$;

(2) $f(x,y,z)=x^2+y^2+z^2-xy+5xz+yz$.

2. 将下列二次型表示成矩阵形式,写出二次型的矩阵,并求二次型的秩:

(1) $f(x_1,x_2,x_3,x_4)=2x_1x_2+2x_2x_3-2x_3x_4$;

(2) $f(x_1,x_2,x_3,x_4)=x_1^2-2x_1x_2+2x_1x_3-2x_1x_4+x_2^2+2x_2x_3-4x_2x_4+x_3^2-2x_4^2$.

3. 已知二次型 $f=5x_1^2+5x_2^2+cx_3^2-2x_1x_2+6x_1x_3-6x_2x_3$ 的秩为 2,求参数 c 及二次型的矩阵的特征值.

§6.2　化二次型为标准形

定义 6.2.1　只包含平方项(即不含交叉乘积项)的二次型

$$f=k_1y_1^2+k_2y_2^2+\cdots+k_ny_n^2$$

称为二次型的**标准形**.

显然,标准形是最简单的一种二次型,标准形 f 的矩阵为对角矩阵,且其矩阵形式为

$$f=(y_1,y_2,\cdots,y_n)\begin{pmatrix}k_1 & & & \\ & k_2 & & \\ & & \ddots & \\ & & & k_n\end{pmatrix}\begin{pmatrix}y_1\\ y_2\\ \vdots\\ y_n\end{pmatrix}.$$

对于二次型 $f=\boldsymbol{X}^{\mathrm{T}}\boldsymbol{A}\boldsymbol{X}$,我们讨论的主要问题是:能否找到可逆线性变换 $\boldsymbol{X}=\boldsymbol{C}\boldsymbol{Y}$,使其变换后的二次型 $f(\boldsymbol{Y})=\boldsymbol{Y}^{\mathrm{T}}\boldsymbol{B}\boldsymbol{Y}$ 成为标准形,即能否使 $\boldsymbol{B}=\boldsymbol{C}^{\mathrm{T}}\boldsymbol{A}\boldsymbol{C}$ 成为对角矩阵.下面介绍两种常用方法:正交变换法和配方法.

6.2.1　正交变换法

由第五章定理 5.3.3 知,对于实对称矩阵 $\boldsymbol{A}$,总存在正交矩阵 $\boldsymbol{Q}$,使 $\boldsymbol{Q}^{-1}\boldsymbol{A}\boldsymbol{Q}=\boldsymbol{\Lambda}$,其中 $\boldsymbol{\Lambda}$ 为对角矩阵.由于正交矩阵 $\boldsymbol{Q}$ 有性质 $\boldsymbol{Q}^{-1}=\boldsymbol{Q}^{\mathrm{T}}$,因而 $\boldsymbol{Q}^{\mathrm{T}}\boldsymbol{A}\boldsymbol{Q}=\boldsymbol{Q}^{-1}\boldsymbol{A}\boldsymbol{Q}=\boldsymbol{\Lambda}$.由正交矩阵 $\boldsymbol{Q}$ 产生的可逆线性变换 $\boldsymbol{X}=\boldsymbol{Q}\boldsymbol{Y}$ 称为**正交变换**,于是有如下重要结论:

定理 6.2.1(主轴定理)　任给二次型 $f=\sum\limits_{i,j=1}^{n}a_{ij}x_ix_j\ (a_{ij}=a_{ji})$,总有正交变换 $\boldsymbol{X}=\boldsymbol{Q}\boldsymbol{Y}$ 使 f 化为标准形 $f=\lambda_1y_1^2+\lambda_2y_2^2+\cdots+\lambda_ny_n^2$,其中 $\lambda_1,\lambda_2,\cdots,\lambda_n$ 是 f 的矩阵 $\boldsymbol{A}=(a_{ij})_{n\times n}$ 的全部特征值.

用矩阵的语言,定理 6.2.1 可以叙述为:任意一个对称矩阵都合同且相似于一对角矩阵.

平面上主轴的几何意义:二次曲线 $\boldsymbol{X}^{\mathrm{T}}\boldsymbol{A}\boldsymbol{X}=k$($k$ 是一个常数,$\boldsymbol{A}$ 是一个对称矩阵)上的点 $\boldsymbol{X}^{\mathrm{T}}=(x_1,x_2)$的集合必对应一个椭圆(或者圆)、双曲线、两条相交直线或单个点,或不含任何点.如果 $\boldsymbol{A}$ 是一个对角矩阵,该二次曲线的图形是标准位置下的图形,如图 6-1 所示.此时的坐标系构成该图形的主轴;如果 $\boldsymbol{A}$ 不是一个对角矩阵,该二次曲线的图形需要旋转到标准位置,如图 6-2 所示.找到主轴(由 $\boldsymbol{A}$ 的特征向量决定)即找到一个新的坐标系,使得在该坐标系下其图形是标准位置下的图形.而在几何意义上的坐标系的旋转变换就是一类常见的正交变换.

例 1　已知在直角坐标系 x_1Ox_2 中,二次曲线的方程为 $x_1^2-\sqrt{3}x_1x_2+2x_2^2=1$,试确定其形状.

解　先将曲线方程化为标准方程,也就是用正交变换把二次型 $f=x_1^2-\sqrt{3}x_1x_2+2x_2^2$ 化为标准形.

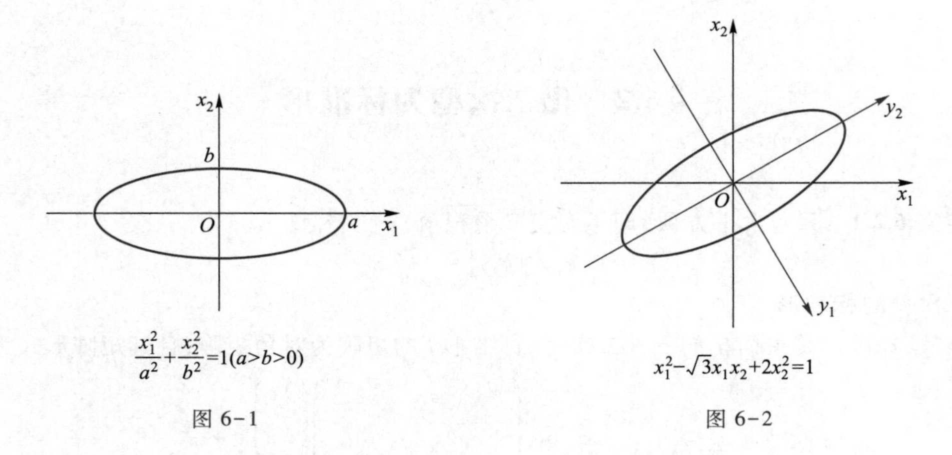

x2
b
O
a
x1
$\frac{x_1^2}{a^2}+\frac{x_2^2}{b^2}=1(a>b>0)$

图 6-1

x2
y2
O
x1
y1
$x_1^2-\sqrt{3}x_1x_2+2x_2^2=1$

图 6-2

二次型 f 的矩阵为 $\boldsymbol{A}=\begin{pmatrix}1 & -\frac{\sqrt{3}}{2}\\ -\frac{\sqrt{3}}{2} & 2\end{pmatrix}$，由 $|\boldsymbol{A}-\lambda\boldsymbol{E}|=0$ 解得 $\boldsymbol{A}$ 的特征值为 $\lambda_1=\frac{5}{2}$，$\lambda_2=\frac{1}{2}$，可求得对应的特征向量为 $\boldsymbol{\xi}_1=\begin{pmatrix}1\\ -\sqrt{3}\end{pmatrix}$，$\boldsymbol{\xi}_2=\begin{pmatrix}\sqrt{3}\\ 1\end{pmatrix}$，将它们单位化得 $\boldsymbol{\eta}_1=\begin{pmatrix}\frac{1}{2}\\ -\frac{\sqrt{3}}{2}\end{pmatrix}$，$\boldsymbol{\eta}_2=\begin{pmatrix}\frac{\sqrt{3}}{2}\\ \frac{1}{2}\end{pmatrix}$.

令 $\begin{pmatrix}x_1\\ x_2\end{pmatrix}=\begin{pmatrix}\frac{1}{2} & \frac{\sqrt{3}}{2}\\ -\frac{\sqrt{3}}{2} & \frac{1}{2}\end{pmatrix}\begin{pmatrix}y_1\\ y_2\end{pmatrix}$，则二次型的标准形为 $f=\frac{5}{2}y_1^2+\frac{1}{2}y_2^2$.故在新坐标系 y_1Oy_2 中该曲线的方程为 $\frac{5}{2}y_1^2+\frac{1}{2}y_2^2=1$.这是一个椭圆，其短半轴、长半轴分别为 $\frac{1}{\sqrt{\lambda_1}}=\frac{\sqrt{10}}{5}$，$\frac{1}{\sqrt{\lambda_2}}=\sqrt{2}$.

由图 6-2 可以看出，该标准形是在原图形中将坐标系旋转 $-\frac{\pi}{3}$ 角度找到主轴后得到的.平面解析几何中熟知的坐标旋转变换

$$\begin{cases}x_1=y_1\cos\theta-y_2\sin\theta,\\ x_2=y_1\sin\theta+y_2\cos\theta,\end{cases}$$

当 $\theta=-\frac{\pi}{3}$ 时就是这里的正交变换.

例 2 利用正交变换化二次型

$$f(x_1,x_2,x_3)=2x_1x_2-2x_1x_3-2x_2x_3$$

为标准形，并判断二次曲面 $f(x_1,x_2,x_3)=1$ 的类型.

解 二次型的矩阵 $\boldsymbol{A}=\begin{pmatrix}0&1&-1\\1&0&-1\\-1&-1&0\end{pmatrix}$，它的特征多项式是

$$|\boldsymbol{A}-\lambda\boldsymbol{E}|=\begin{vmatrix}-\lambda&1&-1\\1&-\lambda&-1\\-1&-1&-\lambda\end{vmatrix}=-(\lambda-2)(\lambda+1)^2,$$

得特征值 $\lambda_1=2,\lambda_2=\lambda_3=-1$.

当 $\lambda_1=2$ 时，解方程 $(\boldsymbol{A}-2\boldsymbol{E})\boldsymbol{X}=\boldsymbol{0}$，由

$$\boldsymbol{A}-2\boldsymbol{E}=\begin{pmatrix}-2&1&-1\\1&-2&-1\\-1&-1&-2\end{pmatrix}\to\begin{pmatrix}1&0&1\\0&1&1\\0&0&0\end{pmatrix},$$

得基础解系 $\boldsymbol{\xi}_1=\begin{pmatrix}-1\\-1\\1\end{pmatrix}$，单位化即得 $\boldsymbol{\eta}_1=\frac{1}{\sqrt{3}}\begin{pmatrix}-1\\-1\\1\end{pmatrix}$；

当 $\lambda_2=\lambda_3=-1$ 时，解方程 $(\boldsymbol{A}+\boldsymbol{E})\boldsymbol{X}=\boldsymbol{0}$，由

$$\boldsymbol{A}+\boldsymbol{E}=\begin{pmatrix}1&1&-1\\1&1&-1\\-1&-1&1\end{pmatrix}\to\begin{pmatrix}1&1&-1\\0&0&0\\0&0&0\end{pmatrix},$$

得基础解系 $\boldsymbol{\xi}_2=\begin{pmatrix}-1\\1\\0\end{pmatrix}$，$\boldsymbol{\xi}_3=\begin{pmatrix}1\\0\\1\end{pmatrix}$，正交单位化即得 $\boldsymbol{\eta}_2=\frac{1}{\sqrt{2}}\begin{pmatrix}-1\\1\\0\end{pmatrix}$，$\boldsymbol{\eta}_3=\frac{1}{\sqrt{6}}\begin{pmatrix}1\\1\\2\end{pmatrix}$.

于是得正交变换矩阵

$$\boldsymbol{Q}=(\boldsymbol{\eta}_1,\boldsymbol{\eta}_2,\boldsymbol{\eta}_3)=\begin{pmatrix}-\frac{\sqrt{3}}{3}&-\frac{\sqrt{2}}{2}&\frac{\sqrt{6}}{6}\\-\frac{\sqrt{3}}{3}&\frac{\sqrt{2}}{2}&\frac{\sqrt{6}}{6}\\\frac{\sqrt{3}}{3}&0&\frac{\sqrt{6}}{3}\end{pmatrix}.$$

二次型经正交变换 $\boldsymbol{X}=\boldsymbol{QY}$ 化为标准形

$$f=2y_1^2-y_2^2-y_3^2.$$

二次曲面 $f(x_1,x_2,x_3)=1$ 经正交变换 $\boldsymbol{X}=\boldsymbol{QY}$ 化为标准方程

$$\frac{y_1^2}{\left(\frac{\sqrt{2}}{2}\right)^2}-\frac{y_2^2}{1^2}-\frac{y_3^2}{1^2}=1.$$

因此二次曲面 $f(x_1,x_2,x_3)=1$ 表示旋转双叶双曲面（如图 6-3）.

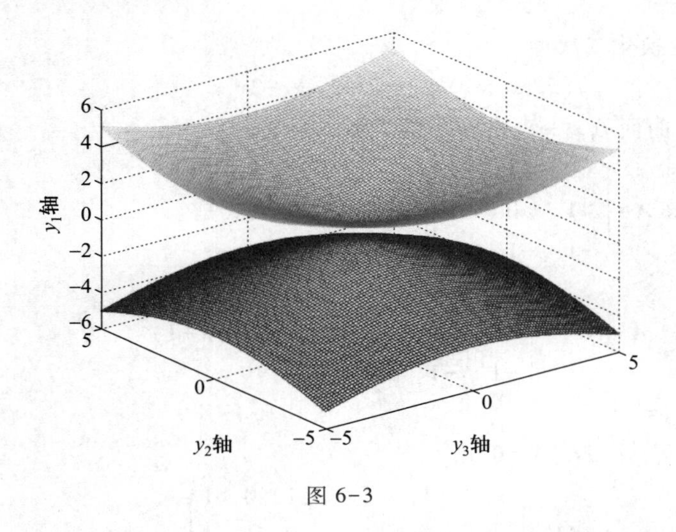

图 6-3

6.2.2　配方法

用正交变换化二次型为标准形,具有保持欧氏空间的夹角与距离不变的优点.如果不要求用正交变换,那么还可用其他方法把二次型化为标准形.下面通过举例介绍配方法.

例 3　用配方法化二次型 $f=x_1^2+2x_2^2+5x_3^2+2x_1x_2+2x_1x_3+6x_2x_3$ 为标准形,并求所用的可逆线性变换矩阵.

解

$$
\begin{aligned}
f&=(x_1^2+2x_1x_2+2x_1x_3)+2x_2^2+5x_3^2+6x_2x_3\\
&=(x_1+x_2+x_3)^2-x_2^2-x_3^2-2x_2x_3+2x_2^2+5x_3^2+6x_2x_3\\
&=(x_1+x_2+x_3)^2+x_2^2+4x_2x_3+4x_3^2\\
&=(x_1+x_2+x_3)^2+(x_2+2x_3)^2,
\end{aligned}
$$

令

$$
\begin{cases}
y_1=x_1+x_2+\ x_3,\\
y_2=\qquad x_2+2x_3,\\
y_3=\qquad\qquad x_3,
\end{cases}
\quad 即 \quad
\begin{cases}
x_1=y_1-y_2+\ y_3,\\
x_2=\qquad y_2-2y_3,\\
x_3=\qquad\qquad y_3,
\end{cases}
$$

用矩阵形式表示为

$$
\begin{pmatrix}x_1\\x_2\\x_3\end{pmatrix}=\begin{pmatrix}1&-1&1\\0&1&-2\\0&0&1\end{pmatrix}\begin{pmatrix}y_1\\y_2\\y_3\end{pmatrix},
$$

记 $\boldsymbol{C}=\begin{pmatrix}1&-1&1\\0&1&-2\\0&0&1\end{pmatrix}$,因为 $|\boldsymbol{C}|=1\neq0$,故线性变换 $\boldsymbol{X}=\boldsymbol{CY}$ 是可逆的.

二次型 f 化成标准形 $f=y_1^2+y_2^2$,所用可逆线性变换矩阵为

$$
\boldsymbol{C}=\begin{pmatrix}1&-1&1\\0&1&-2\\0&0&1\end{pmatrix}.
$$

例 4 用配方法化二次型 $f=2x_1x_2+2x_1x_3+6x_2x_3$ 为标准形.

解 由于二次型中不含平方项,可令

$$\begin{cases}x_1=y_1+y_2,\\x_2=y_1-y_2,\\x_3=y_3,\end{cases}$$

即作可逆的线性变换 $\boldsymbol{X}=\boldsymbol{P}_1\boldsymbol{Y}$,其中 $\boldsymbol{P}_1=\begin{pmatrix}1&1&0\\1&-1&0\\0&0&1\end{pmatrix}$,$\boldsymbol{X}=\begin{pmatrix}x_1\\x_2\\x_3\end{pmatrix}$,$\boldsymbol{Y}=\begin{pmatrix}y_1\\y_2\\y_3\end{pmatrix}$,将 $\boldsymbol{X}=\boldsymbol{P}_1\boldsymbol{Y}$ 代入 $f=2x_1x_2+2x_1x_3+6x_2x_3$,得 $f=2y_1^2-2y_2^2+8y_1y_3-4y_2y_3$.配方得 $f=2(y_1+2y_3)^2-2(y_2+y_3)^2-6y_3^2$.

再令

$$\begin{cases}z_1=y_1+2y_3,\\z_2=y_2+y_3,\\z_3=y_3,\end{cases}\quad 即\quad \begin{cases}y_1=z_1-2z_3,\\y_2=z_2-z_3,\\y_3=z_3,\end{cases}$$

记

$$\boldsymbol{Z}=\begin{pmatrix}z_1\\z_2\\z_3\end{pmatrix},\quad \boldsymbol{P}_2=\begin{pmatrix}1&0&-2\\0&1&-1\\0&0&1\end{pmatrix},\quad |\boldsymbol{P}_2|=1\neq 0,$$

作可逆线性变换 $\boldsymbol{Y}=\boldsymbol{P}_2\boldsymbol{Z}$,则二次型化为标准形

$$f=2z_1^2-2z_2^2-6z_3^2.$$

此时所用线性变换为 $\boldsymbol{X}=\boldsymbol{P}_1(\boldsymbol{P}_2\boldsymbol{Z})=(\boldsymbol{P}_1\boldsymbol{P}_2)\boldsymbol{Z}$,由于 $\boldsymbol{P}_1$,$\boldsymbol{P}_2$ 均可逆,故 $\boldsymbol{C}=\boldsymbol{P}_1\boldsymbol{P}_2=\begin{pmatrix}1&1&0\\1&-1&0\\0&0&1\end{pmatrix}\begin{pmatrix}1&0&-2\\0&1&-1\\0&0&1\end{pmatrix}=\begin{pmatrix}1&1&-3\\1&-1&-1\\0&0&1\end{pmatrix}$ 也可逆,即在可逆线性变换 $\begin{cases}x_1=z_1+z_2-3z_3,\\x_2=z_1-z_2-\ z_3,\\x_3=\qquad\quad z_3\end{cases}$ 下,将二次型化为标准形 $f=2z_1^2-2z_2^2-6z_3^2$.

用配方法化二次型为标准形,如果二次型中含有平方项,那么可用例 3 的方法直接配平方,如果二次型中不含平方项,那么采用例 4 的方法,先构造出平方项再配方,总可以化为标准形,即有下面的定理:

典型例题讲解 配方法化二次型为标准形

定理 6.2.2 任何一个二次型都可以经过可逆线性变换化为标准形.

应该指出,由于配方过程可以不一样,故找到的可逆线性变换也就不唯一,从而二次型的标准形不唯一.另外,使用不同的方法所得到的标准形也可能不相同.

6.2.3 初等变换法

设二次型 $f=\boldsymbol{X}^{\mathrm{T}}\boldsymbol{A}\boldsymbol{X}$ 可由可逆线性变换 $\boldsymbol{X}=\boldsymbol{C}\boldsymbol{Y}$ 化为标准形,因此 $\boldsymbol{C}^{\mathrm{T}}\boldsymbol{A}\boldsymbol{C}=\boldsymbol{\Lambda}$ 为对角矩阵.而可逆矩阵总可以表示成有限个初等矩阵的乘积,令 $\boldsymbol{C}=\boldsymbol{P}_1\boldsymbol{P}_2\cdots\boldsymbol{P}_s$,其中 $\boldsymbol{P}_i(i=1,2,\cdots,s)$ 为初等矩阵,于是

$$C^{\mathrm{T}}AC=(P_1P_2\cdots P_s)^{\mathrm{T}}A(P_1P_2\cdots P_s)=(P_s^{\mathrm{T}}\cdots(P_2^{\mathrm{T}}(P_1^{\mathrm{T}}AP_1)P_2)\cdots P_s)=\Lambda.$$

因 $C=P_1P_2\cdots P_s=EP_1P_2\cdots P_s$，由初等变换的性质可知，矩阵 A 可经过有限次初等行变换和完全相同的初等列变换化为对角矩阵 Λ，而相应地将这一系列的初等列变换施加于单位矩阵 E，就可得到变换矩阵 C.其具体做法是将 n 阶单位矩阵 E 放在二次型的矩阵 A 的下面，形成一个 $2n\times n$ 的矩阵 $\begin{pmatrix}A\\E\end{pmatrix}$，对此矩阵实施相同的初等行、列变换，把 A 化为对角矩阵 Λ 的同时，就把单位矩阵 E 化为可逆线性变换矩阵 C，这就是初等变换法.

例 5　用初等变换法将例 4 中的二次型化为标准形.

解　二次型的矩阵 $A=\begin{pmatrix}0&1&1\\1&0&3\\1&3&0\end{pmatrix}$，则

$$\begin{pmatrix}A\\E\end{pmatrix}=\begin{pmatrix}0&1&1\\1&0&3\\1&3&0\\\hline 1&0&0\\0&1&0\\0&0&1\end{pmatrix}\xrightarrow[c_1+c_2]{r_1+r_2}\begin{pmatrix}2&1&4\\1&0&3\\4&3&0\\\hline 1&0&0\\1&1&0\\0&0&1\end{pmatrix}\xrightarrow[\substack{c_2-\frac{1}{2}c_1\\c_3-2c_1}]{\substack{r_2-\frac{1}{2}r_1\\r_3-2r_1}}\begin{pmatrix}2&0&0\\0&-\frac{1}{2}&1\\0&1&-8\\\hline 1&-\frac{1}{2}&-2\\1&\frac{1}{2}&-2\\0&0&1\end{pmatrix}\xrightarrow[c_3+2c_2]{r_3+2r_2}\begin{pmatrix}2&0&0\\0&-\frac{1}{2}&0\\0&0&-6\\\hline 1&-\frac{1}{2}&-3\\1&\frac{1}{2}&-1\\0&0&1\end{pmatrix},$$

由此可得

$$C=\begin{pmatrix}1&-\frac{1}{2}&-3\\1&\frac{1}{2}&-1\\0&0&1\end{pmatrix},\quad \Lambda=\begin{pmatrix}2&0&0\\0&-\frac{1}{2}&0\\0&0&-6\end{pmatrix},$$

则二次型经过非退化线性变换 $X=CY$ 化为标准形 $f=2y_1^2-\frac{1}{2}y_2^2-6y_3^2$.

类似地，由 $C^{\mathrm{T}}AC=(P_1P_2\cdots P_s)^{\mathrm{T}}A(P_1P_2\cdots P_s)=(P_s^{\mathrm{T}}\cdots(P_2^{\mathrm{T}}(P_1^{\mathrm{T}}AP_1)P_2)\cdots P_s)=\Lambda$，知 $C^{\mathrm{T}}=P_s^{\mathrm{T}}P_{s-1}^{\mathrm{T}}\cdots P_1^{\mathrm{T}}=P_s^{\mathrm{T}}P_{s-1}^{\mathrm{T}}\cdots P_1^{\mathrm{T}}E$，因此也可以将 n 阶单位矩阵 E 放在二次型矩阵 A 的右面，形成一个 $n\times 2n$ 矩阵 $(A\mid E)$，对此矩阵实施相同的初等行、列变换，把 A 化为对角矩阵 Λ 的同时，就把单位矩阵 E 化为矩阵 C^{T}，从而可求得可逆线性变换 $X=CY$.

例 6　用初等变换法将例 3 中的二次型化为标准形.

解　二次型的矩阵 $A=\begin{pmatrix}1&1&1\\1&2&3\\1&3&5\end{pmatrix}$，则

$$(A\mid E)=\left(\begin{array}{ccc:ccc}1&1&1&1&0&0\\1&2&3&0&1&0\\1&3&5&0&0&1\end{array}\right)\xrightarrow[\substack{c_2-c_1\\c_3-c_1}]{\substack{r_2-r_1\\r_3-r_1}}\left(\begin{array}{ccc:ccc}1&0&0&1&0&0\\0&1&2&-1&1&0\\0&2&4&-1&0&1\end{array}\right)$$

$$\xrightarrow[c_3-2c_2]{r_3-2r_2}\left(\begin{array}{ccc|ccc}1&0&0&1&0&0\\0&1&0&-1&1&0\\0&0&0&1&-2&1\end{array}\right),$$

由此可得

$$\boldsymbol{C}^{\mathrm{T}}=\begin{pmatrix}1&0&0\\-1&1&0\\1&-2&1\end{pmatrix},\quad \boldsymbol{\Lambda}=\begin{pmatrix}1&0&0\\0&1&0\\0&0&0\end{pmatrix},$$

则二次型经过非退化线性变换 $\boldsymbol{X}=\boldsymbol{C}\boldsymbol{Y}$ 化为标准形 $f=y_1^2+y_2^2$.

例 7 求一非退化线性变换 $\boldsymbol{X}=\boldsymbol{C}\boldsymbol{Y}$,将二次型

典型例题讲解
初等变换法化
二次型为标准形

$$f(x_1,x_2,x_3)=2x_1^2+9x_2^2+3x_3^2+8x_1x_2-4x_1x_3-10x_2x_3$$

化为二次型 $g(y_1,y_2,y_3)=2y_1^2+3y_2^2+6y_3^2-4y_1y_2-4y_1y_3+8y_2y_3$.

解 二次型 f 的矩阵 $\boldsymbol{A}=\begin{pmatrix}2&4&-2\\4&9&-5\\-2&-5&3\end{pmatrix}$,则

$$\left(\frac{\boldsymbol{A}}{\boldsymbol{E}}\right)=\begin{pmatrix}2&4&-2\\4&9&-5\\-2&-5&3\\\hdashline 1&0&0\\0&1&0\\0&0&1\end{pmatrix}\xrightarrow[\substack{c_2-2c_1\\c_3+c_1}]{\substack{r_2-2r_1\\r_3+r_1}}\begin{pmatrix}2&0&0\\0&1&-1\\0&-1&1\\\hdashline 1&-2&1\\0&1&0\\0&0&1\end{pmatrix}\xrightarrow[c_3+c_2]{r_3+r_2}\begin{pmatrix}2&0&0\\0&1&0\\0&0&0\\\hdashline 1&-2&-1\\0&1&1\\0&0&1\end{pmatrix},$$

由此可得 $\boldsymbol{C}_1=\begin{pmatrix}1&-2&-1\\0&1&1\\0&0&1\end{pmatrix}$,$\boldsymbol{\Lambda}=\begin{pmatrix}2&0&0\\0&1&0\\0&0&0\end{pmatrix}$,

二次型 f 经过非退化线性变换 $\boldsymbol{X}=\boldsymbol{C}_1\boldsymbol{Z}$ 化为标准形 $f=2z_1^2+z_2^2$.而二次型 g 的矩阵 $\boldsymbol{B}=\begin{pmatrix}2&-2&-2\\-2&3&4\\-2&4&6\end{pmatrix}$,则

$$\left(\frac{\boldsymbol{B}}{\boldsymbol{E}}\right)=\begin{pmatrix}2&-2&-2\\-2&3&4\\-2&4&6\\\hdashline 1&0&0\\0&1&0\\0&0&1\end{pmatrix}\xrightarrow[\substack{c_2+c_1\\c_3+c_1}]{\substack{r_2+r_1\\r_3+r_1}}\begin{pmatrix}2&0&0\\0&1&2\\0&2&4\\\hdashline 1&1&1\\0&1&0\\0&0&1\end{pmatrix}\xrightarrow[c_3-2c_2]{r_3-2r_2}\begin{pmatrix}2&0&0\\0&1&0\\0&0&0\\\hdashline 1&1&-1\\0&1&-2\\0&0&1\end{pmatrix},$$

由此可得 $\boldsymbol{C}_2=\begin{pmatrix}1&1&-1\\0&1&-2\\0&0&1\end{pmatrix}$,$\boldsymbol{\Lambda}=\begin{pmatrix}2&0&0\\0&1&0\\0&0&0\end{pmatrix}$,二次型 g 经过非退化线性变换 $\boldsymbol{Y}=\boldsymbol{C}_2\boldsymbol{Z}$ 化为标准形 $g=2z_1^2+z_2^2$.而 $\boldsymbol{X}=\boldsymbol{C}_1\boldsymbol{Z}=\boldsymbol{C}_1\boldsymbol{C}_2^{-1}\boldsymbol{Y}$,所以可以取

$$C=C_1C_2^{-1}=\begin{pmatrix}1&-2&-1\\0&1&1\\0&0&1\end{pmatrix}\begin{pmatrix}1&1&-1\\0&1&-2\\0&0&1\end{pmatrix}^{-1}=\begin{pmatrix}1&-3&-6\\0&1&3\\0&0&1\end{pmatrix},$$

则经过非退化线性变换 $X=CY$，可将二次型 f 化成二次型 g.

习　题　6.2

1. 求一个正交变换化下列二次型为标准形：

(1) $f=x_1^2-4x_1x_2+4x_1x_3+4x_2^2-8x_2x_3+4x_3^2$；

(2) $f=x_1^2+2x_1x_2-2x_1x_4+x_2^2-2x_2x_3+x_3^2+2x_3x_4+x_4^2$.

2. 证明：

$$\begin{pmatrix}\lambda_1&&&\\&\lambda_2&&\\&&\ddots&\\&&&\lambda_n\end{pmatrix}\quad 与 \quad\begin{pmatrix}\lambda_{i_1}&&&\\&\lambda_{i_2}&&\\&&\ddots&\\&&&\lambda_{i_n}\end{pmatrix}$$

合同，其中 $i_1i_2\cdots i_n$ 是 $1,2,\cdots,n$ 的一个排列.

3. 用配方法化下列二次型为标准形：

(1) $f=-x_1x_2+4x_1x_3+2x_2x_3$；

(2) $f=x_1^2+2x_1x_2+2x_2^2+4x_2x_3+4x_3^2$.

4. 证明：二次型 $f=X^{\mathrm{T}}AX$ 在 $\|X\|=1$ 时的最大值为矩阵 A 的最大特征值.

5. 求一个正交变换把二次曲面 $3x^2+5y^2+5z^2+4xy-4xz-10yz=1$ 化为标准方程.

§6.3　惯性定理

设 $f(x_1,x_2,\cdots,x_n)$ 是一实系数的二次型，由上一节定理 6.2.2 知，经过可逆线性变换，可使 $f(x_1,x_2,\cdots,x_n)$ 变成标准形 $f=k_1y_1^2+k_2y_2^2+\cdots+k_ny_n^2$. 设标准形中系数不为零的平方项个数是 r，则适当排列项的次序后标准形可记为

$$d_1y_1^2+\cdots+d_py_p^2-d_{p+1}y_{p+1}^2-\cdots-d_ry_r^2,\tag{6.5}$$

其中 $d_i>0, i=1,\cdots,r$. 由 §6.1 知二次型 $f(x_1,x_2,\cdots,x_n)$ 的矩阵与其任一标准形的矩阵是合同的，而由第三章知，合同的矩阵有相同的秩，因此，虽然二次型的标准形不唯一，但是其标准形中系数不为零的平方项的个数是唯一的，它等于该二次型的秩，因此(6.5)中 r 就是 $f(x_1,x_2,\cdots,x_n)$ 的秩. 不但 r 是唯一确定的，(6.5)中的正平方项的个数 p 和负平方项的个数也是唯一确定的，这就是下面的惯性定理.

定理 6.3.1　实二次型的标准形中正平方项的个数和负平方项的个数是唯一确定的.

***证**　设实二次型 $f(x_1,x_2,\cdots,x_n)$ 的秩为 r，经过可逆线性变换变成标准形(6.5)，再作可逆线性变换

$$\begin{cases} y_1 = \dfrac{1}{\sqrt{d_1}} z_1, \\ \cdots\cdots\cdots\cdots \\ y_r = \dfrac{1}{\sqrt{d_r}} z_r, \\ y_{r+1} = z_{r+1}, \\ \cdots\cdots\cdots\cdots \\ y_n = z_n, \end{cases}$$

(6.5)就变成

$$z_1^2+\cdots+z_p^2-z_{p+1}^2-\cdots-z_r^2. \tag{6.6}$$

显然,(6.6)也是实二次型$f(x_1,x_2,\cdots,x_n)$的标准形,它与(6.5)中正平方项的个数和负平方项的个数相同,分别为p和$r-p$.

下面证明(6.6)中正平方项的个数p是唯一确定的.

设实二次型$f(x_1,x_2,\cdots,x_n)$经过可逆线性变换$\boldsymbol{X}=\boldsymbol{BY}$化为标准形

$$f(x_1,x_2,\cdots,x_n)=y_1^2+\cdots+y_p^2-y_{p+1}^2-\cdots-y_r^2, \tag{6.7}$$

又设其可经过可逆线性变换$\boldsymbol{X}=\boldsymbol{CZ}$化为标准形

$$f(x_1,x_2,\cdots,x_n)=z_1^2+\cdots+z_q^2-z_{q+1}^2-\cdots-z_r^2. \tag{6.8}$$

下证$p=q$.

用反证法.假设$p>q$.由(6.7)、(6.8)两式有

$$y_1^2+\cdots+y_p^2-y_{p+1}^2-\cdots-y_r^2=z_1^2+\cdots+z_q^2-z_{q+1}^2-\cdots-z_r^2, \tag{6.9}$$

其中$\boldsymbol{BY}=\boldsymbol{CZ}$,即$\boldsymbol{Z}=\boldsymbol{C}^{-1}\boldsymbol{BY}$.令$\boldsymbol{C}^{-1}\boldsymbol{B}=\boldsymbol{G}=(g_{ij})_{n\times n}$,则有

$$\begin{cases} z_1=g_{11}y_1+g_{12}y_2+\cdots+g_{1n}y_n, \\ z_2=g_{21}y_1+g_{22}y_2+\cdots+g_{2n}y_n, \\ \cdots\cdots\cdots\cdots \\ z_n=g_{n1}y_1+g_{n2}y_2+\cdots+g_{nn}y_n. \end{cases} \tag{6.10}$$

令$z_1=z_2=\cdots=z_q=0,y_{p+1}=y_{p+2}=\cdots=y_n=0$,得齐次线性方程组

$$\begin{cases} g_{11}y_1+g_{12}y_2+\cdots+g_{1n}y_n=0, \\ \cdots\cdots\cdots\cdots \\ g_{q1}y_1+g_{q2}y_2+\cdots+g_{qn}y_n=0, \\ y_{p+1}=0, \\ \cdots\cdots\cdots\cdots \\ y_n=0, \end{cases} \tag{6.11}$$

方程组(6.11)含有n个未知量,但其方程个数$q+(n-p)=n-(p-q)<n$.于是,(6.11)有非零解.令

$$(y_1,\cdots,y_p,y_{p+1},\cdots,y_n)=(k_1,\cdots,k_p,k_{p+1},\cdots,k_n)$$

是(6.11)的一个非零解.显然$k_{p+1}=\cdots=k_n=0$.因此,把它代入(6.9)的左端,得到的值为

$$k_1^2+\cdots+k_p^2>0,$$

把它代入(6.9)的右端,因为它是(6.11)的解,则有 $z_1=\cdots=z_q=0$,所以有

$$-z_{q+1}^2-\cdots-z_r^2\leqslant 0,$$

显然矛盾,故假设 $p>q$ 不成立.因此 $p\leqslant q$.

同理可证 $q\leqslant p$,从而 $p=q$.这就证明了(6.6)中正平方项的个数 p 是唯一确定的.因此实二次型 $f(x_1,x_2,\cdots,x_n)$ 标准形中正平方项的个数 p 是唯一确定的且负平方项的个数 $r-p$ 是唯一确定的.证毕.

这个定理通常称为西尔维斯特(Sylvester)**惯性定理**.

定义 6.3.1　在实二次型 $f(x_1,x_2,\cdots,x_n)$ 的标准形中,正平方项的个数 p 称为 $f(x_1,x_2,\cdots,x_n)$ 的**正惯性指数**;负平方项的个数 $r-p$ 称为 $f(x_1,x_2,\cdots,x_n)$ 的**负惯性指数**;它们的差 $p-(r-p)=2p-r$ 称为 $f(x_1,x_2,\cdots,x_n)$ 的**符号差**.

例如,二次型 $f(x_1,x_2,x_3)=x_1^2-2x_2^2-2x_3^2-4x_1x_2+4x_1x_3+8x_2x_3$ 的标准形为 $f=-7y_1^2+2y_2^2+2y_3^2$,所以该二次型的正惯性指数为 2,负惯性指数为 1,符号差为 $2-1=1$.

在定理 6.3.1 中,(6.6)是一种形式非常简单的标准形,称为实二次型 $f(x_1,x_2,\cdots,x_n)$ 的**规范形**.因此,惯性定理也可以叙述为:实二次型的规范形是唯一的,即规范形中平方项个数和正平方项的个数是唯一确定的.

值得指出的是,正交变换是能保持图形的大小、夹角都不变,仅坐标系改变的变换;而一般的可逆线性变换可能使图形的大小、夹角和坐标系均发生变化,而惯性定理告诉我们,它不会使图形的类型,如 $\mathbf{R}^3$ 中的二次曲面的椭球面、单叶双曲面、双叶双曲面、锥面等类型发生变化.这正是惯性定理的几何意义.

习　题　6.3

1. 求下列二次型的正惯性指数、负惯性指数以及符号差:

(1) $f=5x_1^2+5x_2^2+3x_3^2-2x_1x_2+6x_1x_3-6x_2x_3$;

(2) $f=3x_1^2+5x_2^2+x_3^2+8x_1x_2+4x_1x_3+4x_2x_3$.

2. 设二次型 $f=x_1^2-x_2^2+2ax_1x_3+4x_2x_3$ 的负惯性指数为 1,求 a 的取值范围.

3. 设二次型 $f=2x_1^2+3x_2^2+ax_3^2+4x_2x_3$,已知 $\lambda_1=1$ 是 f 的矩阵的一个特征值,求参数 a 及该二次型的正惯性指数、负惯性指数.

4. 已知二次型 f 的正惯性指数为 3,负惯性指数为 2,求二次型 f 的秩.

§6.4　正定二次型

定义 6.4.1　若对任一非零实向量 $\boldsymbol{X}$,都有二次型 $f(\boldsymbol{X})=\boldsymbol{X}^{\mathrm{T}}\boldsymbol{A}\boldsymbol{X}>0$,则称 $f(\boldsymbol{X})$ 为**正定二次型**(positive definite quadratic form),$f(\boldsymbol{X})$ 的矩阵称为**正定矩阵**(positive definite matrix).

例如,实二次型 $f(x_1,x_2,x_3)=x_1^2+2x_2^2+x_3^2$ 是正定二次型,而 $f(x_1,x_2,x_3)=x_1^2+2x_2^2-x_3^2$ 不是正定二次型.

定理 6.4.1 可逆线性变换保持二次型的正定性不变.

证 设$f(x_1,x_2,\cdots,x_n)=\boldsymbol{X}^{\mathrm{T}}\boldsymbol{AX}$为正定二次型,经过可逆线性变换$\boldsymbol{X}=\boldsymbol{CY}$变成二次型

$$g(y_1,y_2,\cdots,y_n)=\boldsymbol{Y}^{\mathrm{T}}\boldsymbol{BY},\quad 其中\ \boldsymbol{B}=\boldsymbol{C}^{\mathrm{T}}\boldsymbol{AC}.$$

对任何的非零向量$\boldsymbol{Y}$,因为$\boldsymbol{C}$可逆,所以对应的$\boldsymbol{X}=\boldsymbol{CY}$是非零向量.由于$f$是正定二次型,从而$g(y_1,y_2,\cdots,y_n)=\boldsymbol{Y}^{\mathrm{T}}\boldsymbol{BY}=\boldsymbol{X}^{\mathrm{T}}\boldsymbol{AX}>0$,即$g(y_1,y_2,\cdots,y_n)=\boldsymbol{Y}^{\mathrm{T}}\boldsymbol{BY}$也是正定二次型.证毕.

由定理 6.4.1 可以得到以下判别二次型是否为正定的几个等价条件.

定理 6.4.2 对于n元实二次型$f(x_1,x_2,\cdots,x_n)=f(\boldsymbol{X})=\boldsymbol{X}^{\mathrm{T}}\boldsymbol{AX}$,以下命题等价:

(1) f为正定二次型(或$\boldsymbol{A}$是正定矩阵);

(2) f的标准形的n个系数全为正;

(3) $\boldsymbol{A}$的特征值全为正;

(4) $\boldsymbol{A}$与单位矩阵合同;

(5) f的正惯性指数$p=n$.

证 只证(1)$\Leftrightarrow$(2),其余由读者自证.

(1)$\Rightarrow$(2) 设可逆线性变换$\boldsymbol{X}=\boldsymbol{CY}$使二次型$f$化为标准形

$$f=f(\boldsymbol{X})=f(\boldsymbol{CY})=k_1y_1^2+k_2y_2^2+\cdots+k_ny_n^2.$$

$\boldsymbol{Y}$取单位向量$\boldsymbol{\xi}_s=(0,\cdots,0,1,0,\cdots,0)$(其中第$s$个分量为1),$s=1,2,\cdots,n$.由于$\boldsymbol{X}=\boldsymbol{CY}$为可逆线性变换,故$\boldsymbol{X}=\boldsymbol{C\xi}_s$为非零向量,由$f$的正定性有$k_s=f(\boldsymbol{C\xi}_s)>0$.

(2)$\Rightarrow$(1) 设f的标准形为$k_1y_1^2+k_2y_2^2+\cdots+k_ny_n^2$且$k_i>0,i=1,2,\cdots,n$.任给非零向量$\boldsymbol{X}$,因为$\boldsymbol{C}$是可逆矩阵,所以$\boldsymbol{Y}=\boldsymbol{C}^{-1}\boldsymbol{X}$为非零向量,故$f=\boldsymbol{X}^{\mathrm{T}}\boldsymbol{AX}=k_1y_1^2+k_2y_2^2+\cdots+k_ny_n^2>0$,即二次型$f(\boldsymbol{X})=\boldsymbol{X}^{\mathrm{T}}\boldsymbol{AX}$为正定的.证毕.

下面我们先给出矩阵的顺序主子式的概念,然后不加证明地给出直接用对称矩阵$\boldsymbol{A}$的顺序主子式去判定$\boldsymbol{A}$负定、正定的方法.

定义 6.4.2 子式

$$P_i=\begin{vmatrix} a_{11} & a_{12} & \cdots & a_{1i} \\ a_{21} & a_{22} & \cdots & a_{2i} \\ \vdots & \vdots & & \vdots \\ a_{i1} & a_{i2} & \cdots & a_{ii} \end{vmatrix}\quad (i=1,2,\cdots,n)$$

称为矩阵$\boldsymbol{A}=(a_{ij})_{n\times n}$的**顺序主子式**(order principal subformula).

定理 6.4.3 对称矩阵$\boldsymbol{A}=(a_{ij})_{n\times n}$为正定矩阵的充要条件是$\boldsymbol{A}=(a_{ij})_{n\times n}$的顺序主子式都为正,即

$$a_{11}>0,\quad \begin{vmatrix} a_{11} & a_{12} \\ a_{21} & a_{22} \end{vmatrix}>0,\cdots,\quad |\boldsymbol{A}|=\begin{vmatrix} a_{11} & \cdots & a_{1n} \\ \vdots & & \vdots \\ a_{n1} & \cdots & a_{nn} \end{vmatrix}>0.$$

定义 6.4.3 对任一非零实向量$\boldsymbol{X}$及二次型$f(\boldsymbol{X})=\boldsymbol{X}^{\mathrm{T}}\boldsymbol{AX}$,

(1) 若二次型$f(\boldsymbol{X})=\boldsymbol{X}^{\mathrm{T}}\boldsymbol{AX}<0$,则称二次型$f(\boldsymbol{X})$为负定二次型;

(2) 若二次型$f(\boldsymbol{X})=\boldsymbol{X}^{\mathrm{T}}\boldsymbol{AX}\geqslant 0$,则称二次型$f(\boldsymbol{X})$为半正定二次型;

(3) 若二次型$f(\boldsymbol{X})=\boldsymbol{X}^{\mathrm{T}}\boldsymbol{AX}\leqslant 0$,则称二次型$f(\boldsymbol{X})$为半负定二次型;

(4) 不是正定、负定、半正定、半负定的二次型$f(\boldsymbol{X})$称为不定二次型.

此时相应的矩阵分别称为**负定矩阵**、**半正定矩阵**、**半负定矩阵**以及**不定矩阵**.

定理 6.4.4　对称矩阵 $\boldsymbol{A}$ 为负定矩阵的充要条件是 $\boldsymbol{A}$ 的奇数阶的顺序主子式全小于零,而偶数阶的顺序主子式全大于零.

定理 6.4.5　对于 n 元实二次型 $f(x_1,x_2,\cdots,x_n)=f(\boldsymbol{X})=\boldsymbol{X}^{\mathrm{T}}\boldsymbol{A}\boldsymbol{X}$,以下命题等价:

(1) f 为负定二次型(或 $\boldsymbol{A}$ 是负定矩阵);

(2) f 的标准形的 n 个系数全为负;

(3) $\boldsymbol{A}$ 的特征值全为负;

(4) $\boldsymbol{A}$ 与单位矩阵的负矩阵合同;

(5) f 的负惯性指数 $r-p=n$.

例 1　判断二次型 $f=2x_1^2+2x_2^2+3x_3^2+2x_1x_2$ 的正定性.

解　二次型 f 的矩阵为

$$\boldsymbol{A}=\begin{pmatrix}2&1&0\\1&2&0\\0&0&3\end{pmatrix},$$

因为 $\boldsymbol{A}$ 的各阶顺序主子式为

$$2>0,\quad \begin{vmatrix}2&1\\1&2\end{vmatrix}=3>0,\quad \begin{vmatrix}2&1&0\\1&2&0\\0&0&3\end{vmatrix}=9>0,$$

所以 f 是正定二次型.

例 2　判断二次型 $f=3x_1^2+2x_2^2+x_3^2+4x_1x_2+4x_2x_3$ 的正定性.

解　二次型 f 的矩阵为

$$\boldsymbol{A}=\begin{pmatrix}3&2&0\\2&2&2\\0&2&1\end{pmatrix},$$

因为 $|\boldsymbol{A}-\lambda\boldsymbol{E}|=\begin{vmatrix}3-\lambda&2&0\\2&2-\lambda&2\\0&2&1-\lambda\end{vmatrix}=-(\lambda+1)(\lambda-2)(\lambda-5)$,所以 $\boldsymbol{A}$ 的特征值为 $-1,2,5$.故二次型 f 是不定二次型.

例 3　设 $f(x_1,x_2,x_3)=(x_1-ax_2)^2+(x_2-bx_3)^2+(x_3-cx_1)^2$,其中 $abc\neq 1$,证明 $f(x_1,x_2,x_3)$ 是正定二次型.

证　本题的二次型 $f(x_1,x_2,x_3)$ 是特殊的平方和形式,说明不论 $\boldsymbol{X}=(x_1,x_2,x_3)^{\mathrm{T}}$ 取何值,始终有二次型 $f(x_1,x_2,x_3)\geqslant 0$,而二次型正定是指对任意的 $\boldsymbol{X}=(x_1,x_2,x_3)^{\mathrm{T}}\neq\boldsymbol{0}$,都有二次型 $f(x_1,x_2,x_3)>0$,所以本题的二次型 $f(x_1,x_2,x_3)$ 正定 $\Leftrightarrow\begin{cases}x_1-ax_2=0,\\x_2-bx_3=0,\\x_3-cx_1=0\end{cases}$ 只有零解 $\Leftrightarrow$

$$\begin{vmatrix}1&-a&0\\0&1&-b\\-c&0&1\end{vmatrix}\neq 0,\text{即 } abc\neq 1.$$

习 题 6.4

1. 判断下列二次型是否正定,并说明理由:

(1) $f=x_1^2-5x_1x_2+5x_1x_3+8x_2^2-4x_2x_3+x_3^2$;

(2) $f=8x_1^2+2x_2^2+2x_3^2-4x_1x_2+2x_1x_3+2x_2x_3$;

(3) $f=\sum\limits_{i=1}^{n}x_i^2+\sum\limits_{1\leqslant i<j\leqslant n}x_ix_j$.

2. 当 t 取什么值时,二次型 $f=5x_1^2+x_2^2+tx_3^2+4x_1x_2-2x_1x_3-2x_2x_3$ 是正定的?

3. 设 $\boldsymbol{C}$ 为可逆矩阵,$\boldsymbol{A}=\boldsymbol{C}^{\mathrm{T}}\boldsymbol{C}$,证明 $f(\boldsymbol{X})=\boldsymbol{X}^{\mathrm{T}}\boldsymbol{A}\boldsymbol{X}$ 为正定二次型.

4. 设 $\boldsymbol{A}$ 为 n 阶实对称矩阵,且 $\boldsymbol{A}^3-3\boldsymbol{A}^2+3\boldsymbol{A}-\boldsymbol{E}=\boldsymbol{O}$,

(1) 求 $\boldsymbol{A}$ 的特征值;

(2) 证明 $\boldsymbol{A}$ 为正定矩阵.

5. 证明:若 $\boldsymbol{A}$ 是正定矩阵,则 $|\boldsymbol{A}+\boldsymbol{E}|>1$.

*§6.5 应用举例

例 1 求 $f(\boldsymbol{X})=9x_1^2+4x_2^2+3x_3^2$ 在限制条件 $\boldsymbol{X}^{\mathrm{T}}\boldsymbol{X}=1$ 下的最大值和最小值.

解 显然

$$3x_1^2+3x_2^2+3x_3^2\leqslant 9x_1^2+4x_2^2+3x_3^2\leqslant 9x_1^2+9x_2^2+9x_3^2,$$

即

$$3\boldsymbol{X}^{\mathrm{T}}\boldsymbol{X}\leqslant 9x_1^2+4x_2^2+3x_3^2\leqslant 9\boldsymbol{X}^{\mathrm{T}}\boldsymbol{X},$$

又 $\boldsymbol{X}^{\mathrm{T}}\boldsymbol{X}=1$,故 $f(\boldsymbol{X})=9x_1^2+4x_2^2+3x_3^2$ 在限制条件 $\boldsymbol{X}^{\mathrm{T}}\boldsymbol{X}=1$ 下的最大值和最小值分别为 9 和 3.

例 1 中最大值和最小值分别是该二次型的矩阵特征值的最大值和最小值,不难证明对一般的二次型在限制条件 $\boldsymbol{X}^{\mathrm{T}}\boldsymbol{X}=1$ 下也有下面同样的结论.

定理 6.5.1 设二次型 $f(\boldsymbol{X})=\boldsymbol{X}^{\mathrm{T}}\boldsymbol{A}\boldsymbol{X}$,$\boldsymbol{A}$ 是对称矩阵,$\boldsymbol{A}$ 的最小特征值为 λ,$\boldsymbol{A}$ 的最大特征值为 μ,记 $m=\min\{\boldsymbol{X}^{\mathrm{T}}\boldsymbol{A}\boldsymbol{X}\mid \boldsymbol{X}^{\mathrm{T}}\boldsymbol{X}=1\}$,$M=\max\{\boldsymbol{X}^{\mathrm{T}}\boldsymbol{A}\boldsymbol{X}\mid \boldsymbol{X}^{\mathrm{T}}\boldsymbol{X}=1\}$,则 $m=\lambda$,$M=\mu$,且当 $\boldsymbol{X}$ 取 λ 对应的单位特征向量 $\boldsymbol{\xi}_1$(即 $|\boldsymbol{\xi}_1|=1$)时,$f(\boldsymbol{\xi}_1)=\boldsymbol{\xi}_1^{\mathrm{T}}\boldsymbol{A}\boldsymbol{\xi}_1=m$;当 $\boldsymbol{X}$ 取 μ 对应的单位特征向量 $\boldsymbol{\xi}_2$ 时,$f(\boldsymbol{\xi}_2)=\boldsymbol{\xi}_2^{\mathrm{T}}\boldsymbol{A}\boldsymbol{\xi}_2=M$.

例 2 求二次型 $f(x_1,x_2,x_3)=7x_1^2+x_2^2+7x_3^2-8x_1x_2-4x_1x_3-8x_2x_3$ 在限制条件 $\boldsymbol{X}^{\mathrm{T}}\boldsymbol{X}=1$ 下的最大值和最小值,并求一个可以取到该最小值的单位向量.

解 二次型 f 的矩阵为

$$\boldsymbol{A}=\begin{pmatrix}7&-4&-2\\-4&1&-4\\-2&-4&7\end{pmatrix},$$

由 $|\boldsymbol{A}-\lambda\boldsymbol{E}|=0$ 解得 $\boldsymbol{A}$ 的特征值为 $\lambda_1=\lambda_2=9$,$\lambda_3=-3$,故在限制条件 $\boldsymbol{X}^{\mathrm{T}}\boldsymbol{X}=1$ 下该二次型的最大值为 9,最小值为-3.

由$(\boldsymbol{A}+3\boldsymbol{E})\boldsymbol{X}=\boldsymbol{0}$解得特征向量$\boldsymbol{\xi}=(1,2,1)^{\mathrm{T}}$,则对应最小值$-3$的单位向量为$\boldsymbol{\eta}=\left(\frac{\sqrt{6}}{6},\frac{2\sqrt{6}}{6},\frac{\sqrt{6}}{6}\right)^{\mathrm{T}}$.

例 3　在下一年度,某地方政府计划修 x km 的公路和桥梁,并且修整 y km 的隧道,政府部门必须确定在两个项目上如何分配资源.为节约成本,需同时开始两个项目,且 x 和 y 必须满足限制条件 $4x^2+9y^2\leqslant 36$(如图 6-4),求公共工作计划,使得效用函数 $q(x,y)=xy$ 最大.

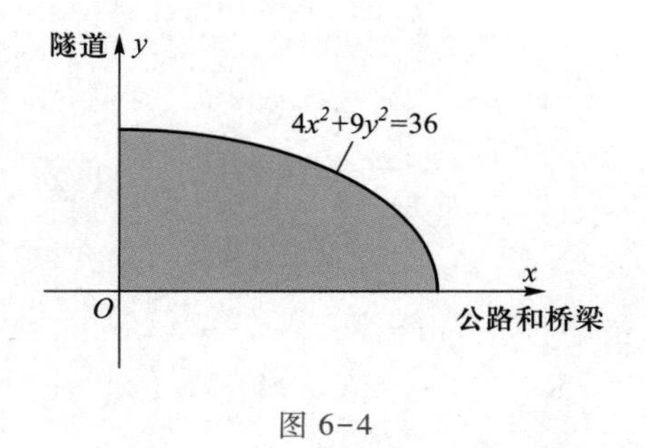

图 6-4

解　如图 6-4,阴影可行集中的每个点(x,y)表示一个可能的该年度公共工作计划,在限制曲线 $4x^2+9y^2=36$ 上的点可使资源利用达到最大可能.

限制条件 $4x^2+9y^2=36$ 可改写为$\left(\frac{x}{3}\right)^2+\left(\frac{y}{2}\right)^2=1$,令 $x_1=\frac{x}{3}$,$x_2=\frac{y}{2}$,则限制条件变为 $x_1^2+x_2^2=1$,效用函数 $q(x,y)=xy$ 变为 $q=q(x_1,x_2)=3x_1\cdot 2x_2=6x_1x_2$,令$\boldsymbol{X}=\begin{pmatrix}x_1\\x_2\end{pmatrix}$,则原问题变为在限制条件 $\boldsymbol{X}^{\mathrm{T}}\boldsymbol{X}=1$ 下求二次型 $q=6x_1x_2$ 的最大值.

该二次型的矩阵为$\boldsymbol{A}=\begin{pmatrix}0&3\\3&0\end{pmatrix}$,由$|\lambda\boldsymbol{E}-\boldsymbol{A}|=0$解得 $\boldsymbol{A}$ 的特征值为 $\lambda_1=3$,$\lambda_2=-3$,对应 $\lambda_1=3$ 的单位特征向量为$\begin{pmatrix}\frac{1}{\sqrt{2}}\\\frac{1}{\sqrt{2}}\end{pmatrix}$.

所以 $q=6x_1x_2$ 的最大值为 3,且在 $x_1=\frac{1}{\sqrt{2}}$和 $x_2=\frac{1}{\sqrt{2}}$处取到.即最优工作计划为公路和桥梁:$x=3x_1=\frac{3}{\sqrt{2}}\approx 2.1(\mathrm{km})$,隧道:$y=2x_2=\sqrt{2}\approx 1.4(\mathrm{km})$.

例 4　求$\iiint\limits_{\Omega}\mathrm{d}x_1\mathrm{d}x_2\mathrm{d}x_3$,其中 $\Omega=\{(x_1,x_2,x_3)\mid x_1^2+2x_2^2+3x_3^2-2x_1x_2-2x_2x_3\leqslant 1\}$.

解　已知正交变换保持几何体形状不变,所以将二次型 $f=x_1^2+2x_2^2+3x_3^2-2x_1x_2-2x_2x_3$ 用正交变换得到新的二次型 $f=2y_1^2+(2+\sqrt{3})y_2^2+(2-\sqrt{3})y_3^2$,那么椭球体 $x_1^2+2x_2^2+3x_3^2-2x_1x_2-2x_2x_3\leqslant 1$ 与椭球体 $2y_1^2+(2+\sqrt{3})y_2^2+(2-\sqrt{3})y_3^2\leqslant 1$ 的体积相同.记 $D=\{(y_1,y_2,y_3)\mid 2y_1^2+(2+\sqrt{3})y_2^2+(2-\sqrt{3})y_3^2\leqslant 1\}$,则

$$\iiint\limits_{\Omega}\mathrm{d}x_1\mathrm{d}x_2\mathrm{d}x_3=\iiint\limits_{D}\mathrm{d}y_1\mathrm{d}y_2\mathrm{d}y_3=\frac{4\pi}{3}\sqrt{\frac{1}{2}}\sqrt{\frac{1}{2+\sqrt{3}}}\sqrt{\frac{1}{2-\sqrt{3}}}=\frac{2\sqrt{2}}{3}\pi.$$

§6.6 MATLAB 实验

通过本节的学习,会利用 MATLAB 来化二次型为标准形以及判断二次型的正定性等.

本章已经学过:对任意的实二次型 $f(\boldsymbol{x})=\boldsymbol{x}^{\mathrm{T}}\boldsymbol{A}\boldsymbol{x}$,其中 $\boldsymbol{A}=(a_{ij})$ 是 n 阶实对称矩阵,一定可以经过正交线性变换 $\boldsymbol{x}=\boldsymbol{P}\boldsymbol{y}$ 变成标准形 $f=\lambda_1y_1^2+\lambda_2y_2^2+\cdots+\lambda_ny_n^2$,其中系数 $\lambda_1,\lambda_2,\cdots,\lambda_n$ 是实对称矩阵 $\boldsymbol{A}$ 的全部特征值.

判断二次型正定的充要条件是它的系数矩阵 $\boldsymbol{A}$ 的特征值全部为正,或者各阶顺序主子式为正.

例 1 化二次型 $f=4x_1^2+4x_2^2+4x_3^2+4x_4^2+4x_1x_2+4x_1x_3+4x_2x_3$ 为标准形.

解 程序及运行结果如下:

```
>>A=[4  2  2  0;2  4  2  0;2  2  4  0;0  0  0  4]
  [P,D]=eig(A)
A=
     4   2   2   0
     2   4   2   0
     2   2   4   0
     0   0   0   4
P=
     0.4082    0.7071         0    0.5774
     0.4082   -0.7071         0    0.5774
    -0.8165         0         0    0.5774
          0         0    1.0000         0
D=
     2.0000         0         0         0
          0    2.0000         0         0
          0         0    4.0000         0
          0         0         0    8.0000
>>P' * A * P
ans=
     2.0000         0         0    0.0000
     0.0000    2.0000         0    0.0000
          0         0    4.0000         0
     0.0000         0         0    8.0000
```

由以上结果,用正交线性变换 $\boldsymbol{x}=\boldsymbol{P}\boldsymbol{y}$,可将二次型化为 $f=2y_1^2+2y_2^2+4y_3^2+8y_4^2$.

例 2 判定二次型 $f=5x_1^2+x_2^2+6x_3^2+4x_1x_2-8x_1x_3-4x_2x_3$ 的正定性.

解　程序及运行结果如下：

解法一

```
>>A=[5  2  -4;2  1  -2;-4  -2  6]
D=eig(A)
if all(D>0)
      fprintf('二次型正定')
else
      fprintf('二次型非正定')
end
A =
     5     2    -4
     2     1    -2
    -4    -2     6
D =
    0.1293
    1.4897
   10.3809
二次型正定
```

解法二

```
>>A=[5  2  -4;2  1  -2;-4  -2  6];
a=1;
for i=1:3
    fprintf('第%d阶主子式为',i)
        B=A(1:i,1:i)
    fprintf('第%d阶主子式的值为',i)
        det(B)
    if(det(B)<0)
          a=-1;
          break
    end
end
 if(a==-1)
          fprintf('结论:二次型非正定')
else
          fprintf('结论:二次型正定')
end
第1阶主子式为
B =
     5
```

第 1 阶主子式的值为

```
ans =
    5
```

第 2 阶主子式为

```
B =
    5  2
    2  1
```

第 2 阶主子式的值为

```
ans =
    1
```

第 3 阶主子式为

```
B =
     5   2  -4
     2   1  -2
    -4  -2   6
```

第 3 阶主子式的值为

```
ans =
    2
```

结论:二次型正定

例 3　化二次型 $f=xy$ 为标准形,并作出 $f=xy$ 和标准形的图形.

解　程序及运行结果如下:

```
>>A=[0  0.5;0.5  0]
  [P,D]=eig(A)
A =
          0   0.5000
     0.5000        0
P =
    -0.7071   0.7071
     0.7071   0.7071
D =
    -0.5000        0
          0   0.5000
```

由以上结果,用正交线性变换 $\boldsymbol{x}=\boldsymbol{Q}\boldsymbol{y}$,可将二次型化为 $f=-0.5y_1^2+0.5y_2^2$.

作 $f=xy$ 的图形,程序如下:

```
[X,Y]=meshgrid(-8:.5:8);
Z=X.*Y;
figure
mesh(X,Y,Z)
```

运行结果如图 6-5 所示.

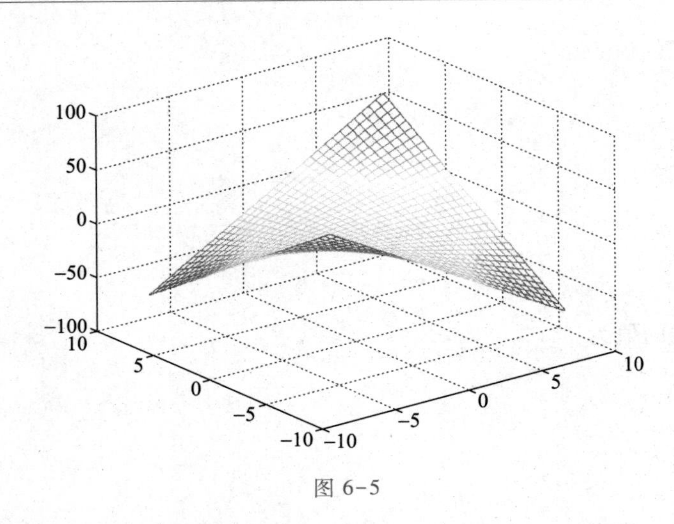

图 6-5

作标准形 $f=-0.5y_1^2+0.5y_2^2$ 的图形，程序如下：

```
>>[X,Y]=meshgrid(-8:.5:8);
Z=-0.5*X.^2+0.5*Y.^2;
figure
mesh(X,Y,Z)
```

运行结果如图 6-6 所示.

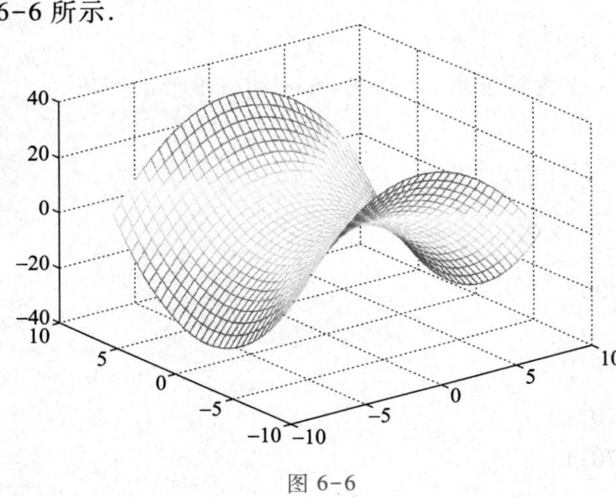

图 6-6

习　题　6.6

1. 运用 MATLAB 软件化二次型 $f=x_1^2+2x_2^2+x_3^2+2x_1x_2+4x_1x_3+2x_2x_3$ 为标准形.

2. 运用 MATLAB 软件判断矩阵 $\boldsymbol{A}=\begin{pmatrix}1&1&1&1\\1&2&3&4\\1&3&6&10\\1&4&10&20\end{pmatrix}$ 的正定性.

3. 运用 MATLAB 软件判断二次型 $f(x_1,x_2,x_3)=x_1^2+2x_2^2+x_3^2+2x_1x_2+4x_1x_3+2x_2x_3$ 的正定性.

第六章思维导图

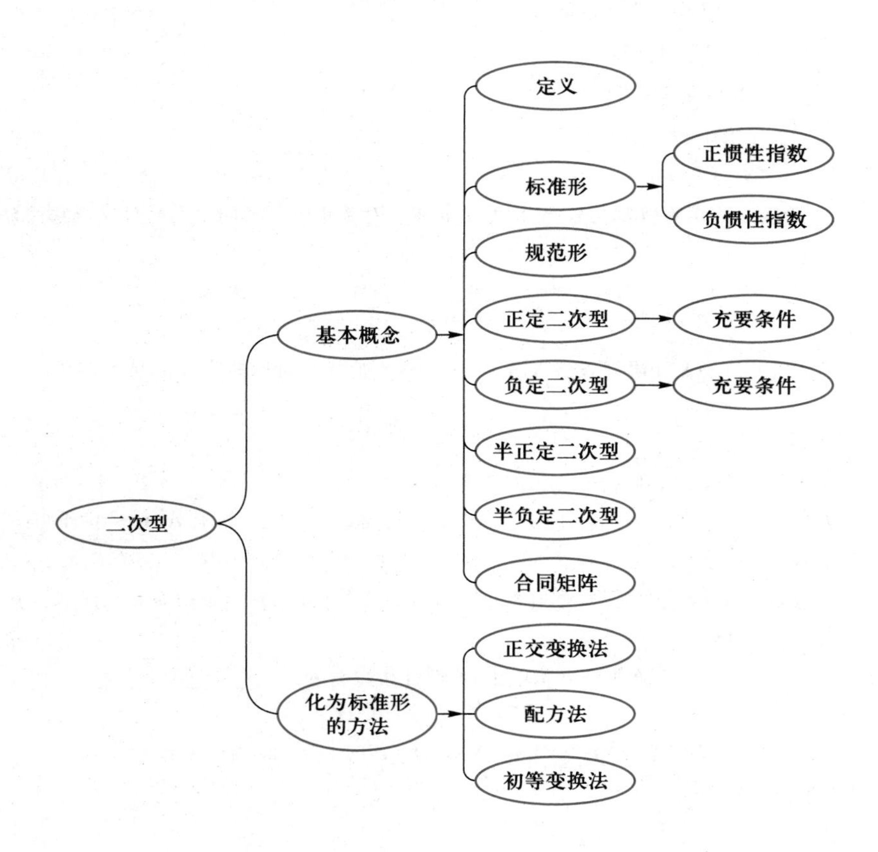

综合习题六

1. 写出下列二次型的矩阵形式：

(1) $f=x_1^2-6x_1x_2+5x_1x_3+2x_2^2-4x_2x_3+x_3^2$；

(2) $f=3x_1^2+2x_2^2-2x_3^2-4x_1x_2+x_1x_3+2x_2x_3$.

2. 写出下列二次型的矩阵：

(1) $f(\boldsymbol{X})=\boldsymbol{X}^{\mathrm{T}}\begin{pmatrix}1&2\\3&4\end{pmatrix}\boldsymbol{X}$；

(2) $f(\boldsymbol{X})=\boldsymbol{X}^{\mathrm{T}}\begin{pmatrix}3&4&2\\4&5&4\\-4&2&1\end{pmatrix}\boldsymbol{X}$.

3. 用配方法化下列二次型为标准形：

（1）$f=x_1^2+4x_1x_2-3x_2x_3$；

（2）$f=2x_1x_2+4x_1x_3-6x_1x_3$；

（3）$f=x_1^2+x_2^2+x_3^2+x_4^2+2x_1x_2+2x_2x_3+6x_3x_4$；

（4）$f=x_1^2-4x_2^2-6x_1x_2+2x_1x_3-2x_2x_3$.

4. 用正交变换法化下列二次型为标准形：

（1）$f=3x_1^2+4x_1x_2+8x_1x_3+4x_2x_3+3x_3^2$；

（2）$f=2x_1^2+3x_2^2+3x_3^2+4x_2x_3$.

5. 如果把 n 阶实对称矩阵按合同分类，即两个 n 阶实对称矩阵属于同一类当且仅当它们合同，问共有几类？

6. 设二次型 $f=5x_1^2+5x_2^2+cx_3^2-2x_1x_2+6x_1x_3-6x_2x_3$，已知 $\lambda_1=1$ 是二次型的矩阵的一个特征值，求参数 c.

7. 证明：二次型 $f=\boldsymbol{X}^{\mathrm{T}}\boldsymbol{AX}$ 在限制条件 $\boldsymbol{X}^{\mathrm{T}}\boldsymbol{X}=1$ 下的最大值为实对称矩阵 $\boldsymbol{A}$ 的最大特征值.

8. 判断二次型 $f(x_1,x_2,\cdots,x_n)=\sum\limits_{i=1}^{n}x_i^2+\sum\limits_{i=1}^{n-1}x_ix_{i+1}$ 的正定性.

9. 证明：若 $\boldsymbol{A}$ 是正定矩阵，则 $\boldsymbol{A}^{-1}$ 也是正定矩阵.

10. 设 $\boldsymbol{A}$ 为 n 阶方阵且正定，$\boldsymbol{\alpha}_1,\boldsymbol{\alpha}_2,\cdots,\boldsymbol{\alpha}_n$ 为实 n 维列向量，当 $i\neq j$ 时，有 $\boldsymbol{\alpha}_i^{\mathrm{T}}\boldsymbol{A}\boldsymbol{\alpha}_j=0$.证明：$\boldsymbol{\alpha}_1,\boldsymbol{\alpha}_2,\cdots,\boldsymbol{\alpha}_n$ 线性无关.

11. 设 $\boldsymbol{B}$ 为 $m\times n$ 实矩阵，$\boldsymbol{A}$ 为 m 阶实对称矩阵且正定，证明：$\boldsymbol{B}^{\mathrm{T}}\boldsymbol{AB}$ 正定的充要条件是 $r(\boldsymbol{B})=n$.

12. 设 $\boldsymbol{A}=\begin{pmatrix}3&4&2\\4&5&2\\2&2&1\end{pmatrix}$，则二次型 $\boldsymbol{X}^{\mathrm{T}}\boldsymbol{AX}$ 的正、负惯性指数分别为________及________.

13. 已知二次型 $f=\boldsymbol{X}^{\mathrm{T}}\boldsymbol{AX}$ 在正交变换 $\boldsymbol{X}=\boldsymbol{QY}$ 下的标准形为 $f=y_1^2+y_2^2$，且 $\boldsymbol{Q}$ 的第 3 列为 $\left(\dfrac{\sqrt{2}}{2},0,\dfrac{\sqrt{2}}{2}\right)^{\mathrm{T}}$.

（1）求矩阵 $\boldsymbol{A}$；

（2）证明 $\boldsymbol{A}+\boldsymbol{E}$ 为正定矩阵，其中 $\boldsymbol{E}$ 为 3 阶单位矩阵.

14. 设二次型 $f(x_1,x_2,x_3)=x_1^2+x_2^2+x_3^2+4x_1x_2+4x_1x_3+4x_2x_3$，则 $f(x_1,x_2,x_3)=2$ 在空间直角坐标系下表示的二次曲面为________________.

15. 设二次型 $f(x_1,x_2,x_3)=x_1^2+2x_2^2+3x_3^2-4x_1x_2-4x_2x_3$，求其在限制条件 $\boldsymbol{X}^{\mathrm{T}}\boldsymbol{X}=1$ 下的最大值和最小值，并求一个可以取到该最大值的单位向量.

16. 设方阵 $\boldsymbol{A}_1$ 与 $\boldsymbol{B}_1$ 合同，$\boldsymbol{A}_2$ 与 $\boldsymbol{B}_2$ 合同，证明 $\begin{pmatrix}\boldsymbol{A}_1&\\&\boldsymbol{A}_2\end{pmatrix}$ 与 $\begin{pmatrix}\boldsymbol{B}_1&\\&\boldsymbol{B}_2\end{pmatrix}$ 合同.

17. 设 $\boldsymbol{A}$ 为对称矩阵，$\boldsymbol{B}$ 与 $\boldsymbol{A}$ 合同，证明 $\boldsymbol{B}$ 也为对称矩阵.

18. 设 $\boldsymbol{A}$ 为正定矩阵，$\boldsymbol{P}$ 为可逆矩阵，证明 $\boldsymbol{P}^{\mathrm{T}}\boldsymbol{AP}$ 也为正定矩阵.

19. 设 $\boldsymbol{A}$ 为 n 阶实对称矩阵，且满足 $\boldsymbol{A}^2-6\boldsymbol{A}+4\boldsymbol{E}=\boldsymbol{O}$，证明 $\boldsymbol{A}$ 为正定矩阵.

20. 令 $\boldsymbol{B}$ 为对称的非奇异矩阵，证明 $\boldsymbol{B}^2$ 为正定矩阵.

21. 设 $\boldsymbol{A}$ 为 n 阶正定矩阵，证明 $\boldsymbol{A}$ 的对角线元素必定全为正.

22. 运用 MATLAB 软件将二次型 $f=x_1^2+x_2^2+x_3^2+x_4^2+2x_1x_2+2x_2x_3+6x_3x_4$ 化为标准形.

23. 运用 MATLAB 软件将二次型 $f=3x_1^2+4x_1x_2+8x_1x_3+4x_2x_3+3x_3^2$ 化为标准形，并写出所作的正交变换.

24. 运用 MATLAB 软件求二次型 $f=x_1^2-4x_2^2-6x_1x_2+2x_1x_3-2x_2x_3$ 的正惯性指数和负惯性指数.

25. 运用 MATLAB 软件判断二次型 $f=x_1^2+2x_2^2+3x_3^2-4x_1x_2-4x_2x_3$ 的正定性.

数学之星——柯西

柯西(Cauchy,1789—1857,如图 6-7)，法国数学家、物理学家、天文学家.19 世纪初期，微积分已发展成一个庞大的分支，内容丰富，应用广泛，而微积分的理论基础并不严格.为解决新问题并澄清微积分概念，数学家们展开了数学分析严谨化的工作，其中做出卓越贡献的要首推数学家柯西.他和当时法国数学家拉格朗日与拉普拉斯交往密切.少年柯西的数学才华颇受这两位数学家的赞赏.柯西在微积分中引进了极限概念，并以极限为基础建立了逻辑清晰的分析体系.这是微积分发展史上的精华，也是柯西对人类科学发展所做的巨大贡献.通过柯西以及后来魏尔斯特拉斯的艰苦工作，数学分析的基本概念得到严格的论述，从而结束微积分两百年来思想上的混乱局面，把微积分及其推广从对几何概念、运动和直观了解的完全依赖中解放出来，并使微积分发展成现代数学最基础最庞大的数学学科.

图 6-7

柯西在其他方面的研究成果也很丰富，创立了复变函数的微积分理论，在代数学、理论物理、光学、弹性理论方面也有突出贡献.柯西的数学成就不仅辉煌，而且数量惊人.《柯西全集》有 27 卷，发表论著 800 多篇，在数学史上是仅次于欧拉的多产数学家.

*第七章 线性空间与线性变换

在第三章中我们讨论了n维向量及其性质,引进了n维向量空间的概念,这是一种特殊的空间结构,它是实际问题中某些系统的数学抽象.比如,三维向量空间就是我们生活空间的抽象.现实生活中在不同的领域(工程学、物理学、经济学等)还有许多不同的特定系统,它们与向量空间本质上有着许多一致的地方.本章将构造抽象的线性空间模型,使向量空间的理论更具有一般性,以便于广泛应用,同时还将介绍线性空间中同样具有广泛应用的一种基本变换——线性变换.

§7.1　线性空间的定义与性质

7.1.1　线性空间的概念

首先引入数域的概念.

定义 7.1.1　设F是包含 0 和 1 的数集,如果F中任意两个数的和、差、积、商(除数不为 0)均在F内,则称F为一个数域(number field).

显然,有理数集 **Q**、实数集 **R** 和复数集 **C** 都是数域.

定义 7.1.2　设V是一个非空集合,F为一个数域,在集合V的元素之间定义加法运算:对于任意的$\boldsymbol{\alpha},\boldsymbol{\beta}\in V$,总有唯一确定的元素$\boldsymbol{\gamma}\in V$与之对应,称为$\boldsymbol{\alpha}$与$\boldsymbol{\beta}$的和,记作$\boldsymbol{\gamma}=\boldsymbol{\alpha}+\boldsymbol{\beta}$;在集合$V$的元素与数域$F$的数之间定义数乘运算:对于任意的$k\in F$与任意的$\boldsymbol{\alpha}\in V$,总有唯一确定的元素$\boldsymbol{\delta}\in V$与之对应,称为$k$与$\boldsymbol{\alpha}$的数乘,记作$\boldsymbol{\delta}=k\boldsymbol{\alpha}$;并且这两种运算满足以下 8 条运算规律:对一切$\boldsymbol{\alpha},\boldsymbol{\beta},\boldsymbol{v}\in V,k,l\in F$有

(1) 交换律　$\boldsymbol{\alpha}+\boldsymbol{\beta}=\boldsymbol{\beta}+\boldsymbol{\alpha}$;

(2) 结合律　$(\boldsymbol{\alpha}+\boldsymbol{\beta})+\boldsymbol{v}=\boldsymbol{\alpha}+(\boldsymbol{\beta}+\boldsymbol{v})$;

(3) 零元素(zero element)　存在元素 $\mathbf{0}$,对任何$\boldsymbol{\alpha}\in V$,都有$\boldsymbol{\alpha}+\mathbf{0}=\boldsymbol{\alpha}$;

(4) 负元素(additive inverse) 对任何 $\boldsymbol{\alpha}\in V$,存在 $\boldsymbol{\alpha}$ 的负元素 $\boldsymbol{\beta}$,使 $\boldsymbol{\alpha}+\boldsymbol{\beta}=\mathbf{0}$;

(5) 向量加法分配律 $k(\boldsymbol{\alpha}+\boldsymbol{\beta})=k\boldsymbol{\alpha}+k\boldsymbol{\beta}$;

(6) 数量加法分配律 $(k+l)\boldsymbol{\alpha}=k\boldsymbol{\alpha}+l\boldsymbol{\alpha}$;

(7) 结合律 $k(l\boldsymbol{\alpha})=(kl)\boldsymbol{\alpha}$;

(8) 单位元 $1\cdot\boldsymbol{\alpha}=\boldsymbol{\alpha}$,

则称 V 为数域 F 上的**线性空间**(linear space)(或称为**向量空间**(vector space)),V 中元素不论其本来的性质如何,统称为**向量**(vector),满足上述规律的加法和数乘运算统称为**线性运算**(linear operation).

显然,线性空间的结构是:集合加上线性运算.n 维向量空间 $\mathbf{R}^n$ 是一类特殊的线性空间.

下面举一些例子.

例 1 按通常的多项式的加法和数与多项式的乘法,实数域 $\mathbf{R}$ 上的多项式全体 $P[x]$ 构成实数域上的一个线性空间;实数域 $\mathbf{R}$ 上的次数不超过 n 的多项式全体 $P[x]_n$ 也构成实数域上的一个线性空间;而实数域 $\mathbf{R}$ 上的次数为 n 的多项式全体 $Q[x]_n$ 不构成实数域上的线性空间.

例 2 按通常函数的加法和数乘函数的运算,闭区间$[0,1]$上全体函数的集合构成实数域上的一个线性空间;闭区间$[0,1]$上连续函数的集合 $C[0,1]$ 构成实数域上的一个线性空间;闭区间$[0,1]$上积分为 0 的函数的集合构成实数域上的一个线性空间.

例 3 按通常矩阵的加法和数乘矩阵运算,实数域 $\mathbf{R}$ 上的全体 $m\times n$ 矩阵组成的集合 $\mathbf{R}^{m\times n}$ 构成实数域上的一个线性空间,称为**矩阵空间**;实数域 $\mathbf{R}$ 上的全体 n 阶可逆矩阵组成的集合 $GL_n(\mathbf{R})$ 不构成实数域上的线性空间.

例 4 (1) 由 n 维向量组成的集合 $N(\boldsymbol{A})=\{\boldsymbol{x}\mid \boldsymbol{Ax}=\mathbf{0},\boldsymbol{x}\in\mathbf{R}^n\}$,其中 $\boldsymbol{A}$ 为给定的 $m\times n$ 实矩阵,对于矩阵的加法及数与矩阵的乘法,构成实数域 $\mathbf{R}$ 上的线性空间,称为齐次线性方程组 $\boldsymbol{Ax}=\mathbf{0}$ 的**解空间**(solution space),也称为矩阵 $\boldsymbol{A}$ 的**核**(kernel)或**零空间**(zero space).

(2) 由 m 维向量组成的集合 $R(\boldsymbol{A})=\{\boldsymbol{y}\mid \boldsymbol{y}=\boldsymbol{Ax},\boldsymbol{x}\in\mathbf{R}^n\}$,其中 $\boldsymbol{A}$ 为给定的 $m\times n$ 实矩阵,对于与(1)同样的两种运算,构成实数域 $\mathbf{R}$ 上的 m 维线性空间,称为矩阵 $\boldsymbol{A}$ 的**值域空间**(range space).

这里指出,一个集合 V 构成线性空间有两个要点:1°在 V 上定义的两个运算具有封闭性,即运算的结果仍在 V 中;2°运算必须是线性运算.

例 5 三维向量空间 $\mathbf{R}^3$ 中,集合 $V=\{(x_1,x_2,x_3)^{\mathrm{T}}\mid x_1,x_2,x_3\in\mathbf{R}^3$ 且 $(x_1,x_2,x_3)^{\mathrm{T}}$ 不平行于向量 $(1,1,1)^{\mathrm{T}}\}$,则 V 对于向量加法与数乘运算不构成实数域上的线性空间.事实上,取 $\boldsymbol{\alpha}_1=(3,1,1)^{\mathrm{T}}$,$\boldsymbol{\alpha}_2=(-1,1,1)^{\mathrm{T}}$,显然,$\boldsymbol{\alpha}_1,\boldsymbol{\alpha}_2\in V$,但 $\boldsymbol{\alpha}_1+\boldsymbol{\alpha}_2=(2,2,2)^{\mathrm{T}}$ 平行于向量 $(1,1,1)^{\mathrm{T}}$,即 $\boldsymbol{\alpha}_1+\boldsymbol{\alpha}_2\notin V$,故 V 对向量加法不封闭,所以不构成线性空间.

例 6 对 $\mathbf{R}^4$ 中全体向量构成的集合 $V=\{(x_1,x_2,x_3,x_4)^{\mathrm{T}}\mid x_1,x_2,x_3,x_4\in\mathbf{R}\}$ 定义加法运算$\oplus$和数乘运算$\circ$如下:对任意的 $\boldsymbol{\alpha},\boldsymbol{\beta}\in V,k\in\mathbf{R}$,$\boldsymbol{\alpha}\oplus\boldsymbol{\beta}=\boldsymbol{\alpha}-\boldsymbol{\beta}$,$k\circ\boldsymbol{\alpha}=-k\boldsymbol{\alpha}$,则 V 对于运算$\oplus$及$\circ$不构成线性空间.事实上,取 $\boldsymbol{\alpha}=(1,2,1,0)^{\mathrm{T}}$,$\boldsymbol{\beta}=(0,1,1,0)^{\mathrm{T}}$,易知 $\boldsymbol{\alpha}-\boldsymbol{\beta}=(1,1,0,0)^{\mathrm{T}}\neq\boldsymbol{\beta}-\boldsymbol{\alpha}$,故不满足加法交换律,即运算$\oplus$不符合线性运算,则 V 对于运算$\oplus$及$\circ$不构成线性空间.

本例表明,在集合上定义的加法和数乘运算是抽象的,定义成什么样的运算并不重要,重要的是这两个运算必须满足上面的 8 条运算规律,即为线性运算.在集合上(即使为同一个集合)赋予不同的线性运算,就会得到不同的线性空间,对应不同的代数结构,这就使得线性空间比向量空间 $\mathbf{R}^n$ 更具有抽象性和一般性.

7.1.2　线性空间的性质

性质 7.1.1　线性空间中零元素是唯一的.

证　设 $\mathbf{0}_1,\mathbf{0}_2$ 是线性空间 V 中的两个零元素,即对任意 $\boldsymbol{\alpha}\in V$,有 $\boldsymbol{\alpha}+\mathbf{0}_1=\boldsymbol{\alpha},\boldsymbol{\alpha}+\mathbf{0}_2=\boldsymbol{\alpha}$,特别地 $\mathbf{0}_2+\mathbf{0}_1=\mathbf{0}_2,\mathbf{0}_1+\mathbf{0}_2=\mathbf{0}_1$,于是 $\mathbf{0}_1=\mathbf{0}_1+\mathbf{0}_2=\mathbf{0}_2+\mathbf{0}_1=\mathbf{0}_2$.证毕.

通常线性空间 V 中的零元素表示为 $\mathbf{0}$.

性质 7.1.2　线性空间中任一元素的负元素是唯一的.

证　设线性空间 V 中元素 $\boldsymbol{\alpha}$ 有两个负元素 $\boldsymbol{\beta},\boldsymbol{v}$,即 $\boldsymbol{\alpha}+\boldsymbol{\beta}=\mathbf{0},\boldsymbol{\alpha}+\boldsymbol{v}=\mathbf{0}$,于是 $\boldsymbol{\beta}=\boldsymbol{\beta}+\mathbf{0}=\boldsymbol{\beta}+(\boldsymbol{\alpha}+\boldsymbol{v})=(\boldsymbol{\beta}+\boldsymbol{\alpha})+\boldsymbol{v}=(\boldsymbol{\alpha}+\boldsymbol{\beta})+\boldsymbol{v}=\mathbf{0}+\boldsymbol{v}=\boldsymbol{v}$.证毕.

由负向量的唯一性,可以记 $\boldsymbol{\alpha}$ 的负向量为 $-\boldsymbol{\alpha}$.

推论　对 V 中两元素 $\boldsymbol{\alpha},\boldsymbol{\beta}$,若 $\boldsymbol{\alpha}+\boldsymbol{\beta}=\boldsymbol{\alpha}$,则 $\boldsymbol{\beta}=\mathbf{0}$.

性质 7.1.3　$0\boldsymbol{\alpha}=\mathbf{0},(-1)\boldsymbol{\alpha}=-\boldsymbol{\alpha},k\mathbf{0}=\mathbf{0}$.

证　因为 $\boldsymbol{\alpha}+0\boldsymbol{\alpha}=1\cdot\boldsymbol{\alpha}+0\cdot\boldsymbol{\alpha}=(1+0)\cdot\boldsymbol{\alpha}=1\cdot\boldsymbol{\alpha}=\boldsymbol{\alpha}$,所以 $0\boldsymbol{\alpha}=\mathbf{0}$;而 $\boldsymbol{\alpha}+(-1)\boldsymbol{\alpha}=1\cdot\boldsymbol{\alpha}+(-1)\cdot\boldsymbol{\alpha}=[1+(-1)]\boldsymbol{\alpha}=0\boldsymbol{\alpha}=\mathbf{0}$,所以 $(-1)\boldsymbol{\alpha}=-\boldsymbol{\alpha}$;又由于 $k\mathbf{0}=k(0\boldsymbol{\alpha})=(k\cdot 0)\boldsymbol{\alpha}=0\boldsymbol{\alpha}=\mathbf{0}$,即 $k\mathbf{0}=\mathbf{0}$.证毕.

性质 7.1.4　如果 $k\boldsymbol{\alpha}=\mathbf{0}$,则有 $k=0$ 或 $\boldsymbol{\alpha}=\mathbf{0}$.

证　若 $k\neq 0$,因为 $k\boldsymbol{\alpha}=\mathbf{0}$,则在两边同乘 $\frac{1}{k}$,有 $\frac{1}{k}(k\boldsymbol{\alpha})=\frac{1}{k}\mathbf{0}=\mathbf{0}$,而 $\frac{1}{k}(k\boldsymbol{\alpha})=\left(\frac{1}{k}\cdot k\right)\boldsymbol{\alpha}=1\boldsymbol{\alpha}=\boldsymbol{\alpha}$,所以必有 $\boldsymbol{\alpha}=\mathbf{0}$.证毕.

7.1.3　子空间

7.1.1 例 4(1)中的线性空间是由 n 维线性空间 $\mathbf{R}^n$ 的子集及其相应的运算构成的,例 4(2)中的线性空间是由 m 维线性空间 $\mathbf{R}^m$ 的子集及其相应的运算构成的.这种由线性空间中的子集在同样的运算下构成的线性空间,在实际问题中常常遇到.为此,我们引入子空间的概念.

定义 7.1.3　设 V 是数域 F 上的线性空间,W 是 V 的一个非空子集,如果 W 对于 V 上的加法和数乘运算也构成一个线性空间,则称 W 为 V 的**子空间**(subspace).

显然,由于线性空间的 8 条运算规律中除(3)和(4)外,其余运算规律对 V 中任一子集的元素均成立,所以 V 中的一个子集 W 对于 V 中两个运算能否构成其子空间,就要求 W 对运算封闭且满足运算律(3)和(4),而只要 W 对运算封闭,则必有零元素和负元素,即满足运算律(3)和(4).因此有

定理 7.1.1　线性空间 V 的非空子集 W 构成 V 的子空间的充要条件是 W 关于 V 中的线性运算封闭,即

(1) 若 $\boldsymbol{\alpha},\boldsymbol{\beta}\in W$,则 $\boldsymbol{\alpha}+\boldsymbol{\beta}\in W$;

(2) 若 $k\in F,\boldsymbol{\alpha}\in W$,则 $k\boldsymbol{\alpha}\in W$.

每个非零线性空间 V 一定包含两个子空间：一个是它自身；另一个是仅包含零元素的子空间，称为零子空间.同时称这两个子空间为 V 的平凡子空间(trivial subspace)，其余的子空间称为非平凡子空间(nontrivial subspace).

例 7　若 V 是所有二阶方阵构成的线性空间，则 $W=\left\{\left.\begin{pmatrix} a & b \\ 0 & 0 \end{pmatrix}\right| a,b\in\mathbf{R}\right\}$是 V 的一个子空间.

例 8　设 $\boldsymbol{\alpha}_1,\boldsymbol{\alpha}_2,\cdots,\boldsymbol{\alpha}_s$ 是线性空间 V 中的一组向量，其所有可能线性组合的集合 $S=\mathrm{Span}\{\boldsymbol{\alpha}_1,\boldsymbol{\alpha}_2,\cdots,\boldsymbol{\alpha}_s\}=\{k_1\boldsymbol{\alpha}_1+k_2\boldsymbol{\alpha}_2+\cdots+k_s\boldsymbol{\alpha}_s \mid k_i\in F, i=1,2,\cdots,s\}$ 非空，且对线性运算封闭，因此构成 V 的线性子空间.子空间 $S=\mathrm{Span}\{\boldsymbol{\alpha}_1,\boldsymbol{\alpha}_2,\cdots,\boldsymbol{\alpha}_s\}$ 又称为由向量组 $\boldsymbol{\alpha}_1,\boldsymbol{\alpha}_2,\cdots,\boldsymbol{\alpha}_s$ 生成的生成子空间(subspace spanned by $\boldsymbol{\alpha}_1,\boldsymbol{\alpha}_2,\cdots,\boldsymbol{\alpha}_s$).

若 W_1,W_2 为某线性空间的两个子空间，称集合 $W_1\cap W_2=\{\boldsymbol{\alpha}\mid\boldsymbol{\alpha}\in W_1$ 且 $\boldsymbol{\alpha}\in W_2\}$，集合 $W_1+W_2=\{\boldsymbol{\alpha}+\boldsymbol{\beta}\mid\boldsymbol{\alpha}\in W_1,\boldsymbol{\beta}\in W_2\}$，集合 $W_1\cup W_2=\{\boldsymbol{\alpha}\mid\boldsymbol{\alpha}\in W_1$ 或 $\boldsymbol{\alpha}\in W_2\}$ 分别为子空间 W_1 与 W_2 的交、和、并.可以证明，线性空间中两个子空间的交与和均为子空间，但它们的并未必为子空间(本章综合习题七第 5 题).

知识点诠释
子空间的定义

习　题　7.1

1. 验证以下集合对于所指定的加法和数乘运算是否构成线性空间：

(1) 全体形如$\begin{pmatrix} 0 & a \\ -a & b \end{pmatrix}$的 2 阶方阵，在实数域 $\mathbf{R}$ 上按矩阵加法和数与矩阵的乘法运算；

(2) 微分方程 $y'''+3y''+3y'+3y=0$ 的全体解，在实数域 $\mathbf{R}$ 上按函数的加法及数与函数的乘法运算；

(3) 微分方程 $y'''+3y''+3y'+3y=5$ 的全体解，在实数域 $\mathbf{R}$ 上按函数的加法及数与函数的乘法运算；

(4) 正弦函数的集合 $S[x]=\{A\sin(x+B)\mid A,B\in\mathbf{R}\}$，对于通常的函数加法及数与函数的乘法运算.

2. 判别下列集合是否可构成所在线性空间的子空间：

(1) $W_1=\{\boldsymbol{A}\in\mathbf{R}^{2\times 2}\mid |\boldsymbol{A}|=0\}$；

(2) $W_2=\{\boldsymbol{A}\in\mathbf{R}^{2\times 2}\mid \boldsymbol{A}^2=\boldsymbol{A}\}$；

(3) $W_3=\{(x,y,z)\in\mathbf{R}^3\mid x+2y+3z=0\}$；

(4) $W_4=\{(x_1,x_2,\cdots,x_n)\in\mathbf{R}^n\mid x_1+x_2+\cdots+x_n=0\}$.

3. 在线性空间 $\mathbf{R}^n$ 中，令

$$W_1=\{(x_1,x_2,\cdots,x_n)\in\mathbf{R}^n\mid a_{11}x_1+a_{12}x_2+\cdots+a_{1n}x_n=0,\cdots,a_{m1}x_1+a_{m2}x_2+\cdots+a_{mn}x_n=0\},$$

$$W_2=\{(x_1,x_2,\cdots,x_n)\in\mathbf{R}^n\mid a_{11}x_1+a_{12}x_2+\cdots+a_{1n}x_n=b_1,\cdots,a_{m1}x_1+a_{m2}x_2+\cdots+a_{mn}x_n=b_m\},$$

其中 $a_{ij}\in\mathbf{R}, i=1,2,\cdots,m,\ j=1,2,\cdots,n,\ b_i\in\mathbf{R}, i=1,2,\cdots,m,\ b_1,b_2,\cdots,b_m$ 不全为 0.设 W_1,W_2 都不是空集，问它们是否为子空间？

§7.2　维数、基与坐标

我们在第三章中讨论 n 维向量之间的关系时，引入了线性组合、线性相关性、极大线性无关组、向量组的秩等重要概念，且只涉及线性运算.那么，如果把线性空间看成一个带线性运算的向量组，这些相应的概念及结论都可以在线性空间中得到推广.

定义 7.2.1　设线性空间 V 中 n 个向量 $\boldsymbol{\alpha}_1,\boldsymbol{\alpha}_2,\cdots,\boldsymbol{\alpha}_n$ 满足

(1) $\boldsymbol{\alpha}_1,\boldsymbol{\alpha}_2,\cdots,\boldsymbol{\alpha}_n$ 线性无关；

(2) V 中任一元素 $\boldsymbol{\alpha}$ 总可由 $\boldsymbol{\alpha}_1,\boldsymbol{\alpha}_2,\cdots,\boldsymbol{\alpha}_n$ 线性表示，那么向量组 $\boldsymbol{\alpha}_1,\boldsymbol{\alpha}_2,\cdots,\boldsymbol{\alpha}_n$ 称为线性空间 V 的一个**基**(basis)；向量组所含向量个数 n 称为线性空间 V 的**维数**(dimension)，记为 $\dim(V)=n$.只含一个零元素的线性空间没有基，规定它的维数为 0；维数为 n 的线性空间称为 **n 维线性空间**(n-dimensional linear space)，记作 V_n.

线性空间的维数可以是无穷的，但本书不予讨论.

从定义 7.2.1 可见，线性空间中的基、维数即为线性空间作为向量组的极大线性无关组和秩.因此有如下结论：

(1) 一个线性空间的基不唯一；

(2) 一个线性空间的维数是唯一确定的；

(3) 在线性空间的一个基下，该空间任一向量均可由这个基线性表示，且表示法唯一.

这表明，若 $\boldsymbol{\alpha}_1,\boldsymbol{\alpha}_2,\cdots,\boldsymbol{\alpha}_n$ 为 V_n 的一个基，则对任意 $\boldsymbol{\alpha}\in V_n$，都有一组有序数 $x_1,x_2,\cdots,x_n$，使 $\boldsymbol{\alpha}=x_1\boldsymbol{\alpha}_1+x_2\boldsymbol{\alpha}_2+\cdots+x_n\boldsymbol{\alpha}_n$，并且这组有序数是唯一的；反之，对任意一组有序数 $x_1,x_2,\cdots,x_n$，都可确定 V_n 中一元素 $\boldsymbol{\alpha}=x_1\boldsymbol{\alpha}_1+x_2\boldsymbol{\alpha}_2+\cdots+x_n\boldsymbol{\alpha}_n$.这样，$V_n$ 中元素 $\boldsymbol{\alpha}$ 与一组有序数 $x_1,x_2,\cdots,x_n$ 之间有一一对应的关系.因此，可以用这组有序数来表示元素 $\boldsymbol{\alpha}$.

定义 7.2.2　设 $\boldsymbol{\alpha}_1,\boldsymbol{\alpha}_2,\cdots,\boldsymbol{\alpha}_n$ 是线性空间 V_n 的一个基，对于任一元素 $\boldsymbol{\alpha}\in V_n$，有且仅有一组有序数 $x_1,x_2,\cdots,x_n$，使

$$\boldsymbol{\alpha}=x_1\boldsymbol{\alpha}_1+x_2\boldsymbol{\alpha}_2+\cdots+x_n\boldsymbol{\alpha}_n, \tag{7.1}$$

这组有序数就称为元素 $\boldsymbol{\alpha}$ 在基 $\boldsymbol{\alpha}_1,\boldsymbol{\alpha}_2,\cdots,\boldsymbol{\alpha}_n$ 下的**坐标**(coordinate)，并记作 $\boldsymbol{\alpha}=(x_1,x_2,\cdots,x_n)^{\mathrm{T}}$.

容易看出：

(1) $\boldsymbol{\varepsilon}_1=(1,0,\cdots,0)^{\mathrm{T}},\boldsymbol{\varepsilon}_2=(0,1,\cdots,0)^{\mathrm{T}},\cdots,\boldsymbol{\varepsilon}_n=(0,0,\cdots,1)^{\mathrm{T}}$ 是 n 维线性空间 $\mathbf{R}^n$ 的一个基.对任意的 $\boldsymbol{\alpha}=(a_1,a_2,\cdots,a_n)^{\mathrm{T}}\in\mathbf{R}^n$，有 $\boldsymbol{\alpha}=a_1\boldsymbol{\varepsilon}_1+a_2\boldsymbol{\varepsilon}_2+\cdots+a_n\boldsymbol{\varepsilon}_n$，故 $\boldsymbol{\alpha}$ 在基 $\boldsymbol{\varepsilon}_1,\boldsymbol{\varepsilon}_2,\cdots,\boldsymbol{\varepsilon}_n$ 下的坐标为 $(a_1,a_2,\cdots,a_n)^{\mathrm{T}}$.

(2) $p_1=1,p_2=x,\cdots,p_{n+1}=x^n$ 是次数不超过 n 的实多项式构成的线性空间 $P[x]_n$ 的一个基.对任意不超过 n 次的多项式 $p=a_0+a_1x+\cdots+a_nx^n$，均可表示为

$$p=a_0p_1+a_1p_2+\cdots+a_np_{n+1},$$

故 p 在基 $p_1,p_2,\cdots,p_{n+1}$ 下的坐标为 $(a_0,a_1,\cdots,a_n)^{\mathrm{T}}$.

例 1　线性空间中的基不唯一，由第三章知，在 n 维线性空间中，任何 n 个线性无关的向量均可构成其一个基.因此在 $\mathbf{R}^4$ 中

$$\boldsymbol{\alpha}_1=(1,1,1,1)^{\mathrm{T}},\quad \boldsymbol{\alpha}_2=(1,1,1,0)^{\mathrm{T}},\quad \boldsymbol{\alpha}_3=(1,1,0,0)^{\mathrm{T}},\quad \boldsymbol{\alpha}_4=(1,0,0,0)^{\mathrm{T}}$$

亦为其一个基.若取$\boldsymbol{\beta}=(2,0,1,4)^{\mathrm{T}}$,则

$$\boldsymbol{\beta}=4\boldsymbol{\alpha}_1-3\boldsymbol{\alpha}_2-\boldsymbol{\alpha}_3+2\boldsymbol{\alpha}_4,$$

因此,$\boldsymbol{\beta}$ 在基 $\boldsymbol{\alpha}_1,\boldsymbol{\alpha}_2,\boldsymbol{\alpha}_3,\boldsymbol{\alpha}_4$ 下的坐标为$(4,-3,-1,2)^{\mathrm{T}}$.

例 2 证明 $P[x]_2$ 中多项式$f_1(x)=1+x+2x^2,f_2(x)=2x+x^2,f_3(x)=3+x+5x^2$ 是线性相关的.

证 $f_1(x),f_2(x),f_3(x)$在 $P[x]_2$ 中基 $p_1=1,p_2=x,p_3=x^2$ 下的坐标分别为$(1,1,2)^{\mathrm{T}}$,$(0,2,1)^{\mathrm{T}}$,$(3,1,5)^{\mathrm{T}}$.由

$$\begin{pmatrix}1&0&3\\1&2&1\\2&1&5\end{pmatrix}\xrightarrow{\text{初等行变换}}\begin{pmatrix}1&0&3\\0&1&-1\\0&0&0\end{pmatrix},$$

可得$f_3(x)=3f_1(x)-f_2(x)$,故$f_1(x),f_2(x),f_3(x)$线性相关.证毕.

有了坐标以后,不仅把抽象的向量 $\boldsymbol{\alpha}$ 与具体的数组向量$(x_1,x_2,\cdots,x_n)^{\mathrm{T}}$联系在一起,也使线性空间 V_n 中抽象的线性运算转为具体的数组向量的线性运算,使运算大为方便.

设 $\boldsymbol{\alpha}_1,\boldsymbol{\alpha}_2,\cdots,\boldsymbol{\alpha}_n$ 为线性空间 V_n 中的一个基且 $\boldsymbol{\alpha},\boldsymbol{\beta}\in V_n$.在这个基下,$\boldsymbol{\alpha},\boldsymbol{\beta}$ 的坐标分别为$(x_1,x_2,\cdots,x_n)^{\mathrm{T}}$,$(y_1,y_2,\cdots,y_n)^{\mathrm{T}}$,即

$$\boldsymbol{\alpha}=x_1\boldsymbol{\alpha}_1+x_2\boldsymbol{\alpha}_2+\cdots+x_n\boldsymbol{\alpha}_n,\quad \boldsymbol{\beta}=y_1\boldsymbol{\alpha}_1+y_2\boldsymbol{\alpha}_2+\cdots+y_n\boldsymbol{\alpha}_n,$$

于是

$$\boldsymbol{\alpha}+\boldsymbol{\beta}=(x_1+y_1)\boldsymbol{\alpha}_1+(x_2+y_2)\boldsymbol{\alpha}_2+\cdots+(x_n+y_n)\boldsymbol{\alpha}_n,$$

$$k\boldsymbol{\alpha}=(kx_1)\boldsymbol{\alpha}_1+(kx_2)\boldsymbol{\alpha}_2+\cdots+(kx_n)\boldsymbol{\alpha}_n.$$

这表明,n 维向量空间 V_n 在给定一个基后,向量的线性运算可由相应的坐标运算取代;同时也表明,在 n 维线性空间 V_n 与 n 维向量空间 $\mathbf{R}^n$ 之间,不仅向量之间有一一对应的关系,这种对应关系还保持线性运算的对应.这就是说从线性空间的角度,V_n 与 $\mathbf{R}^n$ 两个空间具有相同的结构,我们称 V_n 与 $\mathbf{R}^n$ 同构.

一般地,有

定义 7.2.3 如果两个线性空间满足下面的条件:

(1) 它们的元素之间存在一一对应关系;

(2) 这种对应关系保持线性运算的对应,

那么称这两个线性空间是同构的(isomorphic).

同构是线性空间之间的一种重要关系.显然,任何 n 维线性空间都与 $\mathbf{R}^n$ 同构,即维数相等的线性空间都同构.这样线性空间的结构就完全由它的维数所决定.

例 3 设 $\boldsymbol{\alpha}_1=(1,2,1)^{\mathrm{T}},\boldsymbol{\alpha}_2=(2,1,-1)^{\mathrm{T}},\boldsymbol{\alpha}_3=(2,-2,-4)^{\mathrm{T}}$.

(1) 求 $H=\mathrm{Span}\{\boldsymbol{\alpha}_1,\boldsymbol{\alpha}_2,\boldsymbol{\alpha}_3\}$的一个基,并写出在这个基下 $\boldsymbol{\alpha}_1,\boldsymbol{\alpha}_2,\boldsymbol{\alpha}_3$ 的坐标;

(2) 证明 H 与 $\mathbf{R}^2$ 同构.

证 (1) 由初等行变换$\begin{pmatrix}1&2&2\\2&1&-2\\1&-1&-4\end{pmatrix}\xrightarrow{\text{初等行变换}}\begin{pmatrix}1&0&-2\\0&1&2\\0&0&0\end{pmatrix}$知,$\boldsymbol{\alpha}_1,\boldsymbol{\alpha}_2$ 线性无关,且$\boldsymbol{\alpha}_3=-2\boldsymbol{\alpha}_1+2\boldsymbol{\alpha}_2$;又由生成子空间的概念知,$\boldsymbol{\alpha}_1,\boldsymbol{\alpha}_2$ 为其一个基,且在这个基下 $\boldsymbol{\alpha}_1$ 的坐标为$(1,0)^{\mathrm{T}}$,$\boldsymbol{\alpha}_2$ 的坐标为$(0,1)^{\mathrm{T}}$,$\boldsymbol{\alpha}_3$ 的坐标为$(-2,2)^{\mathrm{T}}$,H 也可表示为 $H=\mathrm{Span}\{\boldsymbol{\alpha}_1,\boldsymbol{\alpha}_2\}$.

(2) 因为 H 为二维线性空间,故 H 与 $\mathbf{R}^2$ 同构.

本例在几何意义上表明,H 是 $\mathbf{R}^3$ 中由向量 $\boldsymbol{\alpha}_1,\boldsymbol{\alpha}_2$ 确定的一张平面,$\boldsymbol{\alpha}_3$ 是此平面上的一个向量.

习　题　7.2

1. 证明 $\boldsymbol{\alpha}_1=(1,3,5)^{\mathrm{T}},\boldsymbol{\alpha}_2=(6,3,2)^{\mathrm{T}},\boldsymbol{\alpha}_3=(3,1,0)^{\mathrm{T}}$ 是 $\mathbf{R}^3$ 的一个基,并求向量 $\boldsymbol{\alpha}=(3,7,1)^{\mathrm{T}}$ 在这个基下的坐标.

2. 证明 $\boldsymbol{\alpha}_1=(1,1,1,1)^{\mathrm{T}},\boldsymbol{\alpha}_2=(1,1,-1,-1)^{\mathrm{T}},\boldsymbol{\alpha}_3=(1,-1,1,-1)^{\mathrm{T}},\boldsymbol{\alpha}_4=(1,-1,-1,1)^{\mathrm{T}}$ 是 $\mathbf{R}^4$ 的一个基,并求向量 $\boldsymbol{\xi}=(1,2,1,1)^{\mathrm{T}}$ 在这个基下的坐标.

3. 求线性空间 $V=\{(x_1,x_2,\cdots,x_n)\mid x_1+x_2+\cdots+x_n=0\}$ 的基与维数.

4. 求由 $P[x]_3$ 中元素 $f_1(x)=x^3-2x^2+4x+1,f_2(x)=2x^3-5x^2+9x-1,f_3(x)=x^3+6x-5,f_4(x)=2x^3-5x^2+7x+5$ 生成的子空间的基与维数.

5. 所有二阶实矩阵组成的集合 $\mathbf{R}^{2\times2}$ 对于矩阵的加法和数与矩阵的乘法运算构成实数域 $\mathbf{R}$ 上的一个线性空间.证明

$$\boldsymbol{E}_{11}=\begin{pmatrix}1&0\\0&0\end{pmatrix},\quad \boldsymbol{E}_{12}=\begin{pmatrix}0&1\\0&0\end{pmatrix},\quad \boldsymbol{E}_{21}=\begin{pmatrix}0&0\\1&0\end{pmatrix},\quad \boldsymbol{E}_{22}=\begin{pmatrix}0&0\\0&1\end{pmatrix}$$

是 $\mathbf{R}^{2\times2}$ 中的一个基,并求其中任意一个矩阵 $\boldsymbol{A}=\begin{pmatrix}a_{11}&a_{12}\\a_{21}&a_{22}\end{pmatrix}$ 在该基下的坐标.

6. 证明二阶对称矩阵的全体 $S=\left\{\boldsymbol{A}\,\middle|\,\boldsymbol{A}=\begin{pmatrix}a&b\\b&c\end{pmatrix},a,b,c\in\mathbf{R}\right\}$ 对于矩阵的加法和数与矩阵的乘法运算构成线性空间,并求 S 的维数,给出它的一个基.

§7.3　基变换与坐标变换

上一节例 1 告诉我们,一个线性空间的基不唯一,同一个向量在不同的基下有不同的坐标.比如该例中向量 $\boldsymbol{\beta}$ 在自然基 $\boldsymbol{\varepsilon}_1,\boldsymbol{\varepsilon}_2,\boldsymbol{\varepsilon}_3,\boldsymbol{\varepsilon}_4$ 下,有 $\boldsymbol{\beta}=2\boldsymbol{\varepsilon}_1+\boldsymbol{\varepsilon}_3+4\boldsymbol{\varepsilon}_4$,坐标为 $(2,0,1,4)^{\mathrm{T}}$;在基 $\boldsymbol{\alpha}_1,\boldsymbol{\alpha}_2,\boldsymbol{\alpha}_3,\boldsymbol{\alpha}_4$ 下,有 $\boldsymbol{\beta}=4\boldsymbol{\alpha}_1-3\boldsymbol{\alpha}_2-\boldsymbol{\alpha}_3+2\boldsymbol{\alpha}_4$,坐标为 $(4,-3,-1,2)^{\mathrm{T}}$.我们关心的是这两个坐标之间的关系.下面引进过渡矩阵的概念,找到同一线性空间中不同基下坐标的转换公式.

定义 7.3.1　设 $\boldsymbol{\alpha}_1,\boldsymbol{\alpha}_2,\cdots,\boldsymbol{\alpha}_n$ 和 $\boldsymbol{\beta}_1,\boldsymbol{\beta}_2,\cdots,\boldsymbol{\beta}_n$ 是线性空间 V_n 中的两个基,且

$$\begin{cases}\boldsymbol{\beta}_1=p_{11}\boldsymbol{\alpha}_1+p_{21}\boldsymbol{\alpha}_2+\cdots+p_{n1}\boldsymbol{\alpha}_n,\\ \boldsymbol{\beta}_2=p_{12}\boldsymbol{\alpha}_1+p_{22}\boldsymbol{\alpha}_2+\cdots+p_{n2}\boldsymbol{\alpha}_n,\\ \qquad\cdots\cdots\cdots\cdots\\ \boldsymbol{\beta}_n=p_{1n}\boldsymbol{\alpha}_1+p_{2n}\boldsymbol{\alpha}_2+\cdots+p_{nn}\boldsymbol{\alpha}_n\end{cases}\tag{7.2}$$

或写成

$$(\boldsymbol{\beta}_1,\boldsymbol{\beta}_2,\cdots,\boldsymbol{\beta}_n)=(\boldsymbol{\alpha}_1,\boldsymbol{\alpha}_2,\cdots,\boldsymbol{\alpha}_n)\boldsymbol{P},\tag{7.3}$$

其中

$$P=\begin{pmatrix} p_{11} & p_{12} & \cdots & p_{1n} \\ p_{21} & p_{22} & \cdots & p_{2n} \\ \vdots & \vdots & & \vdots \\ p_{n1} & p_{n2} & \cdots & p_{nn} \end{pmatrix}. \tag{7.4}$$

称(7.2)或(7.3)为**基变换公式**(basis conversion formula),矩阵 $\boldsymbol{P}$ 称为由基 $\boldsymbol{\alpha}_1,\boldsymbol{\alpha}_2,\cdots,\boldsymbol{\alpha}_n$ 到基 $\boldsymbol{\beta}_1,\boldsymbol{\beta}_2,\cdots,\boldsymbol{\beta}_n$ 的**过渡矩阵**(transition matrix).

过渡矩阵 $\boldsymbol{P}$ 是可逆的,否则齐次线性方程组 $\boldsymbol{PX}=\boldsymbol{0}$ 必有非零解,即存在 $\boldsymbol{X}_0=(k_1,k_2,\cdots,k_n)^{\mathrm{T}}$,$k_1,k_2,\cdots,k_n$不全为零,使 $\boldsymbol{PX}_0=\boldsymbol{0}$,因而此时

$$(\boldsymbol{\beta}_1,\boldsymbol{\beta}_2,\cdots,\boldsymbol{\beta}_n)\boldsymbol{X}_0=[(\boldsymbol{\alpha}_1,\boldsymbol{\alpha}_2,\cdots,\boldsymbol{\alpha}_n)\boldsymbol{P}]\boldsymbol{X}_0=(\boldsymbol{\alpha}_1,\boldsymbol{\alpha}_2,\cdots,\boldsymbol{\alpha}_n)(\boldsymbol{PX}_0)=\boldsymbol{0},$$

即有 $k_1\boldsymbol{\beta}_1+k_2\boldsymbol{\beta}_2+\cdots+k_n\boldsymbol{\beta}_n=\boldsymbol{0}$,与 $\boldsymbol{\beta}_1,\boldsymbol{\beta}_2,\cdots,\boldsymbol{\beta}_n$ 线性无关矛盾.

定理 7.3.1 设 V_n 中元素 $\boldsymbol{\alpha}$ 在基 $\boldsymbol{\alpha}_1,\boldsymbol{\alpha}_2,\cdots,\boldsymbol{\alpha}_n$ 下的坐标为$(x_1,x_2,\cdots,x_n)^{\mathrm{T}}$,在基 $\boldsymbol{\beta}_1,\boldsymbol{\beta}_2,\cdots,\boldsymbol{\beta}_n$ 下的坐标为$(y_1,y_2,\cdots,y_n)^{\mathrm{T}}$,$\boldsymbol{P}$ 是由基 $\boldsymbol{\alpha}_1,\boldsymbol{\alpha}_2,\cdots,\boldsymbol{\alpha}_n$ 到基 $\boldsymbol{\beta}_1,\boldsymbol{\beta}_2,\cdots,\boldsymbol{\beta}_n$ 的过渡矩阵,则有**坐标变换公式**(coordinate conversion formula)

$$\begin{pmatrix} x_1 \\ x_2 \\ \vdots \\ x_n \end{pmatrix}=\boldsymbol{P}\begin{pmatrix} y_1 \\ y_2 \\ \vdots \\ y_n \end{pmatrix} \quad 或 \quad \begin{pmatrix} y_1 \\ y_2 \\ \vdots \\ y_n \end{pmatrix}=\boldsymbol{P}^{-1}\begin{pmatrix} x_1 \\ x_2 \\ \vdots \\ x_n \end{pmatrix}. \tag{7.5}$$

证 记 $\boldsymbol{x}=(x_1,x_2,\cdots,x_n)^{\mathrm{T}}$,$\boldsymbol{y}=(y_1,y_2,\cdots,y_n)^{\mathrm{T}}$,则

$$\boldsymbol{\alpha}=(\boldsymbol{\alpha}_1,\boldsymbol{\alpha}_2,\cdots,\boldsymbol{\alpha}_n)\boldsymbol{x}=(\boldsymbol{\beta}_1,\boldsymbol{\beta}_2,\cdots,\boldsymbol{\beta}_n)\boldsymbol{y}=(\boldsymbol{\alpha}_1,\boldsymbol{\alpha}_2,\cdots,\boldsymbol{\alpha}_n)\boldsymbol{Py},$$

由同一基下坐标的唯一性及 $\boldsymbol{P}$ 的可逆性知 $\boldsymbol{x}=\boldsymbol{Py}$ 或 $\boldsymbol{y}=\boldsymbol{P}^{-1}\boldsymbol{x}$.证毕.

这个定理的逆命题也成立,即若线性空间中任一元素在两个基下的坐标满足坐标变换公式(7.5),则这两个基一定满足基变换公式(7.3).

容易验证,上一节例 1 中由自然基 $\boldsymbol{\varepsilon}_1,\boldsymbol{\varepsilon}_2,\boldsymbol{\varepsilon}_3,\boldsymbol{\varepsilon}_4$ 到基 $\boldsymbol{\alpha}_1,\boldsymbol{\alpha}_2,\boldsymbol{\alpha}_3,\boldsymbol{\alpha}_4$ 的过渡矩阵为 $\boldsymbol{P}=\begin{pmatrix} 1 & 1 & 1 & 1 \\ 1 & 1 & 1 & 0 \\ 1 & 1 & 0 & 0 \\ 1 & 0 & 0 & 0 \end{pmatrix}$,$\boldsymbol{\beta}$ 的两个坐标满足变换公式(7.5),即$\begin{pmatrix} 2 \\ 0 \\ 1 \\ 4 \end{pmatrix}=\begin{pmatrix} 1 & 1 & 1 & 1 \\ 1 & 1 & 1 & 0 \\ 1 & 1 & 0 & 0 \\ 1 & 0 & 0 & 0 \end{pmatrix}\begin{pmatrix} 4 \\ -3 \\ -1 \\ 2 \end{pmatrix}$.

例 1 设 $\boldsymbol{\alpha}_1=\begin{pmatrix} 1 \\ -1 \\ 2 \end{pmatrix}$,$\boldsymbol{\alpha}_2=\begin{pmatrix} -2 \\ 3 \\ -1 \end{pmatrix}$,$\boldsymbol{\alpha}_3=\begin{pmatrix} -1 \\ 0 \\ 7 \end{pmatrix}$,矩阵 $\boldsymbol{P}=\begin{pmatrix} 1 & 2 & 3 \\ 2 & 3 & 7 \\ 1 & 3 & 1 \end{pmatrix}$.

(1) 求 $\mathbf{R}^3$ 中一个基 $\boldsymbol{\beta}_1,\boldsymbol{\beta}_2,\boldsymbol{\beta}_3$,使得 $\boldsymbol{P}$ 是由基 $\boldsymbol{\beta}_1,\boldsymbol{\beta}_2,\boldsymbol{\beta}_3$ 到 $\boldsymbol{\alpha}_1,\boldsymbol{\alpha}_2,\boldsymbol{\alpha}_3$ 的过渡矩阵;

(2) 求 $\mathbf{R}^3$ 中一个基 $\boldsymbol{v}_1,\boldsymbol{v}_2,\boldsymbol{v}_3$,使 $\boldsymbol{P}$ 是由基 $\boldsymbol{\alpha}_1,\boldsymbol{\alpha}_2,\boldsymbol{\alpha}_3$ 到 $\boldsymbol{v}_1,\boldsymbol{v}_2,\boldsymbol{v}_3$ 的过渡矩阵.

解 (1) 由题意,$(\boldsymbol{\alpha}_1,\boldsymbol{\alpha}_2,\boldsymbol{\alpha}_3)=(\boldsymbol{\beta}_1,\boldsymbol{\beta}_2,\boldsymbol{\beta}_3)\boldsymbol{P}$,则

$$\begin{aligned}(\boldsymbol{\beta}_1,\boldsymbol{\beta}_2,\boldsymbol{\beta}_3)=(\boldsymbol{\alpha}_1,\boldsymbol{\alpha}_2,\boldsymbol{\alpha}_3)\boldsymbol{P}^{-1}&=\begin{pmatrix} 1 & -2 & -1 \\ -1 & 3 & 0 \\ 2 & -1 & 7 \end{pmatrix}\begin{pmatrix} 1 & 2 & 3 \\ 2 & 3 & 7 \\ 1 & 3 & 1 \end{pmatrix}^{-1} \\ &=\begin{pmatrix} 1 & -2 & -1 \\ -1 & 3 & 0 \\ 2 & -1 & 7 \end{pmatrix}\begin{pmatrix} -18 & 7 & 5 \\ 5 & -2 & -1 \\ 3 & -1 & -1 \end{pmatrix}=\begin{pmatrix} -31 & 12 & 8 \\ 33 & -13 & -8 \\ -20 & 9 & 4 \end{pmatrix},\end{aligned}$$

所以所求基为 $\boldsymbol{\beta}_1=\begin{pmatrix}-31\\33\\-20\end{pmatrix},\boldsymbol{\beta}_2=\begin{pmatrix}12\\-13\\9\end{pmatrix},\boldsymbol{\beta}_3=\begin{pmatrix}8\\-8\\4\end{pmatrix}$.

（2）由题意，

$$(\boldsymbol{v}_1,\boldsymbol{v}_2,\boldsymbol{v}_3)=(\boldsymbol{\alpha}_1,\boldsymbol{\alpha}_2,\boldsymbol{\alpha}_3)\boldsymbol{P}=\begin{pmatrix}1&-2&-1\\-1&3&0\\2&-1&7\end{pmatrix}\begin{pmatrix}1&2&3\\2&3&7\\1&3&1\end{pmatrix}=\begin{pmatrix}-4&-7&-12\\5&7&18\\7&22&6\end{pmatrix},$$

所以所求基为 $\boldsymbol{v}_1=\begin{pmatrix}-4\\5\\7\end{pmatrix},\boldsymbol{v}_2=\begin{pmatrix}-7\\7\\22\end{pmatrix},\boldsymbol{v}_3=\begin{pmatrix}-12\\18\\6\end{pmatrix}$.

例 2　设 $\mathbf{R}^3$ 中两个基分别为

$$\boldsymbol{\alpha}_1=(1,0,1)^{\mathrm{T}},\quad \boldsymbol{\alpha}_2=(1,1,-1)^{\mathrm{T}},\quad \boldsymbol{\alpha}_3=(1,-1,1)^{\mathrm{T}},\qquad (\mathrm{I})$$

$$\boldsymbol{\beta}_1=(3,0,1)^{\mathrm{T}},\quad \boldsymbol{\beta}_2=(2,0,0)^{\mathrm{T}},\quad \boldsymbol{\beta}_3=(0,2,-2)^{\mathrm{T}}.\qquad (\mathrm{II})$$

典型例题讲解
基变换公式与坐标变换公式

（1）求由基（Ⅰ）到基（Ⅱ）的过渡矩阵 $\boldsymbol{P}$；

（2）若向量 $\boldsymbol{\alpha}$ 在基 $\boldsymbol{\alpha}_1,\boldsymbol{\alpha}_2,\boldsymbol{\alpha}_3$ 下的坐标为 $(1,2,4)^{\mathrm{T}}$，求 $\boldsymbol{\alpha}$ 在基 $\boldsymbol{\beta}_1,\boldsymbol{\beta}_2,\boldsymbol{\beta}_3$ 下的坐标；

（3）求在两个基下有相同坐标的向量.

解　（1）因为 $(\boldsymbol{\beta}_1,\boldsymbol{\beta}_2,\boldsymbol{\beta}_3)=(\boldsymbol{\alpha}_1,\boldsymbol{\alpha}_2,\boldsymbol{\alpha}_3)\boldsymbol{P}$，所以

$$\boldsymbol{P}=(\boldsymbol{\alpha}_1,\boldsymbol{\alpha}_2,\boldsymbol{\alpha}_3)^{-1}(\boldsymbol{\beta}_1,\boldsymbol{\beta}_2,\boldsymbol{\beta}_3)=\begin{pmatrix}1&1&1\\0&1&-1\\1&-1&1\end{pmatrix}^{-1}\begin{pmatrix}3&2&0\\0&0&2\\1&0&-2\end{pmatrix}$$

$$=\frac{1}{2}\begin{pmatrix}0&2&2\\1&0&-1\\1&-2&-1\end{pmatrix}\begin{pmatrix}3&2&0\\0&0&2\\1&0&-2\end{pmatrix}=\begin{pmatrix}1&0&0\\1&1&1\\1&1&-1\end{pmatrix}.$$

（2）由坐标变换公式(7.5)，有

$$(y_1,y_2,y_3)^{\mathrm{T}}=\boldsymbol{P}^{-1}(x_1,x_2,x_3)^{\mathrm{T}}=\frac{1}{2}\begin{pmatrix}2&0&0\\-2&1&1\\0&1&-1\end{pmatrix}\begin{pmatrix}1\\2\\4\end{pmatrix}=\begin{pmatrix}1\\2\\-1\end{pmatrix}.$$

（3）设 $\boldsymbol{x}=(x_1,x_2,x_3)^{\mathrm{T}}$ 是在这两个基下坐标相同的向量，由坐标变换公式(7.5)，有 $\boldsymbol{x}=\boldsymbol{P}\boldsymbol{x}$，移项得到齐次线性方程组 $(\boldsymbol{P}-\boldsymbol{E})\boldsymbol{x}=\boldsymbol{0}$，这样问题转换为求其解向量，由

$$\boldsymbol{P}-\boldsymbol{E}=\begin{pmatrix}0&0&0\\1&0&1\\1&1&-2\end{pmatrix}\to\begin{pmatrix}1&0&1\\0&1&-3\\0&0&0\end{pmatrix},$$

可得同解方程组 $\begin{cases}x_1=-x_3,\\x_2=3x_3,\end{cases}$ 取 $x_3=1$，得基础解系 $\boldsymbol{\xi}=\begin{pmatrix}-1\\3\\1\end{pmatrix}$，其通解 $\boldsymbol{x}=k\begin{pmatrix}-1\\3\\1\end{pmatrix}$（$k$ 为任意常数）即为在这两个基下有相同坐标的所有向量.

习 题 7.3

1. 求 $\mathbf{R}^2$ 中一个基 $\boldsymbol{\alpha}_1=(1,2)^{\mathrm{T}},\boldsymbol{\alpha}_2=(2,5)^{\mathrm{T}}$ 到另一个基 $\boldsymbol{\beta}_1=(1,0)^{\mathrm{T}},\boldsymbol{\beta}_2=(1,1)^{\mathrm{T}}$ 的过渡矩阵.

2. 求 $\mathbf{R}^3$ 中一个基 $\boldsymbol{\alpha}_1=(1,2,1)^{\mathrm{T}},\boldsymbol{\alpha}_2=(2,3,3)^{\mathrm{T}},\boldsymbol{\alpha}_3=(3,7,1)^{\mathrm{T}}$ 到另一个基 $\boldsymbol{\beta}_1=(3,1,4)^{\mathrm{T}},\boldsymbol{\beta}_2=(5,2,1)^{\mathrm{T}},\boldsymbol{\beta}_3=(1,1,-6)^{\mathrm{T}}$ 的过渡矩阵.

3. 设 $\boldsymbol{P}=\begin{pmatrix}2&5\\1&3\end{pmatrix},\boldsymbol{\alpha}_1=(2,6)^{\mathrm{T}},\boldsymbol{\alpha}_2=(1,5)^{\mathrm{T}}$.

(1) 求 $\mathbf{R}^2$ 中一个基 $\boldsymbol{\beta}_1,\boldsymbol{\beta}_2$,使得 $\boldsymbol{P}$ 是由基 $\boldsymbol{\beta}_1,\boldsymbol{\beta}_2$ 到 $\boldsymbol{\alpha}_1,\boldsymbol{\alpha}_2$ 的过渡矩阵;

(2) 求 $\mathbf{R}^2$ 中一个基 $\boldsymbol{\gamma}_1,\boldsymbol{\gamma}_2$,使得 $\boldsymbol{P}$ 是由基 $\boldsymbol{\alpha}_1,\boldsymbol{\alpha}_2$ 到 $\boldsymbol{\gamma}_1,\boldsymbol{\gamma}_2$ 的过渡矩阵.

4. 设 $\mathbf{R}^3$ 中两个基分别为

$$\boldsymbol{\alpha}_1=(1,0,1)^{\mathrm{T}},\quad \boldsymbol{\alpha}_2=(0,1,0)^{\mathrm{T}},\quad \boldsymbol{\alpha}_3=(1,2,2)^{\mathrm{T}}, \tag{I}$$

$$\boldsymbol{\beta}_1=(1,0,0)^{\mathrm{T}},\quad \boldsymbol{\beta}_2=(1,1,0)^{\mathrm{T}},\quad \boldsymbol{\beta}_3=(1,1,1)^{\mathrm{T}}. \tag{II}$$

(1) 求由基(Ⅰ)到基(Ⅱ)的过渡矩阵 $\boldsymbol{P}$;

(2) 若向量 $\boldsymbol{\alpha}$ 在基 $\boldsymbol{\alpha}_1,\boldsymbol{\alpha}_2,\boldsymbol{\alpha}_3$ 下的坐标为 $(1,3,0)^{\mathrm{T}}$,求 $\boldsymbol{\alpha}$ 在基 $\boldsymbol{\beta}_1,\boldsymbol{\beta}_2,\boldsymbol{\beta}_3$ 下的坐标.

5. 在 $\mathbf{R}^4$ 中取两个基 $\boldsymbol{e}_1=(1,0,0,0)^{\mathrm{T}},\boldsymbol{e}_2=(0,1,0,0)^{\mathrm{T}},\boldsymbol{e}_3=(0,0,1,0)^{\mathrm{T}},\boldsymbol{e}_4=(0,0,0,1)^{\mathrm{T}}$ 和 $\boldsymbol{\alpha}_1=(2,1,-1,1)^{\mathrm{T}},\boldsymbol{\alpha}_2=(0,3,1,0)^{\mathrm{T}},\boldsymbol{\alpha}_3=(5,3,2,1)^{\mathrm{T}},\boldsymbol{\alpha}_4=(6,6,1,3)^{\mathrm{T}}$.

(1) 求由前一个基到后一个基的过渡矩阵;

(2) 求向量 $(x_1,x_2,x_3,x_4)^{\mathrm{T}}$ 在后一个基下的坐标;

(3) 求在两个基下有相同坐标的向量.

§7.4 线性变换

7.4.1 线性变换的概念与性质

线性变换是一种从线性空间到它自身的映射,其特点是保持向量的加法和数乘运算关系不变,具体定义如下:

定义 7.4.1 设 V_n 是数域 F 上的 n 维线性空间,T 是 V_n 上映射到自身的一个映射.如果对任意的 $\boldsymbol{\alpha},\boldsymbol{\beta}\in V_n,k\in F$,映射 T 满足

(1) $T(\boldsymbol{\alpha}+\boldsymbol{\beta})=T(\boldsymbol{\alpha})+T(\boldsymbol{\beta})$;

(2) $T(k\boldsymbol{\alpha})=kT(\boldsymbol{\alpha})$,

则称映射 T 为线性空间 V_n 上的**线性映射**(linear mapping),也称为**线性变换**(linear transformation).

显然,1° V_n 上的线性变换 T 是一个 V_n 上保持线性运算关系的映射;

2°　V_n 上映射 T 为线性变换的充要条件是：对任意 $\boldsymbol{\alpha},\boldsymbol{\beta}\in V_n, k,l\in F$，有 $T(k\boldsymbol{\alpha}+l\boldsymbol{\beta})=kT(\boldsymbol{\alpha})+lT(\boldsymbol{\beta})$ 成立.

例 1　设 V 是数域 F 上的线性空间，$k\in F$，定义变换 $T: T(\boldsymbol{\alpha})=k\boldsymbol{\alpha},\ \forall\boldsymbol{\alpha}\in V$.可以验证映射 T 是线性变换，通常称为**数乘变换**(number multiplication transformation).几何上反映的是向量伸缩变化.

特别地，当 $k=1$ 时，该变换称为 V 上的**恒等变换**(identity transformation)；当 $k=0$ 时，该变换称为 V 上的**零变换**(zero transformation).

例 2　平面解析几何中的按逆时针方向将向量旋转 θ 角(如图 7-1)的公式是

$$\begin{cases}x'=x\cos\theta-y\sin\theta,\\ y'=x\sin\theta+y\cos\theta,\end{cases}\quad \text{或表示为}\quad \begin{pmatrix}x'\\ y'\end{pmatrix}=\begin{pmatrix}\cos\theta & -\sin\theta\\ \sin\theta & \cos\theta\end{pmatrix}\begin{pmatrix}x\\ y\end{pmatrix},$$

可以看成是将坐标为 $(x,y)^{\mathrm{T}}$ 的向量转变为坐标为 $(x',y')^{\mathrm{T}}$ 的向量的一个变换 T，即 $T(\boldsymbol{\alpha})=\boldsymbol{A\alpha}$，其中 $\boldsymbol{\alpha}=(x,y)^{\mathrm{T}}$，$\boldsymbol{A}=\begin{pmatrix}\cos\theta & -\sin\theta\\ \sin\theta & \cos\theta\end{pmatrix}$.容易验证，$T$ 是一个线性变换，称为**旋转变换**(rotation transformation).

图 7-1

例 3　在线性空间 $P[x]_2$ 中，微分运算 D 是一个线性变换.这是因为任取

$$p=a_2x^2+a_1x+a_0\in P[x]_2,\quad \mathrm{D}(p)=2a_2x+a_1\in P[x]_2,$$

$$q=b_2x^2+b_1x+b_0\in P[x]_2,\quad \mathrm{D}(q)=2b_2x+b_1\in P[x]_2,$$

有

$$\begin{aligned}\mathrm{D}(p+q)&=\mathrm{D}[(a_2+b_2)x^2+(a_1+b_1)x+(a_0+b_0)]\\ &=2(a_2+b_2)x+(a_1+b_1)=(2a_2x+a_1)+(2b_2x+b_1)\\ &=\mathrm{D}(p)+\mathrm{D}(q),\end{aligned}$$

$$\mathrm{D}(kp)=\mathrm{D}[ka_2x^2+ka_1x+ka_0]=2ka_2x+ka_1=k\mathrm{D}(p).$$

线性变换 T 具有如下基本性质：

性质 7.4.1　$T(\boldsymbol{0})=\boldsymbol{0}, T(-\boldsymbol{\alpha})=-T(\boldsymbol{\alpha})$.

性质 7.4.2　$T(k_1\boldsymbol{\alpha}_1+k_2\boldsymbol{\alpha}_2+\cdots+k_s\boldsymbol{\alpha}_s)=k_1T(\boldsymbol{\alpha}_1)+k_2T(\boldsymbol{\alpha}_2)+\cdots+k_sT(\boldsymbol{\alpha}_s)$.

性质 7.4.3　若 $\boldsymbol{\alpha}_1,\boldsymbol{\alpha}_2,\cdots,\boldsymbol{\alpha}_s$ 线性相关，则 $T(\boldsymbol{\alpha}_1),T(\boldsymbol{\alpha}_2),\cdots,T(\boldsymbol{\alpha}_s)$ 线性相关.

由定义即可推得以上性质的证明，请读者自证.

必须注意，性质 7.4.3 的逆命题不成立.比如，在线性空间 $P[x]_2$ 中，易验证微分运算 D 是一个线性变换.虽然 $1,x,x^2$ 作为 $P[x]_2$ 中的一个基是线性无关的，但是 $\mathrm{D}(1)=0,\mathrm{D}(x)=1,\mathrm{D}(x^2)=2x$ 线性相关.

性质 7.4.4　(1) 线性变换 T 的像集 $T(V)=\{T(\boldsymbol{\alpha})\mid\boldsymbol{\alpha}\in V\}$ 是线性空间 V 的一个子空间，称为线性变换 T 的**像空间**(image space).

(2) 使 $T(\boldsymbol{\alpha})=\boldsymbol{0}$ 的向量 $\boldsymbol{\alpha}$ 的全体 $S_T=\{\boldsymbol{\alpha}\mid T(\boldsymbol{\alpha})=\boldsymbol{0},\forall\boldsymbol{\alpha}\in V\}$ 也是 V 的一个子空间，称为线性变换 T 的**核**(kernel).

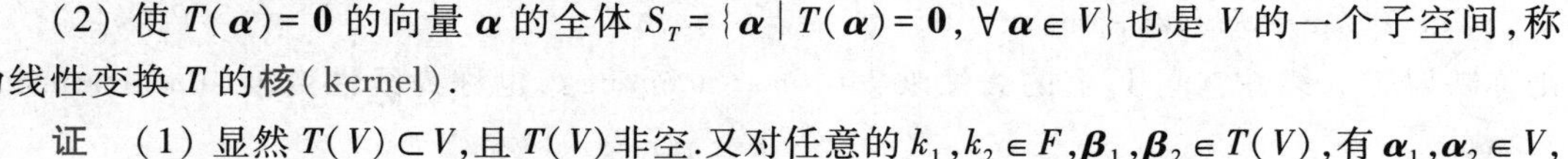

证　(1) 显然 $T(V)\subset V$，且 $T(V)$ 非空.又对任意的 $k_1,k_2\in F,\boldsymbol{\beta}_1,\boldsymbol{\beta}_2\in T(V)$，有 $\boldsymbol{\alpha}_1,\boldsymbol{\alpha}_2\in V$，使 $T(\boldsymbol{\alpha}_1)=\boldsymbol{\beta}_1,T(\boldsymbol{\alpha}_2)=\boldsymbol{\beta}_2$，且 $k_1\boldsymbol{\alpha}_1+k_2\boldsymbol{\alpha}_2\in V$，故

$$k_1\boldsymbol{\beta}_1+k_2\boldsymbol{\beta}_2=k_1T(\boldsymbol{\alpha}_1)+k_2T(\boldsymbol{\alpha}_2)=T(k_1\boldsymbol{\alpha}_1+k_2\boldsymbol{\alpha}_2)\in T(V),$$

所以 $T(V)$ 为 V 的一个子空间.

(2) 类似(1)可证.证毕.

例 4 设 n 阶方阵 $\boldsymbol{A}$ 已知,在 $\mathbf{R}^n$ 中定义变换 T 为:$T(\boldsymbol{x})=\boldsymbol{A}\boldsymbol{x}(\boldsymbol{x}\in\mathbf{R}^n)$.易证,$T$ 为 $\mathbf{R}^n$ 上的线性变换,且 $T(\boldsymbol{x})=\mathbf{0}\Leftrightarrow\boldsymbol{A}\boldsymbol{x}=\mathbf{0}$,故 T 的核就是 n 元齐次线性方程组 $\boldsymbol{AX}=\mathbf{0}$ 的解空间.又记 $\boldsymbol{A}=(\boldsymbol{\alpha}_1,\boldsymbol{\alpha}_2,\cdots,\boldsymbol{\alpha}_n)$,$\boldsymbol{x}=(x_1,x_2,\cdots,x_n)^{\mathrm{T}}$,则有

$$T(\boldsymbol{x})=\boldsymbol{A}\boldsymbol{x}=x_1\boldsymbol{\alpha}_1+x_2\boldsymbol{\alpha}_2+\cdots+x_n\boldsymbol{\alpha}_n,$$

$$\begin{aligned}T(\mathbf{R}^n)&=\{T(\boldsymbol{x})\mid\boldsymbol{x}\in\mathbf{R}^n\}=\{x_1\boldsymbol{\alpha}_1+x_2\boldsymbol{\alpha}_2+\cdots+x_n\boldsymbol{\alpha}_n\mid x_1,x_2,\cdots,x_n\in\mathbf{R}\}\\&=\mathrm{Span}\{\boldsymbol{\alpha}_1,\boldsymbol{\alpha}_2,\cdots,\boldsymbol{\alpha}_n\}.\end{aligned}$$

故 T 的值域就是由 $\boldsymbol{\alpha}_1,\boldsymbol{\alpha}_2,\cdots,\boldsymbol{\alpha}_n$ 生成的子空间.

本节的线性变换是在一个线性空间上定义的,可以推广到两个线性空间 V_1,V_2 上.只要定义在 V_1 到 V_2 的映射能保持运算的线性性,则这个映射就称为 V_1 到 V_2 的线性变换,这里不再作讨论.

7.4.2 线性变换的矩阵表示

定义 7.4.2 设 T 是线性空间 V_n 上的线性变换,$\boldsymbol{\alpha}_1,\boldsymbol{\alpha}_2,\cdots,\boldsymbol{\alpha}_n$ 是 V_n 的一个基,由于 $T(\boldsymbol{\alpha}_i)(i=1,2,\cdots,n)$ 仍是 V_n 中的向量,故均可由基 $\boldsymbol{\alpha}_1,\boldsymbol{\alpha}_2,\cdots,\boldsymbol{\alpha}_n$ 唯一表示,即

$$\begin{cases}T(\boldsymbol{\alpha}_1)=a_{11}\boldsymbol{\alpha}_1+a_{21}\boldsymbol{\alpha}_2+\cdots+a_{n1}\boldsymbol{\alpha}_n,\\T(\boldsymbol{\alpha}_2)=a_{12}\boldsymbol{\alpha}_1+a_{22}\boldsymbol{\alpha}_2+\cdots+a_{n2}\boldsymbol{\alpha}_n,\\\cdots\cdots\cdots\cdots\\T(\boldsymbol{\alpha}_n)=a_{1n}\boldsymbol{\alpha}_1+a_{2n}\boldsymbol{\alpha}_2+\cdots+a_{nn}\boldsymbol{\alpha}_n,\end{cases}$$

记 $T(\boldsymbol{\alpha}_1,\boldsymbol{\alpha}_2,\cdots,\boldsymbol{\alpha}_n)=(T(\boldsymbol{\alpha}_1),T(\boldsymbol{\alpha}_2),\cdots,T(\boldsymbol{\alpha}_n))$,上式可表示为

$$T(\boldsymbol{\alpha}_1,\boldsymbol{\alpha}_2,\cdots,\boldsymbol{\alpha}_n)=(\boldsymbol{\alpha}_1,\boldsymbol{\alpha}_2,\cdots,\boldsymbol{\alpha}_n)\boldsymbol{A},\tag{7.6}$$

其中 $\boldsymbol{A}=\begin{pmatrix}a_{11}&a_{12}&\cdots&a_{1n}\\a_{21}&a_{22}&\cdots&a_{2n}\\\vdots&\vdots&&\vdots\\a_{n1}&a_{n2}&\cdots&a_{nn}\end{pmatrix}$,称 $\boldsymbol{A}$ 为线性变换 T 在基 $\boldsymbol{\alpha}_1,\boldsymbol{\alpha}_2,\cdots,\boldsymbol{\alpha}_n$ 下的矩阵(matrix of T with the basis $\boldsymbol{\alpha}_1,\boldsymbol{\alpha}_2,\cdots,\boldsymbol{\alpha}_n$).

显然,在基给定的条件下,线性变换 T 与其矩阵 $\boldsymbol{A}$ 一一对应,即相互之间是唯一确定的.比如,零变换的矩阵一定为零矩阵,恒等变换的矩阵一定为单位矩阵.

注意到,若 $\boldsymbol{\alpha}$ 在基 $\boldsymbol{\alpha}_1,\boldsymbol{\alpha}_2,\cdots,\boldsymbol{\alpha}_n$ 下的坐标为 $\boldsymbol{x}=(x_1,x_2,\cdots,x_n)^{\mathrm{T}}$,则有 $\boldsymbol{\alpha}=x_1\boldsymbol{\alpha}_1+x_2\boldsymbol{\alpha}_2+\cdots+x_n\boldsymbol{\alpha}_n$,因而

$$\begin{aligned}T(\boldsymbol{\alpha})&=x_1T(\boldsymbol{\alpha}_1)+x_2T(\boldsymbol{\alpha}_2)+\cdots+x_nT(\boldsymbol{\alpha}_n)\\&=(T(\boldsymbol{\alpha}_1),T(\boldsymbol{\alpha}_2),\cdots,T(\boldsymbol{\alpha}_n))\begin{pmatrix}x_1\\x_2\\\vdots\\x_n\end{pmatrix}=(\boldsymbol{\alpha}_1,\boldsymbol{\alpha}_2,\cdots,\boldsymbol{\alpha}_n)\boldsymbol{A}\boldsymbol{x},\end{aligned}$$

由同一基下坐标的唯一性知，$\boldsymbol{\alpha}$ 的像 $T(\boldsymbol{\alpha})$ 的坐标 $\boldsymbol{y}=(y_1,y_2,\cdots,y_n)^{\mathrm{T}}$ 为

$$\boldsymbol{y}=\boldsymbol{A}\boldsymbol{x}.$$

以上讨论综合为下述定理：

定理 7.4.1　设 $\boldsymbol{\alpha}_1,\boldsymbol{\alpha}_2,\cdots,\boldsymbol{\alpha}_n$ 是线性空间 V_n 的一个基，V_n 上线性变换 T 在该基下的矩阵为 $\boldsymbol{A}$，记向量 $\boldsymbol{\alpha}$ 和它的像 $T(\boldsymbol{\alpha})$ 在这个基下的坐标分别为 $\boldsymbol{x}=(x_1,x_2,\cdots,x_n)^{\mathrm{T}}$，$\boldsymbol{y}=(y_1,y_2,\cdots,y_n)^{\mathrm{T}}$，则有

$$\boldsymbol{y}=\boldsymbol{A}\boldsymbol{x}. \tag{7.7}$$

例 5　在 $\mathbf{R}^3$ 中，定义线性变换 T：

$$T(\boldsymbol{\alpha})=(x_1,x_2,x_1+x_3+x_3)^{\mathrm{T}},\quad \forall \boldsymbol{\alpha}=(x_1,x_2,x_3)^{\mathrm{T}}\in\mathbf{R}^3.$$

取定 $\mathbf{R}^3$ 中一个基 $\boldsymbol{\alpha}_1=(1,1,0)^{\mathrm{T}}$，$\boldsymbol{\alpha}_2=(0,1,-1)^{\mathrm{T}}$，$\boldsymbol{\alpha}_3=(1,1,-1)^{\mathrm{T}}$.

典型例题讲解
线性变换的
矩阵表示

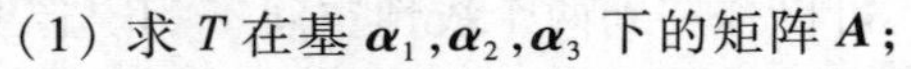
(1) 求 T 在基 $\boldsymbol{\alpha}_1,\boldsymbol{\alpha}_2,\boldsymbol{\alpha}_3$ 下的矩阵 $\boldsymbol{A}$；

(2) 求向量 $\boldsymbol{\beta}=(2,5,3)^{\mathrm{T}}$ 以及 $T(\boldsymbol{\beta})$ 在基 $\boldsymbol{\alpha}_1,\boldsymbol{\alpha}_2,\boldsymbol{\alpha}_3$ 下的坐标.

解　(1) 由公式(7.6)，有 $(T(\boldsymbol{\alpha}_1),T(\boldsymbol{\alpha}_2),T(\boldsymbol{\alpha}_3))=(\boldsymbol{\alpha}_1,\boldsymbol{\alpha}_2,\boldsymbol{\alpha}_3)\boldsymbol{A}$，即

$$\begin{pmatrix}1&0&1\\1&1&1\\2&0&1\end{pmatrix}=\begin{pmatrix}1&0&1\\1&1&1\\0&-1&-1\end{pmatrix}\boldsymbol{A},$$

故可得 $\boldsymbol{A}=\begin{pmatrix}1&0&1\\1&1&1\\0&-1&-1\end{pmatrix}^{-1}\begin{pmatrix}1&0&1\\1&1&1\\2&0&1\end{pmatrix}=\begin{pmatrix}3&1&2\\0&1&0\\-2&-1&-1\end{pmatrix}$.

(2) 设 $\boldsymbol{\beta}$ 在基 $\boldsymbol{\alpha}_1,\boldsymbol{\alpha}_2,\boldsymbol{\alpha}_3$ 下的坐标为 $\boldsymbol{x}=(x_1,x_2,x_3)^{\mathrm{T}}$，则 $\boldsymbol{\beta}=(\boldsymbol{\alpha}_1,\boldsymbol{\alpha}_2,\boldsymbol{\alpha}_3)\boldsymbol{x}$，即

$$\begin{pmatrix}2\\5\\3\end{pmatrix}=\begin{pmatrix}1&0&1\\1&1&1\\0&-1&-1\end{pmatrix}\begin{pmatrix}x_1\\x_2\\x_3\end{pmatrix},$$

故 $\begin{pmatrix}x_1\\x_2\\x_3\end{pmatrix}=\begin{pmatrix}1&0&1\\1&1&1\\0&-1&-1\end{pmatrix}^{-1}\begin{pmatrix}2\\5\\3\end{pmatrix}=\begin{pmatrix}8\\3\\-6\end{pmatrix}$；由公式(7.7)知，$T(\boldsymbol{\beta})$ 在基 $\boldsymbol{\alpha}_1,\boldsymbol{\alpha}_2,\boldsymbol{\alpha}_3$ 下的坐标为

$$\boldsymbol{y}=\boldsymbol{A}\boldsymbol{x}=\begin{pmatrix}3&1&2\\0&1&0\\-2&-1&-1\end{pmatrix}\begin{pmatrix}8\\3\\-6\end{pmatrix}=\begin{pmatrix}15\\3\\-13\end{pmatrix}.$$

线性变换的矩阵是由给定基确定的，而同一线性变换在不同基下的矩阵可能不同，不过这些矩阵之间有着密切联系.

定理 7.4.2　设 T 为 n 维线性空间 V_n 中的线性变换，T 在 V_n 中的两个基

$$\boldsymbol{\alpha}_1,\boldsymbol{\alpha}_2,\cdots,\boldsymbol{\alpha}_n, \tag{Ⅰ}$$

$$\boldsymbol{\beta}_1,\boldsymbol{\beta}_2,\cdots,\boldsymbol{\beta}_n \tag{Ⅱ}$$

下的矩阵分别为 $\boldsymbol{A}$ 和 $\boldsymbol{B}$，并且由基(Ⅰ)到基(Ⅱ)的过渡矩阵为 $\boldsymbol{P}$，那么 $\boldsymbol{A}\sim\boldsymbol{B}$，且 $\boldsymbol{B}=\boldsymbol{P}^{-1}\boldsymbol{A}\boldsymbol{P}$.

证　由条件 $T(\boldsymbol{\alpha}_1,\boldsymbol{\alpha}_2,\cdots,\boldsymbol{\alpha}_n)=(\boldsymbol{\alpha}_1,\boldsymbol{\alpha}_2,\cdots,\boldsymbol{\alpha}_n)\boldsymbol{A}$，$T(\boldsymbol{\beta}_1,\boldsymbol{\beta}_2,\cdots,\boldsymbol{\beta}_n)=(\boldsymbol{\beta}_1,\boldsymbol{\beta}_2,\cdots,\boldsymbol{\beta}_n)\boldsymbol{B}$ 及 $(\boldsymbol{\beta}_1,\boldsymbol{\beta}_2,\cdots,\boldsymbol{\beta}_n)=(\boldsymbol{\alpha}_1,\boldsymbol{\alpha}_2,\cdots,\boldsymbol{\alpha}_n)\boldsymbol{P}$，故

$$(\boldsymbol{\beta}_1,\boldsymbol{\beta}_2,\cdots,\boldsymbol{\beta}_n)\boldsymbol{B}=T(\boldsymbol{\beta}_1,\boldsymbol{\beta}_2,\cdots,\boldsymbol{\beta}_n)=T((\boldsymbol{\alpha}_1,\boldsymbol{\alpha}_2,\cdots,\boldsymbol{\alpha}_n)\boldsymbol{P})=(T(\boldsymbol{\alpha}_1,\boldsymbol{\alpha}_2,\cdots,\boldsymbol{\alpha}_n))\boldsymbol{P}$$
$$=(\boldsymbol{\alpha}_1,\boldsymbol{\alpha}_2,\cdots,\boldsymbol{\alpha}_n)\boldsymbol{AP}=(\boldsymbol{\beta}_1,\boldsymbol{\beta}_2,\cdots,\boldsymbol{\beta}_n)\boldsymbol{P}^{-1}\boldsymbol{AP},$$

由线性变换在同一基下矩阵的唯一性知，$\boldsymbol{B}=\boldsymbol{P}^{-1}\boldsymbol{AP}$，且 $\boldsymbol{A}\sim\boldsymbol{B}$.证毕.

例 6　已知 $\mathbf{R}^2$ 的两个基 $\boldsymbol{\alpha}_1=(1,2)^{\mathrm{T}},\boldsymbol{\alpha}_2=(1,1)^{\mathrm{T}}$ 与 $\boldsymbol{\beta}_1=(1,0)^{\mathrm{T}},\boldsymbol{\beta}_2=(1,-1)^{\mathrm{T}}$，设线性变换 T 在 $\boldsymbol{\alpha}_1,\boldsymbol{\alpha}_2$ 下的矩阵为 $\begin{pmatrix}1&2\\3&4\end{pmatrix}$.求 T 在 $\boldsymbol{\beta}_1,\boldsymbol{\beta}_2$ 下的矩阵.

解　设从基 $\boldsymbol{\alpha}_1,\boldsymbol{\alpha}_2$ 到基 $\boldsymbol{\beta}_1,\boldsymbol{\beta}_2$ 的过渡矩阵为 $\boldsymbol{C}$，由

$$\boldsymbol{C}=(\boldsymbol{\alpha}_1,\boldsymbol{\alpha}_2)^{-1}(\boldsymbol{\beta}_1,\boldsymbol{\beta}_2)=\begin{pmatrix}1&1\\2&1\end{pmatrix}^{-1}\begin{pmatrix}1&1\\0&-1\end{pmatrix}=\begin{pmatrix}-1&-2\\2&3\end{pmatrix},$$

得

$$\boldsymbol{C}^{-1}=\begin{pmatrix}3&2\\-2&-1\end{pmatrix},$$

则 T 在 $\boldsymbol{\beta}_1,\boldsymbol{\beta}_2$ 下的矩阵为

$$\boldsymbol{B}=\boldsymbol{C}^{-1}\boldsymbol{AC}=\begin{pmatrix}3&2\\-2&-1\end{pmatrix}\begin{pmatrix}1&2\\3&4\end{pmatrix}\begin{pmatrix}-1&-2\\2&3\end{pmatrix}=\begin{pmatrix}19&24\\-11&-14\end{pmatrix}.$$

7.4.3　线性变换的运算

线性变换是一种特殊的映射，我们根据映射的运算来定义线性变换的运算.

定义 7.4.3　V_n 是数域 F 上的 n 维线性空间，T,S 是 V_n 上的线性变换，$k,l\in F$，则对任意的 $\boldsymbol{\alpha}\in V_n$，有

$$(T+S)(\boldsymbol{\alpha})=T(\boldsymbol{\alpha})+S(\boldsymbol{\alpha}),\quad (kT)(\boldsymbol{\alpha})=kT(\boldsymbol{\alpha}),$$
$$(T-S)(\boldsymbol{\alpha})=T(\boldsymbol{\alpha})-S(\boldsymbol{\alpha}),\quad (TS)(\boldsymbol{\alpha})=T(S(\boldsymbol{\alpha})).$$

定义 7.4.4　V_n 是数域 F 上的 n 维线性空间，T 为 V_n 上任一线性变换，I 为 V_n 上的恒等变换.若存在 V_n 上线性变换 S，使得 $TS=ST=I$，则称 S 为 T 的**逆变换**(invertible transformation)，且称 T 为**可逆线性变换**(invertible linear transformation)，记 $T^{-1}=S$.

可以验证，线性变换经过加法、数乘、减法、乘法以及逆变换，其运算结果仍为线性变换.

注意到，由线性空间上的线性变换在给定一个基下与矩阵是一一对应的以及线性变换矩阵的定义，容易证明以下定理：

定理 7.4.3　设线性空间 V_n 中的线性变换 T,S 在基 $\boldsymbol{\alpha}_1,\boldsymbol{\alpha}_2,\cdots,\boldsymbol{\alpha}_n$ 下的矩阵分别为 $\boldsymbol{A}$ 与 $\boldsymbol{B}$，k 为数域 F 中的数，则在相同基下，有

(1) $T+S$ 的矩阵为 $\boldsymbol{A}+\boldsymbol{B}$；

(2) kT 的矩阵为 $k\boldsymbol{A}$；

(3) TS 的矩阵为 $\boldsymbol{AB}$；

(4) 若 T 可逆，则其逆变换的矩阵为 $\boldsymbol{A}^{-1}$.

证　仅证(1).因为对任意 $\boldsymbol{\alpha}\in V_n$，有 $T(\boldsymbol{\alpha})=\boldsymbol{A\alpha},S(\boldsymbol{\alpha})=\boldsymbol{B\alpha}$，故

$$(T+S)(\boldsymbol{\alpha})=T(\boldsymbol{\alpha})+S(\boldsymbol{\alpha})=\boldsymbol{A\alpha}+\boldsymbol{B\alpha}=(\boldsymbol{A}+\boldsymbol{B})\boldsymbol{\alpha},$$

所以，$T+S$ 的矩阵为 $\boldsymbol{A}+\boldsymbol{B}$.证毕.

这个定理的重要意义在于它把抽象的线性空间中的线性变换运算转化为已经熟悉的矩

阵运算,这样线性变换的许多运算性质都可反映到矩阵的运算中,极大地方便了我们对线性变换性质的理解和研究.

习　题　7.4

1. 说明 xOy 平面上变换 $T\begin{pmatrix}x\\y\end{pmatrix}=\boldsymbol{A}\begin{pmatrix}x\\y\end{pmatrix}$ 的几何意义,其中

(1) $\boldsymbol{A}=\begin{pmatrix}-1&0\\0&1\end{pmatrix}$;　(2) $\boldsymbol{A}=\begin{pmatrix}0&0\\0&1\end{pmatrix}$;　(3) $\boldsymbol{A}=\begin{pmatrix}0&1\\1&0\end{pmatrix}$;　(4) $\boldsymbol{A}=\begin{pmatrix}0&1\\-1&0\end{pmatrix}$.

2. 判别下面定义的变换中哪些是线性变换,哪些不是线性变换:

(1) 在 $\mathbf{R}^3$ 中,$T(x_1,x_2,x_3)=(2x_2,x_2-x_1,x_2+x_3)^{\mathrm{T}}$;

(2) 在 $\mathbf{R}^3$ 中,$T(x_1,x_2,x_3)=(x_1^2,x_2+x_3,x_3^2)^{\mathrm{T}}$.

3. 设 T 是 $\mathbf{R}^3$ 上的线性变换,且 $T(\boldsymbol{\alpha}_1)=(-5,0,3)^{\mathrm{T}}$,$T(\boldsymbol{\alpha}_2)=(0,-1,6)^{\mathrm{T}}$,$T(\boldsymbol{\alpha}_3)=(-5,-1,9)^{\mathrm{T}}$,其中 $\boldsymbol{\alpha}_1=(-1,0,-2)^{\mathrm{T}}$,$\boldsymbol{\alpha}_2=(0,1,1)^{\mathrm{T}}$,$\boldsymbol{\alpha}_3=(3,-1,0)^{\mathrm{T}}$,求 T 在基 $\boldsymbol{\alpha}_1,\boldsymbol{\alpha}_2,\boldsymbol{\alpha}_3$ 下的矩阵.

4. 设 $\mathbf{R}^3$ 上的线性变换 T 在 $\boldsymbol{\alpha}_1=(-1,1,1)^{\mathrm{T}}$,$\boldsymbol{\alpha}_2=(1,0,-1)^{\mathrm{T}}$,$\boldsymbol{\alpha}_3=(0,1,1)^{\mathrm{T}}$ 下的矩阵为 $\begin{pmatrix}1&0&1\\1&1&0\\-1&2&1\end{pmatrix}$.求线性变换 T 在基 $\boldsymbol{\varepsilon}_1=(1,0,0)^{\mathrm{T}}$,$\boldsymbol{\varepsilon}_2=(0,1,0)^{\mathrm{T}}$,$\boldsymbol{\varepsilon}_3=(0,0,1)^{\mathrm{T}}$ 下的矩阵.

5. 在线性空间 $P[x]_n$ 中,任取

$$p=a_nx^n+\cdots+a_2x^2+a_1x+a_0\in P[x]_n,\quad q=b_nx^n+\cdots+b_2x^2+b_1x+b_0\in P[x]_n,\quad k\in\mathbf{R},$$

证明:(1) 微分运算 D 是一个线性变换;

(2) 如果 $T(p)=a_0$,那么 T 也是一个线性变换.

*§7.5　应用举例

§7.4 例 2 介绍了平面上的旋转变换.在计算机图形学中,一般用矩阵代数的方法,借助伸缩、平移和旋转变换(如图 7-2,图 7-3,图 7-4)进行图形变换.

例 1(伸缩变换(scaling transformation))　在 $\mathbf{R}^3$ 中,将一个图形沿 x,y,z 轴分别以伸缩系数 α,β,γ 伸缩,假设原图形中坐标为(x_i,y_i,z_i)的点 P_i 移动到坐标为$(\alpha x_i,\beta y_i,\gamma z_i)$的点 P_i'.用矩阵乘法来表示,即定义一个三阶对角矩阵 $\boldsymbol{S}=\begin{pmatrix}\alpha&0&0\\0&\beta&0\\0&0&\gamma\end{pmatrix}$,点 P_i 用列向量 $\begin{pmatrix}x_i\\y_i\\z_i\end{pmatrix}$ 表示,则变换后的点 P_i' 用列向量

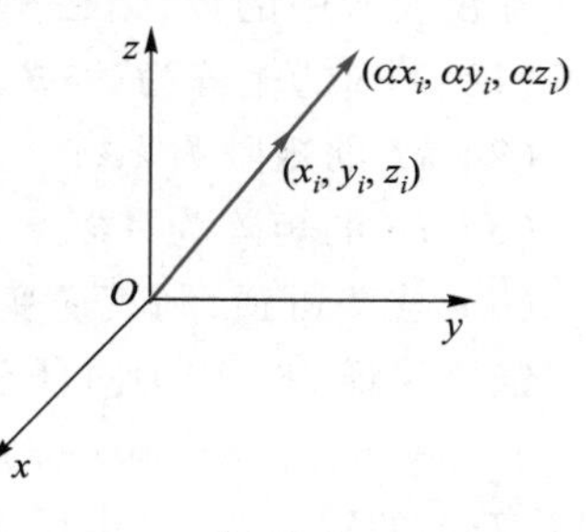

图 7-2

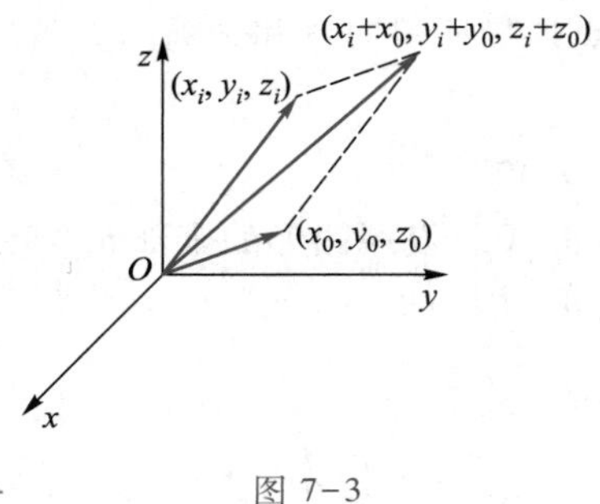

图 7-3

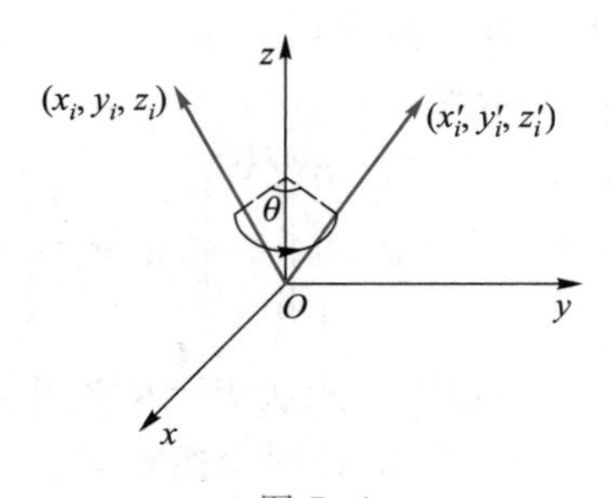

图 7-4

$$\begin{pmatrix} x_i' \\ y_i' \\ z_i' \end{pmatrix} = \begin{pmatrix} \alpha & 0 & 0 \\ 0 & \beta & 0 \\ 0 & 0 & \gamma \end{pmatrix} \begin{pmatrix} x_i \\ y_i \\ z_i \end{pmatrix}$$

来表示.当 $\alpha=\beta=\gamma$ 时,如图 7-2 所示.若将原图形全部 n 个点的坐标作为矩阵 $\boldsymbol{P}$ 的列,则矩阵 $\boldsymbol{P}$ 称为坐标矩阵.通过变换这 n 个点,则生成伸缩后图形的坐标矩阵如下:

$$\boldsymbol{SP} = \begin{pmatrix} \alpha & 0 & 0 \\ 0 & \beta & 0 \\ 0 & 0 & \gamma \end{pmatrix} \begin{pmatrix} x_1 & x_2 & \cdots & x_n \\ y_1 & y_2 & \cdots & y_n \\ z_1 & z_2 & \cdots & z_n \end{pmatrix} = \begin{pmatrix} \alpha x_1 & \alpha x_2 & \cdots & \alpha x_n \\ \beta y_1 & \beta y_2 & \cdots & \beta y_n \\ \gamma z_1 & \gamma z_2 & \cdots & \gamma z_n \end{pmatrix} = \boldsymbol{P}'.$$

例 2(平移变换(translation transformation)) 在 $\mathbf{R}^3$ 中,将图形平移到一个新位置.假设原图形中坐标为(x_i, y_i, z_i)的点 P_i 移动到坐标为$(x_i+x_0, y_i+y_0, z_i+z_0)$的点 P_i'(如图 7-3).向量$\begin{pmatrix} x_0 \\ y_0 \\ z_0 \end{pmatrix}$称为变换的平移向量.定义一个 $3\times n$ 矩阵

$$\boldsymbol{T} = \begin{pmatrix} x_0 & x_0 & \cdots & x_0 \\ y_0 & y_0 & \cdots & y_0 \\ z_0 & z_0 & \cdots & z_0 \end{pmatrix},$$

设原图形的全部 n 个点由坐标矩阵 $\boldsymbol{P}$ 确定,则通过方程 $\boldsymbol{P}'=\boldsymbol{P}+\boldsymbol{T}$ 即矩阵加法可实现平移变换.坐标矩阵 $\boldsymbol{P}'$给出 n 个点的新坐标.

一般而言,平移变换并不是线性变换.请思考如何在 $\mathbf{R}^4$ 中用矩阵乘法把平移变换表示出来?

例 3(旋转变换(rotation transformation)) 在 $\mathbf{R}^3$ 中,将图形分别关于三个坐标轴旋转.我们从绕 z 轴逆时针旋转 θ 角开始分析,已知点 P_i 在原图形中坐标为(x_i, y_i, z_i),计算旋转后点 P_i'的新坐标(x_i', y_i', z_i')(如图 7-4).由三角函数知识可得

$$\begin{aligned} x_i' &= \rho\cos(\psi+\theta) \\ &= \rho(\cos\psi\cos\theta-\sin\psi\sin\theta) \\ &= x_i\cos\theta-y_i\sin\theta, \\ y_i' &= \rho\sin(\psi+\theta) \\ &= \rho(\cos\psi\sin\theta+\sin\psi\cos\theta) \\ &= x_i\sin\theta+y_i\cos\theta, \\ z_i' &= z_i. \end{aligned}$$

其中 ψ 为从 z 轴正向看点 P_i 在 xOy 平面投影与原点连接所得向量和 x 轴的夹角.

用矩阵表示如下:

$\begin{pmatrix} x_i' \\ y_i' \\ z_i' \end{pmatrix} = \begin{pmatrix} \cos\theta & -\sin\theta & 0 \\ \sin\theta & \cos\theta & 0 \\ 0 & 0 & 1 \end{pmatrix} \begin{pmatrix} x_i \\ y_i \\ z_i \end{pmatrix}$,令 $\boldsymbol{R}_z = \begin{pmatrix} \cos\theta & -\sin\theta & 0 \\ \sin\theta & \cos\theta & 0 \\ 0 & 0 & 1 \end{pmatrix}$,设原图形的全部 n 个点由坐标矩阵 $\boldsymbol{P}$ 确定,则通过矩阵乘法 $\boldsymbol{P}' = \boldsymbol{R}_z \boldsymbol{P}$ 可实现旋转变换.

类似地,绕 x 轴旋转的变换矩阵为

$$\boldsymbol{R}_x = \begin{pmatrix} 1 & 0 & 0 \\ 0 & \cos\theta & -\sin\theta \\ 0 & \sin\theta & \cos\theta \end{pmatrix}.$$

绕 y 轴旋转的变换矩阵为

$$\boldsymbol{R}_y = \begin{pmatrix} \cos\theta & 0 & \sin\theta \\ 0 & 1 & 0 \\ -\sin\theta & 0 & \cos\theta \end{pmatrix}.$$

*习　题　7.5

设有一个以(0,0,0),(1,0,0),(1,1,0)与(0,1,0)为顶点的正方形(如图 7-5),

(1) 该正方形的坐标矩阵是什么?

(2) 往 x 轴正方向伸长到原来的 1.5 倍,往 y 轴正方向缩短到原来的 0.5 倍之后,该正方形的坐标矩阵是什么? 画出经伸缩变换后的图形草图.

(3) 令平移向量为 $\begin{pmatrix} -2 \\ -1 \\ 3 \end{pmatrix}$,试问经平移变换后,该正方形的坐标矩阵是什么? 画出经平移变换后的图形草图.

(4) 图形绕 z 轴逆时针旋转 30°角之后的坐标矩阵是什么? 画出经旋转变换后的图形草图.

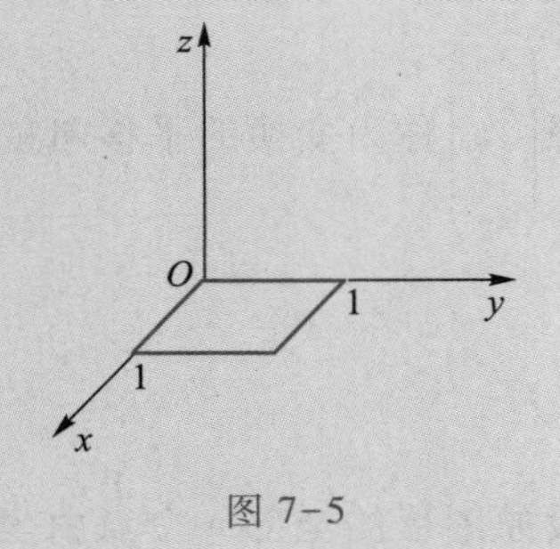

图 7-5

§7.6　MATLAB 实验

通过本节的学习,会利用 MATLAB 来求过渡矩阵以及向量在一组基下的坐标.

设 $\boldsymbol{\alpha}_1, \boldsymbol{\alpha}_2, \cdots, \boldsymbol{\alpha}_n$ 及 $\boldsymbol{\beta}_1, \boldsymbol{\beta}_2, \cdots, \boldsymbol{\beta}_n$ 是线性空间 $\mathbf{R}^n$ 中的两个基,并满足

$$(\boldsymbol{\beta}_1, \boldsymbol{\beta}_2, \cdots, \boldsymbol{\beta}_n) = (\boldsymbol{\alpha}_1, \boldsymbol{\alpha}_2, \cdots, \boldsymbol{\alpha}_n)\boldsymbol{P},$$

$\boldsymbol{P}$ 为由基 $\boldsymbol{\alpha}_1, \boldsymbol{\alpha}_2, \cdots, \boldsymbol{\alpha}_n$ 到基 $\boldsymbol{\beta}_1, \boldsymbol{\beta}_2, \cdots, \boldsymbol{\beta}_n$ 的过渡矩阵.令 $\boldsymbol{A} = (\boldsymbol{\alpha}_1, \boldsymbol{\alpha}_2, \cdots, \boldsymbol{\alpha}_n)$,$\boldsymbol{B} = (\boldsymbol{\beta}_1, \boldsymbol{\beta}_2, \cdots, \boldsymbol{\beta}_n)$,则键入“P=inv(A) * B”便可求得过渡矩阵 $\boldsymbol{P}$.

如果向量 $\boldsymbol{\alpha}$ 在基 $\boldsymbol{\alpha}_1, \boldsymbol{\alpha}_2, \cdots, \boldsymbol{\alpha}_n$ 下的坐标为 $\boldsymbol{X} = (x_1, x_2, \cdots, x_n)$,则求向量 $\boldsymbol{\alpha}$ 在基 $\boldsymbol{\beta}_1, \boldsymbol{\beta}_2, \cdots, \boldsymbol{\beta}_n$ 下的坐标 $\boldsymbol{Y}$ 可键入“Y=inv(P) * X'”.

如线性变换 θ 在基 $\boldsymbol{\alpha}_1,\boldsymbol{\alpha}_2,\cdots,\boldsymbol{\alpha}_n$ 下的矩阵为 $\boldsymbol{A}$，求线性变换 θ 在基 $\boldsymbol{\beta}_1,\boldsymbol{\beta}_2,\cdots,\boldsymbol{\beta}_n$ 下的矩阵 $\boldsymbol{B}$ 则可键入"B = inv(P) * A * P".

例　设 $\mathbf{R}^3$ 中的两个基分别为

$$\boldsymbol{\alpha}_1=(1,0,-1)^{\mathrm{T}},\quad \boldsymbol{\alpha}_2=(2,1,1)^{\mathrm{T}},\quad \boldsymbol{\alpha}_3=(1,1,1)^{\mathrm{T}},$$
$$\boldsymbol{\beta}_1=(0,1,1)^{\mathrm{T}},\quad \boldsymbol{\beta}_2=(-1,1,0)^{\mathrm{T}},\quad \boldsymbol{\beta}_3=(1,2,1)^{\mathrm{T}},$$

(1) 求基 $\boldsymbol{\alpha}_1,\boldsymbol{\alpha}_2,\boldsymbol{\alpha}_3$ 到基 $\boldsymbol{\beta}_1,\boldsymbol{\beta}_2,\boldsymbol{\beta}_3$ 的过渡矩阵；

(2) 求向量 $\boldsymbol{a}=3\boldsymbol{\alpha}_1+2\boldsymbol{\alpha}_2+\boldsymbol{\alpha}_3$ 在基 $\boldsymbol{\beta}_1,\boldsymbol{\beta}_2,\boldsymbol{\beta}_3$ 下的坐标.

解　程序及运行结果如下：

```
>>A=[1  0  -1;2  1  1;1  1  1]'
B=[0  1  1;-1  1  0;1  2  1]'
P=inv(A)*B      %P 为基 α1,α2,α3 到基 β1,β2,β3 的过渡矩阵
A=
     1   2   1
     0   1   1
    -1   1   1
B=
    0  -1   1
    1   1   2
    1   0   1
P=
   -0.0000    1.0000    1.0000
   -1.0000   -3.0000   -2.0000
    2.0000    4.0000    4.0000
>>X=[3,2,1]'    %向量 a 在基 α1,α2,α3 下的坐标
Y=inv(P)*X      %Y 为向量 a 在基 β1,β2,β3 下的坐标
Y=
   -5.5000
   -2.5000
    5.5000
```

以上我们给出了利用 MATLAB 软件计算线性代数中的一些常见问题的命令和范例，但需要指出的是，MATLAB 软件还可以进行其他运算，有些超出了线性代数的范围，因此这里没有给出，感兴趣的读者可参考其他相关著作.

习　题　7.6

1. 设 $\mathbf{R}^3$ 中的两个基分别为

$$\boldsymbol{\alpha}_1=(1,-1,0)^{\mathrm{T}},\quad \boldsymbol{\alpha}_2=(2,2,3)^{\mathrm{T}},\quad \boldsymbol{\alpha}_3=(-1,2,1)^{\mathrm{T}},$$
$$\boldsymbol{\beta}_1=(0,1,1)^{\mathrm{T}},\quad \boldsymbol{\beta}_2=(1,1,0)^{\mathrm{T}},\quad \boldsymbol{\beta}_3=(1,0,1)^{\mathrm{T}},$$

（1）运用 MATLAB 软件求基 $\boldsymbol{\alpha}_1,\boldsymbol{\alpha}_2,\boldsymbol{\alpha}_3$ 到基 $\boldsymbol{\beta}_1,\boldsymbol{\beta}_2,\boldsymbol{\beta}_3$ 的过渡矩阵；

（2）运用 MATLAB 软件求向量 $\boldsymbol{a}=\boldsymbol{\alpha}_1-\boldsymbol{\alpha}_2+3\boldsymbol{\alpha}_3$ 在基 $\boldsymbol{\beta}_1,\boldsymbol{\beta}_2,\boldsymbol{\beta}_3$ 下的坐标.

2. 设 $\mathbf{R}^4$ 中的两个基分别为

$$\boldsymbol{\alpha}_1=(1,-1,2,3)^{\mathrm{T}},\quad \boldsymbol{\alpha}_2=(0,-1,0,1)^{\mathrm{T}},\quad \boldsymbol{\alpha}_3=(3,0,2,3)^{\mathrm{T}},\quad \boldsymbol{\alpha}_4=(1,2,-1,-1)^{\mathrm{T}},$$

$$\boldsymbol{\beta}_1=(1,0,0,0)^{\mathrm{T}},\quad \boldsymbol{\beta}_2=(1,1,0,0)^{\mathrm{T}},\quad \boldsymbol{\beta}_3=(1,1,1,0)^{\mathrm{T}},\quad \boldsymbol{\beta}_4=(1,1,1,1)^{\mathrm{T}}.$$

（1）运用 MATLAB 软件求基 $\boldsymbol{\alpha}_1,\boldsymbol{\alpha}_2,\boldsymbol{\alpha}_3,\boldsymbol{\alpha}_4$ 到基 $\boldsymbol{\beta}_1,\boldsymbol{\beta}_2,\boldsymbol{\beta}_3,\boldsymbol{\beta}_4$ 的过渡矩阵；

（2）运用 MATLAB 软件求向量 $\boldsymbol{a}=\boldsymbol{\alpha}_1+\boldsymbol{\alpha}_2-3\boldsymbol{\alpha}_3+\boldsymbol{\alpha}_4$ 在基 $\boldsymbol{\beta}_1,\boldsymbol{\beta}_2,\boldsymbol{\beta}_3,\boldsymbol{\beta}_4$ 下的坐标.

第七章思维导图

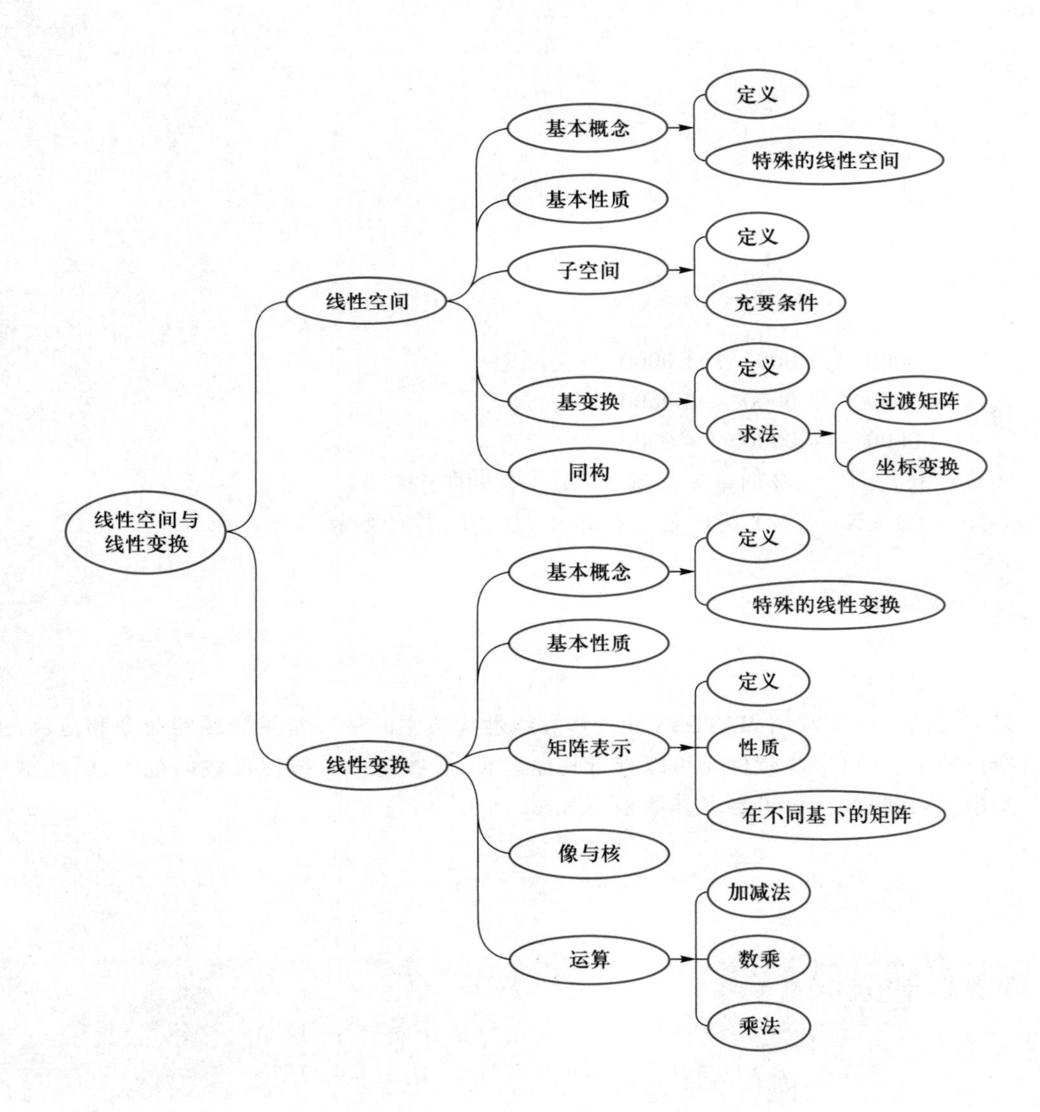

综合习题七

1. 填空题:

(1) 已知 3 维向量空间 $\mathbf{R}^n$ 的一组基为 $\boldsymbol{\alpha}_1,\boldsymbol{\alpha}_2,\boldsymbol{\alpha}_3$,设 $\boldsymbol{\beta}_1=2\boldsymbol{\alpha}_1+3\boldsymbol{\alpha}_2+3\boldsymbol{\alpha}_3,\boldsymbol{\beta}_2=2\boldsymbol{\alpha}_1+\boldsymbol{\alpha}_2+2\boldsymbol{\alpha}_3,\boldsymbol{\beta}_3=\boldsymbol{\alpha}_1+5\boldsymbol{\alpha}_2+3\boldsymbol{\alpha}_3$,则 $\boldsymbol{\beta}_1,\boldsymbol{\beta}_2,\boldsymbol{\beta}_3$ 线性________(填"相关"或"无关").

(2) 设 n 维线性空间 $\mathbf{R}^n$ 有一组基 $\boldsymbol{\alpha}_1,\boldsymbol{\alpha}_2,\cdots,\boldsymbol{\alpha}_n$,则 $\boldsymbol{\alpha}_1,\boldsymbol{\alpha}_1+\boldsymbol{\alpha}_2,\cdots,\boldsymbol{\alpha}_1+\boldsymbol{\alpha}_2+\cdots+\boldsymbol{\alpha}_n$ ________(填"是"或"不是")$\mathbf{R}^n$ 的基.

2. 选择题:

(1) 下列集合对于给定的线性运算能构成实数域上的线性空间的是(　　).

(A) 平面上的全体向量,对于通常的加法和如下定义的数乘运算:$k\circ\boldsymbol{\alpha}=\mathbf{0}$

(B) 全体实 n 阶方阵的集合,按通常的乘法运算及如下加法:$\boldsymbol{A}\oplus\boldsymbol{B}=\boldsymbol{AB}-\boldsymbol{BA}$

(C) 实数域上所有三元二次型的集合,对于多项式的加法和乘法

(D) 全体实数二元数列,对于如下定义的运算:

$$(a_1,b_1)\oplus(a_2,b_2)=(a_1+a_2,b_1+b_2),\quad k\circ(a_1,b_1)=(ka_1,kb_1)$$

(2) 在 n 维线性空间 $\mathbf{R}^n$ 中,满足 $x_1x_2\cdots x_n=0$ 的全体向量$(x_1,x_2,\cdots,x_n)$(　　).

(A) 构成一维空间　　(B) 构成 $n-1$ 维空间

(C) 构成 n 维空间　　(D) 不构成子空间

(3) 线性空间 $\mathbf{R}^4$ 的子空间 $M=\{(x_1,x_2,x_3,x_4)\mid x_2-2x_3=0,2x_2-3x_3+x_4=0\}$ 的维数为(　　).

(A) 1　　(B) 2

(C) 3　　(D) 4

3. 验证以下集合对于所指定的加法和数乘运算是否构成线性空间:

(1) 数域 F 上全体 n 阶对称矩阵(或者反称矩阵,下三角形矩阵,对角矩阵)构成的集合,对于矩阵的加法和数乘运算.

(2) 矩阵集合 $\{\boldsymbol{A}\mid\boldsymbol{A}$ 为 n 阶对称矩阵,且 $\boldsymbol{A}^2=\boldsymbol{A}\}$,在实数域 $\mathbf{R}$ 上按矩阵的加法和数乘矩阵运算.

(3) 全体实 n 维向量集合 V,在实数域 $\mathbf{R}$ 上按通常的向量加法和如下定义的数乘运算:$k\boldsymbol{\alpha}=\boldsymbol{\alpha}$,对任意的 $\boldsymbol{\alpha}\in V,k\in\mathbf{R}$.

(4) n 次多项式的全体,记为

$$Q[x]_n=\{P\mid P=a_nx^n+\cdots+a_1x+a_0\mid a_n,\cdots,a_1,a_0\in\mathbf{R},a_n\neq0\},$$

在实数域 $\mathbf{R}$ 上对于通常的多项式加法及数乘运算.

(5) 次数不超过 $n(n\geqslant1)$ 的整系数多项式的全体,在有理数域 $\mathbf{Q}$ 上对于通常的多项式加法及数乘运算.

(6) 设 λ_0是 n 阶方阵 $\boldsymbol{A}$ 的一个特征值,$\boldsymbol{A}$ 对应于 λ_0 的所有特征向量构成的集合,对于向量的加法及数乘运算.

4. 判别下列集合是否可构成所在线性空间的子空间,若是子空间,求它的维数和一个基.

(1) $\mathbf{R}^3$ 中,$W_1=\{(x_1,x_2,x_3)\mid x_1-x_2+x_3=0\}$;

(2) $\mathbf{R}^3$ 中,$W_2=\{(x_1,x_2,x_3)\mid x_1+x_2=1\}$;

(3) $\mathbf{R}^{n\times n}$中,$W=\{\boldsymbol{A}\mid|\boldsymbol{A}|\neq0\}$;

（4）$\mathbf{R}^{2\times3}$中，$W=\left\{\begin{pmatrix}a&b&0\\0&0&c\end{pmatrix}\middle|\,a+b+c=0\right\}$.

5. 设 W_1,W_2 是线性空间 V 的两个子空间，

（1）证明：$W_1\cap W_2$仍是 V 的子空间；

（2）证明：W_1+W_2仍是 V 的子空间；

（3）举例说明，$W_1\cup W_2$有可能不构成 V 的子空间.

6. n 阶上三角形矩阵集合 L_1 和 n 阶下三角形矩阵集合 L_2 均在线性空间 $\mathbf{R}^{n\times n}$中构成子空间，试求：$L_1\cap L_2$ 及 L_1+L_2.

7. 求下列线性空间的维数和一个基.

（1）$\mathbf{R}^{2\times2}$；

（2）$\mathbf{R}^3$ 中平面 $x+2y+3z=0$ 上点的集合构成的子空间.

8. 在 $P[x]_3$ 中，求多项式 $1+x+x^2$在基 $1,x-1,(x-2)(x-1)$下的坐标.

9. 在 $\mathbf{R}^3$ 中取两个基

$$\boldsymbol{\alpha}_1=(1,0,1)^{\mathrm{T}},\quad \boldsymbol{\alpha}_2=(0,1,1)^{\mathrm{T}},\quad \boldsymbol{\alpha}_3=(1,1,0)^{\mathrm{T}},$$

$$\boldsymbol{\beta}_1=(1,1,1)^{\mathrm{T}},\quad \boldsymbol{\beta}_2=(1,1,0)^{\mathrm{T}},\quad \boldsymbol{\beta}_3=(1,0,0)^{\mathrm{T}},$$

（1）求从基 $\boldsymbol{\alpha}_1,\boldsymbol{\alpha}_2,\boldsymbol{\alpha}_3$ 到基 $\boldsymbol{\beta}_1,\boldsymbol{\beta}_2,\boldsymbol{\beta}_3$ 的过渡矩阵；

（2）求在两个基下有相同坐标的向量.

10. 判别下列所定义的变换，哪些是线性变换，哪些不是线性变换：

（1）在 $\mathbf{R}^2$ 中，对任意的 $\boldsymbol{\alpha}=(x_1,x_2)^{\mathrm{T}}\in\mathbf{R}^2$，$T(\boldsymbol{\alpha})=(x_1^2,x_1-x_2)^{\mathrm{T}}$；

（2）在 $\mathbf{R}^3$ 中，对任意的 $\boldsymbol{\alpha}=(x_1,x_2,x_3)^{\mathrm{T}}\in\mathbf{R}^3$，$T(\boldsymbol{\alpha})=(x_1,x_2,-x_3)^{\mathrm{T}}$；

（3）在 $\mathbf{R}^3$ 中，对任意的 $\boldsymbol{\alpha}=(x_1,x_2,x_3)^{\mathrm{T}}\in\mathbf{R}^3$，$T(\boldsymbol{\alpha})=(1,1,x_3)^{\mathrm{T}}$.

（4）在 $\mathbf{R}^{n\times n}$中，对任意的 $\boldsymbol{X}\in\mathbf{R}^{n\times n}$，$T(\boldsymbol{X})=\boldsymbol{AX}-\boldsymbol{XB}$，其中 $\boldsymbol{A},\boldsymbol{B}$ 是 $\mathbf{R}^{n\times n}$中两个给定的矩阵.

11. 设$C[a,b]$由闭区间$[a,b]$上的全体连续实函数所组成，按通常的函数加法和数乘运算构成实数域上的线性空间.在 $C[a,b]$中，定义变换如下：对任意的$f(x)\in C[a,b]$，

$$T(f(x))=\int_a^x f(t)\,\mathrm{d}t=F(x),$$

证明：T 为线性变换.

12. 在 $\mathbf{R}^3$ 中定义线性变换：对任意的 $\boldsymbol{\alpha}=(x_1,x_2,x_3)^{\mathrm{T}}\in\mathbf{R}^3$，$T(\boldsymbol{\alpha})=(2x_2+x_3,x_1-4x_2,3x_1)^{\mathrm{T}}$.求 T 在基 $\boldsymbol{\alpha}_1=(1,1,1)^{\mathrm{T}}$，$\boldsymbol{\alpha}_2=(1,1,0)^{\mathrm{T}}$，$\boldsymbol{\alpha}_3=(1,0,0)^{\mathrm{T}}$ 下的矩阵.

13. 设 T 是 $\mathbf{R}^3$ 上的线性变换，且 $T(\boldsymbol{\alpha}_1)=(1,0,2)^{\mathrm{T}}$，$T(\boldsymbol{\alpha}_2)=(0,2,3)^{\mathrm{T}}$，$T(\boldsymbol{\alpha}_3)=(0,1,2)^{\mathrm{T}}$，其中 $\boldsymbol{\alpha}_1=(-1,0,-2)^{\mathrm{T}}$，$\boldsymbol{\alpha}_2=(0,1,2)^{\mathrm{T}}$，$\boldsymbol{\alpha}_3=(1,2,5)^{\mathrm{T}}$，求 T 在基 $\boldsymbol{\beta}_1=(-1,1,0)^{\mathrm{T}}$，$\boldsymbol{\beta}_2=(1,1,3)^{\mathrm{T}}$，$\boldsymbol{\beta}_3=(1,1,4)^{\mathrm{T}}$ 下的矩阵.

14. 设 $\mathbf{R}^3$ 中线性变换 T 在基 $\boldsymbol{\alpha}_1=(1,0,0)^{\mathrm{T}}$，$\boldsymbol{\alpha}_2=(1,1,0)^{\mathrm{T}}$，$\boldsymbol{\alpha}_3=(1,1,1)^{\mathrm{T}}$ 下的矩阵为$\begin{pmatrix}0&1&1\\0&1&0\\1&0&0\end{pmatrix}$，求其在基 $\boldsymbol{\beta}_1=(1,1,1)^{\mathrm{T}}$，$\boldsymbol{\beta}_2=(0,1,1)^{\mathrm{T}}$，$\boldsymbol{\beta}_3=(0,0,1)^{\mathrm{T}}$ 下的矩阵.

15. 设 $\mathbf{R}^3$ 中两个基 $\boldsymbol{\alpha}_1,\boldsymbol{\alpha}_2,\boldsymbol{\alpha}_3$ 和 $\boldsymbol{\beta}_1,\boldsymbol{\beta}_2,\boldsymbol{\beta}_3$ 的关系为 $\boldsymbol{\beta}_1=\boldsymbol{\alpha}_1-\boldsymbol{\alpha}_2$，$\boldsymbol{\beta}_2=2\boldsymbol{\alpha}_1+3\boldsymbol{\alpha}_2+3\boldsymbol{\alpha}_3$，$\boldsymbol{\beta}_3=\boldsymbol{\alpha}_1+3\boldsymbol{\alpha}_2+2\boldsymbol{\alpha}_3$，且线性变换 T 在 $\boldsymbol{\alpha}_1,\boldsymbol{\alpha}_2,\boldsymbol{\alpha}_3$ 下的矩阵为

$$\begin{pmatrix}1&0&1\\1&1&0\\1&2&1\end{pmatrix},$$

（1）求向量 $\boldsymbol{\alpha}=3\boldsymbol{\alpha}_1-2\boldsymbol{\alpha}_2+\boldsymbol{\alpha}_3$ 在基 $\boldsymbol{\beta}_1,\boldsymbol{\beta}_2,\boldsymbol{\beta}_3$ 下的坐标；

（2）求线性变换 T 在基 $\boldsymbol{\beta}_1,\boldsymbol{\beta}_2,\boldsymbol{\beta}_3$ 下的矩阵.

16. 设 f_1,f_2,f_3 是 $P[x]_3$ 的一个基，其中 $f_1=x^2-1,f_2=x+2,f_3=x-1$，

（1）求 $g(x)=2x^2-2x+6$ 在基 f_1,f_2,f_3 下的坐标；

（2）若 $P[x]_3$ 中多项式 $p(x)$ 在基 f_1,f_2,f_3 下的坐标为 $(2,-1,2)$，求 $p(x)$.

17. 在 $P[x]_4$ 中，微分运算 D 是其上一个线性变换，求 D 在基 $1,1+x,1+x+x^2,1+x+x^2+x^3$ 下的矩阵.

18. 在计算机程序中常需在一个向量的元素中产生一个零元素，实际上就是将向量作一个旋转变换，即将原来的向量旋转到坐标轴上（称为吉文斯（Givens）旋转）.

（1）若处理平面向量的吉文斯变换 T 的矩阵为 $\begin{pmatrix}a&-b\\b&a\end{pmatrix}$，其中 $a^2+b^2=1$，求出把向量 $\begin{pmatrix}4\\3\end{pmatrix}$ 旋转到 $\begin{pmatrix}5\\0\end{pmatrix}$ 时的 a,b；

（2）若处理空间向量的吉文斯变换 T 的矩阵为 $\begin{pmatrix}a&0&-b\\0&1&0\\b&0&a\end{pmatrix}$，其中 $a^2+b^2=1$，求出把向量 $\begin{pmatrix}2\\3\\4\end{pmatrix}$ 旋转到 $\begin{pmatrix}2\sqrt{5}\\3\\0\end{pmatrix}$ 时的 a,b.

19. 本题说明将坐标为 (x_i,y_i,z_i) 的点平移变换到坐标为 $(x_i+x_0,y_i+y_0,z_i+z_0)$ 的点，可以用矩阵乘法而不用矩阵加法.

（1）把点 (x_i,y_i,z_i) 用列向量 $\boldsymbol{v}_i=\begin{pmatrix}x_i\\y_i\\z_i\\1\end{pmatrix}$ 表示，点 $(x_i+x_0,y_i+y_0,z_i+z_0)$ 用列向量 $\boldsymbol{v}_i'=\begin{pmatrix}x_i+x_0\\y_i+y_0\\z_i+z_0\\1\end{pmatrix}$ 表示，求一个4阶方阵 $\boldsymbol{M}$，使 $\boldsymbol{v}_i'=\boldsymbol{M}\boldsymbol{v}_i$.

（2）求用上述方法将点 $(4,-2,3)$ 平移变换到点 $(-1,7,0)$ 的4阶方阵.

20. 运用 MATLAB 软件计算第12、13题.

数学之星——佩亚诺与线性变换

佩亚诺（Peano，1858—1932，如图7-6），意大利数学家.佩亚诺致力于发展布尔所创的符号逻辑系统，1889年出版了《几何原理的逻辑表述》一书，书中他把符号逻辑作为数学的基础，他从未定义的概念"零""数"及"后继数"出发建立了公理系统.

他研究了有限维向量空间的线性变换问题，无限维向量空间的线性变换问题由意大利

数学家平凯莱(Pincherle)于19世纪后叶最先研究.在§7.5中请大家考虑了将平移变换用矩阵乘法表示的问题.在$\mathbf{R}^3$中平移变换不是一个线性变换,无法通过矩阵乘法表示,通过把三维向量延伸为一个四维向量,就可以把平移变换用矩阵乘法表示,变换矩阵是一个4阶方阵

图 7-6

$$\boldsymbol{P}=\begin{pmatrix}1&0&0&0\\0&1&0&0\\0&0&1&0\\x_0&y_0&z_0&1\end{pmatrix},$$

点(x_i,y_i,z_i)经过变换后具有坐标$(x_i+x_0,y_i+y_0,z_i+z_0)$.抽象的线性代数知识在计算机图形学中有如此美妙的应用.近些年国内工业、科技领域发展迅速,如军工装备设计制造、通信技术、电子产品研发等都有了很大的进展.然而,中国科技行业在某些领域的发展依然与世界先进水平有一定差距,其中工业软件是中国现今工业最大的短板.各类机械和电子装备、设施在其规划、设计开发阶段,计算机辅助设计工作是重中之重.例如,在芯片设计、电子产品开发生产过程中,电子设计自动化软件是最重要的工具;在各类机械装备、结构设计与基础设施开发设计过程中,技术人员都要使用工程仿真软件.然而,现阶段此类软件几乎都是国外的产品,国内在CAD/CAE软件领域处于近乎空白的状态.将中国从工业大国、科技大国真正转变为工业强国、科技强国,核心科技的独立自主需大家一起努力.

附录

MATLAB简介

MATLAB 是 Matrix Laboratory（矩阵实验室）的缩写，最初是专门用于矩阵计算的软件，目前它是集计算、可视化和编程等功能为一身，最流行的科学与工程计算软件之一.现在，MATLAB 已经发展成为适合多学科的大型软件，在全世界很多高校中已成为线性代数、数值分析、数理统计、优化方法、自动控制、数字信号处理、动态系统仿真等课程的基本教学工具.本附录简单介绍 MATLAB 以便读者完成线性代数计算的实验，提高读者的线性代数的应用、软件编程和动手能力.

MATLAB 软件具有以下四个方面的特点：

(1) 使用简单.MATLAB 语言灵活、方便，它将编译、连接和执行融为一体，是一种演算式语言.在 MATLAB 中对所使用的变量无须先定义或规定变量的数据类型，一般也不需要说明向量和矩阵的维数，MATLAB 提供的向量和矩阵运算符可以方便地实现复杂的矩阵计算.此外，MATLAB 软件还具有完善的帮助系统，用户不仅可以查询到需要的帮助信息，还可以通过演示和示例学习如何使用 MATLAB 编程解决问题.

(2) 功能强大.MATLAB 软件具有强大的数值计算功能和优秀的符号计算功能.它可以处理诸如矩阵计算、微积分运算、各种方程（包括微分方程）求解、插值和拟合计算，完成各种统计和优化问题等，它还具有方便的绘图和完善的图形可视化功能，MATLAB 软件提供的各种库函数和数十个工具箱为用户应用提供极大的方便.

(3) 编程容易、效率高.MATLAB 既具有结构化的控制语句，又具有面向对象的编程特性.它允许用户以更加数学化的形式语言编写程序，又比 C 语言等更接近书写计算公式的思维方式.MATLAB 程序文件是文本文件，它的编写和修改可以用任何文字处理软件进行，程序调试也非常简单方便.

(4) 易于扩充.MATLAB 软件是一个开放的系统，除内部函数外，所有 MATLAB 函数（包括工具箱函数）的源程序都可以修改.用户自行编写的程序或开发的工具箱，可以像库函数一样随意调用.MATLAB 可以方便地与 FORTRAN、C 等语言进行接口，实现不同语言编写的程序之间的相互调用，为充分利用软件资源、提高计算效率提供了有效手段.

一、MATLAB 的命令行窗口和程序编辑窗口

MATLAB 既是一种语言，又是一个编程环境.MATLAB 有两个主要的环境窗口，一个是命令行窗口（MATLAB Command Window），另一个是程序编辑窗口（MATLAB Editor/

Debug).

1. 命令行窗口

计算机安装好 MATLAB R2014a 之后,双击 MATLAB 图标,就可以进入 MATLAB R2014a 的主界面,如附图 1 所示.该主界面即为用户的工作环境,包括菜单栏、工具栏、开始按钮和各个不同用途的窗口(当前文件夹、工作区以及命令行窗口).主界面上端的菜单栏/工具栏包含 3 个标签,分别为主页、绘图和应用程序.其中,绘图标签下提供了数据的绘图功能;应用程序标签则提供了各应用程序的入口;而主页标签提供了一些主要功能.命令行窗口是 MATLAB 最重要的窗口,称为命令编辑区,在这里可以进行程序编辑、调用、输入和显示计算结果,也可以在该区域键入 MATLAB 命令进行各种操作,或键入数学表达式进行计算.

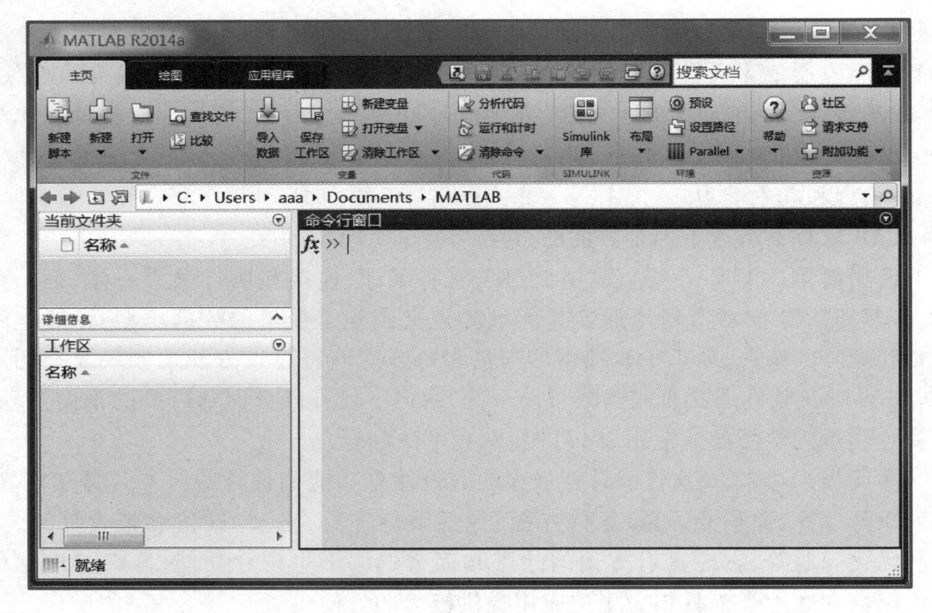

附图 1

例 1 在命令行窗口(Command Window)中输入 5 * 4,然后按 Enter 键,则将在命令行下面显示如下结果:

```
ans =

    20
```

输入变量赋值语句 a=2;b=4;c=(a+b)/2 后按回车键,将显示

```
c =

    3
```

程序说明:

(1)“>>”是运算提示符,表示 MATLAB 处于准备状态,等待用户输入指令进行计算.当在提示符后输入命令,并按 Enter 键确认后,MATLAB 会给出计算结果,并再次进入准备状态.

(2)在命令行中,“%”后面的为注释行.

(3) ans 是系统自动给出的运行变量的结果,是英文 answer 的简写.

(4) 当不需显示结果时,可以在语句后面直接加“;”.

(5) 若直接指定变量时,系统不再提供 ans 作为计算结果的变量.

(6) 在命令行窗口中可以用方向键和控制键来编辑、修改已输入的命令.例如“↑”可以调出上一行的命令;“↓”可以调出下一行的命令等.

在 MATLAB 的命令行窗口可以执行文件管理命令、工作空间操作命令、结果显示保存和寻找帮助等命令,这些命令与 DOS 系统下的命令基本上相同.请读者借助 MATLAB 的帮助系统去熟悉它们的用法.

为了帮助初学者,MATLAB 软件提供了大量的入门演示.例如在菜单栏主页窗口单击“帮助”及“示例”项,将进入 MATLAB 的演示界面,如附图 2 所示.用鼠标点击左边的标题就可以开始演示,介绍 MATLAB 的各类基本操作.

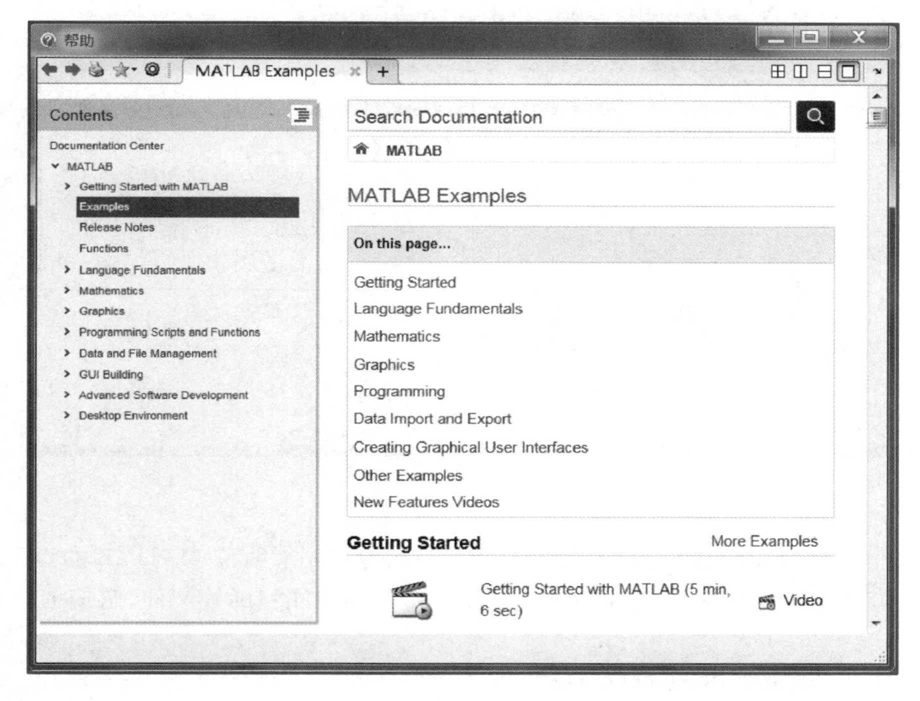

附图 2

此外,MATLAB 也提供了在命令行窗口中获得帮助的多种办法.

例如,在命令行窗口键入 help inv,回车便得到:

inv-Matrix inverse

  This MATLAB function returns the inverse of the square matrix X.

  Y=inv(X)

  inv 的参考页

  另请参阅 det,lu,mldivide,rref

  名为 inv 的其他函数

  control/inv,symbolic/inv

或在命令行窗口键入并选中“inv”后单击右键,在弹出的对话框中选中“关于所选内容的帮助 F1”会得到范例等更多有用的信息.

类似地,可通过上面的方式得到所有感兴趣的函数或运算等帮助.建议读者自己试验一下.

2. 程序编辑窗口

MATLAB 的程序编辑窗口是编写 MATLAB 程序的地方.进入程序编辑窗口的方法是:单击菜单栏主页的“新建脚本”,或从菜单中选择“新建”及“脚本”项,然后在附图 3 显示的程序编辑窗口编写 MATLAB 程序,即 M 文件.

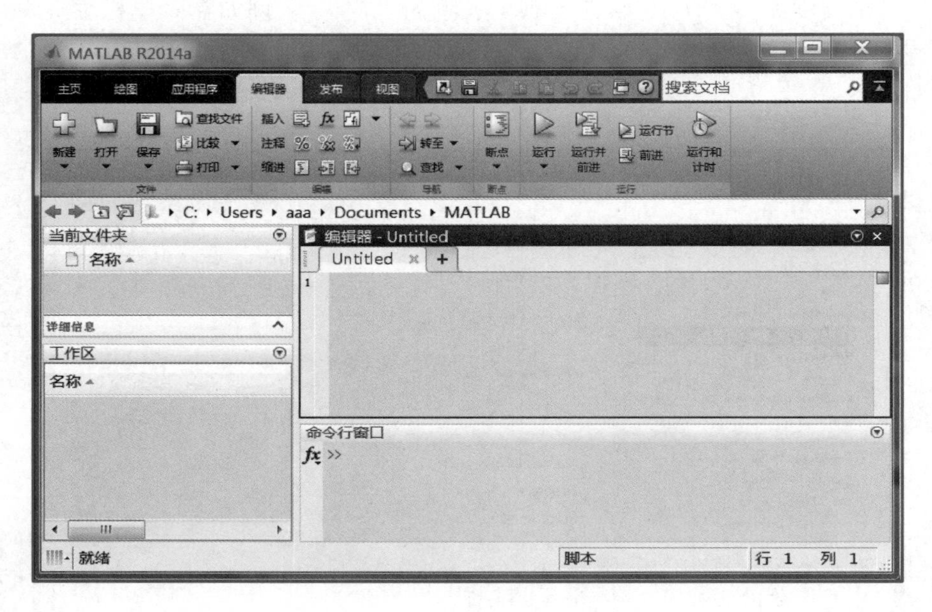

附图 3

M 文件是由 ASCII 码构成的,可以由任何文件编辑程序来编写,MATLAB 的程序编辑窗口提供了方便的程序编辑功能.M 文件分为两类:命令文件和函数文件,它们的扩展名均为.m.

M 文件可以相互调用,也可以自己调用自己.

(1) 命令文件

MATLAB 的命令文件是由一系列 MATLAB 命令和必要的程序注释构成的.调用命令文件时,MATLAB 自动按顺序执行文件中的命令.命令文件需要在工作区创建并获得变量值,它没有输入参数,也不返回输出参数,只能对工作区的全局变量进行运算.文件调用是通过文件名进行的.

例 2 编写程序 vandermonde.m,建立由向量 $\boldsymbol{a}$ 确定的范德蒙德矩阵(范德蒙德行列式对应的矩阵)vand.

解 首先,如附图 4 所示,在程序编辑窗口输入程序,并用 vandermonde.m 作为文件名存盘;然后运行程序,得到要求的矩阵.

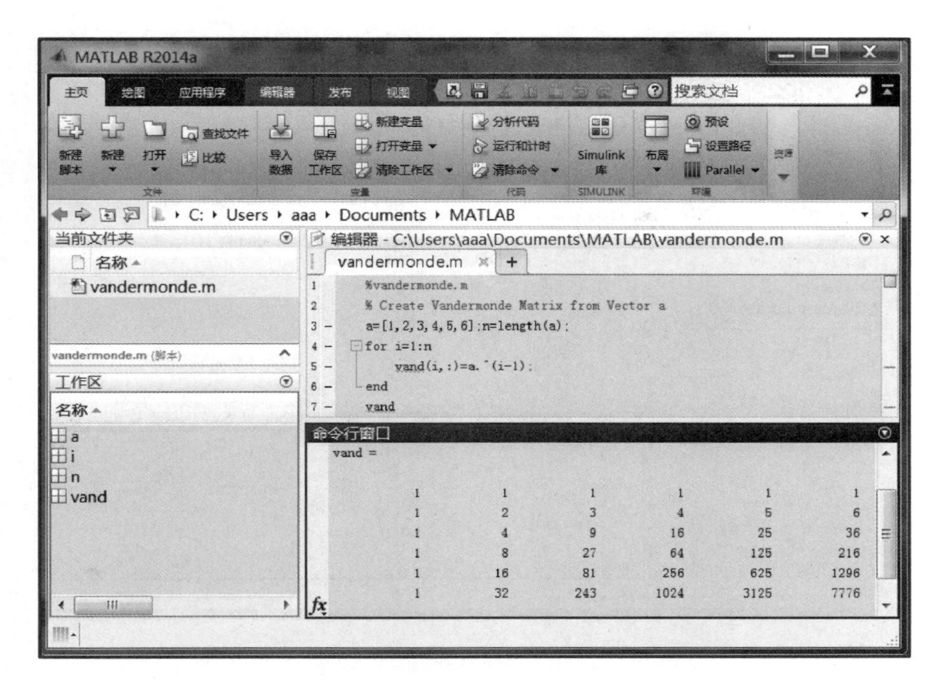

附图 4

（2）函数文件

MATLAB 绝大多数的功能函数是由函数文件实现的，用户编写的函数文件可像库函数一样被调用.MATLAB 的函数文件可实现计算中的参数传递.函数文件一般有返回值，也可只执行操作而无返回值.

函数文件是第一行以“function”开头的语句，具体形式为

Function［输出变量列表］=函数名（输入变量列表），

其中输入变量用圆括号括起来，输出变量超过一个就用方括号括起来；如果没有输入或输出变量，则可用空括号表示.

函数文件从第二行开始才是函数体语句.注意函数文件的文件名必须与函数名相同，这样才能确保文件被有效调用.

函数文件不能访问工作区中的变量，它所有的变量都是局部变量，只有它的输入和输出变量才被保留在工作区中；将函数文件与 feval 命令联合使用，得到的函数值还可以作为另一个函数文件的参数，这样可以使函数文件具有更广泛的通用性.

例 3 编写求斐波那契（Fibonnaci）数的程序.

解 如附图 5 所示，在程序编辑窗口输入程序，并用 fibfun.m 作为文件名存盘，然后在命令行窗口执行命令 fibfun（18），得到 2584.

二、MATLAB 的程序设计

MATLAB 提供了一个完善的程序设计语言环境，能够方便地编写复杂的程序，完成各种计算.

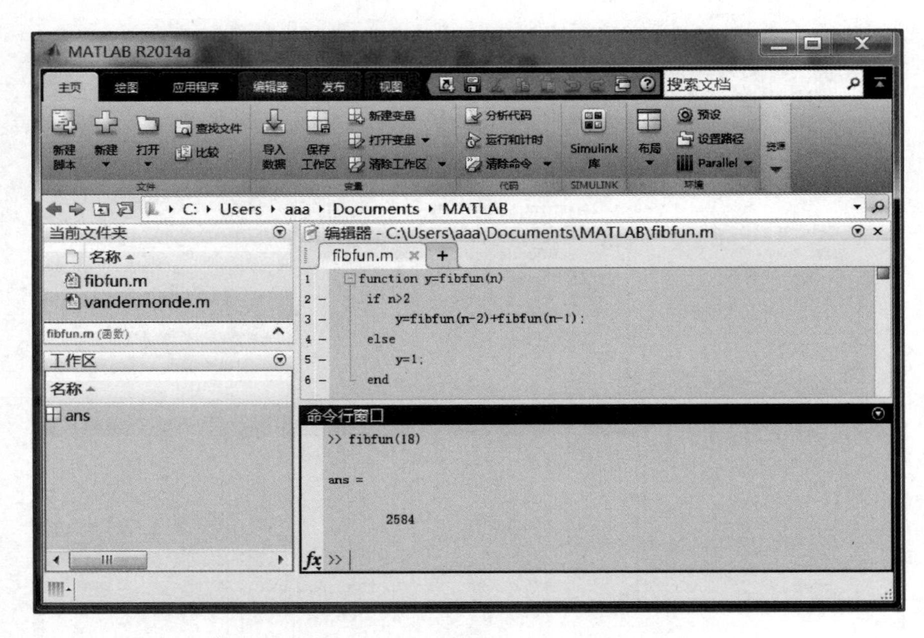

附图 5

1. 关系和逻辑运算

逻辑运算是 MATLAB 中数组运算所特有的一种运算形式,也是在几乎所有的高级语言中普遍适用的一种运算,具体符号、功能见附表 1.

附表 1　逻辑运算符号

<table>
<tr><th>符号运算符</th><th>功能</th><th>函数名</th><th>符号运算符</th><th>功能</th><th>函数名</th></tr>
<tr><td>= =</td><td>等于</td><td>eq</td><td>> =</td><td>大于等于</td><td>ge</td></tr>
<tr><td>~ =</td><td>不等于</td><td>ne</td><td>&</td><td>逻辑与</td><td>and</td></tr>
<tr><td><</td><td>小于</td><td>lt</td><td>|</td><td>逻辑或</td><td>or</td></tr>
<tr><td>></td><td>大于</td><td>gt</td><td>~</td><td>逻辑非</td><td>not</td></tr>
<tr><td>< =</td><td>小于等于</td><td>le</td><td></td><td></td><td></td></tr>
</table>

2. 程序结构

像其他的程序设计语言一样,MATLAB 语言也给出了丰富的流程控制语句,以实现具体的程序设计.一般可分为顺序结构、循环结构和分支结构.MATLAB 语言的流程控制语句主要有 for、while 、if-else-end、switch-case 4 种语句.

(1) for 语句

for 语句的调用格式为

```
for  循环变量=a : s : b
     循环语句体
end
```

其中 a 为循环变量的初值,s 为循环变量的步长,b 为循环变量的终值.如果 s 省略,则默认步长为 1, for 语句可以嵌套使用以满足多重循环的需要.

(2) while 语句

while 语句的调用格式为

```
while   逻辑判断语句
          循环语句体
end
```

while 循环一般用于不能事先确定循环次数的情况.只要逻辑变量的值为真,就执行循环语句体,直到逻辑变量的值为假时终止该循环过程.

(3) if-else-end 语句

if-else-end 语句的调用格式为

```
if   逻辑判断语句
     逻辑值为“真”时执行语句体
else
     逻辑值为“假”时执行语句体
end
```

当逻辑判断表达式为“真”时,将执行 if 与 else 语句间的命令,否则将执行 else 与 end 间的命令.

(4) switch-case 语句

if-else-end 语句所对应的是多重判断选择,而有时会遇到多分支判断选择的语句.此时可考虑用 switch-case 语句.

switch-case 语句的调用格式为

```
switch   选择判断量
      case      选择判断值 1
                选择判断语句 1
      case      选择判断值 2
                选择判断语句 2
        ⋮
otherwise
             判断执行语句
end
```

(5) break 语句

break 语句可以导致 for 循环、while 循环和 if 条件语句的终止,如果 break 语句出现在一个嵌套的循环里,那么直接跳出 break 所在的那个循环,而不跳出整个循环嵌套结构.

三、MATLAB 实验

MATLAB 语言的基本对象是向量和矩阵,且将数看成一维向量.

1. 矩阵的直接输入法

从键盘上直接输入矩阵是最方便、最常用的创建数值矩阵的方法,特别是较小的简单矩

阵.使用此法时,需要注意以下几点:

(1) 输入矩阵时要以"[ ]"为其标识符号,矩阵的所有元素必须在方括号里.

(2) 矩阵同行元素之间由空格或逗号分隔,行与行之间用分号或回车键分隔.

(3) 矩阵维数无须事先定义.

(4) 矩阵元素可以是运算表达式.

(5) 若"[ ]"中无元素,则表示空矩阵.

例 4　生成一个 3 阶矩阵.

解　程序及运行结果如下:

在提示符>>后面键入　
```
A=[1  2  3
   4  5  6
   7  8  9]
```

回车便得

```
A=
    1  2  3
    4  5  6
    7  8  9
```

也可键入

```
A=[1,2,3;4,5,6;7,8,9].
```

A(i,j)表示矩阵中的元素 a_{ij},如

```
>>A(2,2)
ans=
    5
```

例 5　生成一个 6 维向量.

```
>>a=[1  1  0  1  1  0]
a=
    1  1  0  1  1  0
```

2. 通过冒号表达式生成向量

向量也可以通过冒号表达式生成,格式为

```
x=x0:step:xn
```

其中,x0 为向量的第一分量,step 为步长(可正可负,且默认步长为 1),xn 为向量的最后一个分量.

例 6　通过冒号表达式生成一个向量.

解　程序及运行结果如下:

```
>>a=1:0.5:3
a=
    1.0000   1.5000   2.0000   2.5000   3.0000
```

例 7　通过冒号表达式生成一个矩阵.

解　程序及运行结果如下:

```
>>A=[1:0.5:2;2:4]
```

```
A =
     1.0000   1.5000   2.0000
     2.0000   3.0000   4.0000
```

在 MATLAB 语言中冒号的作用是最为丰富的,通过冒号的使用,可截取矩阵中的指定部分.

例 8　通过冒号表达式截取矩阵.

解　程序及运行结果如下:

```
>>A=[1:0.5:2;2:4];
B=A(:,1:2)
B =
     1.0000   1.5000
     2.0000   3.0000
```

可以看出矩阵 ***B*** 是由矩阵 ***A*** 的 1 到 2 列和相应的所有行元素构成的一个新矩阵.在这里,冒号代替了矩阵 ***A*** 的所有行.同理在 A(1:2,:)中冒号代表矩阵 ***A*** 的所有列.

3. 特殊矩阵的生成

对于一些特殊的矩阵(单位矩阵、零矩阵等),由于具有特殊的结构,MATLAB 提供了一些函数用于生成这些矩阵.常用的有以下几个:

eye(n)　　生成 n 阶单位矩阵;

ones(n)　　生成元素全为 1 的 n 阶矩阵;

zeros(n)　　生成 n 阶零矩阵;

rand(n)　　生成均匀分布的 n 阶随机矩阵;

randn(n)　　生成正态分布的 n 阶随机矩阵;

diag(c)　　生成以向量 $\boldsymbol{c}$ 为对角的矩阵;

ones(n,m)　　生成元素全为 1 的 $n\times m$ 矩阵;

zeros(n,m)　　生成 $n\times m$ 零矩阵;

rand(n,m)　　生成均匀分布的随机 $n\times m$ 矩阵;

eye(n,m)　　生成主对角线元素全为 1,其余元素全为 0 的 $n\times m$ 矩阵.

例 9　生成 4 阶单位矩阵.

解　程序及运行结果如下:

```
>>eye(4)
ans =
     1   0   0   0
     0   1   0   0
     0   0   1   0
     0   0   0   1
```

矩阵的基本数学运算

矩阵的基本数学运算包括计算矩阵的行列式、矩阵的加法、减法、乘法、数乘、求逆矩阵、求矩阵的秩、特征值运算等,现将常用的运算函数列于附表 2.

附表 2 矩阵运算中的常用命令

命令	功 能
det(A)	求矩阵的行列式的值
B=A′	**B** 为矩阵 **A** 的转置矩阵
C=A±B	矩阵的加、减法
C=A * B	矩阵的乘法
C=A^n	矩阵的 n 次方幂
C=A.* B	矩阵的点乘,即维数相同的矩阵各对应元素相乘
inv(A)	求矩阵的逆矩阵
rank(A)	求矩阵的秩
eig(A)	求矩阵的特征值
[V,D]=eig(A)	输出矩阵的特征向量 **V** 和以特征值为元素的对角矩阵 **D**
p=poly(A)	矩阵的特征多项式
A/B	矩阵的右除($A/B=AB^{-1}=A*inv(B)$)
A\B	矩阵的左除($A\backslash B=A^{-1}B=inv(A)*B$)

本附录我们给出了利用 MATLAB 软件计算线性代数中的一些常见问题的命令,但我们需要指出的是利用 MATLAB 软件还可以进行其他运算,有些超出了线性代数的范围,因此这里没有给出,感兴趣的读者可参考其他相关著作.

部分习题参考答案

第 1 章部分
习题参考答案

第 2 章部分
习题参考答案

第 3 章部分
习题参考答案

第 4 章部分
习题参考答案

第 5 章部分
习题参考答案

第 6 章部分
习题参考答案

第 7 章部分
习题参考答案

参考文献

[1] 陈国华,廖小莲,罗志军.线性代数.北京:北京大学出版社,2021.
[2] 陈建龙,周建华,张小向,等.线性代数.2 版.北京:科学出版社,2016.
[3] 程吉树,陈水利.线性代数.北京:科学出版社,2009.
[4] 电子科技大学成都学院大学数学教研室.线性代数与数学模型.2 版.北京:科学出版社,2018.
[5] 丁南庆,刘公祥,纪庆忠,等.高等代数.北京:科学出版社,2021.
[6] 归行茂,曹冬孙,李重华.线性代数的应用.上海:上海科学普及出版社,1994.
[7] 郭文艳.线性代数应用案例分析.北京:科学出版社,2021.
[8] 黄廷祝.线性代数.北京:高等教育出版社,2021.
[9] 黄廷祝,成孝予.线性代数与空间解析几何.5 版.北京:高等教育出版社,2018.
[10] 黄振耀,李国勤.线性代数.上海:上海财经大学出版社,2010.
[11] KATZ V J.数学简史:英文版.北京:机械工业出版社,2004.
[12] LAY D C.线性代数及其应用.3 版.刘深泉,洪毅,马东魁,等,译.北京:机械工业出版社,2005.
[13] 李其胜.行列式在初等数学中的若干应用.萍乡高等专科学校学报,1997(04):14-17.
[14] 李尚志.线性代数.北京:高等教育出版社,2011.
[15] 毛立新,咸美新.线性代数.北京:科学出版社,2010.
[16] 邵建峰,刘彬.线性代数.2 版.北京:化学工业出版社,2007.
[17] BOYD S,VANDENBERGHE L.应用线性代数:向量、矩阵及最小二乘.张文博,张丽静,译.北京:机械工业出版社,2020.
[18] 宋叔尼,阎家斌,陆小军,等.线性代数及其应用.2 版.北京:高等教育出版社,2020.
[19] 谭瑞梅,郭晓丽.线性代数与空间解析几何.北京:科学出版社,2018.
[20] 同济大学数学系.工程数学 线性代数.6 版.北京:高等教育出版社,2014.
[21] 王萼芳.线性代数.北京:清华大学出版社,2007.
[22] 许以超.线性代数与矩阵论.2 版.北京:高等教育出版社,2008.
[23] 杨爱民,等.线性代数——实训教程.北京:清华大学出版社,2014.
[24] 杨威,陈怀琛,刘三阳,等.大学数学类课程思政探索与实践——以西安电子科技大学线性代数教学为例.大学教育,2020(3):77-79.
[25] 喻方元.线性代数及其应用.上海:同济大学出版社,2014.
[26] 俞正光,李永乐,詹汉生.线性代数与解析几何.北京:清华大学出版社,1998.
[27] 张天德,王玮.线性代数.北京:人民邮电出版社,2020.
[28] 赵树嫄.线性代数.6 版.北京:中国人民大学出版社,2021.

郑重声明

读者意见反馈

为收集对教材的意见建议，进一步完善教材编写并做好服务工作，读者可将对本教材的意见建议通过如下渠道反馈至我社。

咨询电话　400-810-0598

反馈邮箱　hepsci@pub.hep.cn

通信地址　北京市朝阳区惠新东街 4 号富盛大厦 1 座
　　　　　高等教育出版社理科事业部

邮政编码　100029

防伪查询说明

用户购书后刮开封底防伪涂层，使用手机微信等软件扫描二维码，会跳转至防伪查询网页，获得所购图书详细信息。

防伪客服电话　(010)58582300